MONOGRAPHIEN AUS DEM GESAMTGEBIET DER PHYSIOLOGIE DER PFLANZEN UND DER TIERE

HERAUSGEGEBEN VON

M. GILDEMEISTER-LEIPZIG · R. GOLDSCHMIDT-BERLIN
C. NEUBERG-BERLIN · J. PARNAS-LEMBERG   W. RUHLAND-LEIPZIG

VIERZEHNTER BAND

DIE GEWEBEZÜCHTUNG IN VITRO

VON

V. BISCEGLIE UND A. JUHÁSZ-SCHÄFFER

BERLIN
VERLAG VON JULIUS SPRINGER
1928

ISBN-13:978-3-642-88806-9   e-ISBN-13:978-3-642-90661-9
DOI: 10.1007/978-3-642-90661-9
Softcover reprint of the hardcover 1st edition 1928

Inhaltsverzeichnis.

Seite
I. Einleitung. Von V. Bisceglie. 1
II. Die Technik der Gewebezüchtungen. Von A. Juhász-Schäffer 8
   a) Natürliche Kulturmedien 10
   b) Andere Körperflüssigkeiten und Gewebeextrakte 21
   c) Künstliche Kulturmedien 23
   d) Gemischte Kulturmedien 26
   e) Herstellung der Gewebsfragmente 27
   f) Ansetzen der Kulturen und Mediumwechsel 28
   g) Darstellung von Reinkulturen 35
   h) Affrontierte Kulturen 39
   i) Brutstätte und Behandlung lebender Kulturen 40
   k) Messung des Wachstums der Gewebekulturen in vitro . . 41
   l) Photographische und kinematographische Aufnahmen . . . 42
   m) Histologische Behandlung der Kultur 43
III. Allgemeine Wachstumsphänomene, Lebensdauer und Tod der Explantate. Von V. Bisceglie 46
   a) Aussehen und allgemeines Verhalten der Kultur 46
   b) Wanderung 52
   c) Wachstumstypen der Kulturen; — Gemischte und Reinkulturen 57
   d) Das Problem der Entdifferenzierung 60
   e) Regressive Prozesse und Tod der Kultur 66
IV. Das Verhalten verschiedener tierischer Gewebe in Explantaten. Von V. Bisceglie 68
   a) Bindegewebe 68
   b) Knochen- und Knorpelgewebe und Periost 80
   c) Muskelgewebe 81
      Herz 81. — Skelettmuskeln 85. — Glatte Muskelzellen 88. —
   d) Das Nervengewebe 89
   e) Hämolymphopoietische Gewebe und die Blutzellen . . . 95
      Milz 95. — Lymphdrüsen und Blutzellen 103. — Knochenmark 110. —
   f) Epithelien und Drüsengewebe 111
      Haut 111. — Leber 112. — Niere 114. — Schilddrüse 117. — Geschlechtsdrüsen 119. — Irisepithel 123. — Retina 124. —
   g) Endotheliale Zellen 126
V. Das autonome Leben der Pflanzenzellen. Von A. Juhász-Schäffer 129
VI. Die Wirkung wachstumbeeinflussender Faktoren. Von V. Bisceglie und A. Juhász-Schäffer 144
   a) Die Wirkung der Temperatur 144
   b) Einfluß des osmotischen Drucks und der Ionenkonzentration 146

	Seite
c) Einfluß des Lichtes, der Röntgenstrahlen und des Radiums	148
d) Homogenes und heterogenes Plasma — Organ- und Gewebe-Extrakte — Chemische Substanzen	153
e) Affrontierte Gewebe	160

VII. **Die morphologischen Forschungsprobleme der Gewebekulturen „in vitro".** Von V. Bisceglie. 173
  a) Die Struktur des Protoplasmas 173
  b) Die Zellteilung 183
  c) Das Problem der gegenseitigen Abhängigkeit der Zellen in Kultur 188

VIII. **Die physiologischen Forschungsprobleme der Gewebezüchtungen „in vitro".** Von A. Juhász-Schäffer 190
  a) Einfluß des Alters 193
  b) Wirkung erwachsener und embryonal Gewebextrakte auf das Wachstum 199
  c) Die leukozytären Trephonen 206
  d) Die Desmonen 210
  e) Archusia und Ergusia 214
  f) Stoffwechselstudien 217
  g) Studien zur Muskelphysiologie 228
  h) Das Pigment 234
  i) Versuche über Nervenelemente „in vitro". 239

XI. **Die pathologischen Forschungsprobleme der Gewebezüchtungen „in vitro".** Von A. Juhász-Schäffer 244
  a) Entzündungen 244
  b) Immunitätsprobleme 258

X. **Versuche der Kultur des filtrablen Virus.** Von V. Bisceglie und Juhász-Schäffer 265

XI. **Geschwülste.** Von V. Bisceglie 277
  a) Wachstumstypen der Geschwülste 281
  b) Wachstum der Neoplasmagewebe unter verschiedenen Einflüssen 288
    Die Wirkung von homologem und heterologem Plasma 288. — Die Wirkung von Extrakten und Filtraten normaler und neoplastischer Gewebe 290. — Chemische und physikalische Einflüsse 296. —
  c) Der Stoffwechsel der „in vitro" gezüchteten Tumorzellen. 299
  d) Die Zurückpflanzung der Tumorkulturen in Tiere 301
  e) Die Frage der Geschwulstgenese 305

Literaturverzeichnis 310
Sachverzeichnis 352

I. Einleitung.

Wenn auch die vitale Manifestation eines Organismus nicht einfach die Summe der vitalen Aktivität seiner Elemente ist, stellen sie doch die Ergebnisse seiner Teilchen, die untereinander durch synergischen und antagonistischen Mechanismus verbunden sind, dar; doch kann und darf man die Zellindividualität nicht außer Acht lassen. Jede Zelle ist unter bestimmten Bedingungen selbständig und selbsttätig, d. h. sie ist autonom. Diese Autonomie, welche den höchsten Grad während der frühesten Stadien der Ontogenese erreicht, wird nach und nach mit dem Fortschreiten der Entwicklung und der Organisierung immer geringer. Wenn die Organisierung, um so zu sagen, die Zellindividualität maskiert oder etwa unterdrückt, wird die Selbständigkeit doch nicht zerstört; in dem Moment, wo die Zellelemente unter bestimmte und entsprechende Bedingungen gelangen, kehrt ihre Autonomie wieder zurück.

Die Möglichkeit der Beobachtung isolierter, lebender und sich vermehrender Zellen, die frei von jedem Einfluß sind, den die Korrelationsgesetze im Organismus in Erscheinung treten lassen, wird in der Methode der Gewebekulturen gegeben. Und man kann sicher sein, nicht aus Liebe zu einer Methode die Sünde der Übertreibung zu begehen, wenn man behauptet, daß man die wichtigsten Ergebnisse der letzten zehn Jahre auf dem Gebiete der experimentellen Cytologie, der normalen und pathologischen Biologie eben durch die Gewebekulturen erreicht hat.

Der praktischen Inangriffnahme der Gewebezüchtung waren sehr wertvolle Beobachtungen vorausgegangen, die mit dem Problem des Wachstums der Gewebe außerhalb des Organismus in enger Beziehung stehen. Daß der Tod im Organismus nicht alle Phänomene in allen Organen gleichzeitig auslöscht, ist eine bekannte Tatsache, auf die hier nur hinzuweisen ist, und es genügt zu erwähnen, daß das isolierte Herz der Vertebraten nach dem Tode des Organismus unter bestimmten Bedingungen die Kontraktionsfähigkeit zurückgewinnt. Außer dem Fehlen der gegenseitigen

Abhängigkeit zwischen dem Tode des Organismus und seiner einzelnen Bestandteile konnte auch nachgewiesen werden, daß einzelne Zellen der Metazoen oder Zellaggregate ihre Isolierung vom Organismus auch für längere Zeit überleben können. Jolly konnte z. B. nachweisen, daß die Froschleukocyten in Ringerlösung unter Eis aufbewahrt 18 Monate lang am Leben zu erhalten seien, ohne die amöboiden Fähigkeiten zu verlieren. Roux isolierte einen Blastomer eines Froscheies und zeigte klar die Autonomie dieses Teiles gegenüber dem ganzen Ei. Die Beobachtungen von Born über Fragmente der Froschlarve zeigten, wie diese nicht nur am Leben zu erhalten waren, sondern auch das Epithel regenerieren konnten.

Diese und andere Beobachtungen gaben die ersten Grundlagen, auf welche sich dann die Methode der Gewebezüchtung aufbaute.

L. Loeb suchte als erster im Jahre 1897 außerhalb des Organismus ein Wachstum von Gewebefragmenten zu erhalten, indem er Gewebestückchen in mit Blutkoagulum, Lymphe und koaguliertem Blutserum gefüllte Röhren legte. Er konnte so beobachten, daß scheinbar der peripherische Teil des Fragmentes an Ausdehnung zunimmt, und daß in den Zellen das Erscheinen von Mitosen zu sehen ist.

Auf dem Gebiete der Botanik hat Haberlandt 1902 beweisen können, daß getrennte Zellen verschiedener Pflanzengewebe fähig sind, sich in bestimmten Flüssigkeiten für einige Zeit am Leben zu erhalten, ohne jedoch zu Teilungen zu kommen, daß sich dagegen die Zellen teilen konnten, wenn das isolierte Gewebsfragment Leptombündel besitzt.

Im Jahre 1907 gelang es Harrison in der Yale University, die ersten Gewebekulturen anzulegen. Harrison wandte sich in diesen Experimenten Fragmenten des Medullarrohrs von Froschlarven zu, die er in einem Lymphkoagulum einschloß, das vom Lymphsack des Frosches gewonnen wurde; die Kultur kam auf eine dünne Glasscheibe und wurde von einer Glaskammer bedeckt. So konnte Harrison das Wachstum von Nervenfasern in vitro beweisen.

Burrows ersetzte dann 1910 die Lymphe durch Blutplasma und führte alle jene technischen Vervollkommnungen ein, die dieser Methode rasch erlaubten, von zahlreichen Forschern angewandt zu werden. Von damals bis heute sind dann allmählich immer neue technische Verbesserungen von seiten vieler Autoren eingeführt worden, durch die heute die Methode der Gewebekultur wenn auch Verbesserungen immer noch möglich sind, in jedem Laboratorium verwendbar ist.

Die Nachricht von der Möglichkeit, Gewebe außerhalb des Organismus zu züchten, wurde mit großem Skeptizismus aufgenommen und die ersten Versuche wurden vielfach kritisch behandelt. Heute jedoch, etwa 20 Jahre nach Einführung dieser Methode, liegen klare Ergebnisse vor und es ist ersichtlich, daß diese Kritiken grundlos waren.

Nachdem der Gedanke, Gewebe zu kultivieren, sich Bahn gebrochen hatte, tauchten allmählich eine Reihe von zu lösenden Problemen auf, welche vom Gebiete der experimentellen Cytologie auf jenes der Physiologie und Pathologie übergingen.

Von der wirklich großen Zahl der Arbeiten waren viele nur auf die Lösung einzelner Fragen gerichtet, haben aber trotzdem sehr anzweifelbare und allgemein noch nicht genügend kontrollierte Ergebnisse gezeitigt; andere hingegen warfen auf grundlegende Probleme neues und unerwartetes Licht.

Daß ein in Kultur gebrachtes Gewebefragment sich mehr oder weniger schnell zu vermehren anfängt, ist die Tatsache, die den Grund zu den Methoden der Gewebekultur legte.

Daß die Proliferationsaktivität eines Gewebefragmentes in Kultur neu belebt wird, zeigt eben, daß diese Fähigkeiten der lebendigen Substanz im tierischen Organismus mit fortschreitender Entwicklung nur unterdrückt, jedoch nicht vernichtet wird. Sie bleibt in einem latenten Zustande bestehen und ist bereit, sich sofort in Aktivität zu setzen, wenn die hemmenden Faktoren des Organismus aufgehoben werden.

Daraus, daß in allen Elementen des Gewebes die Vermehrungsfähigkeit, wenn auch unterdrückt, latent, doch unzerstörbar anwesend ist, folgt, daß die Gewebselemente, die in gewisse Bedingungen, etwa in ein Kulturmedium, gelangen und damit von den funktionellen und morphologischen Korrelationen des Organismus abgetrennt werden, ihr Leben unbegrenzt weiterführen; besser gesagt, es erscheinen in ihnen unbegrenzt die Teilungsphänomene. Diese Tatsache, welche die logische Folgerung aus den ersten Beobachtungen an Gewebekulturen in vitro darstellt, wird durch die permanente Züchtung von Hühnerfibroblasten, die Carrel seit

15 Jahren am Leben erhält, völlig erwiesen. So betrachtet, sind alle Metazoenzellen potenziell unsterblich und das Altern und der Tod sind für sie kein unabwendbares Schicksal, sie sind keine kausalen Bedingungen der lebenden Substanz selber, sondern ein Produkt von nicht abweisbaren Faktoren, die außerhalb ihres Wesens stehen und durch die Organisierung bedingt werden, d. h. sie sind ein Produkt des Organismus als Ganzes.

Zur Erforschung des Lebens und des Wachstums in vitro haben Carrel und Ebeling, Burrows, Fischer u. a. mit einer Reihe von sehr schönen Arbeiten beigetragen. Andere Forschungen waren auf die Lösung der Frage gerichtet, ob die in der Kultur wachsenden Zellen fähig sind, ihren spezifischen Charakter zu bewahren. Champy, der als erster von einer Entdifferenzierung der Gewebe in der Kultur sprach, hat sicherlich den Gedanken der Entdifferenzierung in vitro übertrieben und sehr verallgemeinert. Es ist gewiß, daß man vielfach in der Kultur eine echte Entdifferenzierung der kultivierten Zellelemente antrifft; aber dieses Phänomen ist alles eher als konstant; jetzt ist es sicher bewiesen, daß jede Entdifferenzierungserscheinung fehlen kann, und auch an Differenzierungsprozesse den Platz abtreten kann (Carrel, Ebeling, Fischer, Levi usw.). Und auch wenn man in der Kultur Prozesse antrifft, welche zur Entdifferenzierung führen, muß man sich vor Augen halten, daß diese von der physischen und chemischen Konstitution des Mediums bedingt sein können, was, wie wir sehen werden, eine sehr große Wichtigkeit für die Form und Zellstruktur besitzt.

Außerdem muß man, wenn man die Erscheinungen der Entdifferenzierung oder Differenzierung studieren will, immer alle jene Faktoren auszuschalten suchen (Zellelemente verschiedener Natur, Extrakte und Säfte embryonaler und erwachsener Organe und Gewebe), welche unzweifelhaft einen bemerkenswerten Einfluß in bezug auf die Differenzierungserscheinungen ausüben, wenn sie auch noch nicht in ihrem Aktionsmechanismus gut erforscht sind. Ist die Anwesenheit eines Gewebes von verschiedener antagonistischer Natur fähig (Drew), wieder in bereits entdifferenzierten Zellen Zurückdifferenzierungsvorgänge hervorzurufen, so ist das ein Zeichen dafür, daß die spezifischen Kräfte der Zellen, die anfangs in der Kultur vernichtet schienen, ungestört in den Zellelementen verblieben sind.

Auf dem Gebiet der experimentellen Cytologie haben M. und W. Lewis, G. Levi, Strangeways usw. mittels der Kulturen in vitro vieles geleistet. Von allem früher über die Struktur des Cytoplasmas Berichteten bleibt wenig übrig. Das in lebendem Zustand studierte Cytoplasma hat keine alveolare oder andere Struktur gezeigt; aber es hat sich inzwischen herausgestellt, daß es von einer homogenen Masse gebildet ist, von welcher sich der mitochondriale Apparat abhebt. Die wirkliche Existenz dieses letzteren erscheint so in unanfechtbarer Weise bewiesen. Es wird durch die Beobachtung der lebenden Zellen in Kultur gezeigt, daß die Mitochondrien keine festen Formationen bezüglich Zahl, Sitz und Form darstellen, sondern daß sie den größten Veränderungen unterworfen sind (W. und M. Lewis, G. Levi usw.). Verschiedene Beziehungen wurden zwischen mitochondrialem Apparat und der Struktur vieler Zellen angenommen. G. Levi und vor ihm schon Duesberg und Meves stellten fest, daß die Myofibrillen aus den Mitochondrien entstehen.

Sehr wichtig sind weiterhin die Versuche, die hauptsächlich von Burrows, Lambert und Hanes, G. Levi, Strangeways usw. über den mitotischen Prozeß geführt wurden. In diesen wird nicht nur gezeigt, wie sich die Mitose selbst abspielt (das Verschwinden der Kernmembrane, Erscheinen der Chromosomen, Wandern von zwei ihrer Gruppen gegen die beiden Zellpole usw.), sondern auch über den Zeitraum gesprochen, welchen der ganze Prozeß zu seiner Abwicklung braucht, und darüber, wie die Zelle in Mitose wegen ihrer physiologischen Unbeständigkeit sich in einem Zustand großer Plastizität befindet und dann teilweise für neuen Gebrauch geeignet wird. Aus allem dem zieht Strangeways die Schlußfolgerung, daß das Wachstum der Gewebe nur ein zufälliges Geschehen sei, und nicht die primäre Funktion der Zellteilung.

In bezug auf die mitotische Teilung haben weiter die Untersuchungen von McJunkin gezeigt, daß dieser Prozeß nur der Versuch einer Zellteilung sei, welcher bei der Teilung des Kernes Halt macht.

Ein anderes wichtiges Problem, für dessen Studium in der Methode der Gewebskulturen ein wunderbares Mittel gefunden worden ist, ist die Histogenese der Blutzellen. Es ist bekannt, daß der alten dualistischen Theorie Ehrlichs — welche die körnigen polymorphen Leukocyten als vom Markparenchym herkommend betrachtete, deren Ursprungszelle der Myelocyt wäre — und die Lymphocyten als vom lymphoiden Parenchym herkommend, deren Ursprungszelle der große Lymphocyt wäre, die Lehre der Neodualisten (Naegeli, Schridde, Ziegler, Banti usw.) gefolgt ist. Die Neodualisten betrachten die Genesis vom dualistischen Standpunkt aus, behaupten hingegen, daß der Myelocyt von einer anderen dem Markgewebe spezifischen Zelle herstamme, dem Myeloblasten, und der Lymphocyt von einer anderen Zelle, welche Lymphoblast genannt wurde. Gegenüber den Neodualisten sta.... ine zahlreiche Reihe von Forschern (Maximow, Weidenreich, Dantschakoff, Pappenheim, Ferrata usw.), welche behaupteten, der Ursprung der korpuskulären Elemente des Blutes liege in einer einzigen indifferenten Zelle, der die verschiedenen Autoren verschiedene Namen gaben, Lymphocyten (Maximow, Weidenreich usw.), Lymphoidocyten (Pappenheim), Hämocytoblast (Ferrata usw.). Die Kriterien, an die die Unitaristen sich zur Stützung ihrer Lehre halten, sind wenige: morphologische, histochemische, biologische usw. Hier teilen wir nur mit, ohne in eine Diskussion über die von den Unitaristen angeführten Beweise und Demonstrationen, die ihre Lehre stützen sollen, und auf die vorhandenen Divergenzen unter den verschiedenen Unitaristen selbst über einzelne relative Nebenfragen einzugehen, wie man mittels der Gewebekultur, hauptsächlich auf Grund der Arbeiten Maximows, einen noch viel überzeugenderen Beweis für die unitarische Genese erhalten hat. Man hat auf diese Weise in der Kultur den Übergang eines großen Lymphocyten in Promyelocyten mit basophilem Protoplasma, in Myelocyten und schließlich in Zellen, welche den körnigen Leukocyten mit polymorphem Kern ähnlich sind, verfolgen können. Diese Untersuchungen, deren Wichtigkeit niemanden entgehen kann, öffnen den Weg zur Erforschung zahlreicher Fragen, welche auf dem Gebiet der Hämatologie noch umstritten sind.

Für das Studium der Immunitätsphänomene haben viele Autoren die Methode der Gewebszüchtungen in Anspruch genommen. Auf diesem Gebiete haben wichtige Erfahrungen unter anderem Carrel, Levaditi, Mutermilch und Krontowski gemacht, und es ist hier noch vieles zu erhoffen. Das Problem des Entzündungsprozesses wurde von Grawitz im Jahre 1913 mit der Methode der Gewebekultur behandelt, der zugunsten seiner

Theorie über die Histogenese der Eiterzellen und zu seiner Lehre über die Schlummerzellen neue Argumente bringen wollte. Die Ergebnisse dieses Forschers haben wenig Anerkennung gefunden, und sie wurden teilweise sogar von Rh. Erdmann widerlegt. Was die Frage des Ursprungs der Lymphocyten in Exsudaten anbetrifft, wurde bis jetzt nichts erwiesen, wenn auch die Versuche von Chlôpin (in Übereinstimmung mit Maximow) an Milzkulturen des Axolotls über den Ursprung der Lymphocyten aus dem Retikuloendothel eine gute Stütze für die Lehre über die histogene Abstammung der Lymphocyten gibt.

Aber auf dem Gebiet der Pathologie gab es eine Frage, die mehr als jede andere erforscht wurde, und die mit ihrer großen Wichtigkeit sozusagen die gesamte moderne Pathologie beherrscht: jene der Tumoren. Und auf diesem Gebiet hat die Gewebekultur Grundlegendes geleistet. Nach den ersten Untersuchungen von Carrel, Albrecht und Joannovics, Veratti, Ebeling, Champy und Coca usw. hat in den letzten Jahren eine intensive Wiederaufnahme dieser Studien eingesetzt, hauptsächlich durch die Arbeiten von Carrel, Rh. Erdmann, A. Fischer, Drew usw.

Daß die erhaltenen Ergebnisse nicht vollkommen übereinstimmen, hängt hauptsächlich von den verschiedenen Gattungen der Tumoren ab, welche man in Kultur gesetzt hat (Ratten- und Mäusesarkom und -carcinom, filtrierbares Hühnersarkom usw.). An welche Zellelemente der nicht filtrierbaren Mäuse- und Ratten-Tumoren die Bösartigkeit des Tumors selbst gebunden ist, ist noch nicht klar. Hauptsächlich Rh. Erdmanns Untersuchungen zeigen, wie notwendig es ist, daß in der Kultur eine Beziehung zwischen Stroma- und Parenchymelementen vorhanden sei, damit die Kultur den Charakter der Bösartigkeit bewahre. Für das Rous-Sarkom trifft das nicht zu. Bei diesen Tumoren ist, wie das die schönen, von Fischer bestätigten Versuche Carrels zeigen, die Malignität der Neoplasmen den Monocyten und nicht den Fibroblasten zuzuschreiben. In diesen Zellelementen entsteht das filtrierbare Agens des Tumors und vermehrt sich. Auf die Grundfrage über die Natur des filtrierbaren Agens, welches dann mit dem inneren Wesen des unbegrenzten Phänomens von D'Herelles Parallelismen und im allgemeinen mit der Natur aller filtrierbaren Vira übereinstimmt, haben die Untersuchungen Carrels ein neues und unerwartetes Licht geworfen. Zu der von früheren Forschern aufgestellten

Hypothese über die chemische Natur des filtrierbaren Virus und über seine Vermehrung durch Autokatalyse haben die Untersuchungen von Carrel die genaueste experimentelle Grundlage geliefert. Carrel hat gezeigt, daß es, wenn man von einer unspezifischen chemischen Substanz ausgeht, möglich ist, eine Substanz zu erhalten, welche sich in gleicher Art verhält wie ein Virus, und welche fähig ist, die blastomatöse Umwandlung normaler Elemente zu bestimmen; es wird klar gezeigt, daß man für die Tumorgenese nicht nur einen einzigen Ursprung heranziehen kann, sondern daß alle onkogenen Faktoren mit aller Wahrscheinlichkeit in gleicher Weise auf die normale Zelle einwirken müssen. Sie müssen also in ihr eine gründliche und tiefe Veränderung der inneren Biochemie verursachen, die dann endgültig die onkogene Umwandlung bestimmen wird.

Dies sind, kurz angedeutet, einige der hauptsächlichen Probleme, welche sich aus dem Studium der Gewebekulturen ergaben. Mit ihnen verbindet sich eine Menge von anderen Problemen, bald mehr, bald weniger wichtig, welche im folgenden besprochen werden sollen. Einzelne Beobachtungen sind, das muß man sagen, ungenau, hauptsächlich wegen des Mangels einer absolut genauen Technik, und die Schlüsse, die man gezogen hat, sind oft ungleich; aber dies kann der Wichtigkeit einer Untersuchungsmethode nichts nehmen, die in den Händen geübter Forscher Ergebnisse von wirklich großer Tragweite gezeitigt hat und noch zeitigen wird.

II. Die Technik der Gewebezüchtung.

Um die Aufgabe der Gewebezüchtungen abgrenzen zu können, müssen wir vor allem mit wohldefinierten Begriffen arbeiten. Dem schon lange bekannten Begriff der Transplantation wurde die Explantation von W. Roux (1905) gegenübergestellt; während bei der Transplantation das Objekt, d. h. das Transplantat, in ein neues lebendiges System gesetzt wird, in welchem die das Leben des Transplantats beeinflussenden Faktoren in ihrer Gesamtheit, wie im Mutterorganismus, ständig ihre Wirkungen ausüben, wird bei der Explantation das Versuchsobjekt in ein mehr oder weniger streng determiniertes totes System gesetzt, wo sich die einzelnen Faktoren willkürlich bestimmen lassen; das Studium ihrer Wirkung wird auf dem isolierten Objekt leichter möglich. Durch qualitative und quantitative Variationen der Bestandteile des Mediums können die qualitativen bzw. quantitativen Werte der einzelnen Faktoren bestimmt werden. Nach der Größe des Explantationsobjektes unterscheiden wir Ganzexplantate und Teilexplantate. Unter Ganzexplantation wird die Pflege eines ganzen oder fast ganzen Organismus verstanden, was hauptsächlich in der Pflanzenwelt sehr geübt wird. Die von ihren Eihüllen befreiten Hühner- und Säugerembryonen (Roux 1884, Wothes und Whipple 1912, Brachet 1913) wurden von ihrer ursprünglichen Umgebung isoliert und in für Studienzwecke künstlich hergestellten Medien, wenn auch nur für eine kurze Lebensdauer, weitergezüchtet. Uns interessiert aber in erster Linie die sog. Teilzüchtung, wo je nach Größe des Versuchsobjektes Unterordnungen aufzustellen sind; es können ganze Organe, Organteile, und auch Gewebe- oder Zellgruppen auf mehr oder weniger lange Zeit am Leben erhalten werden. Die Methode der Teilzüchtung von Born, bei welcher Teile des Amphibien-Organismus durch ektodermale Überhäutung im Aquarium ein selbständiges Leben führen können, und das Überleben der mit Ektoderm überhäuteten Herzanlagen von Unkenembryonen interessierten uns kaum. Die relative Undurchlässigkeit der ektodermalen Schicht bildet der Umgebung gegenüber eine Barriere, durch welche die äußeren Faktoren nicht unmittelbar auf die Zellen wirken können und die Austauschbeziehungen nicht wahrzunehmen sind. Dabei bilden Organe oder Organteile ganze Systeme, in welchen die Lebensäußerungen kompliziertere Vorgänge sind, deren Analyse nur bei weiterem Aufteilen des Objektes gelingt. Es müssen also einfachere Strukturen, wie Gewebe oder Zellgruppen, gewählt werden, die an das Kulturmedium unmittelbar anstoßen, damit die äußeren Faktoren des Lebens und der Vermehrung sie direkt treffen. Es gehört also zu einem Explantat — außer der notwendigen Apparatur — ein Objekt, d. h. ein Gewebsfragment, und das Kulturmedium. Der Begriff der Gewebezüchtung setzt nicht nur das Überleben des Explantates, sondern auch die Vermehrung seiner Elemente voraus: ohne Zellproliferation keine Kultur. Daher dürfen überlebende Explantate ohne Zellteilung nicht als echte Kulturen betrachtet werden.

Die Technik der Gewebezüchtungen ist im allgemeinen äußerst einfach; kleine Gewebestückchen mit einem Durchmesser von etwa einem Millimeter werden auf ein Deckglas gebracht und mit einem Tropfen Blutplasma bedeckt, das koaguliert und mit dem Gewebefragment einen gemeinsamen Körper bildet; jetzt wird das Präparat so eingeschlossen, daß es nicht austrocknet und im Thermostat aufbewahrt, wo die Temperatur eine Entwicklung ermöglicht. Unter den allgemein benützten Kulturmedien unterscheidet man natürliche und künstliche, nach ihrer Konsistenz feste oder flüssig Medien.

a) Natürliche Kulturmedien.

Das Kulturmedium besteht aus zwei an und für sich verschiedenen Systemen, deren Zweck im Grunde verschieden ist; das eine ist der Stützapparat, das andere sind die das Wachstum befördernden Bestandteile.

Eine Bedingung, die von Anfang an für das Gelingen der Kulturversuche wichtig zu sein schien, war die solide Konsistenz des Kulturmediums, da die Zellen in flüssigen Medien rasch untergingen. Die Bedeutung der Festigkeit des Mediums bei der Gewebsexplantation lag nach Leo Loeb in der mechanischen Wirkung bei der Emigration der Zellen; Harrison wollte sie beim Wachstum der Nervenzellen erkennen, während Uhlenhuth, Rous und Fischer die morphologischen Veränderungen und den Untergang der Zellelemente vor Augen hatten. Jedenfalls scheint die Beweglichkeit der Zellelemente im Kulturmedium eine hervorragende Rolle zu spielen. Diese Lebensbedingung der explantierten Zellen konnte den stabilen Zellen des Organgewebes gegenüber vielleicht dadurch erklärt werden, daß, während im Organismus durch die Zirkulation ein Austausch der Produkte des Zellmetabolismus stattfindet, das Medium in der Kultur unbeweglich ist, und also die Zellen selber genötigt sind, durch räumliche Veränderungen den Zirkulationsaustausch zu ersetzen. Diese Hypothese konnte selbstverständlich die Ursache der Zellemigration kaum ganz erklären, doch den Untergang der unbeweglichen Zellen — durch lokales Erschöpfen der zum Katabolismus notwendigen Stoffe und Ansammlung anabolischer Produkte — verständlich machen. Centanni ist dagegen der Meinung, daß das Fibrinnetz einen blastischen Faktor bedeutet. Letzten Endes können mechanische Wirkungen auch als blastische Faktoren aufgefaßt werden.

Dem Harrisonschen Lymphmedium gegenüber stellt das koagulierte Plasma ein viel entsprechenderes Medium dar, in welchem die Festigkeit durch das entstandene Fibrinnetz gegeben wird, das den Zellen die Wanderung im Koagulum und die Proliferation erlaubt und damit einen ausschließlich mechanischen Dienst zu leisten scheint.

Die primäre Bedeutung des aus Fibrin gebildeten Maschenwerkes als Stützapparat wurde auch dadurch erwiesen, daß es

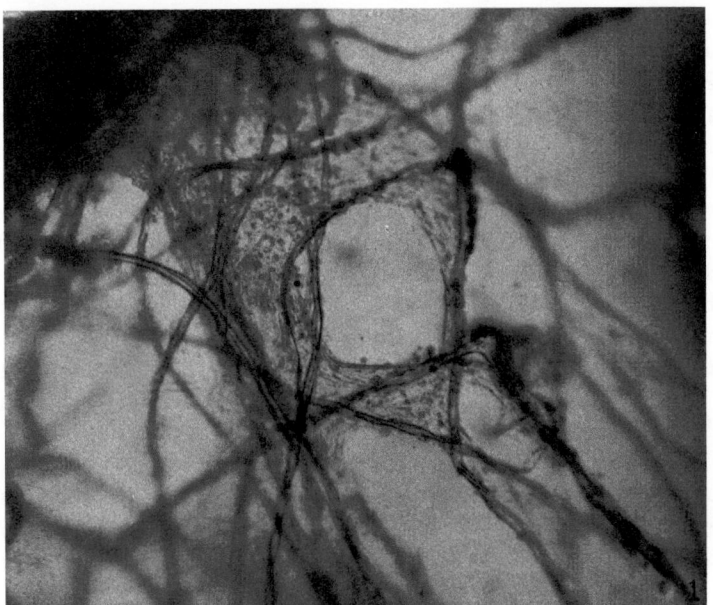

Abb. 1. Wachsende Fibroblasten zwischen Baumwollfäden, die dem Kulturmedium zugesetzt worden sind. (Nach A. Fischer.)

durch ähnliche Stützsysteme ersetzt werden kann, in welchen Wachstum und Zellproliferation wie im koagulierten Plasma möglich ist. Zu diesem Zweck werden zu den flüssigen Nährmedien Spinnennetze (Harrison), Seidengaze (Carrel), Baumwolle (A. Fischer), Glaswolle, Asbestwolle und Hollundermark (Matsumoto) zugesetzt. Von Ebeling wurden zusammengesetzte Medien aus Fibrinogen und Embryonalextrakt verwendet, die seiner Erfahrung nach dem Plasma ebenbürtige Medien darstellen.

Bei den flüssigen Nährmedien kriechen die ausgewachsenen Zellen nur an der Unterfläche der Objektträger, und deshalb muß der Tropfen gut ausgebreitet sein; im Innern des Tropfens gehen die Zellen rasch verloren und haben, wie erwähnt, wahrscheinlich wegen ihrer Unbeweglichkeit keine günstigen Lebensbedingungen. Dagegen ist im koagulierten Blutplasma die Motilität der Zellen nicht gehemmt; sie bewegen sich lebhaft, wachsen und vermehren sich rasch. Die von Lewis, Loeb, Ingebrigtsen beobachtete Zellvermehrung in Agar oder Gelatine wird von Fischer nicht bestätigt, und die Mißerfolge seiner Züchtungsversuche werden eben auf die Tatsache zurückgeführt, daß das Agar nicht einen dem vom Fibrin gebildeten Maschenwerk ähnlichen Bau besitzt; ja, es bildet sogar eine von den Zellen undurchdringbare dichte Masse: Zellwachstum soll bei solchen Kulturen nur an der Grenze der festen und flüssigen Bestandteile stattgefunden haben. Dagegen scheinen die von Harrison und Carrel benützten künstlichen Stützapparate mehr dem Zweck zu entsprechen. Diese Ansicht wird auch durch die Beobachtungen unterstützt, daß in den Fällen, in denen die Koagulation des Plasmas nicht zustande kommt, oder das schon koagulierte Plasma verflüssigt wird (bei Züchtung von Krebszellen), das Wachstum ausbleibt und die Kultur zugrunde geht.

Einen ausgezeichneten Nährboden hat A. Ebeling angegeben, dessen Bestandteile Fibrinogen, Serum und Embryonalextrakte sind. Das Fibrinogen wird nach Mellanby hergestellt: man bringt 10 ccm Hühnerplasma mit 90 ccm destilliertem Wasser in einem Erlenmeyerkolben zusammen und fügt tropfenweise 1 ccm Essigsäure (1 proz.) zu. Das Gemisch verweilt eine Stunde im Kälteapparat und wird dann zentrifugiert; die erhaltene Lösung zeigt einen p_H-Wert zwischen 6 und 6,3. Wird eine Fibrinogensuspension zu 12,5 vH, Serum 37,5 vH und 50 vH Embryonalgewebeextrakt zusammengemischt, so bekommt man eine Mischung, deren p_H 7—7,3 beträgt und innerhalb einer Minute gerinnt.

Was die Nährbestandteile des Plasmas anbetrifft, wurde in erster Linie von Carrel nachgewiesen, daß die Zellelemente die der Kultur zugesetzten Aminosäuren und Albuminlösungen nicht umsetzen können, ja, diese haben sogar bei hoher Konzentration eine giftige Wirkung. Die Frage also, woher das Gewebsfragment die zu seinem Lebensunterhalt notwendigen Nährstoffe schöpft (eine Frage, die im Kapitel „Physiologie" besprochen wird), wurde von Carrel folgendermaßen beantwortet: die Organe und das Blut enthalten zwei antagonistische Substanzen, deren eine das Wachstum fördert, während die andere es hemmt. Das Mengenverhältnis dieser Substanzen steht mit dem Alter der Tiere in Beziehung. In größerer Quantität sind diese Substanzen in den Embryonalgeweben enthalten.

Das Gewebefragment sollte möglichst in eigenem, d. h. autogenem Plasma gezüchtet sein, das günstige Wachstumsbedingungen sichert. Das Blutplasma innerhalb der gleichen Spezies ist allgemein auch ganz entsprechendes Kulturmedium, autogenes Serum des Menschen ist z. B. nicht besser als homogenes; dagegen wirkt das Plasma von fremder Tierart, das heterogene Plasma, oft giftig. Die allgemeine Erfahrung zeigt aber, daß auch artfremdes Plasma oft dem Zweck entspricht; Lambert und Hanes, Champy und Coca, Krontowski, Chlôpin züchteten z. B. in Kaninchenplasma Gewebsfragmente niederer Vertebraten. Unsere Erfahrungen zeigten auch, daß Gewebe der Maus sich gut im Kaninchenplasma züchten läßt.

Carrel und Burrows konnten Hühnerembryonen in menschlichem Blutplasma oder im Plasma des Hundes, Froschhaut in Hühnerplasma züchten. Roncato hat gezeigt, daß nach mehrmaliger Passage in homogenem Plasma das Hühnergewebe eine höhere Resistenz bekommt und sich zu heterogenem Plasma entwickelt. Blutplasma von Hund oder Ratte hemmt die Entwicklung der embryonalen Hühnerherzfragmente in vitro wenig, das Kaninchenplasma dagegen garnicht. Wenn man also heterogenes Plasma anzuwenden genötigt ist, wird eine Passagenserie in homogenem Plasma geraten, und erst dann soll man zu heterogenem Plasma übergehen.

Die Gewinnung des Blutplasmas. Als Spender von Blutplasma der Warmblüter kommen hauptsächlich folgende Tiere in Betracht: Maus, Ratte, Meerschweinchen, Kaninchen, Katze, Hund, Huhn und letzten Endes auch der Mensch, von Kaltblütern hauptsächlich der Frosch. Die angewandte Methode hängt in erster Linie davon ab, wieviel Plasma wir benötigen und ob wir das Tier opfern oder für andere Zwecke am Leben erhalten wollen: diesen Bedingungen gemäß müssen wir die Operationsmethode wählen.

Vor jedem Beginn müssen die notwendigen Geräte vorbereitet und selbstverständlich auch gut gereinigt und sterilisiert sein. Es

wird am besten eine kurz vor der Operation vorgenommene Sterilisierung empfohlen. Die notwendigen Instrumente sind folgende:
Spritzen nach Tursini-Centanni.
Dickwandige, paraffinierte Zentrifugengläser.
Dickwandige, paraffinierte Aufnahmegläser, deren Länge und Breite von der Menge des gewonnenen Plasmas abhängt.
Paraffinierte Pipetten.

Die Tursinische Spritze kann man auch — wie in unserem Laboratorium üblich — eigenhändig herstellen. Es werden dickwandige Glasröhren gewählt, deren Durchmesser (3—8 mm) von der Menge des zu entnehmenden Blutes abhängt. An einem Ende dieses Rohres wird eine Hohlnadel mittels Mastix befestigt, was über der Bunsenflamme geschieht. Erst wird am stumpfen Ende der Kanüle das erhitzte Mastix aufgebracht, das hier etwa einen Kopf bilden wird, ohne aber den Eingang der Nadelhöhle zu verschließen. Nun wird der Kopf an einem Ende des Glasrohres eingeführt und das Mastix mit dem Glasrand über der Bunsenflamme zusammengeschmolzen. Am anderen Ende der Glasröhren wird ein von Centanni konstruierter Gummiball appliziert; das Innere dieses Balles hat durch ein Y-förmiges Rohr mit fester Unterlage, die leicht in die Hand zu nehmen ist, zwei Kommunikationen nach außen; die eine führt in einen Gummischlauch, der auf das die Kanüle tragende Rohr gezogen wird; die andere Mündung kann der Daumen schließen. Ist diese Mündung geschlossen, so gibt es eine Kommunikation zwischen dem Innern des Balles und der Außenwelt nur durch die Hohlnadel. Im Ball kann mit größter Leichtigkeit ein positiver oder ein negativer Druck erzeugt werden; das Glasrohr kann durch die Kanüle Flüssigkeit aufsaugen oder aus dem Rohr Flüssigkeit herausbefördern. Wird bei Öffnung durch Entfernung des Daumens der Ball zusammengepreßt und dann die Öffnung wieder geschlossen, so entsteht ein negativer Druck; ist dagegen der Ball mit Luft gefüllt und die Daumenöffnung geschlossen, so kann man durch Pressen mit der Hand einen positiven Druck erzeugen. Dieses Instrument entspricht viel besser dem Zweck als z. B. die Lüersche Spritze, deren Handhabung schwieriger ist und nie gleichmäßigen Druck erzeugen kann. Vor dem Benützen wird in das Rohr steriles Vaselinöl aspiriert, das seine Wand innerlich auskleidet. Die Dicke und die Länge der Kanüle soll immmer der Tierart entsprechen.

Ist dieses Instrument nicht vorrätig, so können auch einfache Spritzen verwendet werden, die innen ebenfalls mit flüssigem Vaselin ausgekleidet werden. Das reine Vaselin soll man zuerst filtrieren, dann im Autoklaven fraktioniert sterilisieren: man kann gleich eine größere Menge zubereiten, doch soll man das Vaselin nur vor der Blutentnahme gebrauchen. Uhlenhuth empfahl bei der Blutentnahme von Rana pipiens mittels einer Kanüle vorzugehen, durch welche das Blut direkt in das Zentrifugenrohr gelangt.

Die Pipette und die Gläser werden möglichst kurz vor der Blutentnahme sterilisiert und mit Paraffin ausgekleidet; zu diesem Zweck sind nur die bei 42°—46° schmelzenden filtrierten Paraffine geeignet.

Um die Tiere zu schonen, aber auch, um ruhig arbeiten zu können, ist die Narkose des Tieres manchmal unerläßlich; doch soll die Narkose möglichst vermieden werden. Das Gewebe von narkotisierten Tieren wächst schlecht; auch das Plasma ist durch die Narkose mehr oder weniger beeinflußt. Das blutspendende Tier wird am Operationsbrett befestigt, die Glieder abgebunden. Am gut fixierten Tier läßt sich die Operation auch in leichter Narkose durchführen.

Die Entnahme des Blutes kann direkt vom Herzen oder auch aus den Gefäßen geschehen. Das Freilegen des Herzens ist nur dann notwendig, wenn man eine größere Menge Blut benötigt und das Tier opfern kann; aber auch in diesem Falle genügt die Einführung der Kanüle von außen durch Haut und Interkostalräume. Die Herzschläge kann man leicht mit dem Finger auspalpieren; dann schneidet man mit einer Schere die Haare in der Herzgegend ab und reibt die entblößte Hautstelle mit Alkohol und Sublimat oder mit Jodtinktur ein. Nun wird die Kanüle gegen das Herz eingestochen: wenn die Kanülenöffnung in den Herzventrikel gelangt, erscheint im Spritzenrohr ein wenig Blut; ist eine genügende Blutmenge aspiriert, entfernt man rasch und vorsichtig die Kanüle, um außer der Stichwunde keine andere Verletzungen zu verursachen. Der Anfänger opfert dabei einige Tiere, doch nach ein wenig Übung wird er diese Methode, die am einfachsten und raschesten ist, vorziehen.

Will man dagegen das Herz bloßlegen, ist ein größeres Operationsinstrumentarium notwendig, zum mindesten aber Knopfscheren, Klammern, Pinzetten und Messer. Das Operationsfeld ist nach allen

Regeln der Anti- und Asepsis vorzubereiten, das Instrumentarium vor Beginn zu sterilisieren. Narkose ist in diesen Fällen ganz unerläßlich, doch wird Sparsamkeit am Platze sein. Da das Tier geopfert wird, bereitet die Operation keine technischen Schwierigkeiten: nach Desinfizierung der abrasierten Haut wird in der

Abb. 2. Blutentnahme vom Katzenherz. (Nach Erdmann.)

Mittellinie vom Hals abwärts bis zur Mitte der Bauchgegend die Haut und Muskelschicht durchschnitten, der Proc. Xiphoideus vorsichtig gehoben und der Brustkorb beiderseits mit einer Knopfschere bis nahe an den Hals geöffnet, ohne größere Gefäße zu schädigen und viel Blut zu verlieren. Das Herz liegt bloß: mit einer kleinen Schere öffnet man das Pericardium und während das bloßgelegte Herz gestützt wird, kann die Kanüle eingeführt werden, wobei man gar nicht darauf zu achten braucht, wo man einstechen soll.

War schon bisher ein schnelles Vorgehen geboten, so muß von jetzt an alles in größter Eile geschehen. Ein paraffiniertes Zentrifugenröhrchen ist schon vorher im Zentrifugenbehälter in eine Kältemischung (zerstoßenes Eis und Seesalz) eingebettet, so daß nur ein kleiner Teil des Röhrchens aus der Mischung herausragt. Gleich nachdem das Blut mit der Spritze entnommen wurde, wird es in das Zentrifugenglas gespritzt und direkt im Eis sofort zentrifugiert. Um die ganze Blutmenge abzukühlen, soll nur soviel Blut in ein Röhrchen gebracht werden, daß sein Niveau nicht das der Kältemischung überragt; ist die entnommene Blutmenge zu groß, so können gleichzeitig mehrere Röhrchen benützt und auch gleichzeitig zentrifugiert werden. Die Zentrifuge soll pro Minute 2—3000 Drehungen machen. Erdmann empfiehlt, erst $^3/_4$ Minute, dann 1 Minute lang zu zentrifugieren und inzwischen die Kältemischung zu wechseln. Unsere Erfahrungen zeigen, daß, wenn die Zentrifugenbehälter so breit sind, daß sie eine beträchtliche Menge der Kältemischung aufnehmen können und die Röhrchen nur wenig Blut enthalten, so daß das Niveau der Blutsäule nicht hoch steht, man das Wechseln der Kältemischung wohl entbehren, und das Zentrifugieren kontinuierlich etwa fünf Minuten lang fortsetzen kann. Beim Zentrifugieren scheidet sich das Blut in eine obere helle Flüssigkeit, das Plasma, und in die untere dunkle Masse, die Blutkörperchen. Das Plasma wird mit paraffinierter abgekühlter Pipette abgesaugt und in das vorbereitete Plasmaaufnahmeröhrchen gebracht; das so gewonnene Plasma kann gleich für Kulturzwecke verwendet werden, oder nötigenfalls auch für längere Zeit im Eisschrank aufbewahrt werden. Das Plasma von Kaninchen und Meerschweinchen läßt sich länger aufbewahren, dagegen gerinnt das Plasma der Ratten rascher. Frisches Plasma ist immer vorzuziehen.

Es ist dabei darauf zu achten, daß bei der Blutentnahme nicht fremde Stoffe in das Blut gelangen, die das Gerinnen befördern; deshalb sollte man die ersten Tropfen möglichst abfließen lassen.

Wie erwähnt, ist bei dieser Arbeit ein schnelles Vorgehen unerläßlich und man muß auch auf das Kältesystem großen Wert legen: das Blut kann leicht gerinnen und man bekommt kein Plasma. Wird die obere helle Flüssigkeit abgesaugt, so zeigt die zurückgebliebene Substanz, ob unser Vorgehen gelungen ist: ist diese in Blutkuchen geronnen, so haben wir anstatt Plasma Serum erhalten; ist sie aber flüssig, so hatte unser Vorgehen Erfolg.

Nach unseren Erfahrungen ist die Gewinnung von Blut beim Meerschweinchen und Kaninchen durch die beschriebene direkte Methode vorzuziehen, bei der die Nadel der Spritze durch die intakte Haut in das Herz eingestoßen wird. Nimmt man dem Tier schonend nur eine kleine Menge Blut ab, so kann nach einer Ruhepause von einigen Monaten oder Wochen die Blutentnahme wiederholt werden.

Bei anderen Tieren ist das Freilegen des Herzens vorzuziehen. Der Hund verträgt die Herzpunktion kaum. Bei diesem Tier kann das Blut mittels einer vaselinierten Hohlsonde direkt aus einer Brustvene in das Zentrifugenröhrchen fließen oder aus der Vena jugularis gewonnen werden. Beim Kaninchen wird das Blut auch aus der Ohrvene gewonnen; jedoch dauert dieses Verfahren allzu lang, so daß das Blut unterdessen leicht gerinnt; besser ist noch die Blutentnahme aus der freigelegten Carotis. Schwerer gelingt sie bei der Maus, deren Gesamtblutmenge kaum ein Kubikzentimeter ausmacht. Lambert und Hanes haben ein Verfahren ausgearbeitet, das, wenn es auch nicht sehr leicht ist, doch das Gewinnen von Mäuseplasma ermöglicht. Nach diesem Verfahren wird die Carotis freigelegt und das freigelegte Gefäß peripher abgebunden, zentral mit einer Arterienklammer befestigt, in der Mitte durchgetrennt. Jetzt wird die Klammer geöffnet und das Blut fließt direkt in ganz dünne paraffinierte Zentrifugenröhrchen. Auch hier sollen, wie stets, die ersten Tröpfchen nicht verwendet werden.

Beim Menschen wird das Blut üblicherweise aus der Armvene entnommen. Weit wichtiger ist die Technik der Blutentnahme beim Huhn, dessen Plasma auch dem menschlichen zugesetzt wird, um seine Konsistenz zu erhöhen. Beim Huhn ist es noch am leichtesten aus einer Flügelvene zu erhalten. Das Tier wird am Operationstisch fixiert, die Flügel in der Gegend der Vene von den Federn nicht durch Ausreißen, sondern Abschneiden oder Abrasieren befreit und die Hautstelle gut gereinigt. Nach einem Hautschnitt liegt die Vene sofort bloß; sie wird mit einer Arterienklammer gestaut; im Augenblick, wo die Spritze in das Gefäß eingeführt wird, wird die Klammer geöffnet. Es können auf diese Weise rasch größere Blutmengen erhalten werden, aus der das Plasma durch das übliche Verfahren gewonnen wird. Die Narkose kann man bei geringerer Blutentnahme entbehren, hauptsächlich, wenn das Tier am Operationstisch gut befestigt ist.

Diese Operationsmethode von Harrison und Burrows hat sich nicht genügend einbürgern können. Noch weniger die von Burrows und Carrel vorgeschlagene Operationsmethode, die allzu kompliziert ist und eine größere Apparatur benötigt. Dagegen

Abb. 3. Blutentnahme aus dem Gefäß beim Huhn. (Nach Erdmann.)

gewinnt Erdmann aus der rechten Jugularvene das Blut des Huhnes mit größerer Leichtigkeit. Die Haut des Huhnes wird von unten gefaßt, am Halse angezogen, dadurch kommt das verhältnismäßig starke Gefäß zum Vorschein. Die Federn werden abgeschnitten, die Haut mit physiologischer Kochsalzlösung gewaschen; man narkotisiert das Tier. Neben der tastbaren Vene oberhalb der Carotis-Jugular-Kreuzung wird die Haut 2 cm breit abgeschnitten. Auf die sichtbar gewordene Vene wird die Klammer aufgesetzt und sie, wie gewöhnlich, nach dem Kopfe zu punktiert. Man kann eventuell 3 ccm Kochsalzlösung nach der Blutentnahme einspritzen und die Wunde vernähen. Das Verfahren beim

Frosch gelingt am besten nach Freilegung des Herzens. Doch muß man mit der Narkose sparsam vorgehen, da das absorbierte Chloroform das Kulturwachstum stark beeinflussen kann; man soll die Narkose möglichst ganz beiseite lassen. Das Verfahren, das dem am Warmblüter ganz entspricht, bereitet sonst keine weiteren Schwierigkeiten.

Um dem Nachteil des Plasmas, der allzuraschen Gerinnbarkeit, vorzubeugen, wurden von Foot (1916) menschliche Tumoren in Zitratplasma gezüchtet, das in paraffinierten Gefäßen für zwei Wochen aufbewahrt werden konnte. Dieses Plasma war mit einer die zehnfache Menge $CaCl_2$ enthaltenden Locke-Lösung in gleicher Proportion gemischt und die Mischung gab ein festes Gerinnsel, das erst nach einer Woche verflüssigt wurde, während normales Menschenplasma durch homologes Gewebe innerhalb 2—3 Tagen verflüssigt wird (1914).

Krontowski und Poleff gaben eine Methode für Oxalatplasma an, die dann von Barta modifiziert wurde. Ursprünglich wurde das Oxalat mit $CaCl_2$ neutralisiert. Bei Barta werden gleiche Teile Oxalatplasma und $CaCl_2$ enthaltendes Serum auf dem Deckglas gemischt, wo durch Neutralisierung die Gerinnung entsteht. Das Oxalatplasma kann man wochenlang aufbewahren, darf es aber ebenso wie das Zitratplasma nicht in physiologischem Zustande in die Kultur gelangen lassen; denn beide enthalten Salze.

Ein salzfreies und beständiges Plasmamedium ist das von W. H. Howell und E. Holt aus Hundeleber dargestellte Heparin, das eigentlich ein Antiprothrombin darstellen soll. Es ist im Säugetierblut physiologischerweise vorhanden und kann dem Plasma als gerinnungshemmender Stoff zugesetzt werden. Das frisch gewonnene Blut wird mit Heparin (1 ccm Heparin 1:1000 zu 15—20 ccm Blut) gemischt; dabei bindet dieses sich an die Thrombokynase, wodurch das Prothrombin frei bleibt. Die Verwendung von Paraffin oder Vaselin wird überflüssig. Nach Craciun bleibt dieses Heparinplasma 5—7 Monate lang flüssig und klar, es wird aber durch Thrombokynase oder thromboplastisches Material leicht neutralisiert und dann gerinnt es. Die von Craciun angestellten 600 Kulturen zeigen, daß dieses Plasma dem Paraffin-Eisplasma gleichzustellen ist und es hat außerdem den Vorteil, nicht zu gerinnen. Policard spritzte den plasmaspendenden Tieren die aus Leber extrahierten Nucleine ein, wodurch ihr Plasma für kürzere oder längere Zeit die Gerinnungsfähigkeit verlor.

b) Andere Körperflüssigkeiten und Gewebeextrakte.

Blutserum. Das Blutserum wird in der gewöhnlichen Weise hergestellt; die Kultur von Geweben ist wie die von Bakterien: die kleinen Gewebestückchen werden in das Serum getaucht. Um seinen größten Nachteil, das Fehlen der soliden Konsistenz, auszugleichen, wurde einst von Carrel und Ingebrigtsen $^1/_5$ Teil einer 2proz. Agarlösung zugesetzt und diese Mischung angeblich mit gutem Erfolg verwendet.

Das arteigene Blutserum hat aber auch eine wichtige Rolle in der Aktivierung der Kultur durch alltägliches Waschen der Kulturzellen nach der Methode von Champy.

Gewebeextrakt. Die Gewebeextrakte verschiedener Natur enthalten positiv oder negativ blastische Faktoren: Hormone, aber auch Nährstoffe, deren Wirkung eingehend studiert worden ist. Eine besondere Wichtigkeit haben die Embryonalgewebeextrakte, die, dem ständig gewechselten Medium zugesetzt, der Kultur eine unbegrenzte Wachstumsmöglichkeit verleihen. Die Extrakte werden folgendermaßen hergestellt:

Die Gewebe oder die Embryonen werden mit allen Kautelen der Asepsis vom Organismus steril entnommen. Beim Säugetier wird nach Laparotomie am einfachsten der ganze Uterus herausgeholt, auf ein steriles Arbeitsfeld gebracht, seiner Länge nach geöffnet und alle in ihm enthaltenen Embryonen in ein neues Glasgefäß übertragen. Bei Hühnerembryonen öffnet man das Ei am stumpfen Pol, nachdem die Eischale kräftig mit Alkohol abgewaschen wurde. Unter der breiten Öffnung befindet sich die Luftkammer; die innere Haut wird vorsichtig getrennt und man läßt den ganzen Inhalt in einen sterilen Behälter laufen. Mit einer Pinzette kann jetzt der Embryo leicht aus dem Dotter abgehoben werden. Man spült das nun gewonnene Gewebe oder den Embryo in Ringerlösung ab, teilt alles mit sterilen Instrumenten in kleine Stücke, die im Porzellanmörser verrieben werden und zentrifugiert endlich die Emulsion. Erdmann filtriert auch die Emulsion, doch scheint dies nicht unbedingt notwendig zu sein. Bei Extrakten von Erwachsenengeweben brauchen wir weniger vorsichtig zu verfahren; um die resistenteren Zellkomplexe und Elemente aufzuschließen, dürfen wir wohl auch Quarzpulver anwenden: die Emulsion wird stark zentrifugiert und die flüssigen Teile abpipettiert; Kerzenfilter soll man bei Gewebeextrakten nicht ohne Bedenken anwenden, da in der Emulsion Extraktivstoffe vorhanden sein können, die diese Filter nicht passieren. Einige Autoren benutzen den Filter trotzdem.

Nach Drew werden Mäuse- und Rattenembryonen fein zerstückelt und in ein wenig Drewsche Flüssigkeit gebracht; dann läßt man die Suspension 2—3mal frieren und auftauen; nach dem Zentrifugieren setzt sich eine klare oder leicht trübe Flüssigkeit ab, die mit Drewscher Lösung (im Verhältnis von 2:5) das Plasma ersetzen soll.

Die Gewebeextrakte können steril für längere Zeit, Tage oder Wochen, aufbewahrt werden, dagegen werden die Embryonalextrakte rasch inaktiviert; man soll sie im Verhältnis von 1:3 verdünnen und höchstens für einige Stunden im Eisschrank aufbewahren.

Fischer hat einen einfachen gut sterilisierbaren Apparat für das Verbreien parenchymatöser Organe konstruiert.

Bei den Versuchen an Froschmaterial ist neben Blutplama auch Augenkammerwasser, allein oder gemischt, mit Erfolg anzuwenden. Es wird mit einer kleinen Spritze gewonnen, deren Kanüle seitlich durch die zarte Augenhaut in die Augenkammer eingestochen wird. Die Flüssigkeit muß rasch in die Spritze aufgezogen werden, sonst geht das sowieso nur spärliche Material leicht verloren; das Wasser kommt jetzt in einen nicht paraffinierten sterilen Behälter, in welchem man den Inhalt mehrerer Augen sammelt. Man kann beide Augen des Frosches stechen und den Frosch auf weiteres aufbewahren, da sich das Kammerwasser rasch wieder bildet.

Zum Studium der Geschlechtszellen wurde von Goldschmidt bei den Schmetterlingen die Hämolymphe benützt, die aus dem Herzschlauch der Puppen gewonnen wird. Am Chitinpanzer der in Alkohol gewaschenen Puppen wird eine kleine Öffnung gemacht, die Lymphe mit einer Kapillarpipette abgesaugt und in eisgekühlten Gefäßen zentrifugiert und aufbewahrt; der in Ringerlösung nach Clark gewaschene Hoden wird geöffnet in das Lymphmedium gesetzt, wo alle Stadien der Spermienbildung etwa drei Wochen hindurch sehr schön zu beobachten sind.

Baitsell und Sherwood suchten das Blutplasma durch Peritonealflüssigkeit zu ersetzen. Diese Flüssigkeit kann beim Frosch oder beim Meerschweinchen von der Bauchhöhle leicht gewonnen werden. Dem Tier werden sterile Salzlösungen in die Bauchhöhle eingespritzt und nach einigen Stunden mit einer feinen Pipette wieder gewonnen. Diese Flüssigkeit soll den Vorteil haben, daß sie nicht so rasch wie das Plasma gerinnt. Die darin befindlichen Leukocyten schädigen nicht die Kultur, sie können aber durch Zentrifugierung entfernt werden.

c) Künstliche Kulturmedien.

Die natürlichen Medien, in erster Linie das Plasmamedium, sind durchwegs den künstlichen Medien vorzuziehen. Die künstlichen Nährmedien sind hauptsächlich von den beiden Lewis bei gewissen Arbeiten mit Erfolg verwendet worden. Unter den künstlichen Kulturflüssigkeiten sind folgende zu erwähnen:

Physiologische Kochsalzlösung für Kaltblüter:

NaCl	0,7	g
Aqua dest.	100,0	„

Locke-Lewis-Lösung für Kaltblüter:

NaCl	0,7	g
KCl	0,042	„
$CaCl_2$	0,025	„
$NaHCO_3$	0,02	„
Dextrose	0,25	„
Aqua dest.	90,0	ccm.

Ebenfalls bei Lewis und Lewis wurde bei Warmblütern die Lockesche Flüssigkeit verwendet:

NaCl	0,9	g
$CaCl_2$	0,024	„
KCl	0,042	„
$NaHCO_3$	0,02	„
Dextrose	0,5	„
Aqua dest.	100	ccm.

Zu 80 ccm dieser Lösung werden 20 ccm Hühnerbouillon gegeben. Ihre Hydrogenionenkonzentration ist allgemein p_H 6,8 bis p_H 7,2 und es sind sowohl hypertonische als auch hypotonische Lösungen, je nachdem, ob mehr oder weniger Wasser zugesetzt wird, darzustellen.

Bei diesen Versuchen wurde ein Deckglas mit einem Tropfen dieser Lösungen beschickt und das Gewebefragment in den Tropfen gesetzt. Das Deckglas kam auf einen (ausgehöhlten) Objektträger und wurde mit Paraffin eingeschlossen. Die Lebensphänomene wie auch die Lebensdauer dieser Kulturen sind ziemlich beschränkt; in Ringerscher Lösung, Locke-Lewisscher Lösung, in Liesegangs kolloidalen Lösungen ist das Leben und das Wachstum der embryonalen Warmblütergewebe und der ausgewachsenen Kaltblütergewebe auf 1 bis 14 Tage möglich.

Die für verschiedene Zwecke, hauptsächlich aber als Zusatz zu anderen Medien und als Aufbewahrungsmedium für Gewebsfragmente verwendete Ringerlösung hat folgende Zusammensetzung:

Ringersche Lösung für Kaltblüter:

NaCl	0,7	g
KCl	0,025	„
$CaCl_2$	0,3	„
Aqua dest.	100,0	ccm,

sonst

NaCl	9,0	g
KCl	0,42	„
$CaCl_2$	0,25	„
Aqua dest.	1000,0	ccm.

Von der Ringerschen Lösung ist auch die Clarksche hergeleitet:

NaCl	0,65	g
KCl	0,014	„
$CaCl_2$	0,012	„
NaH_2CO_3	0,01	„
Na_2HPO_4	0,001	„
H_2O	100,0	ccm.

Die von Goldschmidt verwendete Ringerlösung nach Vernon ist folgendermaßen zusammengesetzt:

NaCl	0,75	g
$NaHCO_3$	0,01	„
$CaCl_2$	0,024	„
KCl	0,021	„
H_2O	100,0	ccm.

Insbesondere zum Auswaschen der Kaltblütergewebe wurde eine kolloidale Ringerlösung „Lösung 753", von Liesegang konstruiert, die im Handel käuflich ist, jedoch ohne daß ihre Zusammensetzung mitgeteilt wäre.

Die Tyrode-Lösung dient für ähnliche Zwecke wie die Ringerlösung:

NaCl	8,0 g
KCl	0,20 „
$CaCl_2$	0,20 „
$MgCl_2$	0,20 „
NaH_2PO_4	0,05 „
$NaHCO_3$	1,0 „
Glucose	1,0 „
Aqua dest.	1000,0 ccm.

Drew will das Plasmamedium durch eine Mischung ersetzen, welche teils aus einer anorganischen Lösung, teils aus Embryonalextrakt (Darstellung nach Drew siehe bei Gewebeextrakten) im Verhältnis von 4:1 besteht, die auch das unbegrenzte Wachstum der Explantationselemente ermöglicht; dabei stellt dieses Medium ein chemisch streng definiertes und nach Belieben veränderliches System dar. Die Drewsche Lösung ist der von Locke ähnlich:

NaCl	0,9 g
KCl	0,042 „
$NaHCO_3$	0,02 „
$CaCl_2$	0,02 „
$CaH_4(PO_4)_2$	0,01 „
$MgHPO_4$	0,01 „
H_2O	100,0 ccm.

Panneff und Compton versuchten die Drewsche Lösung umzuändern, da das $MgHPO_4$ ein schwer lösliches Salz ist; dabei mußte aber die optimale Hydrogenionenkonzentration erhalten bleiben. Sie versuchten statt des von Drew verwendeten Carbonat-Bicarbonat-Systems Lösungen der Phosphatgruppe zu verwenden, welche im Autoklaven sterilisierbar sind. Ihr Medium setzt sich aus zwei Lösungen zusammen. Von der Lösung A werden 4 ccm mit 90 ccm destilliertem Wasser sterilisiert, von der separat destillierten Lösung B werden 6 ccm kalt zugesetzt.

Lösung A:		Lösung B:	
NaCl	12,11 g	$NaH_2PO_4 H_2O$	5 ccm
KCl	1,55 „	$N_2HPO_4 12 H_2O$	55 „
$CaCl_2$	0,77 „		
$MgCl_2 6 CH_2O$	1,27 g		
Aqua dest.	100,0 ccm.		

Ob diese Lösungen wirklich Vorzüge haben, kann wegen der spärlichen Erfahrungen nicht gesagt werden.

Alle diese Lösungen muß man vor dem Gebrauch filtrieren und stets sterilisieren. Sie dienen, wie erwähnt, einerseits als stationäre

Medien, d. h. zur kurzfristigen Konservierung der Gewebsfragmente, andererseits zur Verdünnung der natürlichen Medien. Durch ihre Beimischung zum Plasmamedium wird dieses schwerer koagulierbar.

Diese Lösungen enthalten nichts Organisiertes und die einfachen Salzlösungen können als Medien das Leben der Kultur nicht lange erhalten; zugesetzte organische Substanzen, wie Agar, Fleischbrühe oder Dextrose erhöhen zwar ihren Wert, sie bleiben aber dennoch weit hinter dem Plasmamedium zurück. Diese flüssigen Medien haben auch den Nachteil, das Fibrinnetz des Plasmamediums zu entbehren.

d) Gemischte Kulturmedien.

Die gemischten Kulturmedien enthalten einerseits organisierte, andererseits nichtorganisierte Bestandteile. Die anorganischen Salzlösungen werden in den verschiedensten Verhältnissen dem Plasma oder dem Gewebeextrakt zugesetzt, wobei aber auf die Stabilität des p_H großer Wert zu legen ist. Möglichst soll die H-Ionen-Konzentration, wenn die Bestandteile längere Zeit hindurch aufbewahrt wurden, vor Gebrauch geprüft werden, da ihr Wert im aufbewahrten Serum oder Gewebeextrakt rasch herabsinkt. Das $p_H = 7,2$ des frischen Embryonalextraktes sinkt nach Ebeling auf 6,5 und bleibt dann für längere Zeit stabil. Die Bestandteile des Mediums sollen auf dem Deckglas miteinander vermischt werden; erst wird das Plasma am Deckglas ausgebreitet, dann werden die übrigen flüssigen Bestandteile zugesetzt.

Als festes Medium wurde zuerst Gelatine angewendet. Die beiden Lewis haben eine Mischung von Agar, Lockelösung und Bouillon versucht; Carrel wies aber nach, daß der Zusatz von Bouillon keine Vorteile hat; der Lockelösung ist sicherlich das Serum vorzuziehen. Es wurden auch andere Substanzen, wie Salze, Glucose, Aminosäuren, Polypeptide usw. als Zusätze versucht, aber alle diese Kulturen sind in ihrer Brauchbarkeit weit hinter dem Blutplasma zurückgeblieben und kommen heute weniger in Betracht.

Eine scheinbar sehr gute Mischung wird von Carrel angegeben: der feste Teil des Mittels wird in Fibrinogen (oder auch in Plasma) gegeben, das mit ein wenig Serum, oder mit einem kleinen Zusatz von Eidotter gegen Verdauung geschützt wird. Der flüssige Bestandteil ist eine Mischung von Tyrode-Lösung und 5 vH Gewebeextrakt; die beiden Bestandteile haben das Verhältnis von 0,5:1,5. Der Vorzug dieses Mediums besteht darin, daß man die flüssigen Bestandteile leicht abpipettieren und durch neue ersetzen kann, ohne den festen Bestandteil und damit die Kultur zu stören.

Will man vergleichende Versuche anstellen, so muß man nicht nur auf das identische p_H, sondern auch auf die gleichen Quantitätsverhältnisse Wert legen. Gewisse Schwankungen sind selbstredend nicht auszuschließen, da ja zwei Fragmente selbst weder qualitativ noch quantitativ im strengsten Sinne identisch sein können. Aber eben die Versuche über die Bestimmung der Wachstumsintensität der Fragmente unter verschiedenen Lebensbedingungen haben gezeigt, daß derartige Schwankungen unbedeutend sind.

e) Herstellung der Gewebsfragmente.

Als wichtigstes Prinzip — wie es überhaupt bei den Gewebezüchtungen die absolute Sterilität ist — muß bei allen Operationen, um Gewebe vom Organismus zu entfernen, die peinlichste Asepsis beobachtet werden. Das unter dieser Voraussetzung gewonnene Organ oder Organstückchen wird in einer anorganischen Lösung (meistens Ringerlösung) gut gewaschen. Braucht man längere Zeit bis zum Ansetzen der Kulturen, so wird das Gewebestückchen auf Eis gelegt; dieses Verfahren schädigt die Zellen nicht, im Kulturmedium treten sie wieder in Funktion. Jedenfalls ist eine längere Unterbrechung der Arbeit nicht zu raten, ja umgekehrt, ein sicheres Gelingen unserer Bemühungen ist nur bei ganz schnellem Vorgehen gegeben.

Zur Präparierung des Organs haben wir eine feine Schere, Pinzette, Lanzetten und Nadeln sterilisiert. Von dem mit der Pinzette gefaßten Organstückchen werden sehr kleine Teilchen, etwa von $1/2$ bis 1 mm Durchmesser, geschnitten, die nochmals in Ringerlösung kommen. Die übrigen Instrumente sollen nur dann benutzt werden, wenn das Gewebestückchen zu zerzupfen ist. Von der Ringerlösung bringt man die Fragmente auf Deckgläser und beschickt sie mit einem Tropfen des Nährmaterials.

Das Verfahren ist sehr leicht und benötigt sehr selten Änderungen. Beim Gewinnen von Knochenmarkzellen wird der Knochen des narkotisierten Tieres herauspräpariert, mit einer Knochenschere durchtrennt und mittels einer Hohlsonde ein wenig vom Knochenmark herausgenommen, das gleich in das Kulturmedium gebracht wird. Man wähle möglichst junge Tiere, deren Knochenmark mehr rote Substanz enthält, die sich besser als das verfettete weiße Knochenmark für die Züchtung eignet.

Das nervöse Element wird vom Medullarrohr des Embryo genommen (Harrison beim Frosch), bei Hühnerembryonen das Rhombencephalon der vier Tage alten Embryonen (Erdmann, Levi), oder Nervenfasern aus Spinalganglien (Ingebrigtsen) usw.

Alle Gewebe können hier nicht aufgezählt werden und in betreff der Einzelheiten wird auf die entsprechende Literatur verwiesen.

Hauptsächlich bei Züchtungen von Tumorgeweben soll man darauf achten, daß man nicht infizierte Stückchen in Kultur setzt. Deshalb soll man nur junges, gut wachsendes Tumorgewebe verwenden. Man nimmt nicht den zentralen, sondern den peripherischen Teil. Menschliche Tumoren sind schwerer steril zu gewinnen, so daß die experimentelle Tumorforschung mit Vorliebe an Mäusetumoren durchgeführt wird.

Kulturen von Leukocyten werden nach den russischen Autoren (Timofejewski und Awroroff) folgendermaßen hergestellt: Man überträgt in der üblichen Weise Blut aus einem Blutgefäß der Tiere in paraffinierte Röhren, wie das beim Gewinnen von Plasma gewöhnlich gemacht wird. Das Plasma wird mit einer Pipette abgesaugt und als Nährmedium verwendet. Unter der flüssigen Plasmaschicht befindet sich eine Schicht von Formelementen, welche besonders reich an Leukocyten ist; sie kann leicht abgenommen werden. Aus mehreren Blutröhren wird diese Schicht in ein anderes Rohr gebracht und wiederum gründlich zentrifugiert. Nun bildet sich jetzt über den roten Blutkörperchen eine Haut von zusammengedrängten Leukocyten, die abgehoben und in einer Schale mit Ringerlösung abgespült wird; jetzt werden von dieser Leukocytenhaut kleine Stückchen abgeschnitten und in Plasmamedium gesetzt.

f) Ansetzen von Kulturen und Mediumwechsel.

Vor dem Beginn des Ansetzens der Kulturen müssen alle Bestandteile der Kultur vorbereitet sein. Die Glasgefäße, Deckgläser, Objektträger werden in größerer Zahl zuerst peinlich in warmem Wasser mit Seife gewaschen, in Leitungswasser abgespült, dann in 96proz. Alkohol gegeben. Aus dem Alkohol herausgeholt, werden sie mit einem weichen Tuch getrocknet und im Trockensterilisator sterilisiert. Die Eiseninstrumente können kurz vor dem Gebrauch in siedendem Wasser sterilisiert werden. Folgende Gegenstände sind notwendig:

Deckgläser werden in verschiedener Größe und Dicke verwendet. Man bereitet diese immer in größerer Anzahl vor, als notwendig ist. Will man auf ein Deckglas mehrere Tropfen legen, so sind größere zu wählen, die dann entsprechende Objektträger benötigen.

Die Objektträger sind gewöhnlich mit Höhlung versehene Gläser, die auch in der Bakteriologie verwendet werden. Man soll möglichst solche wählen, die eine tiefe und breite Höhlung haben.

Doppelschalen.

Pipetten in verschiedenen Größen, nötigenfalls auch graduierte. Die Pipetten sind ziemlich schwer zu reinigen, sie sollen deshalb immer nur für gleiche Zwecke verwendet werden. Man prüft erst ihre Alkalinität nach.

Eine Pinzette, mit der sich die Deckgläser gut fassen lassen.

Was Form und Namen der Gläser und Instrumente anbelangt, sind schon so viele in Gebrauch, daß sie schwer aufzuzählen sind. Der Explantator wählt am besten selber das für ihn geeignete aus.

In Laboratorien, hauptsächlich, wo auch mit infizierten Gegenständen gearbeitet wird, sollte für diese absolut steril durchzuführenden Arbeiten ein kleiner isolierter Raum verwendet werden. Den Operationstisch, der oft, möglichst auch vor dem Ansetzen der Kulturen, gereinigt wird, soll man mit reinem Filtrierpapier bedecken. Wird mit Warmblütern gearbeitet, so soll der Raum, speziell im Winter, gut geheizt sein.

Die Lösungen, Instrumente und die übrigen notwendigen Gegenstände werden auf den Tisch gelegt. Die Pipette versieht man mit Gummihütchen. In die Drigalskischalen wird eine weiche Lage von Filtrierpapier gelegt, auf welche ganz wenig steriles destilliertes Wasser gegossen wird, um in der Schale eine beständige Feuchtigkeit zu erhalten, die auch die Kulturen vor dem Austrocknen schützt. Auf dieser Grundlage werden die Deckgläser nebeneinander gestellt. Sie liegen mit ihrer unteren Fläche im Wasser, die obere bleibt trocken. Auf diese Deckgläser kommen die allgemein in Ringerlösung aufbewahrten Gewebestückchen und werden sofort mit dem Nährmedium beschickt. Das muß augenblicklich geschehen, sonst trocknet das Gewebestückchen aus; man kann dies dadurch verhüten, daß man die Schalen nie ganz öffnet und sie auch gleich zumacht.

Man kann, wenn man Plasmamedium benutzt hat, die Kulturen auch so lassen; das Plasma koaguliert gleich und man setzt die zugemachten Schalen in den Brutschrank. Sie sollen in höhere Fächer auf Watteunterlage gestellt werden.

Ist aber das Nährmedium flüssig, so wird man die Kultur in die Höhlung eines Objektträgers einschließen. Auch beim Plasmamedium ist das eingeschlossene System mehr empfehlenswert, da dieses die Kultur vor dem Austrocknen und der Infektion besser schützt. Man versieht die Objektträger um die Höhlung herum mit einem Vaselinring; dann faßt man mit einer Pinzette das Deckglas, kehrt es rasch um und setzt es auf den Objektträger in der Weise, daß die Kultur in die Höhlung des Objektträgers hineinragt. Der Vaselinring hält auch das Deckglas fest. Von manchen Forschern wird zwischen den gewöhnlichen Objektträger und das Deckglas ein sogenannter „Sockel" mit kreisrundem Ausschnitt geschoben und dadurch eine breitere Kulturkammer hergestellt.

Deetjen benutzt bei Kulturen von Warmblütern Deckgläser aus Quarzbergkristall oder Marienglas, da nach ihm das einfache Glas der Kultur gegenüber nicht ganz indifferent ist. Auch Braus hatte sich von dem Vorteile dieser Deckgläser überzeugt.

Es wurde verschiedentlich versucht, die Methode des hängenden Tropfens so weit zu ändern, daß diese in größeren Räumen, Röhrchen oder anders gestalteten Kammern sich befinden, die dann mit Vaselin luftdicht verschlossen werden. Ein solches System wurde von Centanni hergestellt. Bei dieser Methode wird ein ringförmiger hoher Objektträger benutzt, der dem Präparat genügend Luft läßt und dadurch den respiratorischen Gaswechsel unterstützt. Auch können einige Tropfen destilliertes Wasser auf den Grund gegossen werden, die eine permanente Feuchtigkeit verursachen. Man muß jedoch in der Dosierung des notwendigen und noch nützlichen Wassers ein wenig Übung haben; denn wenn es nicht ausreichend ist, vertrocknet das Präparat und stirbt ab; eine übertriebene Quantität schadet dagegen ebenfalls, da das im Thermostat verdunstete Wasser sich wiederum auf dem Präparat sammelt, darin osmotische Gleichgewichtsstörung verursacht und das Weiterleben des Kulturgewebes gefährdet. Das Deckglas kommt mit dem hängenden Tropfen auf den ringförmigen Objektträger und wird mit Vaselin luftdicht verschlossen. Das Deckglas kann man zu Untersuchungszwecken leicht vom Objektträger abnehmen, um das Wasser darin zu erneuern.

Zu ähnlichem Zweck wurden von Carrel als Kulturkammer Uhrgläser, Gabritschewskyschalen u. a. empfohlen, in welchen Kulturen bis zu 15 cm Durchmesser gezüchtet werden konnten. Die Gabritschewskyschalen haben auch ihre besonderen Nachteile, hauptsächlich aber ihre allzu dicken Deckel, die eine Beobachtung mit stärkeren Objektiven nicht zulassen. Die Fragmente

Abb. 4. Ringförmiger Objektträger nach Centanni.

kamen hier auf eine Unterlage von Seidengaze. Diese großen Kulturkammern erlauben den Sauerstoffzutritt in größerer Menge, doch infizieren sich diese großen Kulturen leicht. Von Burrows und Romeis wurden besondere Apparate konstruiert, die eine dauernde Durchlüftung und Durchspülung der Kultur ermöglichen. Solche Apparate sind auch im Handel erhältlich. Diese Methode konnte sich aber auch nicht einbürgern.

Ähnlich wie Burrows und Romeis benutzte auch Haan einen Durchströmungsapparat, der einen Behälter hat, aus welchem die Lösung die in einem besonderen Gefäß befindliche Kultur drainiert. Als Lösung wurde die durch Injektion und Aushebung von 200—300 ccm Ringerlösung zu gewinnende Exsudatflüssigkeit des Kaninchens verwendet, in welcher auch viele Formelemente zu finden sind. Die Flüssigkeit wird zentrifugiert.

Manche sehr brauchbare Modifikationen der Tropfenkultur wurden von R. Gassul angegeben. Da bei vergleichenden Untersuchungen die Gleichheit der Lebensbedingungen eine hervorragende Rolle spielt, wurden von ihm in einer Kulturkammer gleich drei Tropfenkulturen eingeschlossen, die in Form eines Dreiecks auf das Deckglas gebracht wurden. Diese Methode bietet auch insofern einen Vorteil, als man gleichzeitig drei Explantate am Mikroskopiertisch beobachten kann, und damit wird nicht nur Zeit, sondern auch Raum, Deckglas, Objektträger usw. erspart, aber vor allem bleiben die Kulturen geschont. Nützlich ist auch das Verfahren mit dem ,,sitzenden" anstatt ,,hängenden" Tropfen, wo für viele Zellformen das Deckglas selber ein festes Substrat zu Form- und Ortswechsel bietet; die auf das Deckglas gesetzten Explantate lassen sich gut mit Immersion betrachten. Dies Verfahren wurde von uns schon früher oft verwendet.

In der Kultur bildet sich schon in 24—48 Stunden um das Fragment herum ein schleierartiger Ring, die Invasionszone, die aus ausgewanderten Proliferationselementen zusammengesetzt ist. Man kann aus diesen Elementen neue Kulturen, ,,Subkulturen" gewinnen, in welchen der alten Kultur gegenüber auch eine biologische Reinigung möglich ist. Man schneidet vom Proliferationshof ein Stück aus, von der Zone, die die für uns notwendigen Elemente rein enthält, und überträgt dieses Stück auf ein neues Deckglas. Diese Methode ermöglicht, die Explantationselemente scheinbar unbegrenzt am Leben zu erhalten, ja die Abkömmlinge scheinen sich sogar mit der Zeit dem Kulturleben anzupassen, da sie nach mehr als 1300 Passagen eine stärkere Wachstumfähigkeit gezeigt haben, als die Zellen einer neu angelegten Kultur. Das Anlegen der Subkulturen setzt keine besonderen Bedingungen voraus. Das Deckglas wird vom Objektträger abgehoben, gewendet und die alte Kulturflüssigkeit abpipettiert. Nun wird auf die Kultur mit einer Pipette die Waschflüssigkeit aufgetropft; unter Lupenvergrößerung wird von der Proliferationszone ein Stückchen abgetrennt, auf ein neues Deckglas gebracht, mit frischem Nährmedium bedeckt. Alle diese Manipulationen sollen, um größere Temperaturschwankungen zu vermeiden, möglichst am heizbaren Objekttische vorgenommen und jeden 2. bis 4. Tag je nach Art und Zustand des Gewebes wiederholt werden.

Um die Zellelemente mit dem nötigen Nährmaterial zu versorgen und die Produkte ihrer katabolischen Prozesse vom Kulturmedium zu entfernen, ohne das Explantat dabei zu schädigen und es einer Infektion auszusetzen, wurde von Carrel ein neues System konstruiert. Es wurden als Behälter der Kulturen platte runde Flaschen mit einem oder zwei seitlich ausgehenden Hälsen genommen, durch welche das Gewebefragment und das Kulturmedium eingeführt und herausgeholt wird. Die rundlichen Flaschen wurden in zwei Größen hergestellt: mit einem Durchmesser von 5 oder von 8 cm. Die Hälse sind 3 cm lang und 1 cm breit und sind etwas gebogen; sie werden mit Watte und einem Gummihütchen geschlossen. Von jeder Größe wurden fünf verschiedene Typen hergestellt. Eine von diesen trägt an der oberen Wandung eine 3 cm breite Öffnung, die mit einer Glasscheibe mittels Schellack verschlossen wird. Diese Flasche wird bei Geweben angewendet, die durch den Hals nicht leicht einzuführen wären. Ein anderer Typ hat außer der oberen Öffnung auch eine untere, die

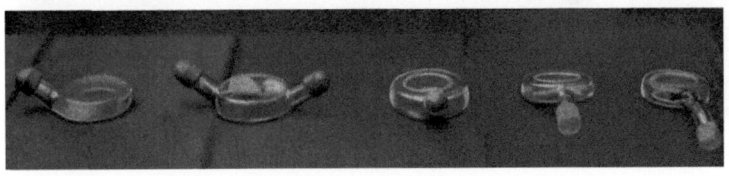

d　　　　b　　　　a　　　e　　　c
Abb. 5a—e. Carrelsche Fläschchen. (Nach Carrel.)

auch mit einer dünnen Micaplatte geschlossen wird, durch welche das Objekt untersucht und photographiert werden kann. Die Kultur wird in Formaldehyd fixiert, der Boden vorsichtig herausgeschnitten oder entsiegelt und läßt sich an der Micaplatte gut behandeln. Andere Typen haben entweder nur die untere Öffnung oder keine, einen oder zwei Hälse, durch welche gleichzeitig zwei Instrumente eingeführt werden können. Die aus glattem Glas hergestellten Flaschen kann man mittels Projektoskop untersuchen, andere dienen zu cytologischen Studien.

Die Kulturmedien wurden aus einem festen und einem flüssigen Bestandteil zusammengesetzt, welch letzterer oft gewechselt wird. Der feste Bestandteil besteht aus von Plasma oder Fibrinogen gewonnenem koaguliertem Fibrin. Zuerst wird der feste Bestandteil am Grunde der Flasche ausgebreitet; bevor er aber koaguliert, führt man mit einem Platinspatel das Fragment ein und setzt es in das Kulturmittel. Ist das Plasma koaguliert, so wird auf die Oberfläche der Kultur die Nährflüssigkeit pipettiert. Hat man mehrere Fragmente gleichzeitig in die Kultur zu setzen, so werden diese in Tyrode-Lösung suspendiert und zusammen mit einer Pipette injiziert. Nachdem die Kultur beisammen ist, zieht man den Hals der Flasche über die Gasflamme und macht seine Öffnung zu. Das flüssige Nährmedium soll zwei-, drei-, vier- oder fünftägig, je nach der Natur des Gewebes, gewechselt werden. Man öffnet die Flasche und zieht den Hals über die Flamme; die überflüssige Nährflüssigkeit wird abpipettiert und die neue Nährlösung eingeführt. Man schließt wie gewöhnlich die Flasche. Der Wechsel des Nährmediums geschieht bei dieser Methode sehr rasch, etwa in 45—75 Sekunden, d. h. in einer Stunde werden etwa 60 Flaschen behandelt.

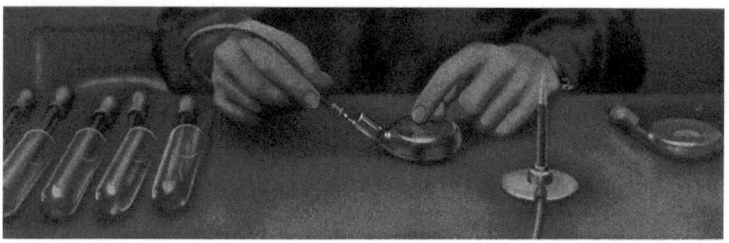

Abb. 6. Behandlung der Kulturen: die alte Kulturflüssigkeit wird entfernt und neue eingeführt. (Nach Carrel.)

Will man die Kultur von einer Flasche in eine andere übertragen, so hebt man mit einem Spatel die Kultur von ihrem Grunde ab und bringt sie rasch in eine andere Kultur. Bei entsprechender Asepsis macht dieses Verfahren keine Schwierigkeiten.

Zu gleichzeitiger Züchtung von mehreren Fragmenten, oder vielmehr von einer Suspension sehr kleiner Gewebestückchen in Plasma oder Embryonalsaft, wurde von Carrel die Methode der Rollkultur angegeben. Es werden ganz kleine Stückchen oder Fragmente auch älterer Zellkolonien in Röhrchen gebracht, die die Mischung von Plasma oder Embryonalsaft enthalten. Die kleinen Gewebestückchen wachsen in solchen röhrenförmigen Kulturkammern sehr rasch, werden von einer sphärischen Invasionszone umgeben, die, wenn sie einander erreichen, konfluieren. Um aber diesen Kulturen eine entsprechende Sauerstoffzufuhr zu ermöglichen, wurde die Suspension noch vor der Gerinnung des Plasmas horizontal um die Längsachse der Röhrchen zentrifugiert. Noch während der Zentrifugierung gerinnt das Plasma und bildet an der

Röhrenwand eine dünne Plasmaschicht, über welche die Explantate verteilt sind. Zu diesem Zweck wurde von Löwenstädt eine horizontale Rollzentrifuge hergestellt, die im Handel erhältlich ist.

g) Darstellung von Reinkulturen.

Es wurde zuerst von W. Lewis der Vorwurf gemacht, daß bei Gewebekulturen eine morphologische Differentiation und Klassifikation der Proliferationselemente deshalb zu Irrtümern führe, weil die einfach geschnittenen Gewebsfragmente Mischkulturen darstellen; um Reinkulturen, d. h. solche Kulturen zu gewinnen, in welchen bloß ein einziger Zelltyp vertreten ist, benötigt es ein komplizierteres Verfahren. Man kann Reinkulturen dadurch gewinnen, daß die weniger resistenten Elemente des Fragmentes von den stärkeren überwuchert werden; so wird z. B. in einer Kultur von bindegewebigen und epithelialen Elementen bald eine reine Bindegewebskultur entstehen. Wird im Thermostat bei 40° ein embryonales Herzfragment gezüchtet, geben die Myoblasten, die bis zu 37° pulsationsfähig sind, ihr Leben auf und machen den Fibroblasten Platz. So leicht dieses Phänomen zu erzeugen ist, so unzuverlässig ist es auch. Heute werden von den meisten Forschern die Reinkulturen durch mechanische Trennung von kleinen Gewebestückchen, die mikroskopisch rein aussehen, erhalten. Für diesen Zweck wurden hauptsächlich zwei Methoden erdacht; die eine ist die Mikrurgie mit der Mikromanipulation, die andere die Reinigung der Fragmente mittels ultravioletter Strahlen.

Mikrurgie setzt eine Apparatur voraus, mit deren Hilfe man an Gewebsfragmenten oder Einzelzellen Manipulationen, wie Isolieren, Schneiden, Pipettieren, Untersuchen und andere Operationen im mikroskopischen Sehfeld durchführen kann. Eine solche Apparatur wurde zuerst im Jahre 1899 in Utrecht von S. L. Schouten und gleichzeitig von M. A. Barber in Kansas konstruiert; sich auf ihre grundlegenden Erfahrungen stützend, wurde diese Methode dann in erster Linie von Chambers und Péterfi verbessert und verfeinert. Die mikrurgische Manipulation setzt so viele Erfahrungen voraus, daß es nicht möglich ist, hier näher darauf einzugehen; ein kurzer Überblick unter Hinweis auf die entsprechende Literatur muß dem Leser genügen.

Zu beiden Seiten des Mikroskops sind Operationstische aufgestellt, auf welchen die Werkzeuge in besonderen Instrumentenhaltern durch gröbere oder feinere Schrauben in Bewegung zu setzen sind; die Bewegungen können in allen Richtungen geschehen. Die Mikroinstrumente, feine Nadeln und Pipetten, werden aus Hartglas, Quarz oder Pyrexglas meistens vom Operateur selbst über einem besonderen mikrurgischen Brenner hergestellt,

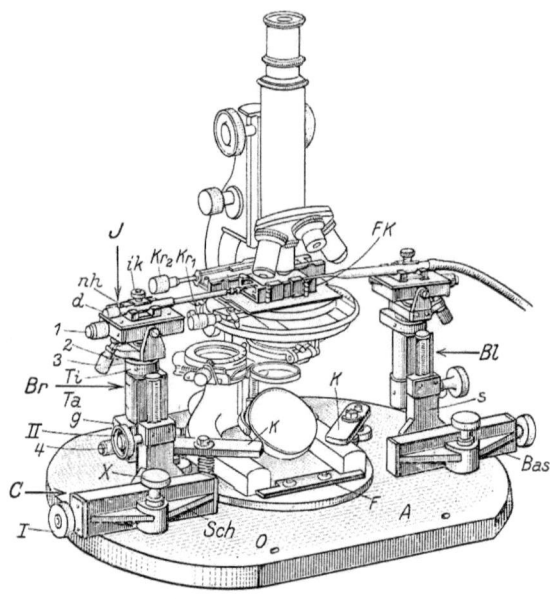

Abb. 7. Mikromanipulator nach Janse und Péterfi. *A* Grundplatte; *Br* rechtes, *Bl* linkes Operationsstativ; *J* Instrumententisch; *ik* Instrumentenklammer; *nh* Nadelhalter; *d* Drehknopf des Nadelhalters; *Ti* innerer, *Ta* äußerer Tubus; *C* Grundteil; *Sch* Schlittenführung mit Spindel; *X* Stellschraube; *F* Anschlagleiste; *K* Fußklemmen; Kr_1, Kr_2 Kreuztischschrauben; *FK* feuchte Kammer; *I* grobe Perlateralschraube; *II* grobe Vertikalschraube; *1* feine Perlateralschraube; *2* feine Sagittalschraube; *3* Diagonalschraube; *4* feine Vertikalschraube; *g* Gehäuse von 4; *O* Gewinde für die vorderen Operationsstative.

der eine 1—2 mm hohe Gasflamme erzeugt, an der man 1 μ dicke Nadelspitzen und 5—10 μ breite Pipettenmündungen herstellen kann. Feinösen werden nach Schouten aus Nadeln, nach Péterfi aus Glasrohr mit seinem Mikrokauter angefertigt. Mit diesem sehr feinen Instrument lassen sich Feinösen in verschiedener Größe und Feinheit mit einer Schlinge von 9—30 μ Durchmesser erzeugen. Es werden aber auch tierische und pflanzliche Bestandteile als Instrumente verwendet: Haare, Borsten, Insektenmandibeln, Schuppen usw., die auf einem Deckglas unter der Lupe präpariert werden.

An der von Barber konstruierten Zellpipette ist wichtig, daß deren 6—12 μ weite Mündung in die Zelle eindringen kann; auch dient sie zur Isolierung von Mikroorganismen. Die saugende Wirkung wird hier in einem besonderen System durch eine Kältemischung erzeugt, die auf Quecksilber zusammenziehend wirkt: dadurch entsteht eine Luftleere, die saugend wirkt. Durch Entfernung der Kältemischung breitet sich das Quecksilber aus und der entstandene positive Druck spritzt den Inhalt hinaus. Elektrisch heizbare Feinpipetten erlauben eine ungestörte Arbeit.

Um ganz winzige Flüssigkeitsmengen am Mikroskoptisch vor dem Austrocknen zu schützen, werden kleine Feuchtkammern verwendet, die man auch selbst aus Objektträgern und Glasstreifen mit Kanadabalsam herstellen kann. Sie sind allgemein 40—20 mm breit und 5 mm hoch, lassen sich gut durchleuchten; durch eine Seite werden die Instrumente eingeführt. Die von Péterfi konstruierte Feuchtkammer ist noch kleiner, ringsherum geschlossen und dient als Wasserbehälter. Sie wird auf den Kreuztisch des Mikroskops gestellt und beleuchtet.

Die Instrumente werden an den Operationsstativen befestigt, mit den Schrauben in die optische Achse des Mikroskops gebracht, wo sie beleuchtet erscheinen und tief in die Feuchtkammer gesenkt. Jetzt kommt das Versuchsobjekt auf das Deckglas und man legt es auf die Feuchtkammer. Die Gegenstände, Gewebsfragmente, schwimmen in einem hängenden Tropfen und weichen den Instrumenten aus; um sie behandeln zu können, muß man sie festhalten. Dies geschieht entweder mit einer Feinpipette oder durch Anziehung: eine Mundpipette mit 50—150 μ weiter Mündung saugt vom Hängetropfen soviel ab, bis das Objekt an der Deckglasoberfläche anliegt und an der Mündung der Pipette festgehalten wird. Die Feinpipette besteht aus zwei an Doppelnadelhaltern befestigten Nadeln, die sich einander nähern können.

Bei der Operation wird auf die optischen Bedingungen großer Wert gelegt, denn je stärker die Vergrößerung ist, desto mühsamer wird die Manipulation sein. Eine brauchbare Form der Beleuchtung wurde in einer von Siedentopf als Zwischenfeld bezeichneten Art der schiefen Beleuchtung gegeben, die sehr gut wahrnehmbare Bilder erzeugt. Weniger schwer gelingt es, die Temperaturschwankungen zu beseitigen.

Dieses als Mikrurgie bekannte mikroskopische Operationsverfahren wurde zuerst nur in der Bakteriologie verwendet, dann hat es sich auch in der experimentellen Cytologie, insbesondere aber in der Protoplasmaforschung, d. h. bei der Erforschung der physiko-chemischen Eigenschaften des Protoplasmas, bewährt. Seine Wichtigkeit für die experimentelle Zellforschung ist noch kaum zu übersehen, doch ist zu erwarten, daß nach Vervollkommnung und Vereinfachung dieses Verfahrens sich ganz neue Investigationsgebiete eröffnen werden.

Wiewohl die Mikrooperationen zu ganz verblüffenden Ergebnissen führten, konnten sie sich bei den Forschern nicht einbürgern, da sie einerseits sehr viel Übung, andererseits die kostspielige Apparatur voraussetzen. Um diese Nachteile zu beseitigen, wurde mehrfach versucht, die Methode der Mikromanipulationen zu vereinfachen. H. J. Frey suchte zu einfacheren Operationen bei kleinerer Vergrößerung die Apparatur von Chambers oder Péterfi ganz auszuschalten, und das ist ihm bei einer ganzen Reihe von Operationen, besonders an Eiern, an Protozoen, wohl gelungen. Derselbe Weg wurde von Huzella eingeschlagen, der eine höchst einfache Apparatur zusammengestellt hat, die zwar die eigentlichen Mikromanipulatoren nicht vollwertig ersetzen kann, aber doch in kleineren Laboratorien die Verwendung der so wertvollen Forschungsmethode der Mikromanipulation zu ermöglichen sucht.

Die Feuchtkammer wird hier folgendermaßen hergestellt: ein Deckglas wird an den vier Ecken mit Paraffin derart befestigt, daß als Stütze 1—2 mm lange Glaskapillaren untergestellt werden können. Dadurch haben wir eine Feuchtkammer mit kapillarem Raum. Die Glasinstrumente sind wie sonst gemacht. Die Mikropipetten werden vereinfacht; sie werden aus einem Glasröhrchen ausgezogen, das an einem Ende ampullenartig erweitert ist. Wird dieser erweiterte Teil erhitzt und abgeschmolzen, entsteht in der Pipette ein Vakuum; wird die fein ausgezogene Spitze abgebrochen, oder bei offener Mündung wieder erhitzt, so saugt die Pipette Flüssigkeiten auf. Bei gut unterstütztem Unterarm können die Instrumente mit der Hand angebracht, eingestellt und gerichtet werden. Es ist wünschenswert, diese Mikrooperationsvorrichtung, die insbesondere bei der Gewebezüchtung in vitro gute Dienste leisten kann, weiter auszuarbeiten.

Eine andere Methode, Reinkulturen zu gewinnen, ist von Drew angegeben worden. Diese Methode besteht in der Protektion der zum Züchten verwendeten reinen Zellgruppe mittels eines Quecksilberkügelchens und Abtöten der überflüssigen Zellen durch Bestrahlung auf 5—10 Minuten mit ultraviolettem Licht.

h) Affrontierte Kulturen.

Zur näheren Erforschung der tropischen Einflüsse wurde von der Schule Centannis eine neue Methode ausgebaut, mittels der einerseits die Gegenwirkungen homo- und heterogener Gewebe, andererseits die blastotropischen Wirkungen chemisch mehr oder minder determinierter Stoffe und Gewebeextrakte untersucht werden. Zu diesem Zweck werden zwei Gewebe in einer Distanz von etwa einem Millimeter einander gegenübergestellt und die Polaritätserscheinungen im Wachstum beobachtet. Ähnliche Erscheinungen treten, hauptsächlich bei der Nervenfaser, auf, wenn das Gewebe hufeisenförmig gebogen wird.

Will man die tropische Aktion von chemischen Stoffen, Giften oder Gewebeextrakten untersuchen, so werden diese in Kapillarröhrchen dem Gewebefragment gegenübergestellt. Ein einfaches Glasrohr wird über der Bunsenflamme zum Kapillarrohr ausgezogen, in der Mitte abgebrochen und die Flüssigkeit darin aufgesogen; von diesem langen (etwa $1/2$ m) mit der Flüssigkeit gefülltem Kapillarrohr werden etwa 1 cm lange Stückchen abgebrochen und das eine Ende über der Flamme geschlossen, am anderen Ende ist die offene Mündung, die in einer Distanz von etwa 1 mm dem Gewebefragment gegenübergesetzt und mit einem Tropfen der Nährsubstanz bedeckt (Plasmamedium) wird. Das Fragment befindet sich in der Mitte des Kulturmediums, dagegen ragt vom Kapillarröhrchen nur die offene Mündung in diese hinein; das Deckglas wird gewendet (hängende Tropfen) und die Kultur am Objektträger mit Vaselin geschlossen.

Es ist die einfachste Methode, die Wirkung verschiedener Substanzen nach Lösung im Kulturmedium zu studieren. Kompliziertere, aber zu weiteren Ergebnissen führende Methoden sind die Affrontierungen von Gewebsfragmenten; auch kann das eine Fragment durch eine Quelle dieser Substanzen ersetzt werden, d. h. dem Fragment wird ein mit dem betreffenden Stoff gefülltes Kapillarröhrchen gegenübergestellt. Diese Methode führt zu einer viel größeren Extension der Wirkung und erlaubt auch, die blastische Kraft der benutzten Substanzen zu studieren. Die blastische Kraft der Substanz wird bewiesen:

1. Durch das Vorhandensein eines Diffusionszentrums. Dadurch wird das Kulturmilieu inhomogen und die Wirkung kann an nicht infundierten Stellen kontrolliert werden.

2. Durch graduierte und kontinuierliche Diffusion, damit der Einfluß stabil bleibt, da die untersuchten Prozesse der Zellproliferationen langdauernde sind.

Centanni hat mehrere Methoden ausprobiert: nicht lösliche poröse Stoffe, wie Kohlenstaub oder Abfälle des Berkefeldfilters, die mit den zu untersuchenden Substanzen getränkt wurden; Mischungen der genannten Substanzen mit neutralen Fetten (Vaseline, Öle usw.). Diese Methoden wurden bei den Studien über den formativen Reiz verwendet; für unsere Zwecke können diese nicht herangezogen werden. Dagegen könnte das Kapillarrohr, bei dem auch an der offenen Mündung die Emanation stattfindet, eine allgemeine Verwendung finden, da diese Methode aus folgenden Gründen ausgezeichnete Resultate gibt:

1. Ermöglicht das aktive Agens selbst zu erkennen, z. B. Sekrete endokriner Drüsen.

2. Die qualitative und quantitative Wirkungskapazität der Agentien kann isoliert in verschiedenen Lösungsverhältnissen und Konzentrationen studiert werden. Dabei können mehrere verschiedene Stoffe, zusammengesetzt in verschiedenen Variationen, verwendet werden (z. B. die polyglandulären Wirkungsverhältnisse: Kompensation und Gegenwirkungen verschiedener Lösungen usw.).

i) Brutstätte und Behandlung lebender Kulturen.

Da die Kaltblütergewebe keine höhere Temperatur benötigen, werden sie bei Zimmertemperatur aufbewahrt; dagegen benötigen Explantate von Warmblütergeweben eine höhere, dem des Organismus entsprechende Temperatur, die zwischen 37° und 39° C schwankt. Als zweckdienlich hat sich eine Temperatur von 37,5° herausgestellt. Dementsprechend sollen die zum Abwaschen der Fragmente dienenden Flüssigkeiten, Ringerlösung, Locke-Lewissche Flüssigkeit usw. erwärmt werden.

Will man die Präparate fixieren und dann untersuchen, so stellt man die Kulturen in den Thermostat, in welchem eine stabile Temperatur herrscht. Sie können zeitweise auch herausgeholt und unter dem Mikroskop angeschaut werden; diese Manipulationen können aber die Kulturen schädigen. Umständlicher, aber sicherer und ständig beobachtbar sind die Züchtungen in heizbaren Objekttischen unter dem Mikroskop. Zu ähnlichem Zweck wird aus Holz ein Kasten gebaut mit einer vorderen Glaseinlage. Für die Mikrometerschraube sind an der Wandung Fenster geschnitten und mit Stoff bedeckt. Die Wärmezuleitung kann durch warme Luft von einem seitlich angebrachten T-Rohr geschehen, welches von einer Gas- oder Spiritusflamme geheizt wird. Im Kasten wird ein Thermometer angebracht und vor Gebrauch die Temperatur genau eingestellt. Ein automatischer Thermoregulator ist sehr zu empfehlen. Derartige Wärmekästen sind im Handel zu kaufen.

Für kurze Beobachtungen rät Erdmann, die lebenden Kulturen auf einer Petrischale, die auf 38—40° erwärmtes Wasser enthält, das häufig gewechselt wird, zu beobachten. Wollen wir das Präparat in den Thermostaten zurücklegen, so ist es zu empfehlen, den Objektträger zu wechseln: Der neue Objektträger wird im Thermostat auf 37,5° erwärmt, das Deckglas vom alten abgehoben und auf den neuen gebracht, und man schließt ihn mit einem Vaselinring wieder ein.

Die Empfindlichkeit der Gewebe Kälte gegenüber ist nicht allzu groß. Sogar menschliche Gewebe bleiben bei einer Temperatur von 10—15° etwa eine Woche lang am Leben erhalten, noch länger Fragmente vom Huhn. Auch Gewebestückchen von Maus, Ratte, Kaninchen lassen sich bei dieser Temperatur einige Tage lang erhalten. Aber in jedem Falle werden bei niedrigeren Temperaturen die Lebensprozesse beeinträchtigt.

k) Messung des Wachstums der Gewebekulturen in vitro.

Nur nach mehreren Passagen können wir eine Kultur bekommen, deren zwei gleichgroße Zellkolonien die gleiche Wachstumstendenz aufweisen. Auch zwei von demselben Organ gewonnene Fragmente weisen ungleiche Wachstumsintensität auf, selbst wenn der Unterschied nicht groß ist. Um aber den Wert wachstumsbeeinflussender Faktoren ermessen zu können, wurde von Ebeling eine Methode ausgearbeitet; sie besteht darin, daß die in Zeiteinheit entstandenen Proliferationshöfe zweier Kulturen gemessen und miteinander verglichen werden; der Unterschied wird den Wert des wachstumsbeeinflussenden Faktors angeben. Sind die Kulturmedien identisch, so zeigt sich eine Differenz in der Wachstumstendenz zweier Gewebe. Man kann durch willkürliche

Änderung der Bestandteile des Kulturmediums die wachstumsfördernde oder wachstumshemmende Aktion verschiedener Substanzen quantitativ nachweisen.

Wollen wir also den Wert gewisser Faktoren im Plasma nachweisen, brauchen wir eine stabilisierte Reinkultur von Fibroblasten, deren gleichwertige Zellkolonien dieselbe Wachstumsaktivität aufweisen. Um eine solche Kultur zu erhalten, wurde allgemein ein embryonales Hühnerherzfragment durch viele Passagen gezüchtet; die erhaltenen Reinkulturen von Fibroblasten zeigen ein sehr harmonisches und rhythmisches Wachstum, das dem Zweck gut entspricht. Aus einer solchen Reinkultur wird mit dem Kataraktmesser ein Viereck herausgeschnitten, genau halbiert und in das Kulturmedium gesetzt. Man soll ständig darauf achten, daß die beiden Nährlösungen immer das gleiche p_H haben, ausgenommen, wenn eben die p_H-Unterschiede studiert werden sollen.

Gemessen wird der in einer Zeiteinheit (meistens in 24 oder 48 Stunden) entstandene Wachstumshof; man geht in der Weise vor, daß erst die Konturen des eigentlichen Fragmentes, dann aber die des Zellhofes aufgezeichnet werden. Wenn die Wachstumsintensität des Fragmentes allzu stark ist, wird man die innere Grenze des Hofes schwerlich erkennen. Man bringt die Kultur in einen Projektionsapparat und zeichnet die Umrisse des Fragmentes auf Papier. Man zeichnet möglichst schon das eingesetzte Fragment auf, und nach 48 Stunden wird der Wachstumshof mit oder ohne das Stammgewebe mit dem Planimeter gemessen und aufgezeichnet; statistisch wird die Größe des Hofes in Quadratzentimetern ausgedrückt. Vom Wachstumshof wird das Stammgewebe abgerechnet und man bekommt den absoluten Zuwachs. Division des letzteren mit dem Stammgewebe gibt den relativen Zuwachs. Am klarsten können diese Ergebnisse graphisch ausgedrückt werden; die erhaltene Kurve der Wachstumsgeschwindigkeit von Fibroblasten oder Epithelien im Nährmedium gibt eine Parabel, in indifferenten Medien eine S-förmige Kurve. Alle Veränderungen dieser Kurve weisen auf Wachstumsbeeinflussungen (aktivierende oder hemmende Substanzen).

1) Photographische und kinematographische Aufnahmen.

Photographische Aufnahmen kann man sehr leicht an Gewebekulturen vornehmen, nur müssen die Präparate vor allzu starker

Beleuchtung geschützt werden. Die Aufnahmen gelingen am besten an flüssigen Kulturen, wo die ausgewanderten Zellen an der unteren Fläche des Deckglases nur eine einzige Schicht bilden, so daß das Bild, im breiteren Sinne, schon im Voraus zweidimensional ist. Dagegen sind die Zellen im Plasmamedium überall im Koagulum enthalten, und deshalb wird hier die Aufnahme etwas schwieriger. Daß die Schwierigkeiten nicht allzu groß sind, zeigen uns übrigens die schönen Illustrationen verschiedener Forscher.

Die Mikrokinematographie der Kulturen in vitro wurde zuerst von Braus (1911) angewendet, um das Wachstum der Proliferationselemente zu studieren. Er benutzt eine Mestercamera, die mit einem elektrischen Motor von 1/6 PS getrieben wird. Das Abrollen des Films kann auf eine beliebige Geschwindigkeit eingestellt sein, und zwar je nachdem, wie schnell sich die Lebensäußerungen in der Kultur abspielen. Das Mikroskop ist mit der Aufnahmecamera durch ein Prisma verbunden und die beiden stehen senkrecht zueinander. Der Film läßt alle Lebensphänomene der Kultur genau kontrollieren und festhalten, wodurch die feinsten Einzelheiten, die mit bloßem Auge sonst nicht nachzuweisen wären, wahrzunehmen sind. Sein großer Vorteil ist, daß die Projektion immer wiederholt und gewisse Punkte auch lange beobachtet werden können. Es liegt auf der Hand, daß die Mikrokinematographie der Zellkulturen wertvolle Dienste leisten kann, da durch diese die in sehr kurzer Zeit ablaufenden Phänomene verlängert werden können, d. h. die dritte Dimension, die Zeit, kann ausgedehnt, es können aber die allzu langen Prozesse verkürzt werden. Jedoch hat das Unternehmen von Braus, auch das von Commandon, Levaditi und Mutermilch, ferner von Jolly in Paris die riesigen Schwierigkeiten, die diese Aufnahme bereitet, gezeigt. Braus hat mit Kaltblüterzellen gearbeitet und trotzdem hatte er schwer überwindbare Hindernisse. Noch mehr sind also die Versuche von Lemmel, Löwenstädt und Schößler zu begrüßen, die eine Methode, die trotz größter Einfachheit brauchbare Resultate zu geben verspricht, ausgearbeitet haben.

m) Histologische Behandlung der Kultur.

Wollen wir alle Einzelheiten einer Kultur wahrnehmen, so können wir uns mit den Beobachtungen der lebenden Kulturen nicht begnügen. Die Kulturen müssen fixiert und gefärbt werden, und wenn dabei einerseits das Kulturleben aufhört, werden sie andererseits ein näheres Studium ermöglichen.

Die ganze histologische Technik kann hier schon aus Raumgründen nicht angeführt werden und muß in den Lehrbüchern der Histologie nachgelesen werden. Die histologische Behandlung wurde im Praktikum Erdmanns ausgiebig beschrieben und wir werden uns hier beschränken, nur einige Andeutungen zu geben. Die Kulturen kann man entweder in ihrer Gesamtheit fixieren und färben, und das ist meistens bei Embryonalgeweben möglich; bei Erwachsenengeweben wird es oft notwendig sein, Schnitte herzustellen.

Da die Fixation von Totalpräparaten in Alkohol oder Sublimatlösungen den Nachteil hat, daß die dadurch entstandenen Eiweißfällungsprodukte des Plamas das Präparat umhüllen und es undurchsichtig machen, wird von Fischer ein Fixiermittel empfohlen, das aus 2 vH Formalin in Ringerlösung besteht. Nach der Fixation bleibt das Präparat drei Stunden lang in fließendem Wasser, dann eine Stunde lang in destilliertem Wasser. In Zenkerscher Flüssigkeit bleiben die Präparate 24 Stunden lang stehen, sie werden in fließendem Wasser gewaschen und in Alkohol gehärtet.

Gut hat sich das Orthsche Gemisch (10 vH Formol in Müllerscher Lösung) bewährt, das stets frisch angefertigt werden soll. Das Carnoysche Fixiermittel besteht aus 3 Teilen Alkohol. abs., 4 Teilen Chloroform und 1 Tropfen Acid. acetic. glac.

Braus und andere ziehen die Fixierung der Präparate in Osmiumsäure oder Formol durch Räucherung vor. Das Deckglas wird mit Vaselin an die Unterseite einer Glasschale geheftet und dieses auf eine das Fixiermittel enthaltende Schale gelegt, so daß das Präparat über der Flüssigkeit hängt. Es wird in Zenkerscher Flüssigkeit nachfixiert.

Die einfachsten Färbemethoden sind folgende:

Hämatoxylin nach Delafield, wonach das in Brunnenwasser abgespülte Präparat unter dem Mikroskop in Salzsäurealkohol 1 vH aufgehellt wird.

Nach der Hämatoxylinfärbung von Heidenhain kann das abgespülte Präparat mit Lichtgrün oder Eosin nachgefärbt werden. Wir benutzen mit Vorliebe die Hämatoxylinfärbung nach Carrazzi.

Blutzellen, Milz- und Lymphdrüsen lassen sich sehr gut mit May-Grünwald färben.

Bei Färbung mit Löfflerschem Methylenblau oder Azurblau (Fischer) wird das Präparat in 2 proz. Formalin-Ringerlösung eine Stunde lang fixiert, 3 Stunden lang in fließendem Wasser, 5 Minuten lang in destilliertem Wasser gewaschen, dann mit alkalischem Methylenblau übergossen; das Präparat wird eine Viertelstunde gefärbt, mittels einer Pipette gewaschen, endlich Alkoholreihe mit Xylol.

Die Azurblaufärbung geschieht in ähnlicher Weise. Es wird die Lösung von Azur II 0,3 g, Alkohol (95 proz.) 40 ccm verwendet.

Maximow benutzte zur Färbung von Fibroblasten Azureosin, das die feinste innere Struktur der Zellen schön verbildlicht.

Bei der Färbung von Nervenelementen wurde die Heldsche Molybdänsäure-Hämatoxylin-Färbung (meistens von Ingebrigtsen und Levi) angewendet, die den Unterschied zwischen Nervenfaser und Gliazellelementen gut nachweist. Die Präparate werden zuerst in 2 proz. Formalin (von Levi in Zenker-, dann in Maximowscher Lösung) 15—18 Stunden lang fixiert, abgespült und mit 70 proz. Alkohol beschickt. Die Färbung geschieht 12 Stunden hindurch in verdünnter Molybdänsäure-Hämatoxylinlösung, nachher wird das Präparat nach Weigert differenziert.

Die Färbung von Fetten und Lipoiden geschieht gewöhnlich mit Sudan III, Scharlachrot, Glykogen mit Bestschem Karmin.

Bei Schnittpräparaten wird die ganze Kultur mit dem Medium zusammen fixiert, so daß auch die ausgewanderten Zellen konserviert werden. Das Bearbeiten des Präparates setzt ein sehr vorsichtiges Vorgehen voraus: vom gewendeten Deckglas wird die überschüssige Flüssigkeit entfernt, die Kultur mit dem Konservierungsmittel vorsichtig betropft; sie bleibt eine halbe Stunde in dieser Flüssigkeit. Das eingebettete Präparat wird wie gewöhnlich geschnitten und gefärbt. Die verwendeten Flüssigkeiten werden dem Präparat stets mit einer Kapillarpipette zugeführt und auch entfernt.

Zum Einbetten wird am besten weiches Chloroformparaffin benutzt, in welchem das Präparat auch zwei Stunden verweilen kann; das reine Paraffin kann nachher auch zweimal gewechselt werden. Man fängt mit ganz weichem Paraffin an, und erst dann geht man zum harten über. Erdmann empfiehlt, um ganz kleine

Präparate nicht zu verlieren, sie erst, wenn sie bis zum Alkohol von 95 vH gebracht sind, mit einem Tropfen Eosin zu färben, das vor der eigentlichen Färbung durch die Alkoholreihe entfernt wird.

Bei der Vitalfärbung kann man auf zweierlei Weise vorgehen: entweder wird der Farbstoff dem Versuchstier injiziert oder er wird direkt der Kultur zugeführt.

Man probiert zuerst den Verdünnungsgrad des Färbemittels aus. Von der „sitzenden Kultur" wird das Nährmedium abpipettiert und mit einem Tropfen der Farblösung das Gewebe beschickt; die Kultur kommt auf einen Objektträger und man überzeugt sich unter Ölimmersion, ob die Färbung genügend stark ist; nötigenfalls kann man mit der Kapillarpipette noch ein wenig Farblösung zusetzen.

Man kann aber auch die Vitalfarbstoffe dem Explantat durch das gefärbte Blutplasma, wie es von Gassul an Fröschen gemacht wurde, zuführen. Wird der Farbstoff erst dem Plasmaspender-Tier injiziert (es wurde 1,0—2,5 vH Lithiokarmin ausprobiert), so zeigt sich der in vital gefärbtem Plasma zugeführte Farbstoff weniger toxisch, als wenn er direkt die Zelle trifft. Die zur Vitalfärbung verwendeten Farbstoffe waren meistens Neutralrot, Lithiokarmin, Janusgrün und Janusschwarz.

III. Allgemeine Wachstumsphänomene, Lebensdauer und Tod der Explantate.

a) Aussehen und allgemeines Verhalten der Kultur.

An einer Kultur muß man streng unterscheiden zwischen dem Fragment des explantierten Gewebes und dem Kulturmedium, das die proliferierenden und eingewanderten Zellelemente enthält. Am Fragment des explantierten Gewebes, vorausgesetzt, daß es nicht sehr klein sei, bemerkt man, daß es in seiner Gesamtheit nicht fähig ist, einer Zellproliferation Platz zu geben. Der zentrale Teil des explantierten Gewebes, welcher wegen seiner Dicke in lebendem Zustand nicht einer direkten mikroskopischen Untersuchung unterzogen werden kann, geht regressiven und autolytischen Prozessen entgegen. Nur die Randzone des Explantates gibt der echten Gewebekultur Raum. Von ihr trennen sich die Zellelemente los, welche in das Plasma wandern und sich vermehren, und in ihr finden mit intensivem Rhythmus die Zellenteilungen statt. Diese Zone ist deshalb von Champy „fruchtbare Zone" genannt worden. Nach Champy geht der zentrale Teil des Fragmentes von den ersten Stunden der Explantation an autolytischen Vor-

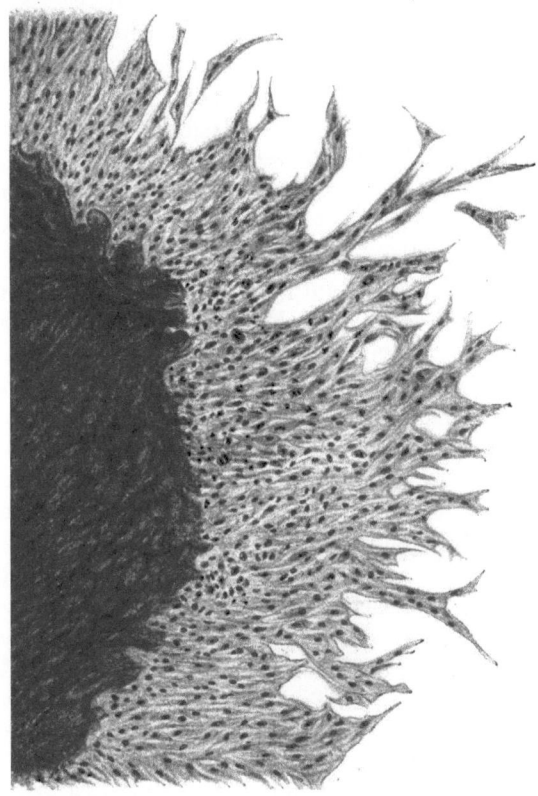

Abb. 8. Kultur von Gewebe aus einem 10 Tage alten Hühnerembryo. Links das explantierte Fragment, von dessen Rand (fruchtbare Zone) die Zellschicht ausgeht, die im Koagulum nach rechts vorrückt [Invasionszone]. (Nach Bisceglie.)

gängen, sei es, daß der Tod der Elemente durch Ersticken, sei es durch Nahrungsmangel, bedingt wird, entgegen. Wenn jedoch die Degeneration der zentralen Zone eine Erscheinung ist, die ständig vorkommt, so ist es nicht zu glauben, daß sie mit solcher Schnelligkeit eintritt, wie Champy annimmt. Bisceglie hat tatsächlich an Schnitten von Leberexplantaten bemerken können, daß sich die zentrale Zone des Fragmentes bis 4 Tage in gutem überlebendem Zustand erhalten kann. Levi hat andererseits beweisen können, daß das Fehlen der Aktivität von Seiten der Zellen nicht besagt, daß ihr Leben erloschen sei, weil Kulturen, die in den ersten Tagen kein Zeichen von proliferativer Aktivität gegeben hatten, diese wieder aufnahmen, wenn sie in Ringerlösung gewaschen, neuerdings geschnitten und wieder in frisches Plasma gesetzt wurden. Gleichfalls konnten auch Bosio und Midana in Herzkulturen beschränkte und eng begrenzte degenerative Zonen bemerken. Im allgemeinen ist zu beachten, daß man die Kultur als mißlungen betrachten muß, wenn die autolytischen Phänomene ausgedehnt sind, und infolgedessen die Proliferation und Wanderung der Zellen im Koagulum sehr dürftig ist.

Andererseits können autolytische Zonen ganz fehlen, wenn das Fragment von sehr jungen Embryonen herstammt, oder wenn es sehr klein ist. Wenn tatsächlich Fragmente 2—5 Tage alter Hühnerembryonen ausgepflanzt werden, die einen geringeren als 2—4 mm betragenden Durchmesser haben, ergibt sich, nach den Beobachtungen von Levi, daß sich das Explantat zu einer sehr dünnen Membran ausbreitet; das wäre zum Teil eine Folge der Retraktion des Koagulum, und zum Teil der von den Zellelementen gewonnenen Eigenschaft zu wandern zu verdanken, wobei sich die einen von den anderen entfernen. Das geschieht gerade in jenen Kulturen, in welchen alle oder fast alle Elemente des explantierten Gewebes selten oder nie regressiven Prozessen entgegen gehen, weil sie atmen und sich ernähren können. In diesem Fall kann man das ganze Fragment als fruchtbar betrachten.

Es muß aber daran erinnert werden, daß es, um von einer Gewebekultur sprechen zu können, notwendig ist, daß im Kulturmedium eine spärliche oder reichliche Vermehrung der Zellelemente stattfinde. Von einigen Autoren hingegen sind als „Kulturen" in vitro alle Explantate betrachtet worden, die Lebenserscheinungen zeigten. In diesem Falle wurden, indem man vom explantierten Gewebe Mikrotomschnitte herstellte, diejenigen Elemente in Betracht gezogen, welche im Fragment selbst überlebend sind. Es ist klar, daß es sich hier nicht um eine Kultur gehandelt hat, sondern um ein Überleben in vitro. In den Gewebekulturen, um es zu wiederholen, muß es sich um Wachstum der Zellelemente in vitro handeln.

Wenn man jedoch die Kulturen weiterhin im Thermostat hält, breiten sich die autolytischen Prozesse nach und nach aus, so daß die fruchtbare Zone immer schmaler wird, bis sie gänzlich verschwindet, und die degenerativen Erscheinungen, die sich allmählich auch auf die proliferierenden Zellen erstrecken, die Kultur zum Tode führen.

Von der fruchtbaren Zone gehen die Elemente aus, welche die eigentliche Kultur darstellen; sie treffen sich in der Zone des Kulturmediums, welche das explantierte Fragment umgibt, und der Champy den Namen Invasionszone gegeben hat. Das Erscheinen der Zellelemente längs der Umgebung des Explantates geht in einem Zeitraum vor sich, welcher natürlich wegen der verschiedenen Bedingungen schwankt, aber hauptsächlich von der Natur des Explantates selber abhängt. In Milzkulturen z. B. ist die Latenzzeit zwischen Explantation und Erscheinen von Elementen in der Invasionszone sehr kurz, da die Zellwanderung schon eine halbe Stunde nach der Explantation beginnt. Im allgemeinen ist in den Kulturen das explantierte Fragment nach 24—36 Stunden von einem breiten Zellhof umgeben. Selbstredend steht die Wachstumsgeschwindigkeit der Zellelemente auch in direkter Beziehung zu der Natur dieser letzteren selbst usw.; während die Fibroblasten in 48 Stunden die Oberfläche des explantierten Fragmentes durch Wanderung verdoppeln (Carrel und Ebeling), benötigen die epithelialen Elemente der Iris dagegen 72 Stunden zur Verdoppelung der Wachstumsoberfläche (Fischer). Es kann vorkommen, daß das Fragment nicht von einem gleichmäßigen Zellhof umgeben ist, sondern die Proliferation auf eine bestimmte Strecke der Umgebung beschränkt ist. In diesem Falle hört die Aktivität der Kultur nach 1—2 Tagen auf. In anderen Fällen dagegen kann die Proliferationsaktivität auf der einen Seite des Explantates ausgesprochener als auf der anderen sein, wie es bei den Versuchen über die Wachstumspolarität vorkommt. Die Aktivität der Kultur hängt von vielen, teils bekannten, teils unbekannten Faktoren ab. Wie Burrows zeigte, hat das Volumen des explantierten Fragmentes eine große Bedeutung. Und wenn man das Explantat wirklich auf eine kleine Gruppe von Zellelementen herabsetzt, wird die Aktivität der Kultur nie mehr intensiv sein.

Die Frage der Beziehungen zwischen der Zahl von explantierten Elementen und Wachstum ist in letzter Zeit von Fischer und Policard studiert worden. Die unzweifelhafte Tatsache, daß ein Explantat, wenn es aus einer begrenzten Zahl von Zellen zusammengesetzt ist, nicht fähig ist, Proliferationen Platz zu geben, ist von Fischer neuerdings in folgender Weise belegt worden: wenn man in das Kulturmedium sterile Wattefäden gibt, auf welchen die proliferierenden Zellen sich ansetzen, und wenn man dann Teile dieser Fäden mit wenigen Zellen in ein neues Medium überträgt, sind die Zellen nicht mehr fähig, sich zu teilen. Nimmt man andererseits aus dem Rand einer Kultur ein linsengroßes Stück heraus, so bemerkt man, daß eine Proliferation derjenigen Zellelemente stattfindet, welche sich dem eingepflanzten Fragment am nächsten befinden, während jene, welche getrennt sind, nicht mehr wachsen (Fischer).

Fischer behauptet also, daß es zur Erreichung einer Proliferation notwendig ist, daß eine Zellgruppe zu einem Syncytium vereinigt sei, wobei jede Zelle ihre das homologe Wachstum fördernde Substanzen abgebe, die der Autor Desmonen nennt. In ähnlicher Weise hat Policard an Nierenkulturen beobachten können, daß aus dem eingepflanzten Fragment herauswuchernde Zellsprossen keine Proliferationsaktivität zeigen, wenn sie sich von ihm lostrennen und im Plasma isoliert bleiben; sie sind nur imstande, sich am Leben zu erhalten.

Daraus ergibt sich also, daß eine Proliferation der epithelialen Elemente und Fibroblasten in der Kultur nur erreicht werden kann, wenn die Zellen in ausreichender Anzahl vorhanden sind, da das Leben und die reproduktive Eigenschaft der einzelnen Zelle von der Organisation abhängig ist, welche beim Vorhandensein einer größeren Zahl zur Wirkung kommt.

Andererseits fehlt gleichfalls jede Kulturtätigkeit, wenn das explantierte Stück zu umfangreich ist. Ebeling bewies, daß man zwei ungleiche Wachstumsflächen, die jedoch der Größe des eingepflanzten Fragmentes proportional sind, erhält, wenn man zwei Fragmente von verschiedener Größe explantiert. Burrows konnte feststellen, daß man in Milzexplantaten das Aktivitätsoptimum der Kulturen mit Fragmenten von 1—1,5 mm Durchmesser erhält. Aber es kann vorkommen, daß die zwei Wachstumsflächen ungleich sind, wenn auch Fragmente mit gleichem Durchmesser ausgepflanzt werden. Das wird von verschiedenen Faktoren bewirkt: erstens kann es sich darum handeln, daß die Kulturmedien der beiden Kulturen untereinander nicht vollkommen gleich beschaffen sind; zweitens können mechanische Verletzungen im Spiele sein, die dem Fragment im Moment der Explantation zugefügt wurden, und schließlich kann es sich, wie Burrows zeigte, um den Einfluß der verschiedenen Dicke des Koagulums beider Kulturen handeln. Burrows behauptet, daß man die besten Bedingungen für die Milzkulturen dann hat, wenn die Dicke des Koagulums 0,2—0,3 mm beträgt. Man kann jedoch mit präzisen technischen Vorkehrungen Kulturen erhalten, von denen eine die gleiche Aktivität wie die andere hat. In genannten Untersuchungen, die Carrel und Ebeling über ihren Fibroblastenstamm im Rockefeller-Institut mittels exakter Messungen anstellten, ergab sich, daß die Wachstumsflächen verschiedener Fibroblastenkulturen ungefähr gleich waren, da es nur Unterschiede von 10 vH gab.

Die Tätigkeit der Kulturen ist dann weiterhin von verschiedenen vom Kulturmedium abhängenden Ursachen beeinflußt. Man kann stärkste Kulturtätigkeit erhalten, wenn man homogenes Plasma verwendet, und besser noch autogenes. Aber man kann auch in heterogenen Plasmen Proliferation bekommen und auch in flüssigen anorganischen Medien, wie es hauptsächlich die genannten Versuche von M. und W. Lewis beweisen. Ja, wir glauben sogar auf Gund morphologischer Untersuchungen behaupten zu dürfen, daß man die flüssigen Mittel auf breiterer Grundlage, als es bis jetzt geschah, benutzen soll, weil die Zellen, indem sie sich im Medium zu einer einzigen Schicht auflösen und sich an der Oberfläche des Deckglases anlegen, mit stärkeren Vergrößerungen und leichter in lebendem Zustand beobachtet werden können, ohne daß sie sich andererseits jemals der Beobachtung entziehen, wie es bei Kulturen in festem Medium der Fall ist, wo die Zellen, die zuerst auf der Oberfläche des Deckglases hinglitten, sich später der Beobachtung entziehen, da sie im Plasmatropfen untersinken.

Bei Gleichheit der Bedingungen ist die Aktivität der Kultur, wie Burrows nachwies, lebhafter, wenn das Plasma mit Ringerlösung verdünnt ist. Ebenfalls hat für die Wachstumsschnelligkeit der osmotische Druck eine Bedeutung (Burrows, Hogue); das Wachstum in hypotonischen Lösungen ist aktiver als in isotonischen, während die hypertonischen Lösungen die Zellwanderung bis zur gänzlichen Einstellung hemmen (Hogue).

Es gibt noch viele andere Gründe, welche die Aktivität der Kulturen regeln: Alter des Tieres, dem man das Plasma für das Kulturterrain entnimmt, molekuläre Konzentration des Mediums, Zusatz von Extrakten verschiedener Organe und erwachsener Gewebe, und überdies der Zusatz von Embryonalsaft. Aber diese Einflüsse werden genauer in dem folgenden Abschnitt behandelt. Jedenfalls muß man sich vor Augen halten, daß man sehr vorsichtig vorgehen muß, wenn man an Gewebekulturen vergleichende Untersuchungen machen will, weil zwei Kulturen desselben Gewebes, die in scheinbar gleichen Bedingungen gehalten werden, verschiedensten Wanderungen und Proliferationen Platz geben können. Es ist notwendig, lange Versuchsreihen zu unternehmen und mit einwandfreier Technik zu arbeiten.

b) Wanderung.

Die Zellen, die sich in der Invasionszone treffen, bestehen zum Teil aus Zellen, welche einen integrierenden Teil des explantierten Gewebes ausmachten, und welche, indem sie frei in das Kulturmedium gewandert sind, zum Teil Elemente darstellen, die neu gebildet wurden. Selbstredend sind die Beziehungen zwischen ausgewanderten Zellen und Proliferationselementen nicht konstant zu nennen. So kann es vorkommen, daß die Vermehrungsphänomene in zweiter Linie gegenüber denen der Wanderung stehen. In der Milzkultur z. B. hat man in den ersten Stunden nach der Explantation eine starke Wanderung von Zellelementen, und erst dann treten Vermehrungserscheinungen auf. In Kulturen des Nervensystems zeigen sich die Neuroblasten nicht zu einer Vermehrung fähig, senden aber lange Fäden aus, welche sich als echte Nervenfasern erweisen.

Wenn man diese Tatsache von einem allgemeinen Gesichtspunkt aus betrachtet, so kann man sagen, daß das erste Aktivitätszeichen einer Kultur darin zu sehen ist, daß längs des Randes des Fragmentes zarte Fäden erscheinen, welche anfangs sehr selten sind, dann sich aber sehr rasch an Zahl vermehren. Dann dringen diese nach und nach in das Koagulum vor, verdicken sich und ziehen hinter sich den kernigen Teil des Zellkörpers her. Während diese Zellen in das Kulturmedium vordringen, erscheinen andere, die den Platz der ersteren einnehmen. Auf diese Weise findet sich das Fragment nach 24—36 Stunden von einem Zellhof umgeben.

Im allgemeinen führen die protoplasmatischen Bewegungen in den ersten Stunden der Kultur langsam zur Zellverschiebung; ist aber die Zelle in dem Medium angelangt, werden auch die Bewegungen lebhafter. Eine von den Gewebekulturen ins Licht gerückte interessante Tatsache ist die, daß Zellelemente, welche im erwachsenen Organismus ohne aktive Bewegung sind, in vitro die Beweglichkeit erhalten. Nun muß man sich fragen, ob die Gewebezellen in vitro ex novo neue Eigenschaften bekommen, oder ob in ihnen Eigenschaften wiedererscheinen, mit welchen sie in einer anderen Periode ihres Lebens ausgestattet waren? Sehr wahrscheinlich ist die zweite Annahme die richtige, denn wir wissen, daß die Gewebezellen in den sehr frühen Perioden der Entwicklung wanderungsfähig sind; sie senden Fortsätze aus, eine Eigenschaft, welche mit der Differenzierung verschwindet. Und die von Levi beobachtete Tatsache der Wanderung des Muskelelementes von differenzierten Myofibrillen eines Hühnerembryos mittels amöboider Bewegungen beweist, wie groß die Fähigkeit der in vitro gezüchteten Zellen ist, amöboide Fähigkeiten anzunehmen.

Notwendige Bedingung jedoch, um in der Kultur die Wanderungsfähigkeit zu erhalten, ist die Festigkeit des Mediums.

Im Plasmamedium der Kultur stellt das Fibrinnetz tatsächlich das notwendige Gerüst für die Zellwanderung dar. Man kann in den Kulturen die Tatsache beobachten, daß vom Rand des Fragmentes in das Plasma ein dünner Faden hineinwächst und den kernigen Teil der Zelle hinter sich her zieht, indem er Angriffspunkte auf einer Fibrinfaser sucht. Außerdem ist die Richtung der Zellsprossen von der Anordnung der Fibrinfäden im Koagulum bestimmt. Wenn das Koagulum dick ist, verteilen sich natürlich die in das Koagulum wandernden Zellen in mehrere Schichten und erschweren die Lebendbeobachtung sehr oder machen sie unmöglich; wenn hingegen der Plasmatropfen sehr dünn ist, werden die Zellen, die dann nur eine einzige Schicht bilden, der direkten Beobachtung leicht zugänglich sein. Also wird das Fibrin, da es eine große Anziehungskraft auf die Zellelemente ausübt, die Wanderung derselben bestimmen. Dieser Erscheinung ist der Name Stereotypismus gegeben worden. Diese Neigung der Zellen, an festen Körpern zu haften, wird gut gezeigt von Harrison in den Versuchen im hängenden Tropfen, welcher mit einer großartigen Technik an einem Gitter von Spinnenetzfäden befestigt war, auf welchem eben die Zellelemente die ausgesprochene Neigung zu haften hatten. Andererseits hat Veratti beobachten können, daß im Kulturmaterial die Wände irgendeiner Höhlung oder einer zufälligen Spalte sich sofort mit Zellelementen bekleiden. Diese Tendenz der Zellen, sofort Räume auszukleiden, ist nun mit der Erscheinung von Vernarbung der Wunden in Beziehung zu bringen, und nach Veratti auch jene Prozesse, welche trachten, nekrotische Herde mittels einer Barriere neugebildeten Bindegewebes einzugrenzen. Die stereotrope Funktion des Mediums hat also eine große Bedeutung, wenn man auch nicht ihr allein das Phänomen der Zellwanderung zuschreiben kann. In den flüssigen Medien wäre der Halt für die Zellen durch die Oberfläche des Deckglases dargestellt. In diesem Falle wandern die Zellen in das Medium, indem sie an der Oberfläche des Deckglases entlang gleiten und eine sehr dünne Schicht von Zellelementen bilden. Wenn sich das Zellplasma verflüssigt, und das kommt hauptsächlich in den Tumorkulturen und den Kulturen menschlichen Gewebes zustande, dann verändern die in der Flüssigkeit hängenden Zellen ihre Form, da diese letztere in enger Beziehung zu den physischen Bedingungen des Mediums steht, und ihre Bewegungen hören bald auf. Nur wenn sie irgendeine Fibrinfaser oder einen Seiden- oder Spinngewebefaden finden, beginnen sie wieder zu wandern. Die Tatsache, daß es A. Fischer gelungen ist, einen Zellstamm des Rous-Sarkoms, welcher die ausgesprochene Eigenschaft, das Plasma zu verflüssigen, besitzt, mittels fortlaufender Transplantationen mehrere Jahre hindurch am Leben zu erhalten, ist der speziellen Technik dieses Forschers zu verdanken. Dieser Autor bringt in die Kultur in kleinster Entfernung vom sarkomatösen Fragment ein Stückchen toten Muskels ein, der längere Zeit im Eisschrank aufbewahrt worden war. Das Sarkomstückchen proliferiert und überfällt mit seinen Zellen den Muskel, welchem es seinerseits gelingt, die Zellen lange Zeit am Leben zu erhalten, indem er die nötige Nahrung für die Sarkomelemente abgibt. In diesem Falle übernimmt der Muskel außer der Lieferung der nötigen Nahrung auch eine stereotype Funktion, indem er, die Zellen vor der Verflüssigung des Plasmas schützend, ihnen die Wanderung erlaubt.

Die Festigkeit des Kulturmediums aber genügt für sich allein nicht, die Erscheinung der Zellwanderung zu erklären. Ein anderer Faktor, den man in Betracht ziehen muß, ist der Sauerstoffverbrauch. O-Verbrauch ist natürlich reichlicher in der Invasionszone, und wegen ihres dünnen Durchmessers wird sie zweifellos die Zellwanderung erleichtern. Daß der O-Verbrauch eine bedeutende Rolle in der Aktivität der Kultur spielt, ist unter anderem durch die Untersuchungen Bartas bewiesen, der in Kulturen von Lymphknoten bemerken konnte, daß jede mitotische Aktivität der Kultur aufhört und Veränderungen der ausgewanderten Zellen in der Invasionszone hervorgerufen werden, wenn die Dicke des Koagulums 0,7 mm überschreitet und sich daher ein Zustand der relativen Anärobiose bildet.

Burrows glaubt, daß die Wanderung und die Form der Zellen Produkte der Oberflächenspannung seien. Er ist der Meinung, daß das Zellelement eine Substanz „Archusia" produziere, welche sich im Inneren der Zelle anhäuft. Diese Archusia ist in schwacher Konzentration unwirksam, in stärkerer Konzentration reizt sie die Zellen zur Nahrungsaufnahme. Sie bedingt weiter das Vorhandensein einer anderen Substanz, „Ergusia", welche zur Zellwanderung selbst führt, indem sie die Oberflächenspannung herabsetzt.

Man hat weiterhin daran gedacht, daß die Zellwanderungen von Erscheinungen des negativen Cytotropismus verursacht seien, der wiederum von Substanzen abhänge, die sich in der Masse des ausgepflanzten Gewebes bildeten, wie die Kohlensäure. Aber für diese Behauptung ist kein Beweis erbracht worden.

Fauré-Fremiet und Wallich haben, als sie Untersuchungen über die Translation in Kulturen von Amöbocytenhaufen der Arenicola anstellten, bemerkt, daß die isolierten Amöbocyten nur ungeregelte Bewegungen zeigen, deren Schnelligkeit nicht 10 μ pro Minute überschreitet, während sie, wenn sie von einem Komplex auswandern, einer radialen Orientierung folgen, deren Schnelligkeit 10mal größer ist. Dieses Phänomen wäre nach den Autoren einer physischen Erscheinung zu verdanken, die aus einer zentrifugalen Anziehung besteht, der die Zellen passiv unterworfen sind. Was aber diese zentrifugale Anziehung betrifft, beschränken sich die Autoren auf die Annahme, daß sie auf eine Zwischensubstanz, die über das Explantat verbreitet ist, zurückzuführen sei. Diese Substanz soll die Zellen passiv anziehen, indem sie sich an der Oberfläche des Wassers in molekulärer Quaste ausbreitet.

Aber bei der Bestimmung der Erscheinung der Zellwanderung muß man noch einen anderen Faktor in Betracht ziehen, der seinerseits eng an den Prozeß der Zellvermehrung gebunden ist, und der den Wundreiz darstellt. Von der Schnittfläche der Zellen, welche während der Explantation verletzt wurden, isolieren sich mit aller Wahrscheinlichkeit jene Substanzen, welche Haberlandt bei den pflanzlichen Geweben ins Licht gerückt und denen er den Namen ,,Wundhormone" gegeben hat. Durch diese Substanzen, die sich in Freiheit setzen und im Kulturmedium verbreiten, werden die Zellelemente zur Wanderung und Proliferation gereizt.

Die Wanderungsmodalität der Zellelemente in der Invasionszone ist nicht für alle Elemente gleich; es bestehen ausgesprochene Unterschiede in den Bewegungen im Vergleich von epithelialen mit bindegewebigen Kulturen.

In den epithelialen Kulturen muß die Wanderung der Zellelemente von der amöboiden Bewegung unterschieden werden. Die Wanderung des Epithels geschieht nach Oppel durch aktive Bewegung des Epithels, wobei die einzelnen Zellen im ganzen Bewegungen vollführen sollen, weshalb sie rund oder oval würden; sie sollen sich an der Oberfläche ausbreiten, bis sie sich in engem Kontakt mit den Nachbarzellen befinden. Die Erscheinungen der aktiven Epithelwanderung wurden von Champy und Matsumoto im Cornealepithel, von Ishikawa und Shimomura in Kulturen von Blasenepithel, von Gallenblasen- und Zungenepithel beobachtet. Es wurde auch beobachtet, daß, wenigstens bei bestimmten Epithelien, die Ausdehnung der epithelialen Membran durch amöboide Bewegungen der Randzellen der Membran selber geschehe (Luna, Levi). In diesem Falle käme nach vorgenannten Autoren die Ausdehnungsbewegung der Epithelmembran vorzugsweise, wenn nicht ausschließlich, durch die amöboide Aktivität der Randzellen zustande, welche die rückwärtsstehenden nachzögen; in diesen letzteren wäre die Eigenaktivität sehr beschränkt, wenn nicht gar aufgehoben.

Die Zellelemente, welche die Epithelmembran bilden, verlieren während ihrer Vorwärtsbewegungen nicht ihre Beziehungen. Nur bilden sich gegen den Randteil des Epithelplättchens, welches sich im Koagulum immer mehr verdünnt, Lücken und Risse zwischen den einzelnen Zellelementen, welche jedoch nicht den epithelialen Anblick des Zellplättchens verändern. Vom Rande der Epithelmembran jedoch können sich Zellelemente befreien, welche sich im Plasma isolieren.

In den Mesenchymkulturen sind die Vorwärtsbewegungen den einzelnen Zellelementen anvertraut. In diesen Zellen ist die Bewegungsaktivität den lebhaften amöboiden Bewegungen zu verdanken. Die ausgesandten langen Fortsätze, welche sich an Filamente oder an benachbarte Zellelemente anheften, erlauben den Zellen, sich zu bewegen.

c) Wachstumstypen der Kulturen. Gemischte und Reinkulturen.

Es ist nicht möglich, eine exakte Beschreibung der verschiedenen Wachstumstypen aller Kulturen zu geben, da sie der Natur des explantierten Gewebes gemäß sich ändern. Die Beschreibung des Verhaltens der verschiedenen Gewebe und ihre Wachstumsform ist in dem entsprechenden Kapitel gegeben. Hier sollen nur charakteristische Kennzeichen der Invasionszone der Kulturen behandelt werden.

An der Invasionszone der Explantate von Bindegewebe war um das Explantat herum ein echtes, aus spindel- oder sternförmigen, durch Verlängerung miteinander verbundenen Zellen gebildetes Reticulumgewebe zu sehen. Dieses Netzgewebe, das allgemein an der Basalgegend der Invasionszone dichter ist, verbreitet sich immer mehr gegen die Randteile des Hofes. Hier können sich die Zellen isolieren und in das Kulturmedium hineinwandern. Wenn die Kulturen keinem Reinigungsverfahren unterworfen werden, begegnet man zwischen den mesenchymalen Zellen Elementen verschiedener Natur; es finden sich epitheliale, bindegewebige, muskuläre und andere Elemente, der Natur des explantierten Fragmentes entsprechend. Jedoch haben allgemein die bindegewebigen Elemente eine höhere Proliferationsaktivität, die sich vermehren und die epithelialen oder myoblastischen Elemente überwuchern; nach mehreren Passagen ist die Kultur rein. Es fehlen aber nicht Beobachtungen (Uhlenhuth), nach welchen das Epithel z. B. die Proliferation des Bindegewebes hemmt. Ein anderes Mal bildet das proliferierende Bindegewebe ein Substrat, an dem Elemente anderer Natur, muskuläre oder epitheliale, sich anhängen und verbreiten können. In den Kulturen des Epithels kann die Invasionszone von einer epithelialen Membran besetzt sein, deren Zellen eng aneinander gedrängt sind, oder es sind Zellstränge oder Sprossen, die sich in das Plasma drängen; man kann oft Zellen oder Zellgruppen, die in das Plasma gewandert sind, isolieren. Die epithelialen Zellen können tubuläre oder glanduläre Formationen erzeugen, über deren Natur aber die Meinungen noch auseinander gehen. Im allgemeinen ist in den epithelialen Kulturen der Ursprung des Epithels selber schwerlich zu unterscheiden. Wenn die epithelialen Zellen spezifische Charaktere zeigen und überhaupt nicht zu verwechseln sind, wird die Diagnose der Zellart möglich sein. Das wird hauptsächlich bei den pigmentierten Epithelien, z. B. der Retina und der Iris (Luna, Smith, Fischer) usw., der Fall sein. Die Vitalität des Epithels in der Kultur ist viel weniger ausgesprochen, als die des Bindegewebes, und darin spricht sich die mindere Wachstumsgeschwindigkeit des Epithels selber aus.

Bei den Explantaten von Muskelfragmenten (Herz, gestreifte Skelettmuskeln, glatter Muskel) ist die Invasionszone von Myoblasten verschiedener Form besetzt, wie das hauptsächlich durch die Arbeiten von Levi und seinen Mitarbeitern bewiesen wurde; die Myofibrillen waren sicher erkennbar. In den Gewebekulturen zeigen die Formelemente des Blutes, Makrophagen, Lymphocyten und polynukleäre Leukocyten, nie dieses Charakteristikum, während alle fixen Elemente eine Gewebestruktur anzunehmen suchen.

In den Kulturen entsteht fast ständig eine Proliferation von Zellelementen verschiedener Natur, die aus verschiedenen Teilen des explantierten Fragmentes entspringen (Stroma und spezifische Elemente des Gewebes); andererseits wird es mit technischen Manipulationen möglich, Kulturen aus Elementen gleicher Natur, d. i. Reinkulturen, zu bekommen. Das ist verständlicherweise ein großer Fortschritt für die Studien physiologischer Fragen innerhalb der Gewebezüchtungen in vitro. Die ersten Reinkulturen von Fibroblasten wurden von Carrel aus embryonalen Hühnerexplantaten gewonnen. Im folgenden haben Carrel, Ebeling, Carrel und Ebeling, Fischer auch Reinkulturen vom Epithel (Iris, Schilddrüse usw.), vom Knorpel, von Formelementen des Blutes usw. erhalten. Die Reinkulturen haben sicherlich eine sehr große Bedeutung, da auf diese Weise eine gewisse Eigenschaft einer bestimmten Zellart genau vom biologischen und morphologischen Standpunkt aus studiert werden kann; das ist schon deshalb interessant, weil wir über die gegenseitigen funktionellen Beziehungen verschiedener Zellelemente nur wenig wissen, ja sie sind meistens ganz unbekannt. Schon wenn wir nur jene Versuche in Betracht ziehen, welche nachzuweisen suchen, wie die Existenz eines Gewebes von verschiedener Natur die Differenzierungsphänomene erhalten und hervorrufen kann, werden wir eine leise Ahnung davon bekommen, wie wichtig Reinkulturen für die Biologie sind. Wenn wir dann weiterhin die sehr schönen Versuche Carrels betrachten, in welchen gezeigt werden konnte, an welche Zellelemente die neoplastische Bösartigkeit der Roussarkomgewebe gebunden ist, oder die Versuche von Carrel und Ebeling, und von Fischer, in welchen die Umwandlung eines Zellelementes in ein anderes (Makrophagen in Fibroblasten und umgekehrt) nachgewiesen wurde, so wird der Wert einer Reinkultur klar.

Wenn man mehrere Kulturen desselben Gewebes anlegt, und wenn diese längere Zeit durch mehrere Passagen am Leben erhalten bleiben, sind die Elemente, welche an der Invasionszone erscheinen und einmal schon ihre Entdifferenzierung erfahren haben, in ihren morphologischen Charakteren unveränderlich; nur soll das verwendete Nährmedium sowohl in physikalischem, als auch in chemischem Sinne streng konstant bleiben. Das wurde hauptsächlich von Carrel an seinem Fibroblastenstamm studiert und nachher von mehreren Autoren bestätigt. Jedoch können sich die Charaktere der Zellelemente der Invasionszone weitgehend ändern durch physikalische Agenten oder durch Zusatz von verschiedenen chemischen Substanzen zu dem Kulturmedium. Die Wirkung verschiedener abnormer chemischer und physikalischer Agenten (Temperatur, Röntgenstrahlen, p_H-Unterschiede, verschiedene chemische Substanzen usw.) sollen im entsprechenden Kapitel besprochen werden; wir wollen hier nur kurz die Einflüsse der physikalischen Eigenschaften des Kulturmediums auf das Explantat und auf die Proliferationselemente erwähnen. Wenn das Fibrin ausreichend ist, bekommen die Zellen spindelige Form, ist es dagegen im Medium spärlich vorhanden, so werden die Zellelemente im allgemeinen unregelmäßig. Uhlenhuth hat sehr interessante

Versuche über den Einfluß des Mediums auf die Zellform durchgeführt und fand in den Kulturen der Froschhaut, daß die Zellen hier unter Einfluß der Dichtigkeit des Mediums sich ändern. In einem Medium wurden die Zellen polyedrisch, sie blieben miteinander verbunden und bildeten eine Membran; in halbflüssigen Medien waren die Zellen spindelförmig, dagegen in ganz flüssigen rund. Olivo führte seine Versuche an 17 Monate alten Myoblasten durch und konnte nachweisen, daß die Konzentration des Embryonalgewebebreies im Medium, oder die Extrakte von älteren Embryonen ausgesprochene morphologische Veränderungen bedingen. Er wies nach, daß in der lebenden Zelle das Cytoplasma matt wird; es erscheinen darin fadenförmige Chondriosomen, die dann körnig werden, nehmen an Zahl ab, und endlich verschwinden sie ganz, dagegen erscheinen mehrere große Vakuolen. Diese Veränderungen führen nicht zum Tode der Zelle, und auch durch mehrere Passagen kann dieser Extrakt die Vitalität der Kultur unbeeinflußt erhalten. Diese Veränderungen können sich sonst zurückbilden, da es genügt, die Kultur in verdünnten Extrakt zu überpflanzen; auch wenn sie einfach nur gewaschen wird, bekommen die Zellelemente ihr typisches Aussehen.

Es scheint also, daß die Zellelemente in der Kultur leicht ihre Form ändern usw., nicht durch Wirkung abnormer Reize, sondern einfach durch geringe physikalische und chemische Veränderungen des Inhaltes im Kulturmedium. Es ist wichtig, sich diese Tatsachen vor Augen zu halten, da in der Bewertung der Kulturphänomene solche Faktoren in Betracht gezogen werden müssen, und während sie scheinbar nur wenig wichtig sind, haben sie tatsächlich doch eine hervorragende Bedeutung.

d) Das Problem der Entdifferenzierung.

Wie schon früher erwähnt wurde, gelingt es in der Invasionszone eines explantierten Gewebefragmentes von drüsigen Organen oder Muskelgewebe scheinbar nicht, die Architektur des Fragmentes, wenn auch nur unvollständig, zu rekonstruieren.

Von der komplizierten und feinen architektonischen Struktur eines Organs finden wir in der Kultur keine Spur. Die Blättchen oder Kanälchen eines drüsigen Organs, die muskulären Bündel eines Muskelgewebes, oder die architektonische Struktur eines Nervenfragmentes wird in der Kultur nicht rekonstruiert. Es wurden dagegen an der Invasionszone der Kultur Anlagen zu Bildungen von Blutgefäßen oder tubulären Formationen beobachtet, die aber nicht nur ziemlich selten vorkommen, sondern es wurden nie typische Strukturen, wie sie im Organismus gefunden werden, neugebildet oder rekonstruiert. Es ist kein Zweifel, daß in der Kultur die proliferierenden Zellelemente die Architektur des Organs, aus welchem sie abstammen, nicht rekonstruieren können. Es wurde jedoch bezweifelt, daß die Proliferationselemente, als einzelne Zellindividuen, in der Kultur ihre spezifischen Eigenschaften nicht bewahren und daß sie nicht Entdifferenzierungsprozessen entgegengehen, durch welche ihre besonderen Charaktere verloren gehen sollen.

Die von Champy aufgestellte Hypothese der Entdifferenzierung wurde von vielen Forschern einerseits abgewiesen, andererseits bestätigt, und erst heute kann man sagen, daß eine Übereinstimmung mehr oder weniger zustande gekommen ist.

Champy hat die Behauptung aufgestellt, daß alle Zellen der verschiedenen Organe in der Kultur innerhalb einer beschränkten Zeit zu einem gemeinsamen primären Typ zurückkehren. Aus den verschiedenen Organen, die man in die Kultur setzt (Niere, Schilddrüse, Herz, Pankreas usw.), entwickeln sich nicht spezifische Zellelemente der Niere, der Schilddrüse, des Herzens usw., sondern es kommt eine progressive Umwandlung der Zellen dadurch zustande, daß sie sich in einen indifferenten Zustand zurückentwickeln. Dieses Entdifferenzierungsphänomen soll nach Champy in jedem Falle progressiv vor sich gehen. Ein Nierenkanälchen z. B. bekommt entdifferenziert die Charaktere eines indifferenten Epithelkanälchens und nach Fortschreiten des Entdifferenzierungsprozesses kann es auch den epithelialen Charakter verlieren und ein Aussehen bekommen, das nicht von dem der Fibroblasten zu unterscheiden ist. Es gibt nach Champy im Entdifferenzierungsprozeß eine Gradmäßigkeit; z. B. entdifferenzieren sich die verschiedenen Segmente vom Wolffschen Mesenchym bald zu einem gemeinsamen Zelltyp, während die den Bellinischen Kanälchen angehörenden Zellen nur sehr spät mit den Zellen der Sekretionskanälchen verwechselbar werden. Im Entdifferenzierungsprozeß legt die Gewebezelle den Weg der ontogenetischen Entwicklung in umgekehrtem Sinne zurück. In ausgewachsenen Geweben geschieht der Entdifferenzierungsprozeß in Etappen; die Gewebe verlieren zuerst die entwickelten Charaktere, dann werden sie zum primären epithelialen oder bindegewebigen Charakter zurückgeführt.

Nach Champy sollte also in den Zellen in vitro ein Übergewicht des Protoplasmas über das Paraplasma (Sekretkörnchen, Myofibrillen usw.) bestehen; auch das Paraplasma würde sich desto schneller auflösen, je weniger die Zelle differenziert ist. In diesem Prozeß wird letzten Endes das Bindegewebe vom Epithel nicht mehr unterscheidbar.

Gleichzeitig mit der morphologischen Entdifferenzierung findet nach Champy auch eine funktionelle Entdifferenzierung statt. Champy ging von den Versuchen von Gley und Camus aus, die in der Prostata die Existenz eines charakteristischen Ferments, welches in kleiner Quantität die Flüssigkeit der Samenblase koaguliert, nachwiesen; er wollte sehen, ob dieses Ferment auch von der in vitro gezüchteten Prostata erzeugt wird. Nach Champy verliert die Prostata nach 3—4stündiger Züchtung vollkommen die Fähigkeit, ein solches Ferment zu erzeugen, während die im Eisschrank aufbewahrten Fragmente auch nach längerer Zeit dieses Ferment enthalten. Parallel mit dem Verlust der spezifischen Funktion verliert das Epithel der Prostatakanälchen auch morphologisch die feinen Sekretionskörnchen und wird den gewöhnlichen Epithelien ähnlich. Es scheint also nach Champy, daß zwischen Differentiationsverlust und Verschwinden der charakteristischen Sekretion eine enge Beziehung vorhanden sei. Neben dem Entdifferenzierungsprozeß wird man ein anderes ebenso wichtiges Phänomen beobachten: die Vermehrung der Zellelemente, deren Intensität ähnlich oder noch größer ist, als die des Embryos in der ersten Periode der Ontogenese. Die Mitosen, welche in der Kultur erscheinen, sind im allgemeinen normal, jedoch hat Champy in den Nierenzellen doppelte, dreifache oder auch vierfache Mitosen beobachtet, was nach ihm die Polyvalenz der Drüsenzellen beweist. Die Tatsache, daß die Zellen in der Kultur ihre Vermehrungsaktivität zurückgewinnen, zeigt, daß diese Vermehrungsaktivität latent in den Normalzellen vorhanden ist. Sie wird im Erwachsenenorganismus durch hemmende Faktoren bezwungen, und da in der Kultur diese Faktoren fehlen, wird die Proliferationsaktivität der Gewebe automatisch zurückgewonnen. Bei Anwesenheit der hemmenden Faktoren kann man keine Kultur erhalten; die Hemmung bringt eine mehr oder weniger ausgesprochene Differenzierung mit sich. Es ist also, mit anderen Worten, zwischen Mitose und Differenzierung ein Antagonismus, dagegen zwischen Mitose und Entdifferenzierung ein Parallelismus, wobei der Grad der letzteren von der Frequenz der ersteren abhängt oder auch umgekehrt.

Ist jedoch die Entdifferenzierung, die nach Champy ein konstantes Phänomen sein sollte, wirklich in allen Kulturen zu beobachten?

Heute, wo schon so viele Versuche von den verschiedensten Autoren durchgeführt worden sind, können wir mit Sicherheit behaupten, daß es nicht der Fall ist. Sehr oft wird man in Kulturen die Beobachtung machen, daß die Zellelemente der Proliferationszone ihr spezifisches Aussehen verloren haben, so daß sie leicht mit den Fibroblasten verwechselt werden können, jedoch kann die Entdifferenzierung ebenso fehlen, oder es tritt sogar an ihre Stelle ein Differenzierungsprozeß.

Schon Champy selbst hat behauptet, daß die Entdifferenzierung der epithelialen Zellen dadurch vermieden werden kann, daß diese Zellen bei Anwesenheit bindegewebiger Elemente gezüchtet werden. Auf diese Weise würde nach Champy an die Stelle eines harmonischen Phänomens ein anarchisches Phänomen treten, und in dem Moment, wo die in umgekehrtem Sinne differenzierten Gewebe miteinander in Berührung kommen, entsteht sozusagen ein Elementarorganismus. Die Entdifferenzierung soll nach Champy in der Kultur durch Aufhebung der hemmenden Wirkung des anderen Gewebes und des ganzen Organismus im allgemeinen bedingt sein.

Die Anwesenheit eines antagonistischen Gewebes (Bindegewebe) kann nicht nur die Entdifferenzierungsphänomene unterdrücken, sondern ist fähig, wie das durch die Versuche von Drew gezeigt worden ist, auch Differenzierungsprozesse hervorzurufen. Wenn man einer epithelialen Reinkultur in entsprechender Quantität Bindegewebe zusetzt, wird von diesem letzteren das Epithel zum normalbiologischen Typ zurückgeführt. Auf diese Weise konnte das Nierenepithel Nierenkanälchen bilden, die Elemente einer Hautkultur sich verhornen. Drew hat, wie auch schon Champy, beobachtet, daß zwischen der Quantität der verschiedenen Elemente und dem Differenzierungsprozeß eine gegenseitige Beziehung vorhanden ist; wird das Bindegewebe in großer Quantität der Kultur zugesetzt, zerstört es das Epithel; wenn es dagegen nur spärlich vorhanden ist, wirkt das letztere zerstörend.

Wenn man aber vom Einfluß eines Gewebes auf eine andere Gewebsart im Sinne der Differenzierung absieht, wurden noch viele andere Beobachtungen gemacht, die das Fehlen einer Entdifferenzierung in der Kultur bezeugen. Es sollen vor allem die Reinkulturen erwähnt werden. Fischer hat in einer Reinkultur von Irisepithel klar bewiesen, daß die Zellen des Irisepithels eine größere Menge von Pigment bilden, ihr getäfeltes Aussehen bewahren und keine Entdifferenzierung erfahren.

In Reinkulturen der Schilddrüse hat Ebeling die gleiche Beobachtung gemacht: diese Zellen bewahrten die spezifischen Charaktere des Schilddrüsenepithels viele Monate lang. Die Zellen krochen in diesen Kulturen an die Oberfläche des Koagulums und bildeten eine epitheliale Membran aus mosaikartigen Zellelementen. In diesen Zellen war nicht nur kein morphologischer Entdifferenzierungsprozeß wahrzunehmen, sondern es blieb auch ihre spezifische funktionelle Aktivität unverändert, da in der Kulturflüssigkeit das spezifische Schilddrüsenhormon aufgefunden wurde. Diese Beobachtungen widersprechen den Ergebnissen Champys über die funktionelle Entdifferenzierung der Prostata.

Es scheint aber, daß ein Zelltyp, der selbst längere Zeit in vitro gezüchtet wird, seine spezifischen Eigenschaften nicht verlieren kann. Fischer hat tatsächlich zeigen können, daß Fibroblasten und Epithelzellen älterer Zellstämme ihre spezifischen Eigenschaften bewahren, wenn man sie nebeneinander züchtet. In diesen Kulturen fangen beide Zelltypen, die früher getrennt lebten, an, sich untereinander zu vermischen, und es scheint, daß das Bindegewebe das Epithel zum Verschwinden bringt. Wenn man dagegen Schnitte mit dem Mikrotom verfertigt und sie nach van Gieson färbt, sieht man, daß die Farbe das Bindegewebe vom Epithel scharf unterscheiden läßt; das erstere ist rosa, das letztere grünlich-gelb gefärbt. In diesem Falle gelingt es, die vorgetäuschte Entdifferenzierung zu enthüllen und zu zeigen, daß die intimste Natur des Gewebes auch in der Färbbarkeit persistiert.

Diese an Reinkulturen durchgeführten Versuche, deren Wichtigkeit unbestreitbar ist, wurden durch Beobachtungen anderer Autoren (Carrel, Congdon, Lambert, Levi, Smirnoff usw.) ergänzt, die gezeigt haben, daß die Zellen verschiedener Gewebe ihre spezifischen Charaktere in der Kultur bewahren können. Doch außer der Persistenz der spezifischen Eigenschaften wird in der Kultur ein echter Differenzierungsprozeß (Maximow, Chlopin, Levi usw.) beobachtet. Die Arbeiten von Maximow haben gezeigt, daß es möglich ist, in der Kultur von Lymphknoten durch Zusatz von Knochenmarkextrakt echte Differenzierungsphänomene hervorzurufen, durch welche aus indifferenten Lymphoidzellen Granulocyten entstehen können. Shipley hat embryonale Hühnerherzfragmente, bevor noch dieses Organ pulsierte, explantiert und sah in der Kultur rhythmische Kontraktionen erscheinen: das zeigt, daß das Herz in der Kultur sich weiterentwickelte. Zuletzt ist auch das Auswachsen der Nervenfasern aus den Neuroblasten oder ihr Längenwachstum als echter Differenzierungsprozeß aufzufassen, der eigentlich das gleiche ist, wie das, was sich im Embryo abspielt.

Wenn man jetzt aus diesen Erfahrungen den Schluß ziehen wollte, müßte man vor allem feststellen, daß das Phänomen der Entdifferenzierung keine konstante Erscheinung und nie hohen Grades ist. Und wenn wir auch in Kulturen Form- und Strukturveränderungen der Zellelemente beobachten können, muß man in Betracht ziehen, daß diese Erscheinungen großenteils durch die Eigenschaften des Mediums bedingt sind, wie das auch durch die Versuche von Uhlenhuth gezeigt worden ist. Die Dicke der Plasmaschicht, ihre Dichte und viele andere Faktoren wirken bei der Bestimmung von Form und Aussehen der Zelle mit. Die Persistenz der spezifischen Charaktere ist eine Tatsache, die allgemein anerkannt werden muß. Da andererseits in der Kultur Entdifferenzierungsprozesse beobachtet werden, muß man vor allem auf die Zusammensetzung des Kulturmediums Wert legen. Die Beobachtungen von Drew über die Wichtigkeit des antagonistischen Gewebes beim Hervorrufen von Differenzierungsprozessen müßte man in dem Sinne ergänzen, daß auch die Gewebeextrakte und Säfte Differenzierungen bewirken oder hervorrufen können. Deshalb sind die Arbeiten von Maximow von Wichtigkeit, in welchen Differenzierungsprozesse nur in Kulturen hervorgerufen werden können, welchen Knochenmarkextrakt zugesetzt wurde. Andererseits haben die Versuche Bartas gezeigt, wie verschiedenartig sich die Kultur in homologem und heterologem Plasma mit oder ohne Zusatz von Embryonalgewebeextrakten verhält, und man kann ihm recht geben, wenn er behauptet, daß das Verhalten der Zellen in der Kultur von zwei Faktorenordnungen abhängt: von der Natur des explantierten Gewebes und von der Zusammensetzung des Mediums.

e) Regressive Prozesse und Tod der Kultur.

Die sich selbst überlassene Kultur ist unvermeidlich zum Tod verurteilt. Der Tod kann zu verschiedener Zeit und aus verschiedenen Ursachen eintreten; so kann er 36 Stunden nach der Explantation oder auch nach 4—5 Tagen stattfinden. Man kann mit verschiedenen Mitteln das Ende der Kultur verhüten: nach der Methode von Carrel wäscht man die Kultur und fügt frisches Plasma hinzu; so ist es möglich, in ihr die Wanderung und die Zellproliferation wieder hervorzurufen. Gleichfalls kann man nach der Methode Burrows das Leben der Kultur verlängern, wenn man sie fortlaufenden Waschungen mit Blutserum oder anderen Flüssigkeiten unterzieht. Aber der Zusatz von Embryonalsaft garantiert das immerwährende Leben der Kultur.

Wenn man die Entwicklung einer sich selbst überlassenen und keiner Behandlung unterzogenen Kultur betrachtet, so kann man sofort bemerken, wie schwer mit Sicherheit der Moment zu bestimmen ist, in welchem jede Lebenstätigkeit aufhört. Um so mehr, als sich die Regression und der Tod der Zelle unter sehr verschiedenen Umständen abspielen, je nach der Weise, wie das schädliche Agens auf die Kultur selbst wirkt. Wenn man das Ende einer sich selbst überlassenen Kultur betrachtet, in welcher die degenerativen Prozesse allmählich erscheinen, bemerkt man, wie diese letzteren zuerst eine kleine Zahl von Zellen befallen und dann langsam auf die anderen Elemente übergehen, bis die ganze Aktivität der Kultur verschwunden ist. Romanese, der die regressiven Erscheinungen, die zum Tode der Kultur führen, studierte, behauptet, daß die ersten Zeichen des Alterns und der Zellveränderung im Erscheinen von sehr kleinen, stark lichtbrechenden Körnchen im Protoplasma zwischen den Chondriokonten und den Bewegungselementen bestehen; diese vergrößern sich dann und geben großen, stark lichtbrechenden Tropfen Platz. Dann wird das Protoplasma durchsichtig und der Kern und die Chondriokonten werden verhüllt. Weiterhin zieht die Zelle die dünneren

Fortsätze zurück, langsam oder auch heftig; die kürzeren und dickeren protoplasmatischen Sprossen, welche dabei übrig bleiben, werden dann auch zurückgezogen, und die Zelle strebt eine kugelige Form an. Jetzt ist keine Zellstruktur mehr erkennbar. In diesem Augenblick können, wie Romanese schildert, im Umkreis der kugeligen Zelle in explosiver Weise große hyaline Tropfen erscheinen, welche dann eingezogen werden. Diese Erscheinung stellt eine Analogie dar zu den Beobachtungen von Burrows, G. Levis, Strangeways an Zellen in Mitose zu der Periode der Telophase, welche von den Forschern mit einer heftigen Erniedrigung der Oberflächenspannung in Zusammenhang gebracht wurden. Daraufhin verschwindet die Zelle, die zuerst auf eine kugelige Masse zusammengeschrumpft war, indem sie autolytischen Vorgängen entgegengeht, und es bleibt nur eine Gruppe von lichtbrechenden Tröpfchen zurück.

Aber die degenerativen Erscheinungen, welche in der Zelle auftreten, vertragen sich eine Zeitlang mit dem Zelleben selbst und können bis zu einem gewissen Punkt regredieren. So verträgt sich die Anwesenheit von Fett in der Zelle vollkommen mit ihrem Leben. Lambert und Hanes haben bewiesen, daß Zellelemente, welche große Mengen von Fett enthalten, gut die Bewegungsfähigkeit behalten und sich durch Karyokinese teilen können. Die gleichen Autoren behaupten sogar, daß die Anwesenheit von Fett kein Zeichen von Degeneration bedeutet und suchen das mit der Annahme zu erklären, daß die in vitro kultivierten Zellen, wenn sie auch die Fähigkeit, die Nährmaterialien zu absorbieren, besitzen, und mit ihnen die Fettsynthese bewerkstelligen können, wegen ihrer verminderten funktionellen Aktivität unfähig wären, es zu verbrauchen. Andererseits hat Burrows beobachten können, daß die Fetteinschlüsse in den Zellen auch verschwinden können, und auch Levi hat bemerkt, daß die Anwesenheit von Fetttropfen in den Zellen nicht die mitotische Teilung verhindert. Aber es ist auch nicht zu glauben, daß die Anwesenheit von Fett in der Zelle diese vollkommen unberührt lasse. Wenn das Fett frühzeitig und reichlich in den Zellen erscheint, ist ihre Lebensfähigkeit sicher etwas beeinträchtigt.

Im allgemeinen gibt das Fett, das man in den Zellen antrifft, die Reaktionen der neutralen Fette (Krontowski und Poleff); sie färben sich tatsächlich mit Sudan III, mit Scharlachrot und schwärzen sich mit Osmiumsäure. Bei Untersuchung mit polarisiertem Licht sind sie gewöhnlich einfachbrechend. Nur selten sind doppelbrechende Fetttropfen beobachtet worden, wie von Brugnatelli in Kulturen vom Corpus luteum. Nach den Beobachtungen von Krontowski und Poleff erscheinen die Lipoide nur während der Autolyse nach dem Tode. In bezug auf die Frage des Verhältnisses zwischen Fett und Mitochondrien, und zwar ob diese letzteren an der Fettbildung teilnehmen oder nicht, hat die Gewebekultur gezeigt (Lewis, Luna usw.), daß das Vorhandensein von Fett ganz unabhängig vom Chondriom ist, und daß man in den Mitochondrien nie Körner antrifft, welche Fett- oder Lipoidreaktionen gegeben hätten. In bezug auf das vorkommende Verhältnis zwischen den mit der Methode Altmanns färbbaren Körnchen und den Fettkörnchen glauben Lambert und Hanes, daß man es mit einer stufenweisen Umwandlung der mit der Methode Altmanns färbbaren Granulationen in Fettkörnchen zu tun habe, weshalb diese Autoren der Auffassung der granulären Synthese des Fettes im Sinne Arnolds und Goldmanns beistimmen. Auch andere Veränderungen, die, wenn nicht höchsten Grades, regressiv sind, wurden beschrieben: das Erscheinen von Proteingranulationen, welche aus der Umwandlung der Chondriosomen herstammen; ebenfalls das Erscheinen von Vakuolen, welche ein Anschwellen des Zellkörpers und das Aufhören der protoplasmatischen Bewegungen bestimmen. Wichtig ist die von G. Levi hervorgehobene Tatsache, daß, wenn in Zellelementen degenerative Vorgänge stattfinden, die dann vollkommen regredieren, sich diese Vorgänge immer auf das Cytoplasma beziehen, während der Kern unverändert bleibt; die Kernveränderungen, welche auftreten, regredieren nie.

Alle diese degenerativen Prozesse können nur dann regredieren, wenn sie nicht allzu ausgesprochen sind, und die Kultur einer speziellen Behandlung unterzogen wird; dagegen stirbt die Kultur sicherlich, wenn sie sich selbst überlassen bleibt.

IV. Das Verhalten verschiedener tierischer Gewebe in Explantaten.
a) Bindegewebe.

Wegen der relativ leichten Züchtbarkeit wurden die ersten Studien am Bindegewebe vorgenommen. Als die Möglichkeit, epitheliale Elemente zu züchten, schon einwandfrei erwiesen war, zogen die Forscher immer noch die Züchtung von Bindegewebe vor, um allgemeine Fragen zu lösen. Zwar ist die Zahl der Arbeiten über die Zellen der Stützsubstanz sehr groß, aber die Beobachtungen stimmen nicht immer überein; das beruht darauf — wie M. Lewis bemerkt —, daß in die Kategorie der Fibroblasten Zellen verschiedenen Ursprungs eingereiht worden sind: einige stammen vom Mesenchym, andere vom Gefäßendothel, wiederum andere müssen als Myoblasten betrachtet werden. In Übereinstimmung mit Lewis suchte andererseits Levi nachzuweisen, daß die aus 8 tägigen Hühnerembryonen stammenden Zellen keine Fibroblasten, sondern entdifferenzierte Myoblasten sind.

Es wurden Bindegewebskulturen von sehr vielen Autoren erhalten, unter welchen vor allem Carrel und Burrows zu nennen sind, die aus verschiedenen Explantaten (Peritoneum, Perikardium, Gefäßwand usw.) Bindegewebe sich entwickeln sahen. Die Kulturen waren, besonders in der ersten Zeit der Gewebezüchtung, meistens gemischte Kulturen, d. h. sie enthielten sowohl bindegewebige, als auch Elemente anderer Natur (epitheliale usw.), aber das Bindegewebe zeigte die Tendenz, durch seine größere Proliferationskraft die übrigen Elemente zu überwuchern. Hauptsächlich amerikanische Autoren haben im folgenden durch verschiedene Methoden Reinkulturen von Bindegewebselementen erhalten, an welchen ein sicheres Studium durchgeführt werden konnte.

Unter den Reinkulturen von Fibroblasten wird eine von Carrel und Ebeling schon seit 15 Jahren am Leben erhalten, die für die allgemeinen Biologie eine große Bedeutung erlangt hat. Diese Fibroblastenkultur stammt von einem 7 Tage alten embryonalen Hühnerherzfragment und wird alle 48 Stunden in eine neue Kultur übertragen, wobei ihr Volumen regelmäßig an jedem zweiten Tag verdoppelt ist. Was ihre Wachstumsintensität anbetrifft, scheint es, als ob die Wachstumsgeschwindigkeit mit den Jahren zugenommen hätte und zur Zeit schneller sei, als die der alten Kultur.

Die Zellelemente, die diese Fibroblastenkultur bilden, sind spindelförmig verlängert und schwach vakuolisiert. Durch Tausende von Übertragungen haben die Zellen keine grundlegenden Veränderungen ihrer histologischen Charaktere erfahren. Es wurden zwar von Ebeling gewisse Modifikationen beschrieben, die aber regressive Veränderungen waren und durch das modifizierte Kulturmedium bedingt sein konnten. Betreffs der Fibroblastenkultur wurden auch gewisse Zweifel über ihre Natur geäußert (Congdon, Levi). Congdon nimmt an, daß dieses Gewebe aus dem Mesenchym des Perikardiums oder des Endokardiums stammt, dagegen will Levi sie als entdifferenzierte Myoblasten betrachten, da die in der rasch wachsenden Kultur differenzierten Zellen leicht eine Entdifferenzierung erfahren.

Reinkulturen von Fibroblasten, deren Leben durch fortgesetzten Mediumwechsel für eine mehr oder weniger lange Zeit gesichert wurde, wurden später auch von anderen Forschern (Fischer) erhalten.

Veratti züchtete Fragmente von verschiedenen Geweben (Lunge, Niere, Milz, Leber usw.) und behauptete, daß die in der Kultur erscheinenden bindegewebigen Elemente zwei verschiedene Zellarten seien: mit Verlängerungen versehene Fibroblasten, die anastomosierend ein Netz bilden, und Phagocyten, die beweglich und wanderungsfähig sind. Diese Zellen wurden nach Veratti von der Gruppe normaler Zellelemente hergeleitet, die Histiocyten genannt werden: die adventiziellen Zellen, Wanderzellen, ragiokrine Zellen, Klasmatocyten usw.

Bisceglie konnte in Kulturen von Säugetiermilz das Vorhandensein beider Zellelemente nachweisen: die histiocytären Elemente, die früher als die Fibroblasten erschienen und sich aktiv bewegen konnten, wanderten durch lange Strecken in das Kulturmedium, ohne unter sich ein eigentliches Gewebe zu bilden. Die Fibroblasten erschienen dagegen am 2.—3. Tag des Kulturlebens und waren durch nadelförmige, etwas derbe Verlängerungen charakterisiert, die gegen die Peripherie der fruchtbaren Zone sich orientierten. Die Genese der Fibroblastenelemente und der Histiocyten wurde von Veratti in Kulturen von erwachsenem Säugetiergewebe studiert. Unter den Elementen, die allein, nach Veratti, die parenchymatösen spezifischen Elemente des gezüchteten Organs überleben, können die Fibroblasten durch ihre spindelförmige oder sternähnliche Gestalt, durch die Anastomose des feingestreiften vakuolisierten Protoplasmas leicht erkannt werden; sie haben gut färbbare bläschenförmige Kerne und einen oder zwei Nucleolen. Die Phagocyten sind dagegen durch ihre runde Form, durch den Protoplasmareichtum und den kleinen, meistens zentralen, stark gefärbten Kern gekennzeichnet. In der Kultur von Fragmenten des Gehirns gelang es Veratti, verschiedene Übergangsformen zwischen diesen Elementen und den adventitiellen Zellen der Gefäße nachzuweisen. Er war dabei der Meinung, daß die Histiocyten der Gehirnkultur von den adventitiellen Zellen der Gefäße abstammen. Da zwischen den Phagocyten des Gehirns und der Lunge und anderer Organe eine Ähnlichkeit besteht, stellt Veratti die Hypothese auf, daß auch die erwähnten Histiocyten adventitiellen Ursprungs seien, und daß diese Herkunft nur wegen der ungünstigen Bedingungen der Beobachtung nicht, wie in den Kulturen des Gehirns, nachzuweisen ist.

Chlopin hat sehr intensiv das Bindegewebe verschiedener Wirbeltiere durch Gewebezüchtung studiert, wobei er immer das gleiche Kulturmedium verwendet hat: verdünntes Kaninchenplasma mit oder ohne Zusatz von Gewebeextrakt. Er züchtete Niere, Milz, Leber, Herz verschiedener Tiere (Neunauge, Karausche, Hecht, Axolotl, Frösche, Hühnchen, Kaninchen usw.). Er verglich miteinander Bindegewebskulturen von Knochenfischen, Amphibien, Reptilien, Vögeln und von Säugetieren; er behauptete, daß beim Wachstum der Bindegewebselemente von Säugetieren fixe, nicht amöboide Bindegewebselemente erscheinen und auch bewegliche, amöboide Zellelemente, deren Zahl vom gezüchteten Organ abhängt. Die fixen Bindegewebselemente oder Fibroblasten, die nach Chlopin Desmocyten genannt werden, stammen nach diesem Forscher von den retikuloendothelialen Elementen, die durch eine einfache Umwandlung Desmocyten oder Fibroblasten werden. Da nach ihm die normale Histologie der Milz und der Leberrandzone des Axolotls nur eine spärliche Anzahl von Desmocyten in diesen Geweben aufweist, und da diese Elemente in großer Zahl in der Kultur erscheinen, und zwar bevor noch Mitosen in großer Zahl nachgewiesen werden, muß man den Schluß ziehen, daß die Desmocyten durch eine einfache Umwandlung von normalerweise schon präexistierenden Elementen des Gewebes entstehen. Diese Elemente, die, wie schon erwähnt, vom Retikuloendothel abstammen, wie auch die vom Retikulumstroma der Milz und der Leberrandzone abstammenden Desmocyten, sollen nach Chlopin ebenfalls aus den Kupfferschen Zellen entstehen. Die Desmocyten oder Fibroblasten erreichen bei verschiedenen Wirbeltierklassen verschiedene Differenzierungsgrade. Während

72 Das Verhalten verschiedener tierischer Gewebe in Explantaten.

die fixen Elemente des Bindegewebes bei den Knochenfischen, und großenteils auch bei den Reptilien, bis zu einem gewissen Grade die Charaktere der echten Retikulumzellen zeigen und bei ihrem Wachstum ein retikuloähnliches Syncytium bilden, bekommen die fixen Elemente bei anderen Wirbeltieren dagegen besser differenzierte Charaktere.

Viele andere Autoren haben auch in vitro Bindegewebe gezüchtet, indem sie Fragmente verschiedener Organe verpflanzt

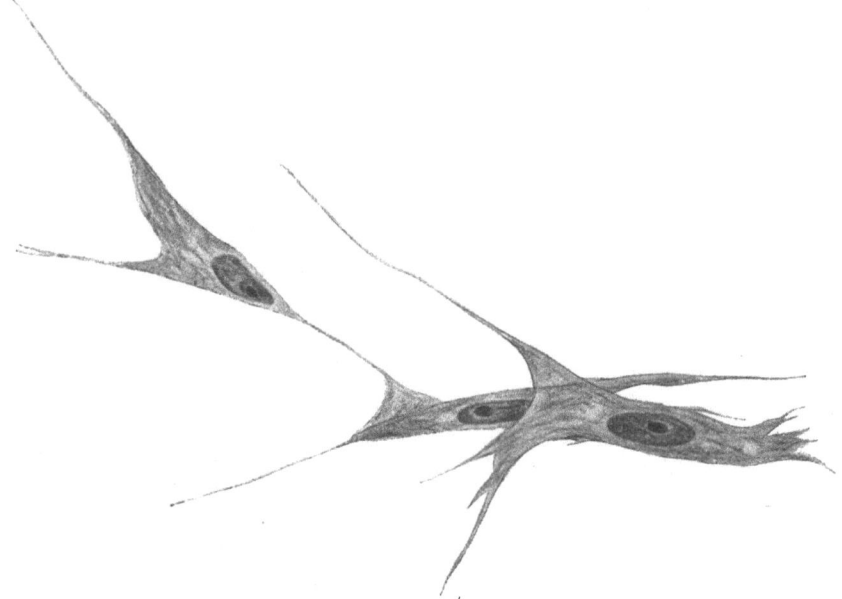

Abb. 9. Fibroblasten einer 3 Tage alten Kultur aus einem 14 Tage alten Hühnerembryo. (Nach Bisceglie.)

haben. Es werden allgemein unter Fibroblasten spindelförmige oder sternähnliche Zellelemente verstanden, die mit zwei, drei oder mehreren Fortsätzen versehen sind, welche mit ziemlich breiter Basis vom Zellkörper abspringen und fadenförmig endigen. Einige Zellen haben mehr, andere weniger große Protoplasmamassen, sie sind mit einem Kern und mit einem oder zwei Nukleolen versehen. Diese Charaktere der Fibroblasten sind jedoch durchaus nicht unveränderlich. Es läßt sich sogar durch die vielen Beobachtungen feststellen, daß die Zellen des explantierten

Bindegewebes verschiedene Formen annehmen können, die einerseits vom explantierten Organ und vom Differenzierungsgrad der Explantationselemente (G. Levi), andererseits vom physikalischen und chemischen Charakter des Kulturmediums abhängen.

Fazzari hat sowohl den morphologischen Unterschied als auch die Übereinstimmung mesenchymaler Gewebe verschiedener Organe desselben Hühnerembryos konstatieren können. Die Unterschiede haben nach diesem Autor die sichere Bestimmung ermöglicht, von welchem Organ die Elemente abstammten. Die mesenchymalen Elemente der Leberkultur zeigen nach Fazzari einen ziemlich großen, gegen die freie Zone verbreiterten Körper; das Protoplasma ist basophil, fein granuliert, der Kern groß, eiförmig mit kleinen Chromatinkörnchen; es sind noch zwei oder drei ziemlich große Nukleolen zu sehen. In der Milzkultur dagegen sind die mesenchymalen Elemente radial gerichtet, sie haben einen zugespitzten, oft ziemlich langen Fortsatz; der andere ist dagegen kürzer und dicker. Das Protoplasma ist basophil, fein granuliert, mit ovalem Kern, dessen Achse auch dem der Zelle entspricht. Diese Unterschiede zwischen den mesenchymalen Elementen sollen entweder einer Organspezifität entsprechen, oder umgekehrt, vom Einfluß des Mediums abhängen, wir wissen es nicht. Fazzari ist der Meinung, daß die besondere Physiognomie der mesenchymalen Elemente nicht so sehr bedingt sei durch die Abstammung von bestimmten Organen, als vielmehr durch Einflüsse, die von spezifischen autolytischen Produkten und durch den Metabolismus des Organs, dem sie angehören, ausgeübt werden.

Die Beobachtungen G. Levis haben gezeigt, daß das Aussehen der Kulturen von Fibroblasten davon abhängt, wie weit das gezüchtete Gewebe differenziert ist. In einer Kultur von Blastodermen eines Hühnerembryos von wenigen Stunden Inkubation, also vor der Somitenbildung, konnte Levi nie den typischen langen oder sternförmigen Fibroblasten begegnen, sondern großen breiten Zellen, die die Tendenz zeigten, sich mit den nahen Elementen zu verbinden. In etwas älteren embryonalen Kulturen ist Levi breiten Elementen begegnet mit kurzen und dicken Fortsätzen, und nur bei Kulturen von 11—12 Tage alten Embryonen hat der Autor auch spindelförmige, sternförmige und mit Fortsätzen versehene Fibroblasten nachgewiesen. Nach den Beobachtungen von G. Levi sind also die weniger differenzierten Elemente durch eine erhebliche Ausdehnung der Oberfläche und durch das Fehlen von langen Fortsätzen charakterisiert, während in den weiter differenzierten Elementen die Größe des Kernes und des Cytoplasmas weniger erheblich ist und sich die Tendenz der Zellen zeigt, lange, säulenförmige Fortsätze auszusenden.

Abb. 10. Mit langen und dünnen Fortsätzen versehene Fibroblasten, die aus dem Tegumentexplantat eines 8 tägigen Hühnerembryos ausgewandert sind. (Nach Levi.)

Sonst kann sich die Form der Fibroblasten durch mechanische Bedingungen ändern. Wie das die Beobachtungen von Lambert, Congdon und Levi gezeigt haben, kann sich die Sternform der Fibroblasten älterer Embryonen leicht in die lamelläre Form umwandeln, wenn sich die Zellen an die Unterfläche des Deckglases heften. Diese Umwandlung der Fibroblasten kann nach W. Lewis und Rh. Erdmann so ausgesprochen sein, daß die

Zellen eine polygonale Form bekommen und durch Streifen der Bindesubstanz das Aussehen von echtem Epithel bekommen. Die Form der Zellelemente hängt auch von der Konsistenz des Kulturmediums ab, wie das hauptsächlich in den Arbeiten von Uhlenhuth gezeigt wurde; der letztere wies nach, daß die Zellen einmal breit, ein andermal sternförmig werden, je nach der Konsistenz des Kulturplasmas.

Es zeigte sich aber, daß die Fibroblasten, hauptsächlich was ihre Form anbetrifft, überhaupt nicht konstant oder wenigstens zwischen engen Grenzen veränderlich sind; außerhalb des Organismus gezüchtet, bekommen sie ganz verschiedene Orientierungen, die den Eigenschaften des Gewebes, aus welchem sie hervorgegangen sind, entsprachen; sie erfahren auch morphologische Veränderungen, die durch die physikalisch-chemischen Eigenschaften des Mediums bedingt sind.

Ein Phänomen wurde hauptsächlich in der letzten Zeit beobachtet, und zwar die Umwandlung der in vitro gezüchteten fibroblastischen Elemente in Zellelemente anderer Natur (Makrophagen). Diese Umwandlung wurde schon von Pappenheim, Marchand, Grawitz usw. angenommen, und Maximow nahm sogar die Umwandlung der Fibroblasten in Polyblasten und Lymphocyten an. Zuerst haben sich Carrel und Ebeling darüber kurz geäußert, daß sie in der Kultur die Umwandlung der Fibroblasten in Makrophagen beobachtet hätten, die, nach den Autoren, durch den Einfluß der von einer nekrotischen Zone der Kultur produzierten toxischen Substanzen bedingt wäre. Andererseits behandelten Fischer und Laser eine Fibroblastenkultur mit Natriumöl oder mit Uretan und behaupteten, runde Zellen beobachtet zu haben, die phagocytäre Eigenschaften aufwiesen, welche Eigenschaften, nach anderen Autoren, sonst den Fibroblasten fehlen sollen.

Zuletzt hat A. Fischer einer Kultur von embryonalem Hühnerherzfragment die Natur der Fibroblasten zugeschrieben, und es gelang ihm, in einer Subkultur den Makrophagen sehr ähnliche Elemente zu beobachten. Diese Elemente verschwinden aber mit derselben Leichtigkeit, wie sie erschienen sind. In einer Subkultur, die von jener Kultur herstammte, welche die makrophagenähnlichen Elemente enthalten hatte, und der aus anderen Gründen 0,1 vH Vogeltuberkulin zugesetzt war, sind diese

76 Das Verhalten verschiedener tierischer Gewebe in Explantaten.

Elemente wiederum erschienen. Die Zellen, die die peripherische Zone der Fibroblasten eingenommen hatten, bewegten sich sehr lebhaft, hatten unregelmäßige, an die Makrophagen erinnernde

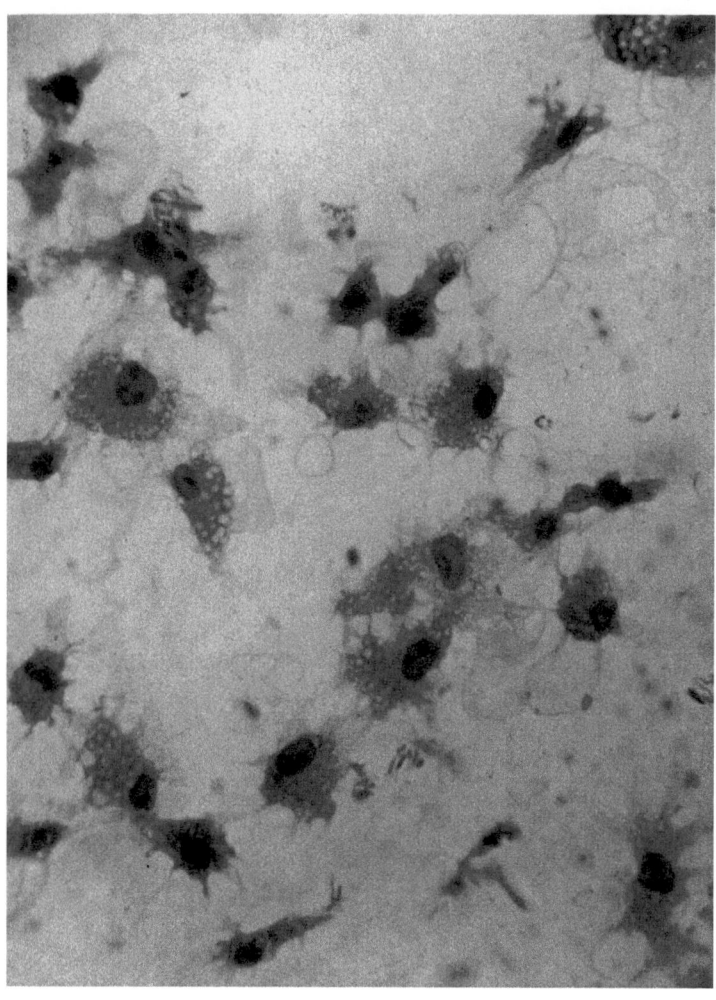

Abb. 11. Makrophagen aus Fibroblasten. Man sieht das mit Kern und Vakuolen versehene Protoplasma und das zarte, gewellte Kinoplasma, das bei lebenden Zellen sich lebhaft bewegt. (Nach A. Fischer.)

Ränder, gewellte Membran und rundliche Pseudopodien oder eigentümlich sich verzweigende Pseudopodien. Die Zellelemente enthielten in ihrem Cytoplasma Vakuolen und Körnchen, hatten einen Kern mit einem oder zwei Nukleolen. Sie bildeten zuletzt, wie die typischen Makrophagen, kein Gewebe. Fischer nimmt

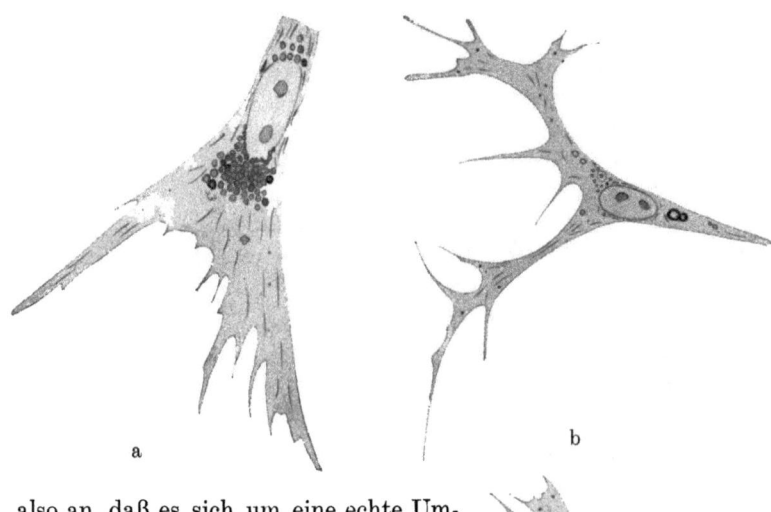

also an, daß es sich um eine echte Umwandlung der Fibroblasten in Makrophagen handle, wenn auch zur Zeit noch nicht zu bestimmen ist, unter welchen Bedingungen diese Umwandlung entsteht.

In der letzten Zeit haben Carrel und Ebeling das Studium der grundlegenden Eigenschaften der Fibroblasten wieder aufgenommen und machen mit Recht die Bemerkung, daß diese nicht nur durch ihre morphologische Konstitution, durch die Struktur ihres Kernes, ihrer Mitochondrien und durch ihre mit Neutralrot färbbaren Vakuolen, sondern auch durch das Aussehen ihrer Kolonien, durch die Art ihrer Proliferation und die Verwandelbarkeit ihrer cytoplasmatischen Organe und ihre Ernährungsbedingungen gekennzeichnet sind.

Abb. 12. a Fibroblast eines von Carrel und Ebeling seit 14 Jahren gezüchteten Gewebestammes. b, c Fibroblasten in einer 48 Stunden alten Kultur von Bindegewebe aus erwachsenem Huhn. (Nach Carrel und Ebeling.)

Damit dieses Studium aber zum Ziel führe, muß man die Versuche an Reinkulturen von Fibroblasten durchführen, wo alle Zellelemente fremder Natur und wohl auch ihre eventuelle Wirkung auf die Fibroblasten ausgeschlossen sind.

Die Fibroblasten haben, wie bekannt, die Tendenz, Kolonien zu bilden, d. h. ein echtes Gewebe, während bei den Makrophagen diese Eigenschaft vollkommen fehlt. Und wenn zwei Kolonien Fibroblasten einander begegnen, üben sie aufeinander eine anziehende Wirkung aus, berühren einander und verschmelzen. Die Anziehungskraft wird von den Fibroblasten ausgeübt, wenn sich zwei Kolonien nahe beieinander befinden. Nach Carrel und Ebeling bleibt die Anziehung aus, wenn Fibroblasten sich in der Nähe vom Epithel befinden. In diesem Falle umgeben die Fibroblasten die Epithelzellen, doch dringen sie nicht hinein. Diese Tatsache ist vielleicht durch gewisse wachstumsfördernde Reizsubstanzen zu erklären, die von den Zellen erzeugt werden und auf verschiedene Gewebe verschiedene Wirkung ausüben: ein Phänomen, das von Centanni und seiner Schule studiert und in den Erscheinungen der Wachstumspolarität affrontierter Gewebe nachgewiesen worden ist. Die Fibroblasten sind dabei unfähig, in das ganze Kulturmedium einzudringen. Nach den Beobachtungen von Carrel und Ebeling nimmt eine kleine Kultur, die sich in einem Behälter von 50 mm Durchmesser befindet, höchstens 15 mm Durchmesser des Kulturmediums ein; dann stellt sie das Wachstum ein, und wenn sie nicht bald überpflanzt wird, stirbt sie ab.

Die Wachstumsgeschwindigkeit der Fibroblasten hängt von physikalischen und chemischen Bedingungen des Kulturmediums ab, aber auch von ihrem Ursprung. Wenn man in dasselbe Kulturmedium mehrere Fibroblastenstämme verschiedenen Ursprungs einpflanzt, haben alle ungefähr die gleiche Wachstumsgeschwindigkeit (Carrel und Ebeling). Die Beweglichkeit der Zellen wurde von den beiden amerikanischen Autoren auch durch die kinematographische Methode studiert. Sie konnten nachweisen, daß die Bewegungsaktivität der Zellen an ihren distalen Pol gebunden ist, und daß ihre Progression 33μ pro Stunde ausmacht. Während der Bewegungen der Fibroblasten bleibt ihr Kern unbeweglich und in seiner Form unverändert, während die Nukleolen ständig ihre Position ändern. Es erscheinen Bewegungen der Mitochondrien; die mit Neutralrot färbbaren Bläschen zeigen rastlose Beweglichkeit; im Cytoplasma sind wandernde Körnchen vorhanden, nach deren Bewegungen das

Protoplasma ein spongiöses Aussehen bekommt. Diese biomorphologischen Charaktere vereinigen sich im folgenden mit anderen biologischen und biopathologischen Eigenschaften der Fibroblasten, die an anderer Stelle beschrieben werden. Nach den Beobachtungen von Carrel und Ebeling scheint es, daß zwischen der protoplasmatischen Struktur und der Ernährung der Zellen enge Korrelationen vorhanden seien. Ebenso scheinen die mit Neutralrot färbbaren Bläschen und ihre Körnchen zu dem Zellmetabolismus Beziehungen zu haben und sehr wichtige Organe zu sein, deren Entwicklung eng mit dem physiologischen Zustande der Zelle verbunden ist.

Daraus folgt, daß die Fibroblasten eine von verschiedenen Faktoren (Differenzierungsgrad des explantierten Fragmentes, physikalisch-chemische Zusammensetzung des Mediums) abhängige veränderliche Form und Struktur haben, daß sie aber, in Reinkultur unter den gleichen Bedingungen gezüchtet, wohldefinierte morphologische Charaktere zeigen.

Über die Frage des Ursprungs kollagener Fasern wurden interessante Versuche gemacht, deren Ergebnisse (M. Lewis und Baitsell) widersprechend sind. Baitsell hat verschiedene Gewebe des erwachsenen Frosches in Froschplasma gezüchtet, und behauptet, daß die kollagenen Fasern aus den Fibrinfäden des Koagulums entstehen. In den Kulturen entstand ein typisches Fibrinnetz, das sehr an Bindegewebe erinnerte, ohne daß an dieser Umwandlung die wandernden oder proliferierenden Zellen teilgenommen hätten. Baitsell nimmt also den interzellulären Ursprung der kollagenen Fasern an, der von mechanischen Reizen, etwa von Druck, begünstigt werden kann, nur sind die Zellelemente an ihrem Entstehen gar nicht beteiligt. Rh. Erdmann äußert über diese Versuche die Meinung, daß am Entstehen des von Baitsell beschriebenen Fibrinnetzes Fermente und von den lebendigen Zellen erzeugte Hormone beteiligt sein müßten.

Diesen Versuchen, die dann von Baitsell auch für die Erklärung des Mechanismus der Wundheilung herangezogen wurden, wurden von M. Lewis an Bindegewebe von 10 Tage alten Hühnerembryonen gemachte Beobachtungen gegenübergestellt. Nach diesem Autor haben die kollagenen Fasern, wenigstens bei embryonalem Gewebe, intrazellulären Ursprung, und ihre Entstehungsprozesse sollen sehr an jene erinnern, die sich im Embryo abspielen.

b) Knochen- und Knorpelgewebe und Periost.

Im Jahre 1910 haben Carrel und Burrows Knorpelgewebe gezüchtet und behaupten, in diesen Kulturen eine Entwicklung der Knorpelzellen beobachtet zu haben. Nach diesen Autoren soll sogar aus dem Knorpelfragment einer jungen Katze innerhalb 12 Stunden ein neues, 2 mm langes Knorpelstückchen entstanden sein.

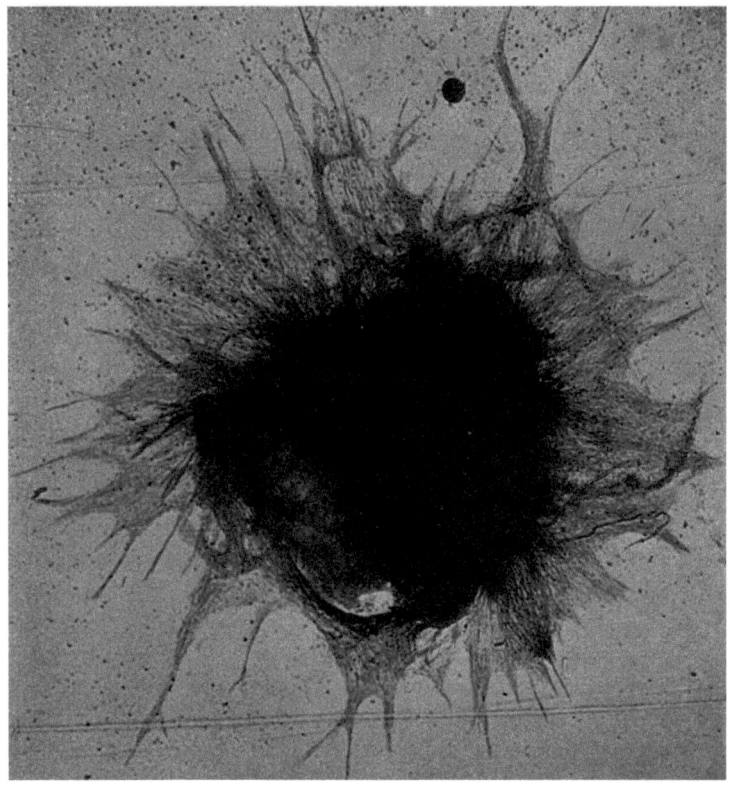

Abb. 13. Kultur von Knorpelzellen nach 48 Stunden. (Nach A. Fischer.)

Im folgenden haben Dobrowolsky, Simon, A. Fischer, Policard, Boucharlat und Wiereszinski versucht, Knorpel, Periost und Perichondrien zu züchten; doch waren die Resultate unzureichend und unsicher. Dobrowolskaya hat vereinigte Periost- und Knochenfragmente junger Tiere gezüchtet und fand, daß nur die aus dem Markraume stammenden Leukocyten erschienen; dagegen zeigte das Periost keine Proliferation; diese Erscheinung wurde an Kulturen des Hühnerperiost von Simon bestätigt. In ähnlicher Weise haben Policard und Boucharlat Fragmente vom Periost und Perichondrium von Rattenembryonen und neugeborenen Ratten gezüchtet und haben bloß eine Entwicklung von Fibroblasten erhalten, während jede Entwicklung des eigentlichen Knorpels fehlte. Diese Versuche entsprechen im Grunde denjenigen von Wiereszinski. Dieser Autor konnte in explantierten Knochenfragmenten, die mit Periost vereinigt waren, ein Wachstum von zugespitzten spindel- oder lanzenförmigen Zellen beobachten, die morphologisch ganz den Fibroblasten ähnelten. Dagegen sah Wiereszinski in Knochenexplantaten ohne Periost sternförmige, stark lichtbrechende Zellen in das Kulturmedium auswandern, die er als freigewordene Knochenzellen betrachtet hat. Das Endost wächst in der Kultur nicht so schnell wie das Periost, aber auch dieses gibt einer Proliferation von Fibroblasten Platz. In jedem Falle wurde eine Neubildung von Knochensubstanz nicht beobachtet.

Fischer konnte im Jahre 1922 Reinkulturen von Knorpelgewebe durch Explantation von Fragmenten gewinnen, welche von ihrem Bindegewebe befreit waren. Der Knorpel wächst bloß an der Oberfläche des Plasmas. Seine Zellelemente sind den Lymphocyten ähnlich; sie haben große, stark färbbare Kerne, und während sie aus der Grundsubstanz herauskommen, wird ihr Protoplasma langsam stark chromophil. Nach einiger Zeit werden die Zellelemente, die sich an ein Leben im Plasma angepaßt haben, jedoch das Medium selber verflüssigen, spindelförmig und ordnen sich aneinander, ohne eine interstitielle Substanz zu bilden; die Knorpelzellen in vitro verlieren also scheinbar ihre chondrogene Fähigkeit und entdifferenzieren sich soweit, daß sie den Fibroblasten ganz ähnlich werden.

c) Muskelgewebe.

1. Herz. Von mehreren Autoren wurden Herzfragmente gezüchtet. Jedoch stimmen nicht alle Beschreibungen dieser Kulturen überein, wie das auch bei den Fibroblasten der Fall ist. Diese Kulturen waren von Bedeutung für die Beobachtung der Kontraktionsphänomene. Es handelt sich dabei vor allem um die Versuche von Braus, Burrows, Stöhr, die Amphibienherzen, oder wie bei Olivo, embryonale Hühnerherzfragmente zum Gegenstand haben.

Burrows erhielt im Jahre 1912 Kulturen aus muskulären Elementen des Herzmuskels 3 und 14 Tage alter Hühnerembryonen. In einigen von diesen Versuchen konnte der Autor während der zweiten Woche beobachten, daß die Zellen zu pulsieren anfingen; diese Erscheinung beweist klar die myeloblastische Natur der Proliferationselemente.

Carrel, Carrel und Ebeling sahen in Kulturen von embryonalen Hühnerherzfragmenten neben Fibroblasten, die aus dem interstitiellen Bindegewebe des Herzens herstammten, auch Myoblasten erscheinen. Bei den folgenden Passagen überwucherten die Fibroblasten die Myoblasten, so daß langsam eine Reinkultur von Fibroblasten entstand, die seit 15 Jahren durch unendliche Passagen vielleicht unbegrenzt am Leben zu erhalten ist.

Erdmann hat solche permanenten Kulturen mittels Serienpassagen aus Meerschweinchen- und Mäuseherzen dargestellt und beobachtet, daß in den ersten Passagen eine Auswanderung von Myoblasten stattfindet, die sich leicht durch ihre fächerförmigen Verlängerungen erkennen lassen; aber in den folgenden Passagen wird die Zahl der Herzzellen immer geringer, dagegen die der Fibroblasten immer größer, so daß nach sieben Passagen die Kultur des Meerschweinchenherzens ausschließlich aus Fibroblasten besteht.

Congdon hat dieses Phänomen in Kulturen von Hühnerherzfragmenten bis 5 Tage alter Embryonen bestätigt, in welchen die Myoblasten aktive Wanderungen zeigten, während er annahm, daß in Kulturen von Fragmenten älterer Embryonen das kaum möglich wäre. Jedoch haben die Versuche von Bosio und Midana umgekehrt zeigen können, daß auch ältere Embryonalherzen einer Myoblastenauswanderung Platz geben, die eben Entdifferenzierungsprozessen entgegen eilen.

Levi hat eine längere Versuchsreihe an Herzkulturen vorgenommen und er behauptet, daß in diesen die ausgewanderten Zellen ihre myoblastischen Eigenschaften immer bewahren und den größeren Teil der Proliferationselemente darstellen.

W. und M. Lewis behaupteten dagegen, daß in den Herzexplantaten die mesenchymalen Elemente an der Auswanderung teilnehmen. Nur in 10 v H der embryonalen Herzkulturen bekommt man eine Emigration muskulärer Elemente, die ein Retikulum bilden und sich nie so weit entfernen, wie das Mesenchym, obzwar sie die Explantation länger überleben als das letztere.

Es geht aus dem Gesagten klar hervor, daß in den Herzexplantaten tatsächlich eine Myoblastenauswanderung statt-

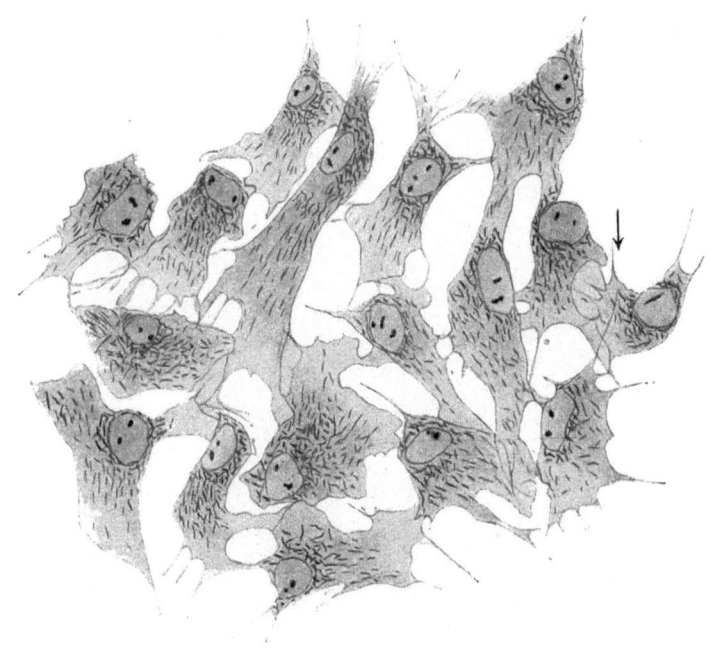

Abb. 14. Lamellöse Myoblasten, hervorgegangen aus einer Kultur von Herzfragment eines 5½ tägigen Hühnerembryos. (Nach Levi.)

findet; während aber Carrel, Lewis, Erdmann annehmen, daß die in das Koagulum wandernden muskulären Elemente immer von den Fibroblasten überwuchert werden, ist Levi überzeugt, daß aus den Kulturen der embryonalen Herzkammer vom vierten bis zum achten Lebensstage vorwiegend Myoblasten auswandern. Nach Levi sind an der Invasionszone mehr oder weniger differenzierte — dem Alter des embryonalen Herzens entsprechende — Zellen zu beobachten. Sie bewahren aber immer ihre myoblastischen Eigenschaften. In den Kulturen des Myokards 5 Tage alter Embryonen sind große, flache Myoblasten mit unregelmäßigen und veränderlichen peripherischen Teilen erschienen. Am distalen Teil der Invasionszone sind sie mehr länglich und fast immer frei. Diese Elemente sind mit langen Myofibrillen oder kürzeren und sinuösen Fäden versehen.

In betreff der wirklichen Existenz der Myofibrillen wurde von W. und M. Lewis, auf Beobachtungen basierend, Zweifel geäußert, dahin gehend, daß bei den Skelettmuskeln und den Muskeln des Myokards von lebenden Hühnerembryonen die Myofibrillen nur künstliche, durch die Fixierlösung bedingte Bildungen seien. Nach diesen Autoren existiert an der Oberfläche der Myoblasten nur eine transversale Streifung. Die Versuche von Levi, die dann von

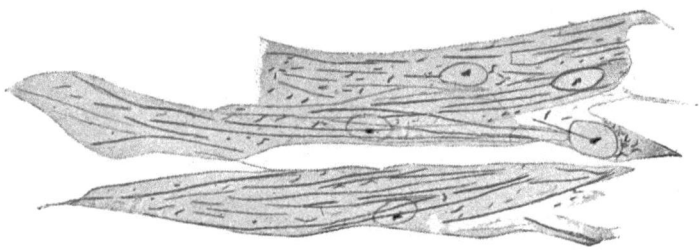

Abb. 15. Kultur aus Herzteilen eines 5tägigen Hühnerembryos, Myoblasten mit langen Myofibrillen. (Nach Levi.)

Olivo bestätigt wurden, zeigten, daß in den lebenden embryonalen Hühnerherzen Myofibrillen präexistieren. Levi beobachtete noch in den Myoblasten des Herzens und in den vom Myotom entspringenden gewisse Übergangsformen zwischen Myofibrillen und Mitochondrien.

In den Kulturen von älteren (10—16tägigen) Herzfragmenten sind die Zellen, die in das Koagulum wandern, von den früheren verschieden. Sie sind abgeflacht, sehr groß, sind mit langen und dünnen Fortsätzen versehen und durch ihre Form und Struktur werden sie den Fibroblasten ähnlich, doch werden sie nicht spindelförmig. Sie haben keine Myofiorillen und wurden von Levi als entdifferenzierte Myoblasten betrachtet. Das morphologische Aussehen der Myoblasten kann in derselben Kultur in Abhängigkeit von der physikalischen Konstitution des Mediums sein. So haben z. B. in einer von Levi gegebenen Abbildung in derselben

Kultur, in der das Koagulum dick ist, die Myoblasten Sternform mit langen Fortsätzen, in der es dagegen dünn ist, haben sich die Myoblasten, fast eine kontinuierliche Membran bildend, an der Oberfläche ausgebreitet.

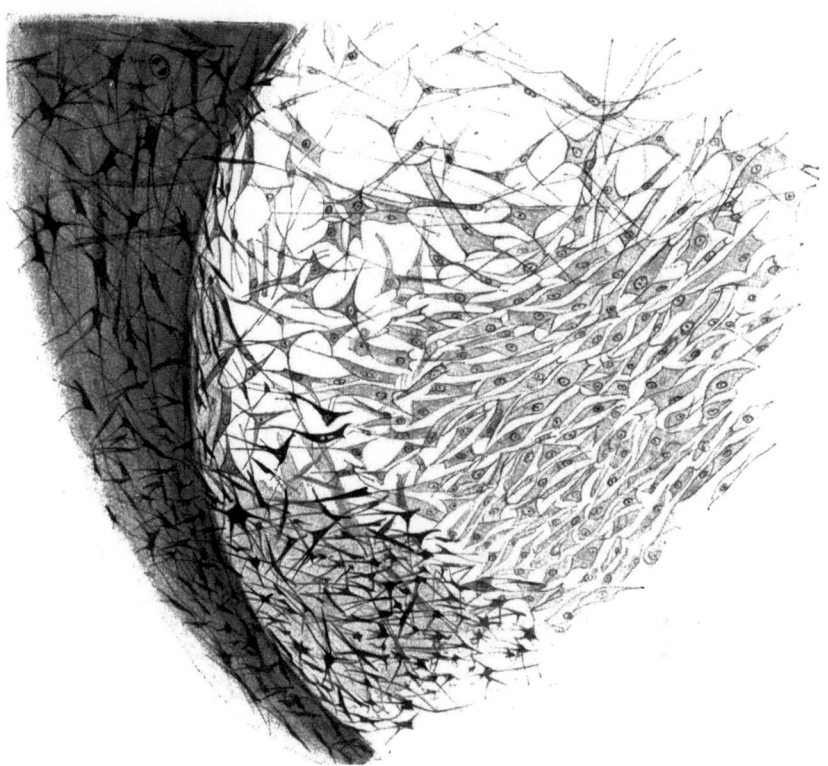

Abb. 16. Kultur aus Herzteilen eines 9½tägigen Hühnerembryos. Dort, wo das Koagulum dünn ist, haben sich die Myoblasten an der Oberfläche ausgebreitet, wo es dagegen dick ist, werden die Myoblasten sternförmig und sind mit Fortsätzen versehen.
(Nach Levi.)

2. Skelettmuskeln. Fragmente vom Skelettmuskel wurden hauptsächlich von M. und W. Lewis und von G. Levi gezüchtet und die Beschreibungen dieser Autoren stimmten überein.

Die Muskelfragmente von Hühnerembryonen gaben in der Kultur einer Proliferation von Zellelementen Platz, die verschiedene, dem Alter des Embryo entsprechende Formen und Eigenschaften haben. In der Kultur von 3 Tage alten Embryonen wurden sehr große Zellelemente beobachtet, die manchmal länglich, ein andermal unregelmäßig sind und untereinander durch Anastomose verbunden sind. Diese Zellelemente unterscheiden sich von den Fibroblasten durch ihre Form, die nicht spindelig ist, und sind durch Myofibrillen charakterisiert. Sie enthalten immer einen Kern, manche Myoblasten auch zwei Kerne. Die Explantate von embryonalen Muskelfragmenten geben vom 6.—12. Tag der Entwicklung an muskulären Elementen Platz, die ihrer Form nach verschieden sind (M. und W. Lewis, G. Levi). In diesen Kulturen kann in der ersten Zeit eine Emigration mesenchymaler Zellen stattfinden, welche auf diese Weise sozusagen ein Substrat für die Muskelzellen bilden. Am Rande des explantierten Fragmentes nähern sich im Plasma lange Muskelsprossen. Diese letzteren stammen, wie M. und W. Lewis behaupten, teils von der abgeschnittenen Extremität der ausgeflanzten Fasern und stellen also einen Regenerationsprozeß dar, teils sind sie freie Fasern, die zwischen den mesenchymalen Zellen wandern. In diesen Kulturen, hauptsächlich wenn es sich um 6 tägige Embryonen handelt, sind die Fasern sehr dünn und haben mehrere Kerne, die in eine Linie geordnet sind (Levi). Aus diesen verschwindet nach Levi bald die anisotrope Substanz, obzwar M. und W. Lewis eine gewisse Persistenz dieser Substanz beobachtet haben. Nach W. und M. Lewis zeigt das Wachstum der Muskelfasern manche Analogien mit den Nervenfasern. Die Extremität der muskulären Sprossen kann verschiedene Form haben. Manchmal sind sie punktförmig, ein anderes Mal in eine dünne Platte mit geschlitzten Rändern verbreitert. Sonst setzen die Muskelsprossen nach Lewis und G. Levi auch Myoblasten in Freiheit.

In den Kulturen von Muskelfragmenten 6—12 Tage alter Embryonen kann es vorkommen, daß die Entwicklung der mesenchymalen Zellen fehlt; dann entdifferenzieren sich, wie Levi behauptet, die Muskelfasern ganz, die Myoblasten werden frei, die länglich an der Oberfläche verbreitert und mit einem Kern versehen sind. Dieser Entdifferenzierungsprozeß wird nach Levi durch das Fehlen mesenchymaler Elemente bedingt und das würde mit der Ansicht Drews übereinstimmen, daß nämlich die Anwesenheit von Bindegewebszellen den Differenzierungsgrad bewahrt.

Levi konnte sonst auch die Lehre von Meves und Duesberg über den Ursprung der Chondrioconten aus den Myofibrillen be-

Abb. 17. Vier Tage lang gezüchtetes Muskelfragment aus einem 9 tägigen Hühnerembryo. Man sieht die Muskelsprossen und die Mesenchymalzellen. Viele Fasern sind isoliert, andere durch Anastomose verbunden. (Nach W. und M. Lewis.)

88 Das Verhalten verschiedener tierischer Gewebe in Explantaten.

stätigen. Nach den Beobachtungen von Levi werden die Myofibrillen sinuös und fragmentiert und bekommen ein Aussehen, das dem der Chondrioconten gleicht.

Auf eine auch von Levi beobachtete Tatsache wurde die Aufmerksamkeit von Harrison gelenkt, daß nämlich in einigen Kulturen von Muskelfasern 7 Tage alter Hühnerembryonen die kontraktile Substanz viel mehr differenziert ist, als in den Fasern des explantierten Muskelfragmentes.

3. Glatte Muskelzellen. Champy beschrieb im Jahre 1913 das Verhalten der glatten Muskelzellen der kleinen Gefäße und der Harnblase in der Kultur. Dieser Autor behauptet, daß das Ver-

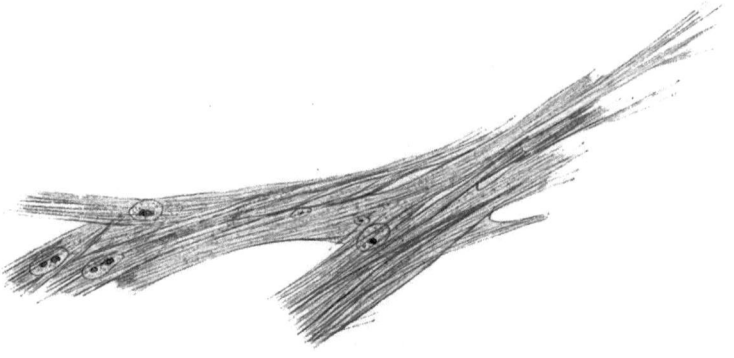

Abb. 18. Glatte Muskelzellen mit Myofibrillen, stammend aus der Amnionkultur eines 7 Tage alten Hühnerembryos. (Nicht veröffentlichte Abbildung nach G. Levi.)

halten der glatten muskulären Elemente von ihrem Ursprung abhänge. Die Faserzellen von glatten Muskeln der kleinen Gefäße sind bei den Erwachsenen nicht klar von den Bindegewebszellen zu unterscheiden; die Mitosen erscheinen wiederum, die Fibrillen gehen auseinander und verschwinden. In den Faserzellen der Harnblase, die sehr lang sind, vermehren sich die Mitosen und die Fibrillen werden an Zahl immer weniger. Auf diese Weise wird nach Champy jede Spur der Myofibrillen verloren gehen und man wird eine Zelle muskulären Ursprungs von einer bindegewebigen nicht unterscheiden können.

Glatte Muskelzellen wurden auch von Lewis in den Amnionkulturen von Hühnerembryonen studiert. Diese Zellen bildeten verschieden dichte Netze. Sie waren untereinander, ähnlich wie die Fibroblasten, durch Fortsätze verbunden, die zurückgezogen werden konnten. An der Peripherie des Zellnetzes konnten einige Zellen frei werden. In diesen Kulturen haben die Autoren keine myofibrilläre Struktur feststellen können. Über die Amnionkulturen von G. Levi läßt sich folgendes sagen: er fand, daß die glatten länglichen Muskelzellen mit einigen Fortsätzen versehen zu sein schienen. Sie waren teils frei, teils durch Anastomose verbunden. Die Struktur dieser Zellen ist nicht immer die gleiche: wenn die Zelle differenziert ist, zeigt sie sehr klare Myofibrillen; sie unterscheidet sich von Chondrioconten durch Länge, selteneres Auftreten und dadurch, daß sie sich durch Fixierungsmittel, die sonst die Chondrioconten immer zerstören, konservieren läßt. Wenn aber die glatte Muskelzelle entdifferenziert ist, verliert sie alle spezifischen Charaktere, ihr Cytoplasma wird klar und die Chondrioconten werden zerstreut und sinuös. Die Zellen vermehren sich durch Mitosen. M. und W. Lewis studierten ebenfalls die Kontraktionen der glatten Muskelzellen und sahen, daß eine Zelle auch während der Mitose Kontraktionen ausführte.

d) Das Nervengewebe.

Fragmente des Nervengewebes wurden von Harrison, Burrows, Ingebrigtsen, M. und W. Lewis, Levi, Matsumoto, Marinesco und Minea, Sanguinetti usw. gezüchtet. Viele Versuche dieser Autoren über das Nervensystem wurden für andere Zwecke vorgenommen; in diesem Kapitel wollen wir nur das Verhalten dieses Gewebes in den Kulturen beschreiben.

Die ersten Versuche, Nervengewebe zu züchten, wurden von Harrison unternommen, der Nervenzellen von Froschlarven gezüchtet hat. Diesem Autor gelang es zum erstenmal nachzuweisen, daß die embryonalen Nervenzellen vom Organismus isoliert in der Lymphe der Entwicklung der Nervenfaser Platz geben können. Es wurde viel über die reale Natur der von Harrison in vitro erhaltenen Nervenfasern diskutiert, doch die folgenden Versuche von Burrows und Ingebrigtsen usw. haben alle Zweifel aufgehoben und zeigten die Möglichkeit, in vitro Neubildung von Nervenfasern zu erhalten.

Um das Wachstum der lebenden Nervenfasern studieren zu können, worauf Levi mit Recht die Aufmerksamkeit lenkt, ist es notwendig, daß das Nervengewebe von dem umgebenden Gewebe befreit sei, da das Mesenchym, wenn auch nur ein kleiner

Teil anwesend ist, proliferiert und die Proliferation der Nervenfaser nicht erlaubt.

Wenn man Fragmente des Medullarrohrs vom Frosch oder vom Huhn züchtet, sieht man am Rande des Fragmentes Kerne, die von Protoplasmamassen überladen sind. Aus dieser Masse geht ein Filamentum hervor, das an dem freien Ende immer dicker wird, das ständig seine Form ändert und aus welchem neue Kollateralen hervorspringen, die wiederum ausgesandt und zurückgezogen werden. Die Faser benötigt, um progredieren zu können, eine Unterlage, die im Fibrin gegeben ist; sie sucht einen genügend soliden Boden, und wenn sie ihn nicht findet, zieht sie sich zurück.

Wenn nun in der Kultur Proliferation von mesenchymalen Elementen stattfindet, suchen sich die neugebildeten Fasern an den neugebildeten Elementen zu stützen und folgen ihren Fortsätzen (Marinesco und Minea). Das Wachstum der Faser kann eine Zeit lang andauern und Fasern von 1—2 mm Platz geben (Harrison). Harrison konnte bei den Nervenfasern der Froschlarven die Progressionsgeschwindigkeit bestimmen, die pro Stunde 56 μ ausmachte, die sogar nach den Beobachtungen von Burrows in seinen Kulturen von Hühnerembryonen bis zu 90 μ pro Stunde steigen konnte. M. und W. Lewis haben Hühnerdarm gezüchtet und konnten darin das Wachstum der sympathischen Nervenfasern beobachten. Die Nervenfasern können auch in flüssigen Medien wachsen, nur soll der Tropfen in dünner Schicht ausgebreitet sein; in diesem Falle kriechen die Fasern an die Oberfläche des Deckglases. Diese Erscheinung wurde von M. und W. Lewis für die Fasern des Sympathicus gezeigt. Diese Autoren haben in der Kultur ein Wachstum der sympathischen Fasern von 1 mm beobachtet. Matsumoto züchtete in Locke-Lewislösung Intestinalfragmente von 6—9 Tage alten Hühnerembryonen und hat ebenfalls das Wachstum der sympathischen Nervenfasern zwischen der 10. und 24. Stunde beobachtet. Das Wachstum hielt 24 bis 48 Stunden lang an.

Die Fasern, die im Plasma erscheinen, hauptsächlich wenn sie aus Markfragmenten oder aus dem Gehirn der 7—8 tägigen Hühnerembryonen herstammen, anastomosieren im allgemeinen nicht: doch kann man endgültige Anastomosen mit substanzieller Kontinuität zwischen zwei Neuronen wahrnehmen, wie das z. B. von Levi und Maximow sichergestellt wurde.

Die im Koagulum wachsenden Nervenfasern sind mit jenen des Embryos identisch, und schon Burrows wies nach, daß sie eine mikrochemische Affinität in spezifischem Sinne (meistens gegen die Farben von Silbersalzen der photographischen Methode Cajals) aufweisen.

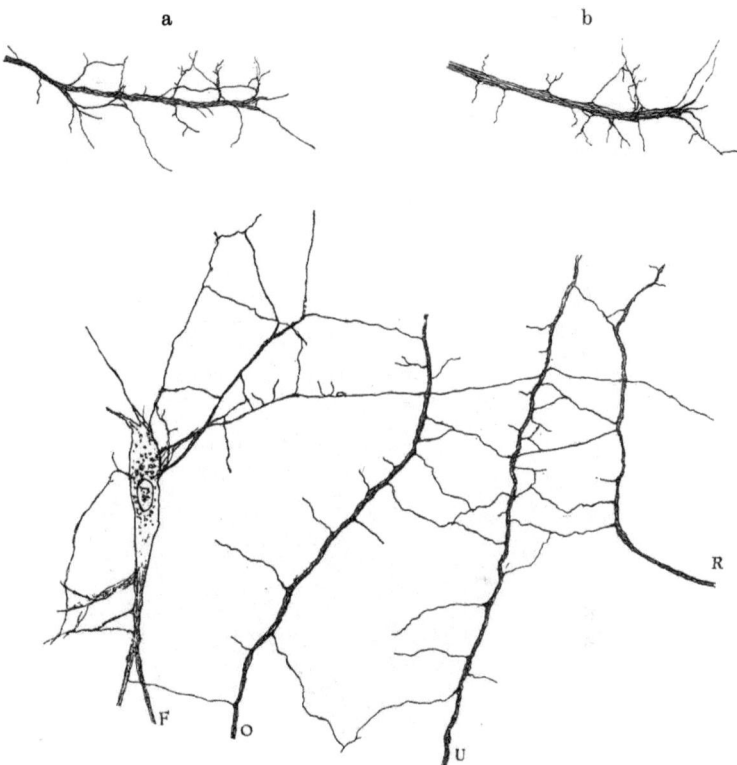

Abb. 19. a, b Die Endungen des Nervus sympathicus in einer 26 Stunden alten Kultur von Eingeweiden eines 8 Tage alten Hühnerembryos.
c Fasern des Nervus sympathicus in einer 28 Stunden alten Kultur eines Eingeweidefragmentes von 8 Tage altem Hühnerembryo. Die vier Fasern ($F\ O\ U\ R$) sind untereinander durch dünne Anastomosen verbunden. (Nach Lewis.)

Es kann vorkommen, daß die Fasern nicht isoliert in das Koagulum einwandern, sondern sich zu einem Bündel vereinigen, das die Fortsätze mehrerer Neuroblasten in sich trägt (Levi). Wenn aber das Bündel einen Weg zurückgelegt hat, machen sich die Fasern, aus denen es gebildet ist, frei und verästeln sich.

92 Das Verhalten verschiedener tierischer Gewebe in Explantaten.

Ingebrigtsen hat zeigen können, daß die Nervenfaser in vitro sich ebenso verhält wie in vivo, d. h. von ihrer Nervenzelle getrennt degeneriert; der zentrale Stumpf der Faser kann sich auch in vitro regenerieren. Marinesco und Minea haben die Walleriana-Degeneration der Nerven von Kaninchen, Hund und

Abb. 20. Plexus des Nervus sympathicus in einer 48 Stunden alten Kultur eines Eingeweidefragmentes von 8 Tage altem Hühnerembryo. (Nach Lewis.)

Katze in vitro studiert. Sie haben die charakteristischen Merkmale dieser Degeneration verfolgt und zwar Zerfall des Myelins und der Zylinderachse und progressive Reaktionen der Bindegewebselemente und der Kerne der Schwannschen Scheide.

Olivo züchtete Fragmente von Nervengewebe in fortgesetzten Passagen und konnte nachweisen, daß die Wanderung der Fasern von der ersten Passage anfängt und bei den folgenden zunimmt, um dann plötzlich abzunehmen und endlich ganz aufzuhören. Einige Tage nach der Explantation erscheinen im Explantat Epithelzellen, die nach Olivo wahrscheinlich von Elementen herstammen, die zur Bildung des Ependyms bestimmt sind, und sich in eine epitheliale Kultur umwandeln, die eine unbegrenzte Wachstumstendenz zeigt. Vom Nervengewebe können sonst auch isolierte Zellen auswandern, die wahrscheinlich von der Natur der Neuroglien sind.

Was die Anwesenheit der Neurofibrillen in den Zellen und in den Nervenfasern anbelangt, wurden sie von Levi und Matsumoto auch in der Kultur nachgewiesen. Wenn die Fasern sich im Koagulum verdünnen, gehen die Fibrillen auseinander und werden nachweisbar (Levi), selbst wenn in den Kulturen von Nervengewebe

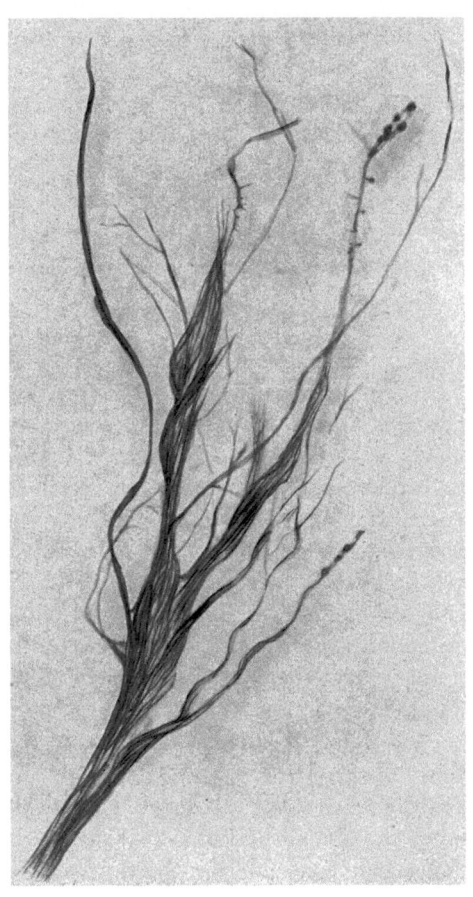

Abb. 21. Anastomosen- und Plakodenbildung aus dem Rhombenkephalon eines jungen 3 Tage lang gezüchteten Hühnerembryos. (Nach Levi.)

die lebenden Fasern eine längliche Streifung zeigen, die sich aber nicht direkt als eine echte fibrilläre Struktur erweist. Ist es auch Matsumoto nicht gelungen, in der lebenden Kultur Neurofibrillen zu beobachten, so waren sie doch in den fixierten Präparaten klar nachweisbar. Levi wies wiederum nach, daß die Neurofibrillen nicht immer klar erscheinen: manchmal wandeln sie sich in sehr dünne Fibrillen um oder werden unsichtbar und können in einem homogenen Protoplasmaplättchen verloren gehen, indem sie später eventuell wieder erscheinen.

Matsumoto studierte das Verhalten der Mitochondrien und der Vakuolen in den sympathischen Nervenfasern und behauptet, daß die Mitochondrien in verschiedener Quantität in der Kultur erscheinen und unregelmäßig angesammelt sind. Sie sind mehr oder weniger regelmäßig nach der Achsenbreite der Fasern orientiert und bewegen sich sehr langsam. Auch die Körnchen, die sich mit Neutralrot färben, sind von verschiedener Größe, Zahl und Disposition; sie bewegen sich sehr lebhaft und manchmal auch ruckweise.

In den Kulturen des Nervengewebes erscheinen noch die Neuroblasten, die aber an die Invasionszone durch passive Emigration gelangen. Im allgemeinen ist ihre Anwesenheit ungleich und inkonstant. Ihre nervösen Fortsätze können auch fehlen, und manchmal, wie das von Olivo gezeigt wurde, wandern, und senden hyaline Membranen aus. Die Neuroblasten verlieren in der Kultur die Fähigkeit der Differenzierung und gehen bald in Regression über. Diese Tatsache wurde zuletzt auch von Minea gezeigt, der in der Kultur isolierter Nervenzellen von Spinalganglien der Katze die Beobachtung machte, daß die Zellelemente unabänderlich autolytischen Prozessen entgegeneilen, durch welche sie ihre färberischen Eigenschaften langsam verlieren.

Die durch Züchtung des Nervengewebes in vitro erhaltenen Resultate haben wichtige Daten über Histologie und Histogenese des Nervensystems gebracht. Hensen und Held haben behauptet, daß am Aufbau des Nervensystems zwei verschiedene Zellen teilnehmen: 1. die Neuroblasten, welche Axone und Neurofibrillen bilden, und 2. die Leitzellen, deren Inneres die Nervenfasern durchziehen und darin wachsen. Nach Held läuft die Nervenfaser nie frei in den Interzellularräumen, sondern sie befindet sich in den anastomotischen Expansionen (Plasmodesmen) der Leitzellen. Diese Hypothese, welche der von His widerspricht, daß nämlich die Nervenfaser aus dem Neuroblast ohne Mitwirkung anderer Elemente entstehe, wurde durch die Versuche an Gewebekulturen in vitro widerlegt. Die Versuche von Harrison haben gezeigt, wie die Nervenfaser erscheint und durch Aktivität der Neuroblasten, ohne Mitbeteiligung anderer Zellelemente, frei in das Koagulum hineinwächst; diese Tatsache wurde dann auch von anderen Autoren (Marinesco und Minea, Levi usw.) bestätigt. Damit wurde die Hissche Lehre von neuem unterstützt. In bezug auf das Neuron haben die Ergebnisse der Explantation zeigen können, daß es tatsächlich möglich ist, in vitro eine echte Anastomose zwischen zwei Fasern zu erhalten. Da aber nach den Versuchen von Levi die Anastomosen nicht immer bestehen bleiben, ist, wie auch Levi sagt, folgendes anzunehmen: wenn die anatomische Individualität des Neurons verloren geht, behält der Neurit immer noch mit seinem Neuroblast seine intimsten funktionellen Beziehungen, nicht aber mit den nahen Neuronen.

e) **Das hämolymphopoietische Gewebe und die Blutzellen.**

1. **Die Milz.** Das Studium der Kulturen von hämolymphopoietischen Organen ist von hervorragender Wichtigkeit, da, worauf schon Maximow hingewiesen hat, es uns zu der Lösung der schwierigsten und dunkelsten Probleme, nämlich zur Genese der Blutzellen, führen wird. Zwar ist die gewünschte Lösung dieses Problems noch nicht erreicht, es konnten aber schon viele Fragen mittels der Gewebezüchtung in vitro gelöst werden.

Die Milz war dasjenige Organ, das vielleicht am häufigsten von allen gezüchtet worden ist. Jedoch von den vielen Autoren, die dieses Gewebe explantiert haben, haben nur wenige ihm ein wirklich eingehendes Studium gewidmet. Der größte Teil der Autoren dagegen hat dieses Gewebe für das Studium physiologischer und pathologischer Probleme nur verwendet, weil seine Züchtung keine Schwierigkeiten bereitet und bald die Invasionszone der proliferierenden Elemente entsteht.

Die ersten Milzkulturen wurden im Jahre 1910 von Carrel und Burrows angelegt, die Fragmente des Milzgewebes junger Katzen im Plasma des Muttertieres gezüchtet haben. Nach 24 Stunden waren die Fragmente von einer großen Zahl von roten und weißen Blutkörperchen umgeben, welch letztere durch amöboid-aktive Bewegungen in das Plasma wanderten und einen längeren Weg durchliefen. Während des zweiten bis zum dritten Tag des Kulturlebens hatten sich die amöboiden Leukocyten und große, mit Pseudopodien versehene Zellen so vermehrt, daß sie das ganze Kulturmedium einnahmen. Die Zellen zeichneten sich durch lebhafte Beweglichkeit und starke phagocytäre Kraft aus. Die Untersuchung der fixierten und gefärbten Präparate zeigte, daß die Zellen, die die Invasionszone einnahmen, rote Blutkörperchen, polynukleäre Leukocyten, kleine einkernige und große einkernige Leukocyten waren; die letzteren hatten ein fein retikuliertes Cytoplasma.

Diese erste, von dem amerikanischen Forscher gegebene Beschreibung der Milzkultur rief eine große Zahl von Arbeiten hervor (Carrel und Burrows, Walton, Lambert, Levaditi und Mutermilch, Levaditi, Mutermilch und Comandon, Smith, Ingebrigtsen, Veratti, Carra, Rioch usw.). Die Beschreibungen dieser Autoren streifen nur das Verhalten der Milz in der Kultur; eine gründliche Behandlung der Frage fehlt vollständig. Levaditi und Mutermilch haben zuerst die Wirkung verschiedener Substanzen auf die Milzkultur untersucht; unter Mitwirkung von Comandon haben sie dann mittels kinematographischen Apparates die Beobachtung gemacht, daß das Milzfragment von runden oder ovalen beweglichen Zellen (mononukleäre basophile und polynukleäre oxophile Leukocyten) umgeben wird. Von den ausgewanderten Zellen hatten einige einen exzentrisch gelegenen Kern und größere Protoplasmamassen, andere dagegen waren klein und hatten einen zentral gelegenen Kern. Die ersteren waren den letzteren gegenüber sehr aktiv beweglich. Andere Autoren konnten dann das lebhafte Wachstum der Milzkultur und die Anwesenheit von Zellelementen verschiedener Art in ihr nachweisen, die aber nicht ausreichend beschrieben wurden. Rioch (1923) züchtete Hühnermilzfragment in einer Mischung von Locke-Lewis-Lösung-Hühnerbouillon und Dextrose. In diesen waren nach dem Autor mesotheliale Zellen, mesenchymale Elemente und wandernde Zellen zu beobachten. Er war der Meinung, daß in der Kultur embryonaler Milz die intensive Entwicklung mesenchymaler Zellen, vieler mesothelialer und weniger, meistens nicht granulierter Blutzellen zu beobachten sei. In den Kulturen älterer Embryonen waren die mesenchymalen Zellen nach Rioch in kleinerer Zahl vorhanden, mesotheliale Zellen kamen sehr selten vor, dagegen haben die Blutzellen zugenommen. Die mesenchymalen Zellen waren breit, unregelmäßig, mit einem ovalen Kern versehen; man konnte im granulierten Cytoplasma Mitochondrien und mit Neutralrot gefärbte Körnchen unterscheiden. Die mesothelialen Zellen bildeten bei ihrer Entwicklung eine Membran, die aus länglichen Zellen mit kleinem Kern und einigen Mitochondrien zusammengesetzt ist. Die Blutzellen, die in das Kulturmedium einwandern, bestehen aus Lymphocyten, Monocyten, in welchen sich nach einer längeren oder kürzeren Zeit Vakuolen bilden.

Die wichtigsten Arbeiten, die über das Verhalten der Milz in vitro erschienen sind, stammen von Maximow, Chlôpin, Fazzari, Rh. Erdmann, Eisner und Laser. In ihren Grundlinien widersprechen sich die Beschreibungen dieser Autoren nicht; doch gehen in vielen Einzelheiten die Meinungen auseinander. Die Hauptursache dessen liegt in erster Linie darin, daß die verschiedenen Autoren an verschiedenen Tierarten (Mäusen, Hühnern, Ratten, Kaninchen, Axolotl usw.) und an verschiedenen Altersstadien ihre Versuche durchgeführt haben. Die Gewebestückchen aus der Milz sind in der Kultur dadurch charakterisiert, daß sie nach einer sehr kurzen Inkubationszeit Proliferationen und Migrationen von Zellelementen in das Kulturmedium vorsenden. Die Zellelemente, die in der Invasionszone erscheinen, sind verschiedener Art. Von Blutzellen sind rote Blutkörperchen, Lymphocyten, Granulocyten, Monocyten vertreten, die amöboide und phagocytäre Eigenschaften haben.

Die Lymphocyten sehen rasch degenerativen Prozessen entgegen; sie sterben in 12 Stunden, nach Fazzari, ab, nachdem sie sich durch direkte Teilung vermehrt haben. Chlôpin sah in der Kultur des Axolotls nach $1^{1}/_{2}$ bis 2 Monaten die Blutzellen verschwinden, da diese unter degenerativen Erscheinungen, ohne sich vermehren zu können, abstarben. In der Kultur von embryonaler Milz wurde von Fazzari beobachtet, wie die Lymphocyten sich, wie der Autor bemerkt, zweifellos in Clasmatocyten umwandeln. Der Beweis dieser Tatsache konnte von Fazzari durch die entsprechende Färbung nach Ranvier nicht erbracht werden. Wenn sie aber erwiesen wird, so wird sie die Hypothese, daß nämlich die Lymphocyten unter bestimmten Bedingungen in den Zustand der kleinen ruhenden Wanderzellen zurückkehren können (Maximow), unterstützen. Diese Umwandlungen wurden auch von Chlôpin beobachtet, der die Umwandlung der Lymphocyten in Polyblasten als sicher annimmt. In den Kulturen von erwachsener Milz hat Fazzari oft die Umwandlung der Lymphocyten in Plasmazellen beobachten können, was schon von Maximow in Kulturen erwachsener lymphoidaler Gewebe bemerkt worden war; die beiden Zellenarten stellen nach Maximow nur zwei jener Formen dar, die die Polyblasten in ihrer Evolution annehmen.

Was den Ursprung der Lymphocyten in der Kultur anbetrifft, so ist diese Frage mit der des Ursprungs von Lymphocyten in den Entzündungsexsudaten eng verbunden. Gegenüber der Meinung mehrerer Autoren (V. D. Lejen, Arnold, Senator, Wolf, Schridde, Schwarz, Fischer, Baumgarten, Orth usw.), daß nämlich die Lymphocyten des Exsudates hämatogenen Ursprungs seien, wird andererseits von einer großen Zahl von Forschern die Genese der Lymphocyten von einer atypischen Proliferation der normalen Bindegewebselemente hergeleitet, und zwar hauptsächlich von der Gruppe der Histiocyten. Von diesem Standpunkte aus wurden die interessanten Versuche Lippmanns und seiner Schule durchgeführt; sie konnten durch intrakardiale Injektion von Thorium X das Verschwinden der weißen Blutkörperchen aus dem zirkulierenden Blut des Kaninchens beobachten. Maximow, der eine lange Reihe von Versuchen diese Frage betreffend durchgeführt hat, nimmt an, daß die Lymphocyten direkt von den Polyblasten herstammen, die nach dem Autor Elemente verschiedenen Ursprungs, hämatogenen und histogenen, darstellen. In Gewebezüchtungen in vitro konnte Maximow die Abstammung der Lymphocyten von den Polyblasten direkt beobachten. Dieser Ursprung wurde dann auch von Chlôpin in Kulturen des Axolotls bestätigt und das enge genetische Verhältnis zwischen Lymphocyten und Retikulumzellen nachgewiesen. Die Abstammung der Lymphocyten vom Retikuloendothel sollte nach Chlôpin durch eine graduierte basophile Umwandlung des Cytoplasmas und durch eine progressive Umwandlung des Kernes zum Typus der großen Lymphocyten mit gut erkennbaren Nucleolen vor sich gehen. Das Retikulum nimmt also nicht nur von den Retikulumzellen, sondern auch von Lymphocyten seinen Ursprung (Maximow, Chlôpin).

Außer den Formelementen des Blutes wird man in der Milzkultur noch anderen Zellelementen begegnen, die nicht leicht zu bestimmen sind. Unter diesen sind die am leichtesten erkennbaren Elemente die Retikulumzellen. Diese Zellen haben amöboide Eigenschaften und eine rundliche oder mehr unregelmäßige Form; die Dimensionen des Kernes und des Cytoplasmas schwanken innerhalb breiter Grenzen. Das Cytoplasma ist basophil und enthält Pigmentkörnchen. Die amöboiden Bewegungen haben nach Chlôpin auf die Form des Kernes Einfluß. Diese Zellen, die Chlôpin in Kulturen aus Axolotlgewebe gesehen hat, entsprechen denjenigen, die Fazzari in Kulturen von embryonalen und erwachsenen Milzen der Hühner und der Mäuse beobachtet hat. Sie stammen vom Retikulum des Organs ab und sind durch ihre phagocytären Eigenschaften und durch das Vorhandensein von Pigment und Farbkörnchen im Cytoplasma, wenn vital gefärbtes Plasma als

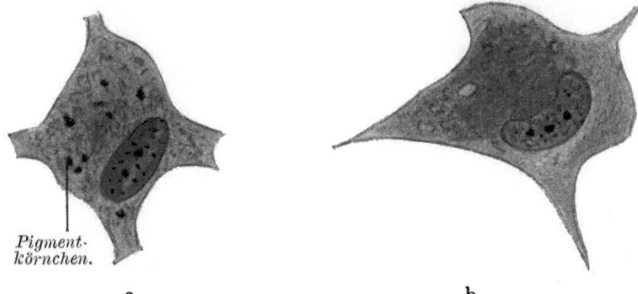

a   b
Abb. 22 a, b. Retikulumzellen einer Milzkultur aus einem älteren Hühnerembryo.
(Nach Fazzari.)

Kulturmedium oder Fragmente einer vital gefärbten Milz verwendet wurden, gekennzeichnet. Rhoda Erdmann, Eisner und Laser haben die echten Retikulumzellen in Milzkulturen von sehr jungen Rattenembryonen nicht in großer Zahl beobachtet; zahlreich waren diese Zellen dagegen in Milzkulturen von Embryonen kurz vor der Geburt vorhanden; diese älteren Zellen enthielten phagocytierte Substanzen. Die Retikulumzellen erscheinen in der Kultur 24 Stunden nach der Explantation (Fazzari, Erdmann usw.). Sie stammen nach Erdmann, Eisner und Laser von den starren Fasern der Milz ab, erscheinen in der Milz in der zweiten Hälfte des Embryonallebens und haben im sekundären Mesenchym ihren Ursprung.

Eine Modifikation der Retikulumzellen ist nach Chlôpin in den Makrophagen gegeben, die direkt vom retikulären Syncytium herstammen. Die Makrophagen haben mehr Cytoplasma, sie haben eine sehr ausgesprochene phagocytäre Fähigkeit und neh-

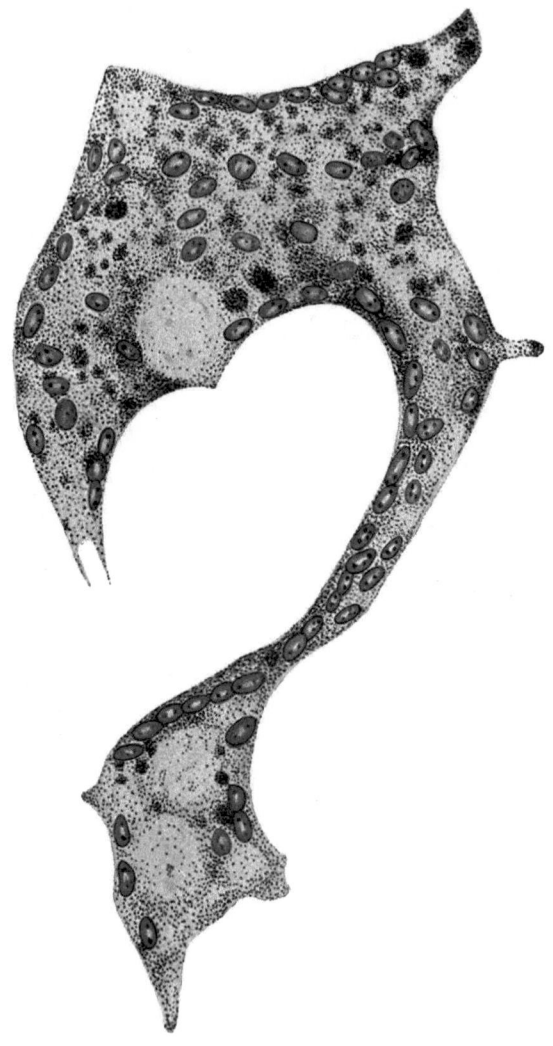

Abb. 23. Eine enorme, pigmentierte Riesenzelle aus einem 29 Tage alten Milzexplantat. (Nach N. und A. Chlópin.)

men Vitalfarbstoffe auf. Auch Erdmann nimmt an, daß die retikulären Makrophagen die Endphase der Retikulumzellen darstellen; sie werden manchmal mehrkernig und den echten Riesenzellen sehr ähnlich. Andererseits hat Chlôpin enorme Riesenzellen beobachtet, die durch Fusion von mehreren Retikulumzellen echte mehrkernige syncytiale Massen, mit wandständiger Anordnung der Kerne, bildeten. In den Kulturen der mit kolloidaler Chinatusche blockierten Milz haben Lemmel und Löwenstädt beobachtet, daß die Makrophagen so viel Chinatusche ansammeln, daß manchmal der Kern nicht mehr zu sehen ist. Die Chinatusche wird aber sowohl in den Fibroblasten und in den Retikulumzellen in Form von ganz kleinen Körnchen, als auch in den Lymphocyten und in den Markzellen gesammelt. Die Ansammlung von Chinatusche hemmt nicht die Beweglichkeit der Makrophagen. Von Lemmel und Löwenstädt wurde noch eine andere Beobachtung gemacht, daß nämlich die Zellen, die durch Mitose entstanden sind, keine Tuschekörnchen mehr enthielten.

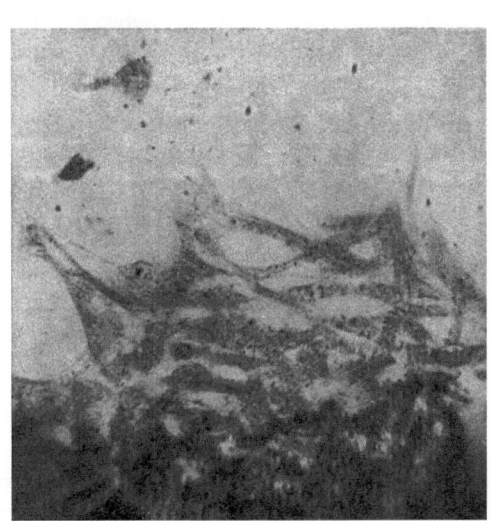

Abb. 24. Mit einem Kranz von Endothelzellen umgebene junge Milz. Es konnte in der lebenden Kultur beobachtet werden, wie zuerst zarte runde Zellen erschienen, die dann in acht Tagen diesen Endothelkranz bildeten.
(Nach Erdmann, Eisner und Laser.)

Die Autoren sind der Meinung, daß sie während der Zellteilung die Tusche abgeben. Man wird aber der Hypothese, daß Mitosen nur in Zellen entstehen, die keine Chinatusche enthalten, beistimmen müssen. Die wichtigste der von diesen Forschern erkannten Tatsachen ist aber, daß auch die Zellelemente der blockierten Milz vitale Phänomene hervorrufen können.

In den Milzkulturen erscheinen auch andere Zellelemente, denen endotheliale Natur zugeschrieben wurde. Nach Erdmann, erscheinen in der Milzkultur junger Rattenembryonen fast endotheliale Elemente. Ihre Form ist sehr veränderlich: die dreieckigen wandeln sich in längliche um, teilen sich lebhaft und man begegnet oft Mitosen. In der postfötalen Milz erscheinen die endothelialen Zellen nicht verästelt, sie sind groß und homogen und können nur spärlich vitale Farbstoffe aufnehmen; ihr Kern ist stark chromatisch (Erdmann).

Die endothelialen Zellen sind den Retikulumzellen gegenüber die genetisch älteren Elemente, da sie im Sinus lymphaticus in typischen Gruppierungen anzutreffen sind. Fazzari traf in Kulturen embryonaler oder erwachsener Milz der Hühner und der Mäuse Endothelzellen, die aber nicht anastomosierten und sich zu einer Membran entwickelten, sondern langsam, isoliert wander-

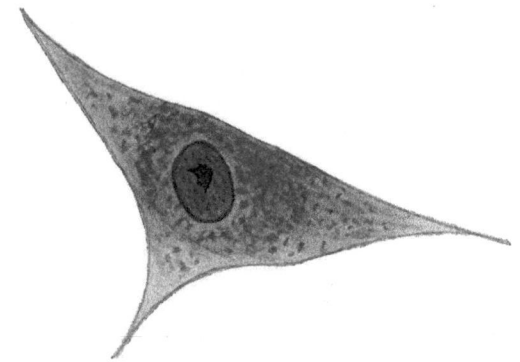

Abb. 25. Endothelzelle einer Milzkultur aus einer erwachsenen Maus. (Nach Fazzari.)

ten und nur geringe Modifikation erfuhren. Erdmann, Eisner und Laser nehmen an, daß auch die endothelialen Zellen ihre Endphase in den endothelialen Makrophagen finden ebenso wie die retikulären Makrophagen die Endphase der Retikulumzellen darstellen.

Es wurden sowohl in den embryonalen, als auch in den erwachsenen Milzkulturen von Fazzari Zellelemente angetroffen, die nach diesem Autor als Übergangsform zwischen endothelialen und retikulären Zellen anzusprechen sind. In der Tat zeigten diese Zellen Charaktere, welche sie immer mehr den Retikulumzellen ähnlich machen konnten: die Peripherie dieser Zellen war weniger ausgesprochen, das Cytoplasma soll ein mehr granuliertes Aussehen bekommen und nur die Peripherie bliebe sozusagen im Netz erkennbar; der Kern soll verschiedenen Charakter annehmen.

In der Milzkultur wurde auch noch ein anderer Zelltyp beschrieben, über dessen Deutung man auf Widersprüche stößt. Nach Erdmann, Eisner und Laser soll sich der Kern dieser Zellen von dem der Retikulumzellen unterscheiden, da er voll von kleinen Körnchen ist, während die Retikulumzellen einen bläschenartigen Kern haben. Von diesen Zellen, die sehr früh in der Kultur embryonaler Milz erscheinen, sollen nach diesen Autoren die Endothelzellen abstammen. Fazzari beschreibt einige Zellelemente, die in der embryonalen Milzkultur erscheinen und in der Kultur der erwachsenen Milz fehlen, wie Lymphoblasten, die in ihrem Kern und Cytoplasma hypertrophisch sind. Über die wirkliche Natur dieser Zellen herrschen ganz unsichere Ansichten.

Zuletzt erscheinen zwischen dem 2. und 3. Tag in der Milzkultur bindegewebige Elemente mit den oben beschriebenen Charakteren, die von den bindegewebigen Trabekeln des Organs abstammen. Sie sind meistens länglich, haben ein granuliertes Cytoplasma, einen großen ovalen Nucleus und bilden hauptsächlich in der Kultur der embryonalen Milz um das Explantat sozusagen ein Netz.

2. Lymphdrüsen und Blutzellen. Mehrere Autoren haben sowohl normale als auch pathologische Lymphknoten und Blutzellen in vitro gezüchtet (Sebastiani, Maximow, Carrel und Ebeling, Awrorow und Timofejewsky, M. Lewis und W. Lewis usw.). Sebastiani züchtete Fragmente aus leukämischen Lymphdrüsen in verschiedenen Plasmamedien, um zu erforschen, ob im leukämischen Plasma Substanzen vorhanden sind, die das myelolymphadenoide Gewebe zur Hyperplasie anreizen. Seine Versuche haben gezeigt, daß zwischen normalem und leukämischem Plasma kein Unterschied existiert. Nur das Plasma syphilitischer Organismen übt eine wachstumshemmende Wirkung aus. Wichtigere Versuche über diese Frage wurden von Maximow vorgenommen; dieser Forscher züchtete lymphatisches Gewebe und fand, daß Zellelemente von drei verschiedenen Formen entstanden sind, die grundsätzlich mit den Formen der aus der Milzkultur entspringenden Zellelementen übereinstimmen. Diese sind Lymphocyten jeder Kategorie, mit amöboider Beweglichkeit, Retikulumzellen, die größer als die Lymphocyten sind und in ihrem Protoplasma gelblich gefärbte Pigmentkörnchen enthalten, spindelförmige Fibroblasten mit starren und lanzenförmigen Fortsätzen. Die Retikulumzellen sind mit den ruhenden Wanderzellen des losen Bindegewebes identisch, und wie diese enthalten auch sie mit Trypanblau und Carmin färbbare Körnchen. Jedoch verschwinden die Elemente, die im Kulturmedium mit den Passagen erscheinen, langsam wieder und es bleiben nur die Fibroblasten zurück. Wenn man dagegen diesen Kulturen Knochenmarkextrakt zusetzt, nimmt die Proliferationsintensität aller Elemente sehr stark zu. Es kann nach Maximow auch eine fibrilläre Interzellularsubstanz zwischen den Fibroblastenzellen erscheinen, die aller Wahrscheinlichkeit nach aus dem Kollagen entsteht, welch letzteres, wie Baitsell behauptet, sich aus Fibrin bildet. Lewis und Webster haben in Kulturen von normalen und pathologischen Lymphdrüsen ähnlich wandernde Zellen mit lebhaften amöboiden und phagocytären Eigenschaften angetroffen. Neben diesen sind auch Endothelzellen zu sehen, die nach einigen Autoren relativ unbeweglich und wenig phagocytär sind und erst 24—48 Stunden nach der Explantation in der Kultur erscheinen, und endlich unbewegliche Fibroblasten, die nicht phagocytär sind und erst nach 48 Stunden erscheinen. Übrigens haben Maximow, Lewis und Webster in Kulturen von Lymphdrüsen Riesenzellen gesehen, über deren Entstehungsmechanismus — ob durch Fusion mehrerer Zellen oder durch amitotische Kernteilung einer einzigen Zelle in mehrere Kerne — die Ansichten der Verfasser auseinandergehen.

In Kulturen von Lymphdrüsen der mit Neutralrot vital gefärbten Meerschweinchen konnte Mc. Junkin die Beobachtung machen, daß die Retikulumzellen auf das Neutralrot mit einer Rosettenbildung reagieren. Maximow stellte dagegen das komplizierte Problem der unitaristischen oder dualistischen Erklärung der Genese der Blutzellen auf und entscheidet sich zugunsten der ersteren. Er hat in Kulturen lymphoidaler Gewebe beim Zusatz von Knochenmarkextrakt aus großen Lymphocyten typische Myelocyten erhalten und von diesen wiederum Eosinophile. Die Myelocyten sind aus Promyelocyten entstanden mit basophilem Protoplasma. Aus den Myelocyten konnte man endlich Zellen erhalten, die granulierten, polymorphkernigen Leukocyten ähnelten. Es schien also, nach den Ergebnissen Maximows, daß die Granulocyten aus Lymphoidzellen entstehen. Man muß aber bemerken, daß der Autor nur in denjenigen Kulturen diese Umwandlungen erhalten hat, denen Knochenmarkextrakt zugesetzt wurde. Es wäre also interessant, weitere Forschungen über die Bedeutung der Knochenmarkextrakte vorzunehmen.

Übrigens machte Maximow die Beobachtung, die dann auch von Chlôpin bestätigt werden konnte, daß sowohl die großen, als auch die kleinen Lymphocyten nichts anderes als Variationen derselben Zellform sind, da die ersteren in die letzteren und auch umgekehrt sich umwandeln können.

Die kleinen Lymphocyten können sich in Knochenmarkextrakt enthaltenden Kulturmedien in Plasmazellen umwandeln. Die Lymphocyten und die Retikulumzellen können, wie schon erwähnt, Polyblasten, und endlich die Retikulumzellen große Lymphocyten werden.

Diese Versuche sind selbstredend von großer Bedeutung, und sollten sie weiterhin bestätigt werden, so können sie der lebhaften Streitfrage in der Hämatologie ein für allemal ein Ende bereiten. Dann wäre die Methode der Gewebezüchtung um eine ruhmvolle Tat reicher, da die Lösung dieser Frage sich als eine der schwierigsten erwies.

In engem Zusammenhang mit der Züchtung hämolymphopoietischer Gewebe steht die der Blutzellen, die in den letzten Jahren sehr eingehend studiert worden sind.

Es sollen zuerst die sehr wichtigen Versuche von Awrorow und Timofejewsky erwähnt werden, die das leukämische Blut des Menschen in vitro züchteten. Diese Autoren verwendeten die Methode des hängenden Plasmatropfens vom Kaninchen- oder auch Hühnerplasma, in welchem die Formelemente einer an myelogener Leukämie erkrankten Person gezüchtet waren. Es stellte sich heraus, daß, während die roten Blutkörperchen und die reifen polynucleären Leukocyten rasch regressiven Erscheinungen anheim fielen, eine Kategorie der mononucleären Zellelemente, die nach diesen Autoren Myeloblasten sind, die ersteren um mehrere Tage überleben. Diese Zellen vermehrten sich durch Karyokinese und gingen evolutiven Veränderungen entgegen; sie haben sich in Makrophagen (die Reste der Erythrocyten waren von weißen Blutkörperchen phagocytiert), in Riesenzellen und verästelte Zellen umgewandelt, die alle Charaktere der jungen Fibroblasten in sich trugen. Diese Umwandlungen sind seit 1914 von russischen Autoren beobachtet worden und konnten, wie wir im weiteren sehen werden, auch von Carrel, Ebeling und Fischer bestätigt werden. Andererseits hat auch Foot die Beobachtung gemacht, daß die sich vermehrenden Zellen Umwandlungen durchmachen und sich den Fibroblasten annähern.

Wegen der Wichtigkeit dieses Problems haben Carrel und Ebeling ähnliche Versuche vorgenommen: sie haben reine Kulturen von mononucleären Leukocyten unter Zusatz von Embryonalextrakt gezüchtet. Das Blut wurde in paraffinierten Gefäßen aufgefangen, zentrifugiert und das Plasma abpipettiert. Ein Zusatz von ein wenig Embryonalextrakt ließ die dünne Plasmaschicht gerinnen, die sich über den Leukocyten ausbreitete, welche auf diese Weise eingeschlossen werden. Nach Waschen und Entfernen der Formelemente aus dem Blutkoagulum wird dieses aufgeteilt; die Teile dienten für neue Kulturen. Unter den verschiedenen Medien wurde auch eine Fibrinogensuspension anstatt Plasma angewendet, um die Proteinwirkung auszuschalten, außer jener, welche zur Fibrinkoagulation notwendig ist. Die Kulturen von Leukocyten gelingen besser in Flaschen, wo man 3—4 tägig das Koagulum waschen und frische Tyrodelösung zusetzen kann. Nach einigen Stunden ist das Fragment von einem Zellhof umgeben, der in seiner Peripherie aus polynucleären Elementen und im Innern der Invasionszone aus Lymphocyten besteht. Die Leukocyten verschwinden langsam und dann die Lymphocyten und letzten Endes hat man eine Reinkultur von großen Mononucleären. Diese Zellen sind dadurch charakterisiert, daß sie auch dann kein Gewebe bilden, wenn sie in direktem Kontakt miteinander stehen. Sie sind gegenüber der Wirkung von Embryonalextrakten, die sie stark zur Proliferation und Emigration reizen, sehr empfindlich. Die großen Mononucleären sind dem Blutserum gegenüber viel resistenter als die Fibroblasten und das Serum bildet für diese sogar einen guten Nährboden. Ein Kulturmedium, das aus 0,50 ccm Plasma, 1 ccm Tyrodelösung, 1 ccm Serum und nicht weniger als 2 vH Embryonalextrakt besteht, kann Fibroblasten oder Epithelien nicht länger als 8 Tage am Leben erhalten, wird jedoch für die großen Mononucleären vollkommen ausreichend sein.

Kiaer hat verschiedene Leukocytenkulturen nach der Methode Carrels in verschiedenen Plasmaarten, hauptsächlich aber in Hühnerplasma, gezüchtet und fand, daß ein Zusatz von Tyrodelösung zum Plasma eine breitere Invasionszone hervorruft, während hypotonische Lösungen die Emigration nur in ganz ge-

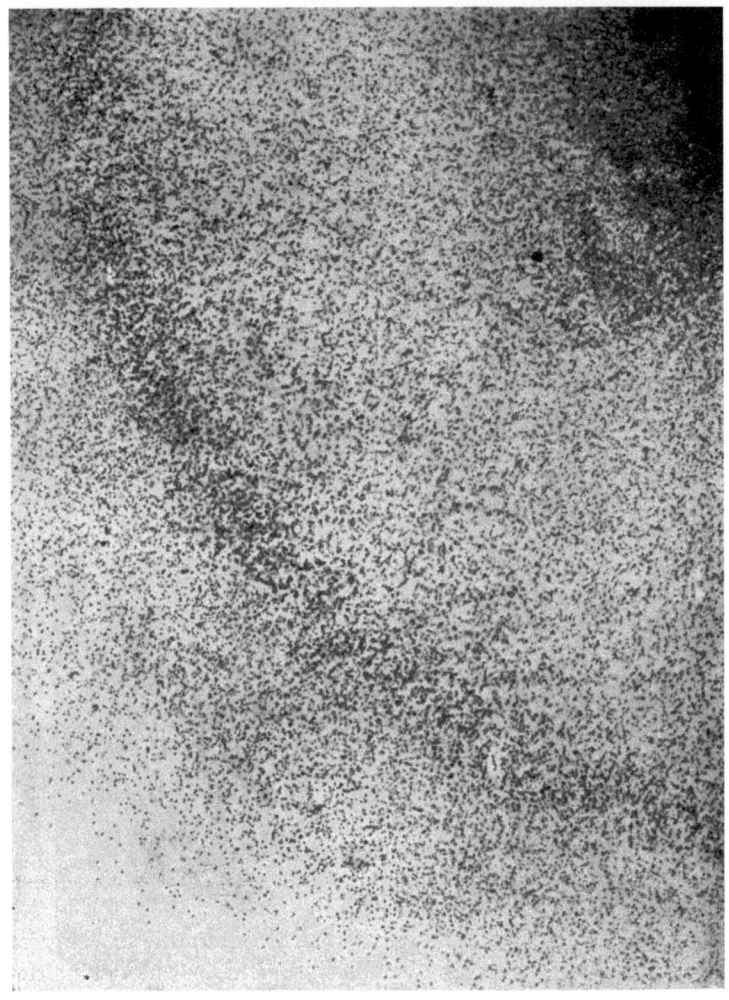

Abb. 26. Kultur von Leukocyten nach 24 Stunden. (Nach Carrel und Ebeling.)

ringem Grade vermehren, die hypertonischen Lösungen dagegen hemmend wirken. Im Plasma alter Tiere war die Auswanderung verspätet und eine ähnliche Erscheinung ist im Plasma der Träger

108 Das Verhalten verschiedener tierischer Gewebe in Explantaten.

von Rous-Sarkomen zu beobachten. Er glaubt also an die Anwesenheit eines Toxins. Das Plasma tuberkulöser Hühner begünstigt in vielen Fällen die Emigration.

Interessante Phänomene wurden bei der Umwandlung von Blutzellen in andere Elemente beobachtet (Carrel und Ebeling,

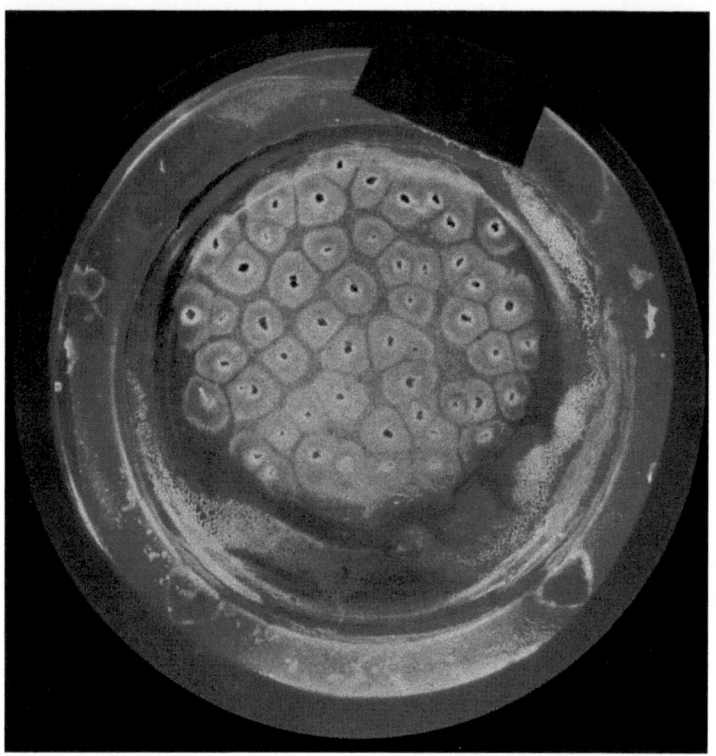

Abb. 27. Leukocytenkolonie in Gabritschewski-Schalen. (Nach Carrel und Ebeling.)

Fischer, Lewis, Maximow). Es handelt sich um die seit längerer Zeit geäußerte Meinung über den gemeinsamen Ursprung der indifferenten Lymphoidzellen, der fixen Bindegewebszellen, der Endothelzellen und verschiedener Leukocyten. Schon die Versuche von Policard, Dubreuil haben es zeigen können, daß die Lymphocyten dem Entstehen von Fibroblasten und von großen Mononucleären, dabei auch den ragiocrinen Zellen Raum geben können.

Maximow hat weiße Blutkörperchen von Kaninchen in Kaninchenplasma mit Zusatz von verschiedenen Extrakten gezüchtet und sah, daß die Monocyten hypertrophisch werden und sich in große phagocytierende Zellen umwandeln, die den Polyblasten dieses Verfassers entsprechen sollen. Andererseits war auch der größte Teil der Lymphocyten hypertrophisch und fing an, den Polyblasten zu ähneln.

Dann würde also zwischen Lymphocyten und Monocyten keine ausgesprochene Grenze mehr existieren.

Carrel und Ebeling haben in Reinkulturen von großen mononucleären Leukocyten die Beobachtung gemacht, daß diese Zellen sich in histiogene fixe Fibroblasten umwandeln. Diese Umwandlung würde nach Carrel und Ebeling durch die Umwandlung der aktiven Pseudopodien in scharfe unbewegliche Fortsätze zustande kommen; diese Veränderungen treffen in erster Reihe die radiär gestreiften Zellen mit hellem und retikulärem Plasma. Eine Umwandlung der großen Mononucleären in Fribroblasten wurde dann auch von A. Fischer bestätigt. Fischer verwendete bei den Kulturen der Hühnerleukocyten die von ihm eingeführte Technik für die Züchtung von Roussarkom; als Kulturmedium wurde Hühnerplasma mit Embryonalextrakt und ein kleines im Eis für einen Monat in Ringerlösung aufbewahrtes Muskelstückchen verwendet. In den erneuten Kulturen wurden bei der 4. Passage zwischen den großen mononucleären Zellen Fibroblasten angetroffen, die sich bei den nachfolgenden Passagen dauernd vermehrten, bis eine Kultur entstand, die mit einer Fibroblastenkultur ganz identisch war. Möglicherweise handelte es sich in dieser Kultur um eine Verunreinigung, wenngleich der Autor dem Leser versichert, daß die Versuche mit allen Kautelen durchgeführt waren: der Embryonalextrakt war sehr verdünnt und stark zentrifugiert, und auch das Muskelstückchen konnte nach dem einmonatigen Aufenthalt im Eis kaum einer Proliferation Raum geben.

Diese Versuche konnten also den Nachweis erbringen, daß man in vitro Umwandlungen von weißen Blutkörperchen in Fibroblasten erhält, die dann unbegrenzt weitergezüchtet werden können. Diese Umwandlung jedoch scheint ein reversibler Vorgang zu sein, da Fischer selber behauptet, daß es ihm gelang, die Umwandlung von Fibroblasten in Makrophagen zu beobachten. Andererseits konnte Lewis in Kulturen von Blutzellen verschiedenen Ursprungs die Umwandlung großer Wanderzellen in Mesenchymzellen nachweisen.

3. Knochenmark. Die ersten Züchtungen von Knochenmark und Knochenfragmenten einer jungen Katze wurden im Jahre 1910 zuerst von Carrel und Burrows versucht; sie haben die Fragmente in homogenem Plasma gezüchtet. Diese Kulturen waren 24 Stunden nach der Explantation von roten Blutkörperchen und Leukocyten umgeben, die durch sehr aktive amöboide Bewegungen ausgezeichnet waren. In den nächsten Tagen haben beide Autoren beobachtet, daß die anatomischen Elemente des Knochenmarkes in das Blutplasma emigriert waren und spindelförmige und längliche Zellen erschienen, die in das Koagulum hinein wanderten. Die übrigen begleitenden Zellelemente waren Lymphocyten, einige polymorphkernige Leukocyten und unregelmäßige Zellen mit sehr aktiven Pseudopodien.

Im folgenden wurde das Knochenmark auch von Foot, Erdmann, Maximow, Herwerden, Bermann gezüchtet; der letztere benutzte dieses Gewebe bei der Bearbeitung einiger Fragen aus der Pathologie. Foot konnte den Nachweis bringen, daß die Züchtung des Knochenmarkes desto leichter gelingt, je reicher es an Zellelementen ist.

In den ersten Stunden des Kulturlebens entsteht eine lebhafte Emigration von eosinophilen Leukocyten, die sich aber nach Erdmann teilen und sich in kleine Formen umwandeln, ihre Körnchen verlieren und den Lymphocyten ähnlich werden. Jetzt erscheinen Myeloblasten, Lymphocyten, Bindegewebszellen, die aus dem Stroma abstammen, und Fettzellen. Was die Bildung der intrazellulären Fetttröpfchen anbetrifft, sind sie nach Foot durch Synthese von Körnchen im Sinne Altmanns und Arnolds entstanden. Nach Foot können alle Zellen der Knochenmarkkultur eine Umwandlung erfahren, die diese Zellen den Bindegewebszellen ähnlich macht; aus den mesenchymalen Lymphoidzellen werden polymorphkernige Leukocyten entstehen. Erdmann konnte dagegen in ihren Kulturen die Umwandlung kleiner Lymphocyten in andere Blutzellformen nicht beobachten. Betreffs der Riesenzellenbildung in Knochenmarkkulturen nahm Foot zuerst an, daß diese aus den Fettzellen abstammen; später nahm er aber an, daß bei der Bildung dieser Zellen eher die Myeloblasten eine Bedeutung hätten.

Herwerden beschäftigte sich bei den Knochenmarkkulturen mit der Frage der roten Blutkörperchen; er hat beobachtet, daß die Normoblasten ihre Kerne auswerfen und anucleär werden. Seine Ergebnisse stimmen also mit denen von Tower, Harms und Erdmann überein, die eine ähnliche Umwandlung der kernhaltigen Zellen der roten Zellreihe in kernlose Zellen beobachtet haben.

f) Epithelien und Drüsengewebe.

1. Haut. Unter den ersten Züchtungen von Hautfragmenten sind diejenigen von Carrel und Burrows zu nennen, die in der Kultur ein Zellwachstum beobachtet haben, das in 48 Stunden die doppelte Breitenausdehnung zeigte, als das ausgepflanzte Gewebestückchen. Ruth züchtete Hautfragmente von erwachsenen Fröschen und konnte in vitro das Phänomen der Wundvernarbung studieren. Er setzte einerseits zwei Hautfragmente in einer Distanz von 0,3 mm einander gegenüber, andererseits machte er am Fragment selber eine Kontinuitätstrennung; nun sah er, daß an den Rändern der Wunde ein Gleiten des Epithels, dann eine Proliferation der Zellelemente stattfand, die den klaffenden Raum auszufüllen und die Wundränder auszubreiten suchten. Die Geschwindigkeit der epithelialen Vegetation war etwa 0,06 mm pro Stunde und eine Wunde von 0,82/0,32 mm wurde in der Kultur innerhalb 10 Stunden vollkommen ausgefüllt. Auch Oppel versuchte dieses Reparationsphänomen des Deckgewebes zu erforschen; er beobachtete hauptsächlich die aktiven Bewegungen der epithelialen Zellen im Reparationsphänomen.

Wichtige Versuche wurden von Uhlenhuth an der Froschhaut (Rana pipens) durchgeführt. In den Kulturen, die im Normalplasma gezüchtet wurden, bekam dieser Forscher eine sehr dichte epitheliale Zone um das Explantat herum. Die Proliferationselemente stammten von der Basalzone der Epidermis her, während die oberflächlichen und mittleren Schichten des Epithels nicht an der Emigration beteiligt waren. Die wandernden Zellen verbreiteten sich im Kulturmedium, trennten sich voneinander und erfuhren Veränderungen in ihrer Form, durch welche sie sich langsam in spindelige Zellen umwandelten, die den Bindegewebszellen sehr ähnlich waren. Das Bindegewebe in diesen Kulturen nimmt nicht an der Proliferation teil, eine Erscheinung, auf welche Uhlenhuth die Aufmerksamkeit lenkte. Nach dem Autor liegt die Ursache darin, daß die epithelialen Zellen, die das Explantat umgeben, die Entwicklung des Bindegewebes verhindern. Nur in seltenen Fällen wäre das Epithel gegenüber dem Bindegewebe durch eine höhere Proliferationskraft ausgezeichnet. Was die Umwandlung der epithelialen Gewebe in Bindegewebe anbetrifft, glaubt Uhlenhuth, daß sie eine Zellreaktion im neuen Medium bedeutet, in welchem die Bedingungen für das Wachstum des Bindegewebes günstiger sind. Die epithelialen Zellen der Haut im Explantat vermehren sich mitotisch und amitotisch. Die Mitosen erscheinen jedoch nicht früher als am 6. Tage des Kulturlebens, während die Amitosen in den ersten Tagen der Explantation angetroffen werden. In den folgenden Arbeiten studierte Uhlenhuth die Beziehungen zwischen Zellform und Solidität der verwendeten Medien. In verflüssigten Kulturen konnte der Autor mit Muskelextrakten und mit Augenkammerwasser Emigrationen von polyedrischen oder polygonalen Zellelementen bekommen, die während der Wanderung den Kontakt untereinander nicht verloren. In halbfesten Kulturmedien werden die Zellen lang, spindel- oder fadenförmig, in flüssigen Medien dagegen rund. Diese Versuche stimmen mit denjenigen von L. Loeb überein, der zeigen konnte, daß in der Wundheilung die Zellform von der Konsistenz des Mediums abhängig ist, in welchem sie leben. Hautfragmente wurden auch in der Kultur einander gegenübergesetzt (Burrows, Mitsuhashi, Rh. Erdmann, Schmerl usw.); jedoch sind in diesen Versuchen hauptsächlich physiologische Fragen behandelt worden: Bewegungen, Pigmentierung, Respiration usw. und sie werden andernorts erwähnt.

2. Leber. Lebergewebe wurde von verschiedenen Autoren gezüchtet (Lynch, Levi, Policard, Akamatsu, Mitsuda usw.), und die von diesen Autoren beobachteten Phänomene waren grundsätzlich übereinstimmend, wenn man von der Artverschiedenheit der gezüchteten Lebergewebe absieht.

Wenn Leberfragmente junger Hühnerembryonen noch vor dem Erscheinen des Bindegewebes gezüchtet wurden, so erhielt man Reinkulturen von Epithel.

In Kulturen von Embryonen, wie das Lynch und Levi zeigten, erscheint in der Invasionszone eine epitheliale Membran, die von polygonalen Zellen gebildet wurde, die miteinander in Verbindung stehen. In der peripherischen Zone der Membran verändern die Leberzellen jedoch ihre Form, werden unregelmäßig, und die epitheliale Membran selber ist nicht mehr aus aneinandergereihten Zellen gebaut, sondern zeigt mehrere Lücken. Zwischen den aneinandergereihten Zellen fehlt eine Bindesubstanz (Lynch, Levi, Policard). Vom Rande der epithelialen Membran reißen sich isolierte Zellelemente ab. Jedoch gehen, wie Lynch und Levi gezeigt haben, diese isolierten Zellen schnell regressiven Prozessen entgegen. Diese Tatsache wurde nach dem Autor durch den Verlust von Beziehungen zu anderen Zellen bedingt. In den

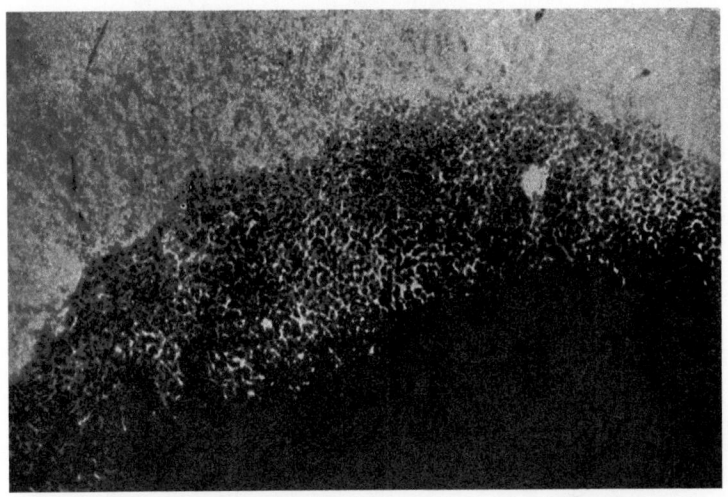

Abb. 28. Leberexplantat eines 8 tägigen Embryos. Man sieht eine Membran von Leberzellen und das endotheliale Retikulum. (Nach Lynch.)

Leberzellen sind die Mitochondrien immer groß und granuliert, doch nach den Beobachtungen von Levi können sie vom 2. bis 3. Tag an strukturelle und Formveränderungen erfahren, hauptsächlich die Zellen, welche sich an der Peripherie der epithelialen Membran befinden. Lynch hat in den Kulturen, welche in Locke-Lewislösung gezüchtet waren, keine Zellvermehrung beobachtet, doch teilt Levi mit, daß es ihm gelungen sei, Leberzellen in Mitose zu finden und behauptet, daß die Zellen, welche durch Teilung entstanden sind, ihre spezifischen Charaktere behalten haben.

In den Kulturen des Lebergewebes jedoch, wenn die Fragmente nicht von älteren Embryonen herstammen, sieht man neben

Emigration der Leberzellen auch Bindegewebselemente proliferieren (Policard, Bisceglie usw.). Neben Leberzellen wurden sonst epitheliale Elemente der Gallenkanälchen (Mitsuda) und auch endotheliale Zellen (Lewis, Levi) gefunden. Es wurde von Mitsuda an Leberkulturen die Frage der Pigmente, von Akamatsu das Problem der Reizsubstanzen in der Kultur, die an der Wunde frei werden (Wundreiz), studiert.

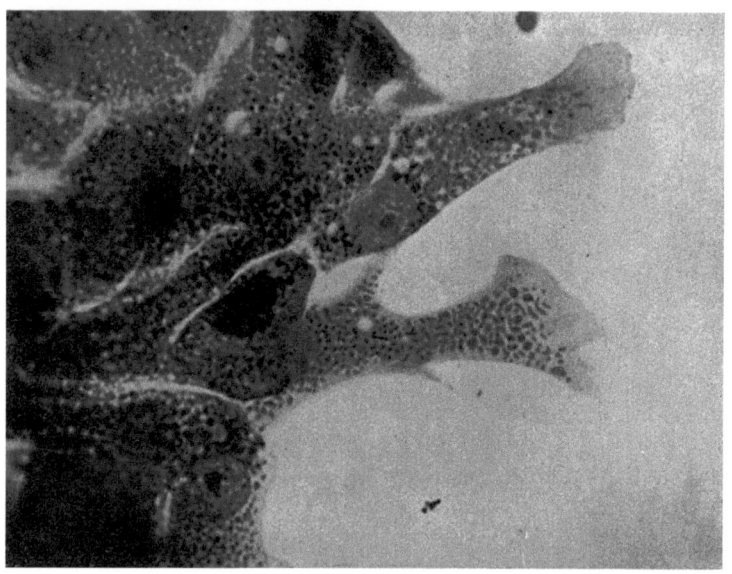

Abb. 29. Leberzellenkultur aus einem 10 Tage alten Hühnerembryo. Man sieht die Zellränder, die Kerne, Nukleolen und die Mitochondrien. (Nach Lynch.)

Zuletzt hat Kapel mit der Fischerschen Methode der Züchtung von Roussarkomgewebe Leberzellen gezüchtet, und es ist ihm gelungen 2 Monate lang (24 Passagen hindurch) embryonale Hühnerleberfragmente am Leben zu erhalten, indem er dem Kulturmedium Herzfragmente zusetzte. Auf diese Weise konnten die Elemente der Leber das Herzfragment angreifen. Der Autor konnte nicht mit Sicherheit nachweisen, ob die Proliferationselemente entdifferenzierte Leberzellen oder interstitielle Zellen waren.

3. Niere. Im Jahre 1910 haben Carrel und Burrows Nierengewebe neugeborener Katzen in homogenem Plasma gezüchtet und haben an der Invasionszone außer Spindelzellen auch tubuläre

Formationen gesehen, die in das Kulturmedium wanderten. Die Fortsätze dieser Bildungen waren rundlich mit freiem Lumen und ihre Wände waren mit Zellen ausgekleidet, die sich als epitheliale Zellen herausstellten. Diese Bildungen wurden als Teile der Nierenkanälchen aufgefaßt.

Diese ersten Versuche der amerikanischen Autoren haben das Interesse der skeptischen Forscher geweckt, da es auf diese Weise gelungen war zu zeigen, daß ein Gewebe in vitro nicht nur proliferieren kann, sondern auch seine innere Architektur aktiv zu rekonstruieren versucht. Im folgenden hat sich 1914 Champy mit dem Wachstum des Nierengewebes beschäftigt, in erster Reihe hat ihn aber die Frage der Entdifferenzierung interessiert, deren Erscheinung nach diesem Autor ein konstantes Phänomen der Gewebekulturen ist. Champy züchtete Nierenfragmente von Kaninchenfoeten, die die Entwicklung von verschiedenen Formationen verfolgen ließen (Kapsel, Tubuli contorti, Henlesche Schleife) und hat beobachten können, daß sich nach einigen Stunden das Zentrum des Fragmentes in voller Autolyse befindet, während an der Wachstumszone sehr interessante Phänomene zu beobachten waren. Unter den Gewebeformationen fällt der Glomerulus am schnellsten der Degeneration anheim. Langsam entwickeln sich die degenerativen Erscheinungen, das viscerale Epithel der Bowmanschen Kapsel wird klarer, die roten Blutkörperchen lösen sich auf und die endothelialen Zellen vermehren sich. Es verschwinden also die Gefäße und der Glomerulus bekommt ein Aussehen, das an die ersten Stadien seiner Entwicklung erinnert. Der Entdifferenzierungsprozeß schreitet so weit vorwärts, daß der Glomerulus in den mesenchymalen Zustand zurückkehrt. Was die Tubuli contorti anbetrifft, verlieren ihre Zellen 4 Stunden nach der Explantation ihren Rand und ihre Sekretkörnchen. Das Chondriom bekommt das Aussehen von langen homogenen Filamenten. Gleichzeitig kehren Glomerulus und Tubulus contortus in das indifferente Stadium zurück, ihre Zellen vermehren sich aktiv, und man sieht mehrere Mitosen. Was die Henlesche Schleife anbetrifft, schwellen die Zellen der absteigenden Äste an und vermehren sich, während die der aufsteigenden Äste sich nur wenig verändern. Jedenfalls kehrt die Henlesche Schleife nach Champy in einen embryonalen Zustand zurück. Auch das Bellinische Kanälchen geht einer Degeneration, wenn auch viel langsamer, entgegen. Anders verhalten sich die Kulturen erwachsener Nieren. In diesen Kulturen verflüssigt das explantierte Fragment das Plasma durch proteolytische Fermente und wird auch selbst von den Fermenten angegriffen. In diesen Kulturen kehrt das proliferierende Gewebe nach Champy in einen primitiven Zustand zurück, legt in umgekehrter Richtung den während der Ontogenese gemachten Weg zurück. Die Kulturen machen Entdifferenzierungsprozesse durch, die vorher sehr niedrige Proliferationskraft gewinnt ihre Intensität zurück. Champy meint also, daß die Entdifferenzierung und die Mitosen untereinander in dem Sinne verbunden sind, daß sie beide die doppelte Folge derselben Ursache sind: die von der Gewebehierarchie bedingte Hemmung wird aufgehoben.

Diese Versuche von Champy stehen aber in offenem Widerspruch zu den Ergebnissen anderer Autoren (Carrel und Burrows, Drew), daß in den Nierenkulturen nicht nur keine Entdifferenzierungsprozesse stattfinden, sondern, daß umgekehrt auch gewisse Differenzierungstendenzen, wie z. B. die Bildung tubulärer Formationen, beobachtet werden können. Es wurden tatsächlich von den genannten Autoren tubuläre Bildungen gesehen, die in ihrem Zentrum keine mesenchymale Grundlage hatten, und die während des Wachstums das Plasma verflüssigen konnten, ja sich sogar auch fragmentieren. Drew behauptet, daß man in der Kultur Entwicklung von Nierenkanälchen erzielen kann, wenn Bindegewebe vorhanden ist, das im Sinne der Differenzierung wirkt. In dieser so wichtigen Frage — die Möglichkeit, in der Kultur Bildungen von tubulärem Umrisse zu gewinnen, — hat Policard später die Champyschen Ideen unterstützt; er meint, daß in den Nierenkulturen von Rattenembryonen oder neugeborener Ratten oft sehr lange zylindrische Bildungen entstehen, die aber überhaupt nicht an die Harnkanälchen erinnern. Die Zellen, die diese Formation bilden, suchen ebenso wie das echte Epithel um eine Achse einen Raum einzuschließen. In gewissen Punkten existiert nach Policard eine zentrale Achse, die an einen tubulären Raum erinnern kann, doch in der Tat handelt es sich bloß um zelluläres Koagulum oder um Fibrin, gegen das die Zellen orientiert sind. Diese Bildungen sollen also nach Policard aller Wahrscheinlichkeit nach keine Kanälchen, sondern Zotten sein. Was sonst die Anwesenheit von epithelialen Knötchen oder Bläschen anbetrifft, die in diesen Kulturen beschrieben und mit Glomerulusumrissen verglichen worden sind, ist Policard, der die Kulturentwicklung unter dem Mikroskop mehrere Passagen hindurch verfolgt hat, der Meinung, daß diese Knötchen durch Zerstückelung zylindroider Bildungen entstehen, die sich im Plasma vorschieben. Also durch Fragmentation solcher kontinuierlicher Bildungen entstehen kleinere Knötchen, die sich gegen proliferative Prozesse orientieren und Bläschenformationen Platz geben. Diese Bläschen täuschen nach Policard die Glomeruli vor.

4. Schilddrüse. Die ersten Kulturen von Schilddrüsengewebe wurden im Jahre 1910 von Carrel und Burrows angelegt. Sie explantierten Schilddrüsenfragmente des Hundes. Nachdem die Autoren mit Erfolg Fragmente von diesen Drüsen gezüchtet hatten, versuchten sie auch Subkulturen zu gewinnen, und es gelang ihnen, drei Generationen hindurch Schilddrüsengewebe in vitro zu erhalten. An der Invasionszone wurden von Carrel und Burrows spindelförmige Zellelemente, sicherlich fibroblastischer Natur, und polygonale Zellen epithelialer Natur mit mehr oder weniger markanter Randzone beobachtet, die in kontinuierlichen Quasten in das Koagulum hineinwuchsen. Die amerikanischen Autoren haben außerdem behauptet, daß manchmal im Kulturplasma mit epithelialen Zellen ausgekleidete tubuläre Bildungen zu sehen waren.

Schilddrüsenfragmente wurden dann im Jahre 1915 von Champy gezüchtet. Er behauptet, daß die erste in diesen Kulturen zu beobachtende Erscheinung der Verlust der kolloidalen Substanz aus den Bläschen war; gleich nachher sieht man cytoplasmatische Veränderungen in den Zellen. Die Zellen schwellen an bis zur Füllung der Bläschen, ihre Sekretkörnchen und die größeren Absorptionskörnchen verschwinden, dagegen erscheinen Tropfen fettiger Natur. Das Bindegewebe bleibt in diesen Kulturen innerhalb beschränkter Grenzen der Proliferationsaktivität, als ob das Epithel sein Wachstum hemme, und es bleibt zwischen den platten Zellen liegen. In den Zellelementen sieht man zwischen der 48. und 72. Stunde lebhafte mitotische Teilungen; die Zellen, die sich in dieser Weise aktiv vermehren, bilden mehrere Schichten. Später vermehren sich auch die Bindegewebszellen. Die Epithelzellen, die in das Koagulum hineinwachsen, können Bildungen von Knötchen Platz geben, die sehr

118 Das Verhalten verschiedener tierischer Gewebe in Explantaten.

selten einen Innenraum einschließen, doch enthalten sie nie kolloidale Substanzen. Die in vitro stattfindende Entdifferenzierung nimmt nach Champy den Schilddrüsenzellen endgültig ihre spezifischen Fähigkeiten.

Den Äußerungen Champys, daß nämlich die differenzierten Zellen außerhalb des Organismus die Fähigkeit, nach dem ursprünglichen Rhythmus zu funktionieren und sich zu entwickeln, verlieren, werden die schönen Versuche Ebelings gegenübergestellt.

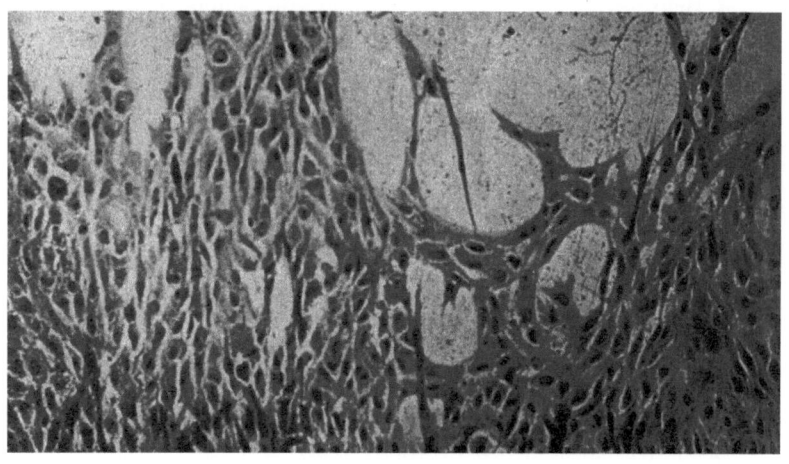

Abb. 30. 12 Stunden alte Kultur von Schilddrüsengewebe. (Nach Ebeling.)

Es ist bekannt, daß man versucht hat, Reinkulturen endokriner Drüsen zu erhalten; doch ist es nicht immer gelungen. Ebeling züchtete embryonale Schilddrüse von 18—19 Tage alten Hühnern, nachdem die bindegewebige Hülle der Drüsen entfernt wurde. Er bekam Kulturen, in welchen die epithelialen Zellen in das Koagulum gelangten, oder an dessen Oberfläche sehr dünne Zellschleier bildeten. Durch mehrere Überpflanzungen ist es ihm gelungen, Reinkulturen epithelialer Zellen zu bekommen, die die Charaktere der nicht entdifferenzierten Schilddrüsenzellen zeigten und, oft in das Koagulum wandernd, blasenähnliche, mit Kolloid gefüllte Formationen bildeten. Ein andermal bildete das an der Oberfläche des Koagulums sich bewegende Epithel eine dünne Membran, die schnell das Fibrin des Koagulums verdaute.

Die Versuche von Ebeling bringen den Champyschen Versuchen diametral entgegengesetzte Ergebnisse und sie beweisen, daß das Schilddrüsenepithel in vitro längere Zeit (2 Jahre) hindurch seine spezifische Funktionsaktivität bewahrt.

Daß die in der Schilddrüsenkultur entstandenen Zellen ihre spezifischen Charaktere bewahren, wird durch die späteren Versuche Ebelings wiederum bewiesen. Er konnte folgende Beobachtung machen: setzt man das Fragment einer Kultur von Zellen

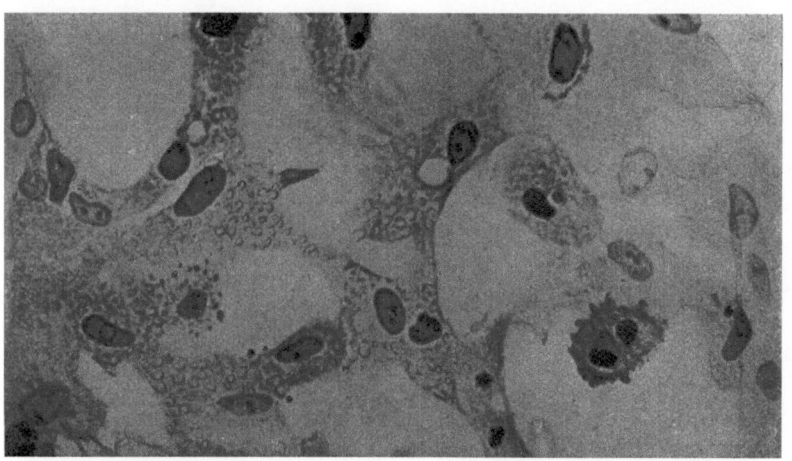

Abb. 31. 48stündige Kultur von Schilddrüsenzellen. Das Fragment, aus welchem die Kultur herstammt, machte 48 Passagen (innerhalb 166 Tagen) durch. (Nach Ebeling.)

der Schilddrüse zu einer Fibroblastenkultur, so wird das Wachstum der Fibroblasten ebenso aktiviert wie durch Schilddrüsenextrakte. Die von Ebeling erhaltenen Resultate geben die Möglichkeit, Hormone endokriner Drüsen in reinem Zustande zu gewinnen, indem man in vitro die Sekretionsprodukte speichern läßt.

5. Geschlechtsdrüsen. Goldschmidt konnte in vitro den Prozeß der Spermatogenese verfolgen. In der Blutflüssigkeit der Schmetterlingspuppe Sania cekropia, die als Kulturmedium für die Zellelemente des Schmetterlings angewendet wurde, konnte man alle Stadien der Spermatogenese etwa 3 Wochen hindurch verfolgen; später starben die Zellelemente ab. Goldschmidt hat die vollkommene Entwicklung einer Ursamenzelle zu einem Spermatozoon beobachten können. Nach diesem Autor entsteht das

Spermatozoon durch eine physikalische Reaktion zwischen der spezifischen Beschaffenheit des Protoplasmas der Samenzelle und den durch die Follikelmembran geschaffenen osmotischen Verhältnissen. Der Autor beweist diese seine Hypothese mit hyper- und hypotonischen Medien.

Champy hat Hodenfragmente von Kaninchen in homogenem Plasma, Meerschweinchen- und Rattenhoden in Kaninchenplasma

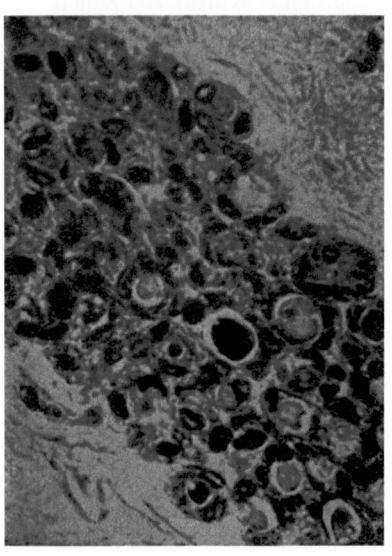 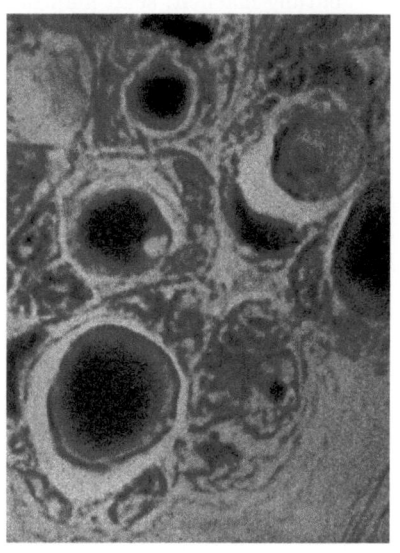

a b

Abb 32. a. 10 tägige Reinkultur von Schilddrüsenzellen, die aus einem 119 Tage lang gezüchteten Fragment stammen. Man sieht die drüsenartige Struktur des Zellhaufens. Manche Drüsenacini sind mit kolloidaler Substanz gefüllt.
b. Ein Teil derselben Abbildung. Die Acini sind aus großen Epithelzellen gebildet, die so geordnet sind, daß sie einen freien Raum umschließen; in diesen Acini erscheint die kolloidale Substanz als runde Masse. (Nach Ebeling.)

gezüchtet, um wiederum sein Prinzip, daß nämlich die Explantationselemente in vitro eine Entdifferenzierung erfahren, zu bekräftigen. Wenn man einen embryonalen Hoden explantiert, dessen Gewebe sich noch nicht ausdifferenziert hat, verändert sich in der Kultur wenig; der erwachsene Hoden entdifferenziert sich und kehrt in einen embryonalen Zustand zurück. In der erwachsenen Drüse werden zuerst die Spermatozoiden ergriffen und erst dann die übrigen Zellelemente. In dieser Zeit bekommen die Spermatogonien und die Sertolischen Zellen ein embryonales Aussehen, sie vermehren sich durch Mitosen und übernehmen eine phagocytäre Tätigkeit. Der Phagocytose folgt dann eine Agglutination der Zellelemente zu Riesenzellen, und die Phagocyten verschiedenen Ursprungs greifen die degenerierenden Zellen an. Nach Champy sollen die von verschiedenem Ursprung herstammenden Zellen an der Invasionszone nie eine genitale Entwicklung erfahren, ja sie werden sogar einander sehr ähnlich. Eine schädigende Wirkung auf die Hodenkulturen, auf die Champy die Aufmerksamkeit lenkt, übt das heterogene Plasma aus. In diesen Kulturen entsteht durch seine Wirkung eine schnelle Degeneration der Spermazellen. Diese Tatsache konnte nach Champy die Sterilität der Hybriden erklären, bei denen die Spermatogenese sich in einem sozusagen fremden Medium abspielt. Es wäre also wahrscheinlich, daß die Keimzellen bei einem bestimmten Entwicklungsgrad irgend etwas vom Organismus bekommen, das streng spezifisch ist.

Auch in Kulturen des Ovariums soll Champy Entdifferenzierungsprozesse beobachtet haben, durch welche die germinativen Epithelzellen des Ovariums das Aussehen der undifferenzierten Epithelzellen bekommen. Champy hat Keimepithel mit oder ohne Zusatz von Embryonalgewebebrei gezüchtet und fand, daß die Zellen bindegewebigen Ursprungs schon in den ersten 20—30 Stunden des Kulturlebens das Plasma durchdringen; dann wanderten die Zellen des Keimepithels an einem vom Bindegewebe gebildeten Substrat nach einem von Champy und Oppel beschriebenen Mechanismus. Die Epithelzellen sind polyedrisch, kompakt, haben einen rundlichen Kern und feine Lipoidkörnchen. Nur am Rande der Invasionszone sind diese Zellen verlängert, haben pseudopodienartige Fortsätze, die sich aber klar von jenen der Fibroblasten unterscheiden, da sie kürzer und abgerundet sind. Champy nimmt an, daß dieses Epithel ein entdifferenziertes Gewebe ist und behauptet, daß er noch nie in der Kultur, auch nicht einmal in einer Reinkultur, eine elementare Differenzierung gesehen habe.

Die Entdifferenzierungsphänomene wurden auch von Mjassojedoff an Kulturen von Ovarienfollikeln des Kaninchens angetroffen. Nach der Explantation degenerieren nach dem Autor teils die Epithelzellen des Follikels, teils aber hypertrophieren sie, doch bewahren sie immer das typische Aussehen der epithelialen Elemente. Dieses Aussehen erleidet aber langsam Veränderungen und am 4. Tage werden die Zellen teils rund und bilden Riesenzellen, teils aber werden sie den Fibroblasten ähnlich. Auch in diesen Kulturen zeigt sich eine Tendenz der Epithelzellen der Follikel zur Phagocytose, die sich aber auf die Degenerationsprodukte anderer Zellen beschränkt.

Auch Maccabruni hat früher Ovarienfragmente menschlicher Föten gezüchtet, doch hat der Autor in seinen Kulturen nur die Entwicklung von Fibroblasten gesehen, die aus dem Stroma des Organs herstammten. Zondek und Wolff haben in Kulturen menschlicher Ovarien Proliferation sowohl von Stromazellen, als auch von Zellen des Keimepithels beobachtet, wenn auch die Entwicklung des ersteren viel üppiger war. Nach den Beobachtungen dieser Autoren hatte das Alter keinen Einfluß auf die Wachstumsfähigkeit des Ovariums in vitro; in der Kultur des Ovariums einer 45jährigen Frau wurde eine ausgesprochene Wachstumsaktivität beobachtet. In Kulturen von Ovariumfragmenten einer Frühgeburt haben Zondek und Wolff ein starkes Wachstum des Epithels erhalten. Die Zellen dieses Epithels waren flach, mit Kernen versehen, teils so groß wie die Mutterzellen. Jedoch haben die Autoren keine Entdifferenzierung beobachten können.

In bezug auf die Kulturen der Keimdrüsen sind noch die Versuche mit Placentagewebe (Fornero, Guggisberg und Neuweiler, Pljesakow usw.) zu erwähnen. Diese Autoren haben in ihren Kulturen eine Proliferation der Fibroblasten gesehen, die nach Pljesakow am 2. Tage erscheinen; an der Invasionszone erscheinen polynukleäre Elemente, echte Riesenzellen, die nach Fornero durch Vereinigung mehrerer Zellelemente zustande kommen. In diesen Kulturen richtet sich die Entwicklung nie gegen die Bildung von Zotten. Fornero meint aber, daß es ihm gelungen sei, in Kulturen von Meerschweinchenplacenta, die sich mehr oder weniger lange Zeit hindurch mittels Verjüngung am Leben erhalten hatten, das Gewebe zu einer echten organoplastischen Periode zurückgeführt zu haben, wobei neue Zellen entstanden sein sollen. Wenn das Auftreten dieser Erscheinung wirklich bestätigt werden sollte, so hat das eine außerordentliche Bedeutung. In den Versuchen von Zondek und Wolff war überhaupt kein Wachstum der Placenta wahrzunehmen.

6. Irisepithel. Kulturen von Irisepithel wurden von Uhlenhuth, Fischer und Ebeling und von Ebeling gemacht.

Zuerst hat Fischer Reinkulturen von Irisepithel der Hühnerembryonen erhalten, die er in aufeinanderfolgenden Passagen mehrere Monate hindurch am Leben erhalten konnte; wegen technischer Schwierigkeiten verlor er diesen epithelialen Gewebestamm. Später hat Ebeling diese Studien mit sehr gutem

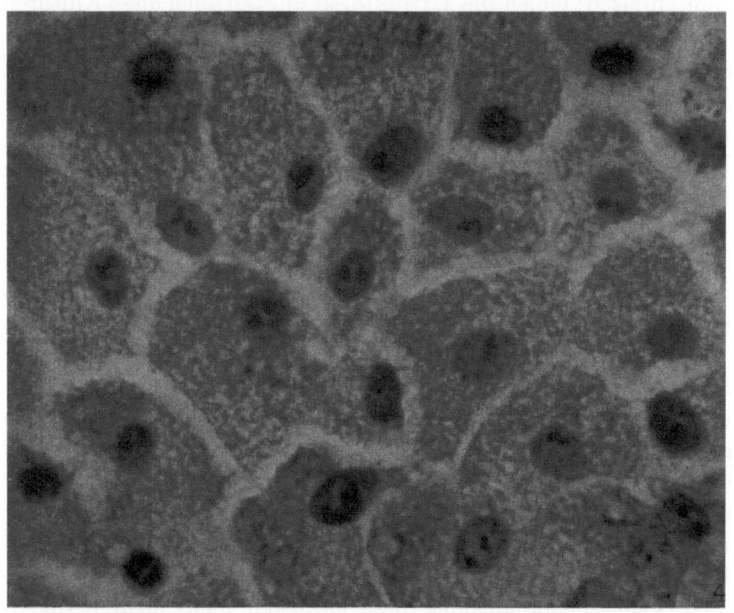

Abb. 33. Reinkultur von Epithelzellen der Iris. (Nach A. Fischer.)

Erfolg wieder aufgenommen, und es gelang ihm, einen reinen Gewebestamm aus Irisepithel 18 Monate hindurch (1924) am Leben zu erhalten. Fischer und Ebeling haben, um Kulturen von Irisepithel zu erhalten, jenen Teil der Iris explantiert, der an das Kristallinum angewachsen ist. Werden solche Fragmente gezüchtet, so sieht man, daß das Kristallinum degeneriert, während das gut pigmentierte Irisepithel proliferiert. Will man Proliferation des Irisepithels erreichen, so darf im explantierten Fragment keine Spur von Fibroblasten vorhanden sei und auch kein Bestandteil des Irisdiaphragmas. Die Epithelzellen wachsen bei der Proliferation nicht in das Koagulum hinein, sie bleiben immer an der Oberfläche. Die Geschwindigkeit ihres Wachstums ist kleiner als die der Fibroblasten. Tatsächlich hat eine Kolonie, um das eigene Volumen zu verdoppeln, 72 Stunden nötig, gegenüber den 48 Stunden, die die Fibroblasten zu demselben Zweck in Anspruch nehmen. Die Fibroblasten brauchen ebenso wie die Epithelien zu ihrem Wachstum Embryonalextrakte, die sie zu starkem Wachstum anreizen; fehlen die Extrakte, so müssen auch diese Kulturen sterben. Sonst bilden diese Zellen eine große Menge von Pigment; das Erscheinen des Pigments geht aber der Verlangsamung der Proliferationsaktivität parallel. Die Fähigkeit des Irisepithels, Pigment zu bilden, soll nach Fischer sehr wichtig sein, da sie eben beweist, daß die Epithelzellen in der Kultur sich nicht entdifferenzieren.

7. **Retina.** Die Retina wurde in vitro hauptsächlich für das Studium des pigmentierten Epithels (Luna, Smith) gezüchtet, dagegen wurde das Verhalten der übrigen Schichten der Retina noch wenig studiert.

Champy züchtete Retinagewebe des Kaninchens und der Schildkröte und sah, daß die hoch differenzierten Elemente, Stäbchen und Konus, zuerst degenerieren; dann folgen die Zellelemente des mittleren Stratum granulosum, die Pyknose oder Chromatolyse erfahren und sterben. Hauptsächlich in den Müllerschen Fasern, die die Retina durchsetzen, erscheinen Mitosen am 3.—4. Tag nach dem Tode aller nahen nervösen Elemente. Champy behauptet, daß sich in der Kultur die Zellelemente vermehren, die im Erwachsenenorganismus diese Fähigkeit nicht mehr besitzen. Diese Elemente kehren nach dem französischen Autor bei der Vermehrung in einen indifferenten Zustand zurück und gewinnen phagocytäre Eigenschaften gegenüber den pyknotischen Zellresten, die sie umgeben. Die Ganglienzellen der Retina sterben an der inneren Grenzschicht alle, jedoch mit langsamer Involution, die mit dem schnellen Tode der Stäbchen kontrastiert.

Luna hat das pigmentierte Epithel der embryonalen Hühnerretina in vitro studiert (nach 3—15tägiger Inkubation). Dieser Forscher machte die Beobachtung, daß die Aktivität dieser Zellen schon nach 5—6 Stunden erkennbar wird. Sie fängt am Rande der Wachstumszone mit dünnen hyalinen Filamenten an, die sich schnell in das Koagulum vorschieben und die epithelialen Elemente mitziehen, die sich verdünnen und in breiten Platten sich ausdehnen. Nach 24 Stunden ist die Invasionszone von zahllosen,

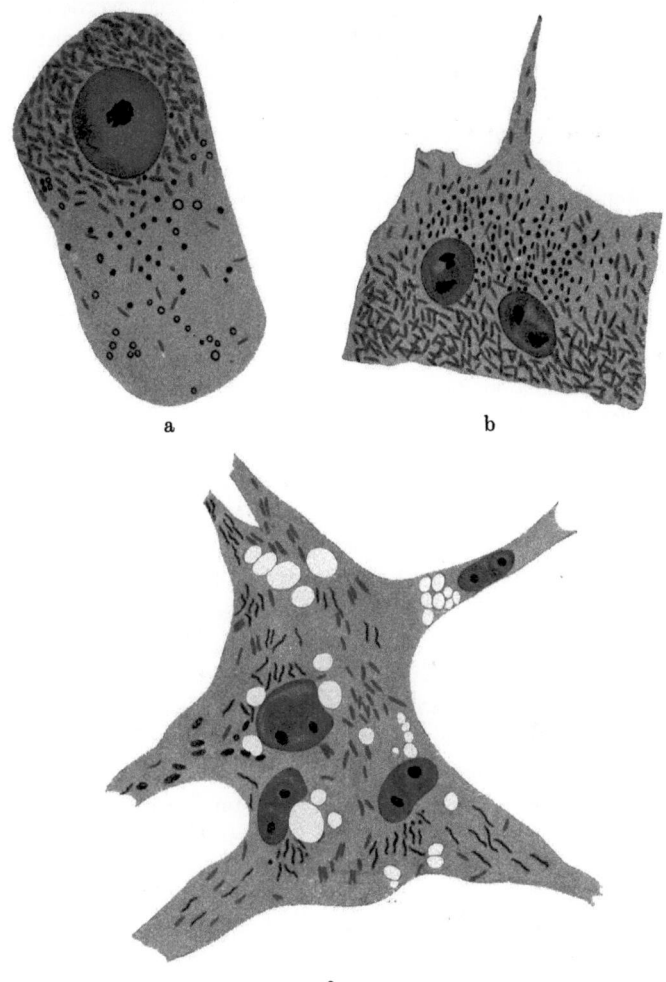

Abb. 34. a—c. Drei pigmentierte Epithelzellen der Retina eines 9 Tage alten Hühnerembryos. (Nach Luna.)

mit amöboiden Fortsätzen versehenen Zellelementen verschiedenster Form voll. Das Fuscin ist in den Kulturen der Retina von jungen Embryonen in Form von Körnchen vorhanden, während es in der Retina älterer Embryonen nadelförmig ist; diese Nadeln werden mit fortschreitender Entwicklung immer länger. Bei der Beobachtung der lebendigen Kulturen werden Bewegungen des Fuscins erkannt, die oft schnell, doch nie kontinuierlich sind. Mit der Weiterentwicklung wird ein Teil der Fuscinnadeln nach Luna dicker, ein anderer Teil spaltet sich auf und wird farblos. Nach diesem Autor kann also das pigmentierte Epithel der in vitro gezüchteten Retina sich nicht differenzieren, und die Fuscinkörnchen verwandeln sich, im Gegensatz zu den embryonalen, nicht in Stäbchen, sondern nehmen körnige Form an und verlieren ihre Farbe. Luna hat später gezeigt, daß die Zellen des pigmentierten Epithels auswandern und sich im Plasma mit mesenchymalen Zellen vereinigen können, und die Fusion kann den Übergang von Fuscinnadeln aus epithelialen Zellen in die mesenchymalen Zellen ermöglichen.

Kulturen von pigmentiertem Epithel wurden auch von Smith angelegt, um den Ursprung der Pigmentkörnchen zu studieren (siehe Kapitel VIII).

g) Endotheliale Zellen.

Nach den ersten Versuchen von Carrel und Burrows wurden die ersten präzisen Studien über endotheliale Zellen von W. Lewis durchgeführt. Dieser Autor hat Leberfragmente von Hühnerembryonen in Locke-Lewislösung mit Zusatz von Hühnerbouillon gezüchtet; er sah endotheliale Zellen wachsen, die aus den Sinusoiden herstammten. Sie zeigten Charaktere, durch welche sie von den Zellelementen anderer Natur zu unterscheiden waren. Die endothelialen Zellen schieben sich im Koagulum in Form eines Retikulums vor, das sich aber von dem Retikulum der Fibroblasten unterscheidet. Die endothelialen Zellen sind flach und mit Fortsätzen versehen. W. und M. Lewis haben auch behauptet, daß im Koagulum echte Bildungen von Capillargefäßen, die vom Fragment entspringen, entstehen können. Diese Beobachtung wurde dann von Carra bestätigt, der ebenfalls Neubildung eines echten Vasalstumpfes beobachtet hat. Rienhoff hat in Kulturen des Mesonephros von 8 Tage alten Hühnerembryonen die Charaktere der capillaren Vasalendothelien studiert. Er behauptet, daß die Capillaren nie ein Retikulum von Gewebszellen gebildet haben, sondern in situ eine indifferente metanephrogene

Masse. Endotheliale Zellen wurden von Erdmann, Eisner und Laser, Fazzari in Milzkulturen (siehe dort) erhalten.

Kulturen endothelialer Zellen wurden auch von Levi erhalten; er züchtete Lebergewebe von Hühnerembryonen. In diesen Kulturen sah der Autor große, abgeflachte Zellen, manchmal längliche, mit unregelmäßigen Rändern ohne längere Fortsätze, die für Fibroblasten charakteristisch sind. Diese Zellelemente bildeten manchmal eine Membran von epithelialem Aussehen, ein andermal ein breitmaschiges Netz.

In diesen Zellen erschienen Chondrioconten von verschiedener Länge. Sonst haben W. Lewis in fixierten Kulturen und G. Levi in lebenden Kulturen manchmal in den endothelialen Zellen sehr starre Filamente gesehen, die nach Lewis als künstliche Produkte, nach G. Levi als Produkte der Zelldifferenzierung aufzufassen sind.

Die Beschreibung des Verhaltens der

Abb. 35. Endothel aus Leberkultur von einem 7 Tage alten Hühnerembryo, 3 Tage lang gezüchtet. (Nach W. Lewis.)

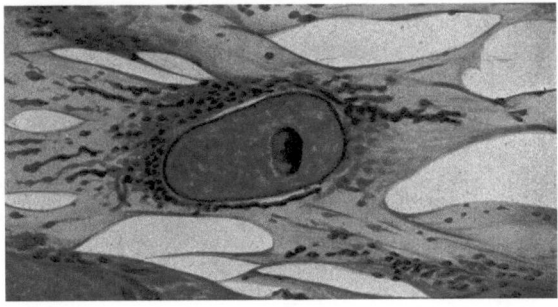

Abb. 36. Endothelzellen aus dem Leberexplantat eines 10 Tage alten Hühnerembryos. Man sieht Mitochondrien, Filamente und Körnchen. (Nach W. Lewis.)

verschiedenen Organe in der Kultur ist sicherlich nicht vollständig, da noch andere Gewebe gezüchtet worden sind. Aber diese Versuche waren entweder isoliert oder haben sich mit anderen

Problemen beschäftigt, und es würde schwerlich gelingen, diese Erfahrungen darzustellen. Hier wollen wir nur erwähnen, daß Binet und Champy, Lang, Carleton, Veratti usw. Lungengewebe gezüchtet haben. Nach den Beobachtungen von Carleton, Binet und Champy sieht man in diesen Kulturen eine Proliferation von kleinen Alveolarphagocyten, die isoliert in das Kulturplasma wandern und die Fähigkeit aufweisen, Carminfarbstoff vital aufzunehmen. Charakteristisch für diese Kulturen ist die fibrinolytische Fähigkeit, und diese Tatsache könnte nach Champy und Binet Aufklärung darüber bringen, wie bei der Lungenentzündung die Alveolarzellen sich vermehren und das Exsudat angreifen. Nach Lang sind die Alveolarphagocyten bindegewebige Elemente,

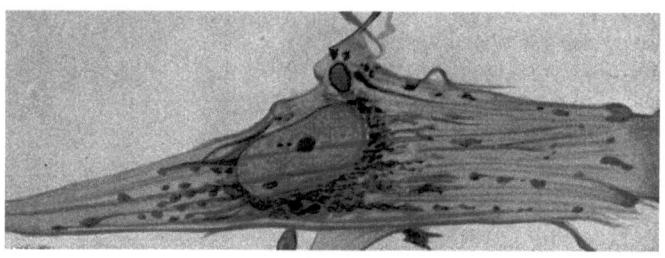

Abb. 37. Endothelzellen aus dem Leberexplantat eines 8 Tage alten Hühnerembryos, 3 Tage lang gezüchtet. Man sieht die ausgesprochene Streifung des Cytoplasmas. (Nach W. Lewis.)

phagocytierende Histiocyten, die mit den Makrophagen Metschnikoffs und den Polyblasten Maximows identisch sind; sie erscheinen in den Entzündungsherden, stammen von den Septumzellen ab.

Thymuskulturen wurden von Pappenheimer und von Tschassownikow gemacht. Nach diesem Autor unterscheiden sich die Zellen der cortikalen und der medullaren Substanz sofort nach der Explantation. Ihr größter Teil wird epitheliales Aussehen bekommen, der kleinere Teil verhält sich wie von Anfang an die retikulären Zellen der hämatopoietischen Organe oder wie ruhende Wanderzellen; die Zellen bekommen eine sphärische Form und werden dem gewöhnlichen Bindegewebe ähnlich. Die Hassalschen Körperchen überleben einige Tage und dann verschwinden sie. Die sogenannten Thymocyten zeigen in vitro nach Tschassownikow eine große Ähnlichkeit mit den gewöhnlichen Lymphocyten.

Von den übrigen Geweben wurden noch Pankreas, Epididymis, Prostata, Drüsen des Verdauungstraktes, Parathyreoidea, Nebennieren, Harnblase, Submaxillardrüse usw. gezüchtet. Einige von diesen Arbeiten sind an anderer Stelle erwähnt, je nachdem, welche Probleme sie berühren.

V. Das autonome Leben der Pflanzenzellen.

Man könnte sich vorstellen, daß die Pflanzenzelle schon ihrer geschlossenen Gestalt wegen sich viel leichter isolieren läßt und günstigere Explantationsbedingungen gäbe als die tierische Zelle, und es wäre daher auch zu erwarten, daß die botanische Literatur über die Explantationsprobleme diejenige des zoologischen Forschungsgebietes weit übertrifft. Die Sache steht jedoch gerade umgekehrt. Die Gewebezüchtung pflanzlicher Zellen bringt mindestens eben so viel Schwierigkeiten mit sich, wenn nicht mehr, wie die der tierischen Zellen; die Manipulationstechnik, von deren Vollkommenheit die Versuchsergebnisse großenteils abhängen, ist noch sehr wenig entwickelt und weder die theoretischen Begriffe noch ihre Arbeitshypothesen haben eine Reife erreicht, wie das auf zoologischem Gebiete der Fall ist.

Die Technik der Explantation in engerem Sinne wurde erst von Haberlandt verwendet; die vor ihm Arbeitenden verpflanzten fast stets größere Pflanzenteile (Vöchting, Prantl, Simon, Knoter, Correns usw.), so daß man eigentlich kaum von Züchtung isolierter Gewebe oder Gewebszellen sprechen konnte. Die dabei behandelten Probleme der Restitution und der Wundheilung kehren dann in den Arbeiten neuerer Verfasser wieder. Durch die Arbeiten Haberlandts wird die Frage der Physiologie der Zellteilung aufgeworfen; diese Frage steht in allen Arbeiten der folgenden Autoren im Mittelpunkte. Andere Probleme, wie z. B. die des Stoffwechsels, werden kaum gestreift. Die Pathologie der Zellteilung (Onkologie) und andere Fragen der normalen und pathologischen Morphologie und Physiologie fanden in der Gewebszüchtung pflanzlicher Zellen noch kein ausnützbares Investikationsfeld. Es mag daran vielleicht die unentwickelte Technik schuld sein, doch ist mit Sicherheit zu erwarten, daß diese Forschungsmethode der Lösung vieler Arbeitshypothesen den Weg öffnen wird.

Haberlandt fing seine grundlegenden Arbeiten schon im Jahre 1898 an, sie wurden aber erst im Jahre 1902 veröffentlicht. In diesen Versuchen wollte er den Wechselbeziehungen der Zellen des Pflanzenorganismus nachforschen. Es wurden hier mit Vorliebe grüne Assimilationszellen, und zwar der Laubblätter, gewählt. Als sehr geeignet haben sich die Hochblätter von Lamium purpureum erwiesen.

Um die typischen Palisaden- und Schwammparenchymzellen zu isolieren, mußten die Gewebsfragmente auf einem Objektträger in einigen Tropfen Nährlösung mit zwei Nadeln zerzupft werden. Die isolierten Zellen wurden erst in hängende Tropfen, dann aber auf Petrischalen in größere Mengen (10 cm^3) Nährlösung verpflanzt. Die Übertragung der Zellen auf einen Objektträger, zwecks mikroskopischer Untersuchung, erfolgte mittels einer feinen Glaspipette. Um die Kulturen bakterien- und pilzfrei zu erhalten, mußte eine, wenn auch nur einigermaßen vollständige Sterilität erstrebt werden. Die Zellen werden durch das Vorhandensein nicht zu zahlreicher Bakterien in der Kulturlösung wenig gestört und deshalb ist eine absolute Sterilität nicht unbedingt notwendig. Alle Instrumente und Gläser wurden erst ausgekocht, dann vor dem Gebrauch über eine Bunsenflamme gezogen. Nachdem die isolierten Zellgruppen in sterilem Wasser abgespült waren, wurden sie in die vorher gekochte Nährlösung gesetzt. Als Nährlösung dienten Wasserleitungswasser, Knopsche Nährlösung (auf 100 cm^3 Wasser 1 g salpetersaures Kali, 0,5 g Gips, 0,5 g schwefelsaures Magnesia, 0,5 g phosphorsaurer Kalk, Spuren von schwefelsaurem Eisenoxydul), 1—5 proz. Rohrzuckerlösungen, Asparagin und Pepton in wechselnden Kombinationen und Konzentrationen.

Nun zeigte es sich, daß die so verpflanzten Assimilationszellen bei diffusem Tageslicht in anorganischer Nährlösung (von Knop) etwa drei Wochen lang am Leben erhalten blieben, dagegen in organischen Nährmedien viel länger; in 1 proz. Rohrzuckerlösung lebten die Zellen mehrere Monate lang. Das Licht spielte dabei eine hervorragende Rolle, da die Zellen im Dunkeln nach einigen Tagen zugrunde gingen. Es konnte auch ein Parallelismus zwischen Nährmittelkonzentration des Mediums und der Lebenslänge beobachtet werden.

Haberlandt konnte noch eine interessante Tatsache im Verhältnis zwischen grünen und nichtgrünen Zellorganen feststellen.

Die Chlorophyllkörner, die in der ersten Zeit ganz kräftig assimilieren (durch die Engelmannsche Methode nachgewiesen), werden im Knopschen Nährmedium immer kleiner, verlieren ihre Farbe und wandeln sich in kleine Leukoplasten um. In der Zuckerlösung ist dieser Prozeß weniger ausgesprochen. Bei 3—5 proz. Rohrzuckerlösungen nehmen sie an Größe nicht ab und bleiben bis zum Tode der Zelle intensiv grün gefärbt. Nach Haberlandt handelt es sich hier um einen Parasitismus der nicht grünen Organe gegenüber den Chlorophyllkörnern. Wenn die letzteren z. B. durch Zuckerzufuhr gut ernährt werden, bleibt diese Erscheinung aus. Die fortdauernde Assimilation war von einem ausgesprochenen Wachstum der explantierten Assimilationszellen begleitet. Die am Anfang des Versuches 50 μ langen und 27 μ breiten Palisadenzellen erreichten ein Maximum von 108×62 μ, d. h. eine elffache Volumzunahme. Die Schwammparenchymzellen wuchsen fast auf das Doppelte an.

Die chlorophyllosen Explantate haben auch zu interessanten Ergebnissen geführt. Die nicht ganz ausgewachsenen Staubfadenhaare von Tradescantia virginica wurden in 4—8 zellige Fragmente geschnitten und in eine Traubenzucker-Asparagin-Nährlösung gebracht, in der ihre Lebensdauer weit über das Normale hinaus verlängert wurde. Die Zellen zeigten ein kräftiges Wachstum und wohlentwickelte Plasmakörper.

Aber trotz des auffallenden Wachstums der isolierten Zellen wurden niemals Zellteilungen beobachtet.

Winkler konnte die Befunde Haberlandts bestätigen. Er selber machte Versuche an Vicia faba, deren isolierte Parenchymzellen auch einige Teilungen ergeben haben. Scheinbar sollen minimale Giftdosen als wachstumanregende Reize fungieren, die auch Zellteilungen bewirkt haben. Winkler setzte zum Nährmedium, das aus Knopscher Nährlösung und 1 vH Rohrzucker bestand, 0,002 vH $CoSO_4$, um den erwünschten chemischen Reiz hervorzurufen.

Schon bei seinen ersten Veröffentlichungen stellte sich Haberlandt die Aufgabe, die isolierten Zellen der Kultur in irgendeiner Weise zur Teilung anzuregen. Es schien ihm, daß für diesen Zweck am besten die sogenannten ,,Wachstumshormone'' geeignet seien, die, wie von Beyerinck gezeigt wurde, bei Zellteilungen die wesentlichste Rolle spielen. Diese Wachstumshormone sollten in Vegetationsspitzen, Pollenschläuchen oder Embryosäcken enthalten sein.

Für die neue Versuchsreihe schienen sich aus verschiedenen Gründen die Kartoffelknollen am besten zu eignen. Ihr Gewebe enthält viel Reservestoffe und seine große Teilungstendenz an den Schnittflächen ist wohl bekannt. Es wurden mit dem Mikrotom 0,25—0,5 mm dicke Schnitte hergestellt, mit Leitungswasser abgespült und auf einer Glasplatte mittels eines Skalpels in kleinere Blättchen zerlegt, deren Größe 1—5 mm² ausmachte. Wenn man in Betracht zieht, daß eine isodiametrische Speicherzelle der Kartoffelknolle 0,13—0,15 mm beträgt, so bestand das Plättchen, dessen Dicke 0,25 mm ausmachte, aus 2—3 intakten Zellagen und insgesamt aus etwa 100—150 Zellen. Meist waren es Speicherzellen, doch ihr Gewebe war oft von Leptom und Hadrom durchzogen. Kny konnte zeigen, daß die Zelle zur Wundkorkbildung und Teilung Sauerstoff benötigt. Die Teilung wird durch Feuchtigkeit begünstigt; zu diesem Zwecke wurden die Gewebsfragmente mit einem fast trockenen Pinsel auf dem mit Leitungswasser oder Knopscher Lösung befeuchteten Boden einer Petrischale oder auf Objektträger gebracht. Die bedeckten Schalen stellte man in Schüsseln, in welchen ständig eine feuchte Atmosphäre herrschte, deren Grad zweckmäßig reguliert werden mußte. Sämtliche Kulturen blieben unter diffusem Tageslicht in einer Zimmertemperatur von 18—21° aufbewahrt.

Es stellte sich heraus, daß die leitbündellosen Plättchen abgestorben waren ohne sich gebräunt zu haben und ohne daß irgendeine Zellteilung vor sich gegangen wäre; dieselbe Erscheinung konnte auch dort beobachtet werden, wo die Plättchen von kurzen Leptombündeln durchquert waren. Wo dagegen das ganze Plättchen, der Länge oder Quere nach, von Leptombündeln durchzogen war, zeigte das Präparat die charakteristische bräunliche Farbe, seine Zellen hatten einen festen Zusammenhang, waren kräftig ausgewachsen und es konnten meistens auch Zellteilungen beobachtet werden. Die Zellteilungen waren um so zahlreicher, je näher die Speicherzellen den Bündelchen lagen; die neuen Zellwände versuchten parallel der Schnittfläche zu verlaufen, die sich in ein Folgemeristem umwandelte, um später, wenigstens oberflächlich, Wundkork zu bilden. Jedoch zeigte es sich, daß diese Abhängigkeit von einem Leitbündelfragment nur innerhalb des normalen Gefäßbündelringes im Mark der Knollen vorhanden ist; in der Knollenrinde ist seine Anwesenheit nicht in dem Maße not-

wendig, wie im Marke, doch auch hier spielt das Leptom eine
begünstigende Rolle. Das Gelingen der Teilungen hängt auch von
der Zahl der Speicherzellen ab; am Rindenstück müssen wenigstens
200 Zellen teilnehmen, um Teilungen hervorzurufen, im Mark genügen auch 50. Das Leptombündel kann nicht durch das Periderm
ersetzt werden, wenn auch die Anwesenheit des letzteren die Auflösung der Stärke fördert. Die Frage, ob diese Wirkung des Leptoms
durch Ausscheidung eines Reizstoffes erfolgt, der in Kombination
mit dem Wundreiz die Zellen zur Teilung bringt, oder nur eine
dynamische sei, wurde dadurch experimentell entschieden, daß
bündellose Plättchen auf bündelhaltige gelegt wurden. Es fand
ein Übertritt des hypothetischen Reizstoffes in das bündellose
Blattstück statt und rief auch hier, wenn auch nur eine kleine Anzahl, Teilungen hervor. Weder über die chemische Beschaffenheit

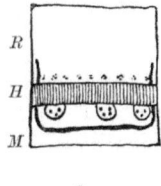 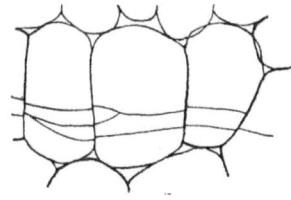

Abb. 38. a Querschnittsdarstellung eines Stückes von Sedum spectabile in schematischer
Form. *R* Rinde, *H* Holzkörper mit der Markkrone, *M* Mark. Die starke Linie zeigt die
Teilung der Zellagen. b 3 Markzellen nach mehrfacher Teilung. (Nach Haberlandt.)

des Reizstoffes, noch über seine physiologische Bedeutung wollte
er sich endgültig äußern; doch war seine auffallende Ähnlichkeit
mit den Wachstumsenzymen unbestreitbar, er stellt also eine Art
Hormon dar.

Nun wollte Haberlandt zunächst den für die Kartoffelknolle nachgewiesenen Einfluß des Leptoms auf den Zellteilungsvorgang für andere phanerogame Pflanzen nachweisen. Für diesen
Zweck wählte er als Versuchsobjekt den Stengel des Sedum spectabile Boreau, der in China einheimischen Zierpflanze. Hier wurden
hohe Internodienstücke und Querscheiben in Petrischalen auf
nassem Filtrierpapier bei einer Temperatur von 21—24° C gezüchtet. Gewebefragmente aus dem primären Rindenparenchym,
noch seltener Markstückchen, zeigten keine Zellteilungen; dagegen wiesen alle Gewebestückchen, die Gefäßbündelelemente enthielten, namentlich im Mark, Zellteilungen auf. Der die Zellteilung

begünstigende Einfluß der Gefäßbündel, beziehungsweise des Leptoms, konnte in ähnlicher Weise an Laub- und Blütensprossen von Althaea rosea, an Gewebestückchen von Kohlrabiknollen, an Laubblattstückchen von Bryophyllum calycinum usw., d. h. an einer Reihe von sehr verschiedenen Phanerogamenfamilien nachgewiesen und damit die Bildung und die Bildungsstätte eines „Zellteilungsstoffes" bei den höheren Pflanzen gezeigt werden.

Dasselbe Ziel verfolgte Lamprecht in seinen Versuchen, in welchen er Gewebestückchen, besonders von Bryophyllum und Peperomia-Arten, züchtete. Sowohl seine Explantations- als auch Transplantationsversuche haben alle Versuche Haberlandts völlig bestätigt; dabei konnte er auch den Nachweis erbringen, daß der als Hormon angesehene „Zellteilungsstoff" nicht streng artspezifisch ist, da er zwischen verwandten Arten, wie es Bryophyllum und Kalanchoe sind, die Wirksamkeit nicht verliert.

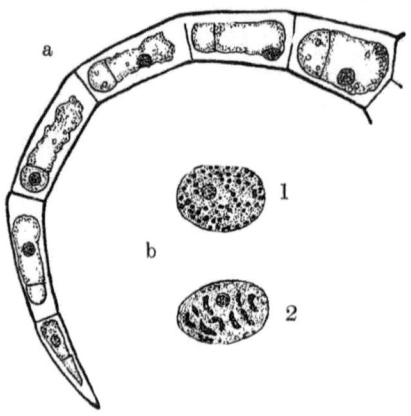

Abb. 39. a Ein Haar von Coleus Rehneltianus nach Plamolyse in einer 10 proz. Traubenzuckerlösung. Die Protoplasten sind gefächert und abgestorben. b Kerne der Haarzellen: 1 vor der Plasmolyse, 2 nach der Plasmolyse. Färbung mit Eisenhämatoxylin nach Benda. (Nach Haberlandt.)

Um den Wirkungsmechanismus der bei den Zellteilungen wirksamen Faktoren, Zellteilungsstoff und Wundreiz, genauer kennen zu lernen, wurden von Haberlandt neue Versuchsreihen angesetzt. Die von den Leitbündeln ausgehenden Stoffe müßten nach ihm auch im natürlichen Zustande in den Geweben enthalten sein, die eben die natürlichen Teilungen bewirken. Das primäre Meristem bildet selbständig diesen Stoff, das Dauergewebe dagegen erhält ihn ausschließlich aus dem Leptom. Um aber die Konzentration dieses hypothetischen Stoffes für experimentelle Zwecke zu erhöhen, wurde die Methode der Plasmolyse gewählt; mit der Konzentrationssteigerung wird der normale Schwellenwert des wirksamen Stoffes überschritten und dadurch Zellteilungen hervorgerufen. In den Haaren von Coleus Rehneltianus werden nach

Plasmolyse in 10proz. Traubenzuckerlösung eigenartige Teilungen beobachtet: Der Protoplast teilt sich durch Bildung plasmatischer Strahlungen, die sich zu einer Platte ergänzen, in der eine feine Zellwand nachweisbar wird, ohne Membranneubildung in zwei ungleiche Tochterzellen. Kernteilung wurde nur einmal beobachtet. Daher scheint in den Zellen der Coleus- und anderer Haare eine plasmatische Polarität vorhanden zu sein. Ein basaler Pol unterscheidet sich nicht nur durch die ungleiche Teilnahme an der Zellteilung (an der Spitze der Zelle

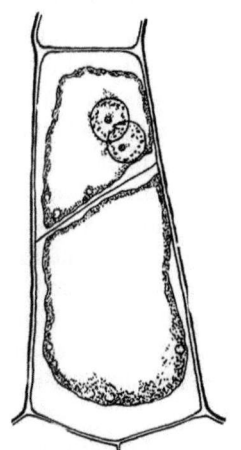
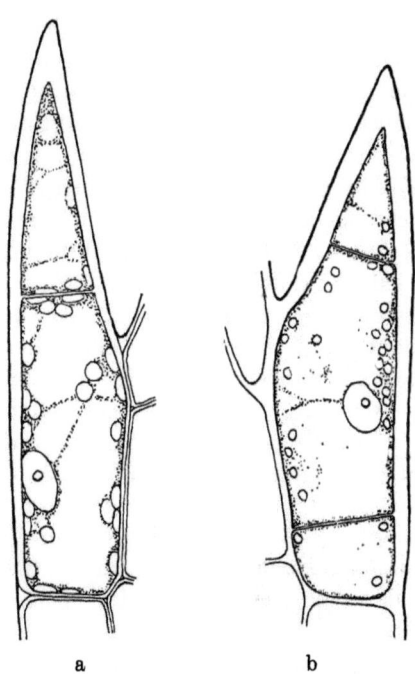

Abb. 40. Die Zelle eines Haares von Coleus Rehneltianus nach der Plasmolyse; Zell- und Kernteilung. (Nach Haberlandt.)

Abb. 41. a Blattzahn von Elodea densa nach Plasmolyse in 9 proz. Traubenzuckerlösung; Kultur in Knopscher Nährlösung und dann in Leitungswasser. Die Zelle hat sich geteilt. b desgleichen; der Blattzahn hat sich zweimal geteilt. (Nach Haberlandt.)

entstehen die kleineren Tochterzellen), sondern auch durch die Fähigkeit, verschieden starken osmotischen Druck zu entwickeln. In den Zellen von Allium Cepa geht die Zellteilung durch eine zentripetal fortschreitende Einschnürung vor sich, wobei zwischen den Tochterzellen wiederum eine feine Zellwand entsteht. Die in 1 bis 3 Stunden plasmolysierten und in Knopscher Nährlösung oder in Leitungswasser gezüchteten Blattfragmente von Elodea densa zeigten eine ähnlich unvollständige oder abgewandte Teilungstendenz ohne Kernmitose. Jost ist dagegen der Meinung, daß bei der Plasmolyse einfache mechanische Reize, Läsionen am Zelleib, für die Teilungen verantwortlich zu machen sind.

Haberlandt suchte nun andererseits seiner Hypothese über die Wirkung chemischer Agentien weitere Anhaltspunkte zu geben. Da haben sich als geeignetste Objekte die fleischigen Blätter succulenter Pflanzen erwiesen. Wurden die Blätter in Stückchen geschnitten, so traten an der Wundfläche Teilungen ein; wurden sie dagegen gerissen in der Weise, daß an der Trennungsfläche keine Verwundung oder gar Abtötung der Zellen stattfand, so blieben die Teilungen ganz aus. Haberlandt glaubt somit die Existenz von bei Verwundung der Zellen entstehenden Zersetzungsstoffen erwiesen zu haben, da die Teilungen im ersteren Falle nur auf solche zurückzuführen sind. Die Stoffe entstehen vielleicht durch autolytische Prozesse, an deren Bildung Enzyme beteiligt zu sein scheinen. Sie können einerseits als Wundhormone, andererseits als Teilungshormone fungieren. Es konnten sogar Teilungen an Wunden anderer Art durch Applikation von Gewebesäften oder Gewebebrei erzeugt werden, und zwar mit Gewebesäften derselben Familie; Säfte anderer Familien besaßen dagegen entweder keine Wirkung, oder wirkten sogar schädlich. Jedenfalls herrscht kein Parallelismus zwischen Wirksamkeit der Gewebesäfte und systematischer Verwandtschaft. Die Wundhormone können durch Asparagin, Leucin, Knopsche Nährlösung oder durch andere Nährmittel nicht ersetzt werden, da diese keine Teilungen hervorrufen.

Die Anwesenheit dieses Reizstoffes konnte noch durch folgendes bewiesen werden: entfernte man von den Wundflächen die Wundhormone durch kräftiges Abspülen unter Leitungswasser, so traten viel weniger Teilungen auf. Wird jetzt wiederum Gewebebrei oder Gewebesaft mit der Wundfläche in Berührung gebracht, erscheinen die Teilungen wieder, oft auch in übertriebenem Maße.

Die an Kohlrabi- und Kartoffelknollen durchgeführten Versuche zeigten noch andere interessante Einzelheiten. Es wurde beobachtet, daß Teilungen nicht bloß dann eintreten, wenn der Teilungsstoff aus toten oder verletzten Zellen in benachbarte intakte Elemente übertritt, sondern auch in der nicht tödlich verletzten Zelle selbst, wenn sie von lebensfähigen Elementen umgeben ist. Durch Überdehnung, doch ohne Tötung von Zellen oder Zellkomplexen, können Teilungen angeregt werden. Verfasser schließt daraus, daß durch lokale Verletzung in der geschädigten, aber am Leben bleibenden Zelle Wundhormone entstehen, die Teilungen veranlassen und Platz für oft sehr interessante Polaritätserscheinungen geben. Diese Versuche eröffnen aber den Weg zu einer ganzen Reihe von Arbeitshypothesen: das Neuauftreten von Teilungen in überalterten Zellen, wenn diese durch Ansammlung von Stoffwechselprodukten geschädigt werden; die Frage der Beziehungen zwischen Wundhormonen und Thyllen und Gallenbildung und endlich die Probleme der Entwicklungserregung bei der Befruchtung. Wie bei der experimentell herbeigeführten Teilung geht auch bei der Teilung der Somazelle und der der Eizelle die Bildung von Wundhormonen voraus, die die Nucellarzellen zu Teilungen veranlassen.

Die parthenogenetische Entwicklung ist mit dem Absterben einer großen Zahl von Zellen verknüpft, insbesondere des Embryonalsackes, wobei sich mit aller Wahrscheinlichkeit Wundhormone bilden und die Eizelle zur Entwicklung anregen. Auf Grund der Auslösungsmöglichkeit von Zellteilungen durch Verletzungen versuchte Haberlandt, die Zellen der Samenanlage zur Entwicklung anzuregen, d. h. die künstliche Parthenogenesis zu erreichen. Es wurde zu diesem Versuche die Oenothera Lamarckiana gewählt, deren Verletzung, wie das einst an Froscheiern von Bataillon gemacht wurde, durch Quetschungen oder Anstechen mittels feiner Stahl- oder Glasnadeln zu Zweiteilung des Embryosackes durch nachträgliche Querwandbildung geführt hat. Es wurde eine anfängliche parthenogenetische Entwicklung der Eizelle bis zum zweizelligen Embryo beobachtet; weitere Embryobildungen wurden vermißt. Wurde der Embryosack selber verletzt, so ist vom Nucellus, oder vom inneren Integument aus, eine Calluswucherung entstanden, die, wenn sie einwärts gegen den Embryosack gekehrt war, die Tendenz zeigte, sich zu Adventivembryonen umzuwandeln. Die befruchtete Eizelle — meint Haberlandt — teilt sich, weil sie beim Eindringen des Spermatozoons verwundet wird.

Haberlandt stellt also die Hypothese auf, daß die Zellteilungen durch drei Hormonarten angeregt werden, und zwar 1. Teilungshormone des Leptoms, 2. Teilungshormone des primären und sekundären Meristems, 3. die Wund- oder Nekrohormone.

Da also Stoffe verschiedenen Ursprungs dieselbe biologische Wirkung haben, konnte angenommen werden, daß sie in Dauergewebe physiologischerweise auch vorhanden waren, ebenso wie im Leptom, nur in einem Vorstadium, das eines Anstoßes, des mechanischen oder eventuell des chemischen Reizes, bedürfe, um eine Umstimmung herbeizuführen. Es wäre hier eine Vermittlung etwa durch eine Chinase auch denkbar. Man könnte vielleicht an den Mechanismus der Fibrinbildung im Blute höherer Tiere denken.

Zu neuen Ergebnissen führten die Versuche von Kotte. Während alle früheren Versuche der Züchtung isolierter Pflanzenzellen an Dauergeweben ausgeführt wurden, sind diese Arbeiten Kottes die ersten Versuche, in denen embryonales Zellmaterial, es handelte sich um meristematisches Gewebe, als Versuchsobjekt diente. Es wurden Wurzelmeristeme von Erbsen und Mais gewählt. Von den Keimwurzeln schnitt er 1 mm lange Spitzen ab, die nur aus Wurzelhaube und Meristem bestanden. Die Zellen dieses isolierten Gewebes zeigten ein 11 tägiges Wachstum, in welcher Zeit die Wurzelspitzen auf das 10—14fache der ursprünglichen Länge herangewachsen waren; damit war aber ihr Wachstum beendet. Auch höher liegende Teile der Keimwurzeln zeigten ein gutes Gedeihen in Kultur; es wurden 1 mm dicke Querschnitte verfertigt und auf Nähragar gezüchtet. Sie wuchsen sich zu normal gebauten Wurzeln aus, indem sie die gleiche Wachstumsmöglichkeit zeigten wie die unverletzte Wurzel. Es wurden in den Explantationselementen zahlreiche zu Ende geführte und sich wiederholende Kernteilungen beobachtet, die nach 24 stündiger Ruhezeit wieder einsetzten. Die so isolierten Wurzelspitzen weisen eine geotropische Reizbarkeit auf; sie enthielten während ihrer ganzen Wachstumsperiode in ihrer Wurzelhaube Statolithenstärke. Die Zellteilungen zeigten im entwicklungsphysiologischen Sinne eine weitgehende Unabhängigkeit von den Leptomelementen oder den toten Zellen, obwohl auch chemische Reizstoffe die Zellteilung anregen können, und damit wurde die schon von Haberlandt gezeigte Tatsache bestätigt, daß diese primären Meristeme selbständig ein Reizhormon darstellen, da einerseits Teilungen auch in Abwesenheit von Leptomelementen, andererseits auch an unverletzten Teilen ausgesprochen waren, wo zerstörte Zellen ihre Wirkung nicht ausüben konnten: als Ursache der Teilungen müssen hier die durch

Haberlandt gezeigten Meristemhormone betrachtet werden. Die ohne Zusammenhang mit dem Gesamtorganismus vor sich gehenden zahlreichen und lebhaften Teilungen der Meristemzellen führten zu einer Differenzierung im Dauergewebe. Das Wachstum zeigte eine weitgehende Abhängigkeit von der Zusammensetzung des Nährmediums: um ein ausgesprochenes Wachstum zu erzielen, mußten der Nährlösung Kohlehydrate zugesetzt werden, dagegen schienen stickstoffhaltige Substanzen nicht unbedingt notwendig zu sein, da das Meristem selber solche enthält.

Neben Kotte hat gleichzeitig Gurwitsch Explantationsversuche an gleichem Material vorgenommen und das Ergebnis des vorigen Autors völlig bestätigt.

Robbins züchtete hauptsächlich Maiswurzelstücke, die unter günstigen Bedingungen ungefähr 2 Wochen lang am Leben zu erhalten waren. Die Fragmente wurden in sterile Pfeffersche Nährlösung mit oder ohne Zusatz von 2 proz. Glukose oder Lävulose gesetzt; den Stücken wurden durch wiederholtes Abschneiden und Übertragen in frisches Kulturmedium, in Zwischenräumen von je 2 Wochen, eine längere Lebensmöglichkeit gegeben; doch verlangsamte sich ihr Wachstum allmählich und hörte allgemein nach dem dritten Mediumwechsel vollständig auf. In den ersten 2 bis 4 Wochen zeigte sich aber ein bedeutendes Wachstum; die 1,5 cm langen Wurzelspitzen haben sich in reinen Nährlösungen um 1 bis 2 mm verlängert; dagegen erhielten die Maiswurzelspitzen in zuckerhaltigen Medien innerhalb von 8 Tagen einen Zuwachs von 9 cm. Auch Zugabe von Pepton oder Hefeautolysat zur Nährlösung steigert die Wachstumsintensität der Wurzelspitzen und verlängert ihre Lebensdauer auf 6—7 Medienwechsel.

Parallel mit den Versuchen von Kotte und Robbins gehen diejenigen von W. H. Chambers. Dieser Autor benützte ebenfalls embryonales Material, Wurzelspitze von Kürbiskeimlingen, die in hängenden Tropfen von Pfefferscher Nährlösung unter Zusatz von 0,04 vH Pepton, 2 vH Dextrose und 0,6 vH Agar bei 27° gezüchtet wurden. Die Nährlösung wurde erst durch Pufferung mit Kaliumphosphat auf p_H 5,6 gebracht. Die steril gewonnenen primären Meristeme waren in 0,3—2,5 mm große Stückchen geschnitten, die dann von der Größe des Stückchens abhängige Wachstumsverhältnisse zeigten. Bei 25 mm großen oder noch größeren Fragmenten war eine Zellwanderung aus dem Muttergewebe, wie bei den animalischen Zellen höherer Tiere, wahrzunehmen. Die Wanderung fand besonders an der oberen oder unteren Fläche des Nährmediums statt, war im Inneren des festen Mediums weniger ausgesprochen, und erreichte oft eine Entfernung von 1,7 mm vom Fragment. Das Leben der Zellen dauerte etwa 30 Tage lang, mehrere starben jedenfalls früher ab und gingen unter plasmolytischen Prozessen zu Grunde.

Waren die explantierten Fragmente größer, so wiesen sie Regenerationserscheinungen auf, welche an diejenigen der Evertebraten erinnerten, bei welchen sich aus exzidierten Fragmenten ganze Organteile oder das ganze Glied rekonstruieren können. Bei den kleinen Stückchen fehlte diese Regenerationsfähigkeit vollkommen und erinnerte mehr an die in vitro gezüchteten Warmblüterzellen. Czech will diese Erscheinungen nicht als wirkliche Wachstumsprozesse, sondern als Folge der Macerationen in kalihaltigen Lösungen ansehen.

Die Versuche von Bobilioff-Preißer bringen im großen und ganzen eine einwandfreie Bestätigung von Haberlandts Befunden. Dieser Autor arbeitete mit Mesophyllzellen, hauptsächlich der Viola lutea var. grandiflora und der Thunbergia alta, insbesondere mit Palisaden- und Schwammparenchymzellen, deren lockerer Gewebeverband die Isolierung von Zellen leichter ermöglicht. Die Isolierung geschah auf mechanischem Wege mittels Glasnadeln; dann wurden die Zellen in eine Nährlösung oder auf ein mit Agarschicht bestrichenes Deckglas gebracht und in feuchter Kammer aufbewahrt. Zu den Tropfenkulturen wurden Nährsalzgemische von Knop, Beyerinck und Artari, mit oder ohne Zusatz von Dextrose, Lävulose oder Saccharose verwendet. Ein Zusatz von Pepton oder Asparagin begünstigte kaum das Ergebnis, dagegen wirken Säuren ausgesprochen schädigend. Auf Agar, der noch das beste Nährmedium war, lebten die isolierten Zellen der Viola lutea zwei Monate lang, die Thunbergiazellen dagegen vier Monate lang, während in den Nährlösungen (3 cm^3 Nährlösung oder Tropfenkulturen) die Zellen viel schneller zugrunde gingen. Während dieser Zeit zeigten die einzelnen Zellen eine bedeutende Größenzunahme oder sandten auch Fortsätze aus; die Plasmabewegungen erreichten ihr Maximum am 2. oder 3. Tag nach der Isolierung. Kernverlagerungen wurden auch nur auf kurze Zeit beobachtet. In allen Fällen aber wurden die Zellteilungen vermißt.

Um die Teilungs- und Lebensmöglichkeit der Einzelzelle ohne Zusammenhang mit den umgebenden Zellen bestimmen zu können, suchte man die Isolierung so zu erreichen, daß dabei die Einzelzelle in ihrem physiologischen Zustand nicht verändert wird. Zu diesem Zweck wurde von Miehe an Geweben von Cladophora und Chaetophora die Plasmolyse angewandt, und an der isolierten Zelle wurden die sonst bekannten Wachstumsphänomene (Polarität und Regeneration) beobachtet. An Thallusstückchen der Meeralgen gelang Küster auch die mechanische Isolierung von Zellgruppen oder manchmal auch von Einzelzellen mit Präpariernadeln leichter. Die Plasmolyse selbst, wie das unter anderem von Klebs, Palla, Nemec, Küster usw. gezeigt wurde, ruft keine Zellteilungen hervor.

Es wurde schon von Haberlandt, Leitgeb, Molisch und von anderen die lange Lebensdauer, die Widerstandskraft der Schließzellen von Spaltöffnungen schädlichen Dämpfen, Chemikalien, Austrocknen, Temperatur, elektrischen Strömen usw. gegenüber gezeigt. Aus diesem Grunde wählte Thielmann in seinen Versuchen diese Zellart, die auch dadurch ausgezeichnet ist, daß sie die Isolierung weitaus länger überlebt, als alle anderen Zellarten. Das Ziel seiner Versuche war, diese isolierten Zellen, vom Einflusse der Nachbarzellen befreit, in Kultur zu erhalten und sie dann mit experimentellen Eingriffen durch verschiedene Reize zur Entwicklung anzuregen. Es wurden hauptsächlich monokotyle Pflanzen der Familie der Liliaceen verwendet. Die Blätter von Freiland- und Topfpflanzen wurden im Wasser abgewaschen, 10 Minuten lang in Sublimat sterilisiert, wiederum gewaschen und in Schnitte geteilt. Diese wurden in eine 1/500 oder 1/250 n-KOH-Lösung und endlich in Kulturgläschen gebracht, die folgende Flüssigkeiten enthielten: destilliertes Wasser, Leitungswasser, Knopsche Nährlösung mit oder ohne Zusatz von meist 0,1—50 vH Rohrzucker oder 0,05—2,5 vH Traubenzucker. Die Kulturen wurden teils am Licht, teils im Dunkeln aufbewahrt, doch wurde kein bedeutender Unterschied beobachtet. Die Temperatur schwankte mit den Jahreszeiten zwischen 15—26°. Die Ergebnisse hängen auch vom Alter der für den Versuch verwendeten Blätter, von der Art der Zellen (Mesophyll-, Epidermis- oder Schließzellen) und von der Dicke der Oberflächenschnitte ab.

Die größte Lebenslänge hatten, wie es auch zu erwarten war,

die Schließzellen (bis 4 Monate); in der Reihe folgen die Mesophyllzellen, dann die übrigen Zellen der Epidermis (einige Tage bis einige Wochen). Die Zellen jüngerer Blätter starben frühzeitig ab. Alle Zellen, in erster Linie die Epidermiszellen, wenn sie nicht isoliert, sondern in Zusammenhang mit den grünen Assimilationszellen gezüchtet waren, erwiesen sich lebensfähiger. In den zuckerhaltigen Kulturen speichert die Epidermis auch in Abwesenheit von Chloroplasten oder Leukoplasten Stärke, und wenn diese fehlen, wird ihre Bildung erst gefördert. Die Epidermiszellen üben auf die Schließzellen wahrscheinlich durch Wasserentziehung eine schädliche Wirkung aus, ja sogar die Wachstumserscheinungen werden an den Schließzellen nur dann manifest, wenn die Epidermiszellen abgestorben sind. Die so frei gewordenen Schließzellen weisen Wachstumsphänomene auf, indem erst eine Vergrößerung des ganzen Zelleibes stattfindet; es können auch Aussackungen der Bauch- und Rückenwände zustande kommen. Es wurden aber auch andere eigenartige Formen des Wachstums beobachtet. Mit dem Wachstum zusammenhängend kommt auch eine Kernverlagerung zustande. Die Intensität der Wachstumserscheinungen war von den Zuckerkonzentrationen abhängig; der Zuckerbedarf variierte nach Art und Alter der gezüchteten Pflanzenzellen. Wie bei anderen Autoren, wurden die Zellteilungen auch bei diesen Versuchen vermißt.

Börger versucht in seinen Arbeiten auf die Frage Antwort zu geben, ob die Zellen sämtlicher Pflanzen die Fähigkeit besitzen, den ganzen Organismus zu regenerieren. Die vorgenommenen Kulturversuche gaben eher eine negative Antwort. Es wurden an Farnprothallien, Moosblättern, z. B. Mniumarten usw., Explantationsversuche vorgenommen; nach einer mechanischen oder plasmolytischen Isolierung kamen diese in hängende Tropfen verschiedener Nährmedien. Die höheren Pflanzen hatten eine Lebensdauer von mehreren Wochen, keine Zellteilungen und kein bedeutenderes Wachstum: höchstens einige Monate lang blieben die Moosblätter am Leben und wiesen einige Zellteilungen auf.

Helene Czech ging in ihrem Arbeitsprogramm noch weiter und stellte die Frage, welches die kleinsten isolierbaren Teile des höheren Pflanzenorganismus sind, die einerseits nach Isolierung ein autonomes Leben führen können, anderseits eventuell auch fähig sind, den ganzen Pflanzenorganismus aus sich heraus zu regenerieren. Um diese Fragen zu beantworten, wurde versucht, einzelne Zellen des Metaphytenorganismus zu isolieren und weiterzuzüchten, um die Teilungsmöglichkeiten der Zellen bestimmen zu können. Zur Isolierung einzelner Zellen wurden sowohl mechanische als auch physiologische Methoden in Anspruch genommen. Fragmente von Algenfäden, Vegetationspunkte und Blätter von Elodea und andere junge Blätter wurden auf einem mit einem Tropfen Wasser oder Kirschgummi benetzten Deckglas in feuchte Kammern gebracht. Jetzt versuchte Czech den Mikromanipulator Péterfis unter starker Vergrößerung in Anspruch zu nehmen; doch sowohl das Anheften des Objektes am Glase, als auch die Turgorspannung der Zellen und die Elastizität und Festigkeit der Zellulosemembran, die das Eindringen des Instrumentes verhinderte, bereiteten so viel Schwierigkeiten, daß die Isolierung auf diesem mechanischen Wege nicht gelang. Die physiologische Methode H. Cranners dagegen ermöglichte die Isolierung einzelner Pflanzenzellen ohne jede Verletzung der betreffenden oder der Nachbarzellen. Diese Methode beruht auf der Tatsache, daß in Lösungen von Bodensalzen, oder auch in reinstem destilliertem Wasser, wasserlösliche und wasserunlösliche Phosphatide abgegeben werden, d. h. Substanzen, die aus den plasmatischen Grenzschichten stammen. Damit wird das Leben der Zelle nicht gefährdet; dagegen kommt durch Auflösung der Trennungsschichten der Membranen eine Isolierung einzelner Zellen zustande. Die von Czech verwendeten Lösungen waren n/100 KCl oder n/MgCl$_2$. Die Pflanzenteilchen mußten eine Zeitlang in dieser Lösung verweilen (etwa 24 Stunden lang), dann gelang es mit einem leichten Druck mittels der Präpariernadel, die vollständige Trennung hervorzurufen. Zur Trennung bis zu einzelnen Zellkomplexen, Gewebestückchen genügt ein 12 bis 13stündiges Verweilen in der Flüssigkeit. Die so isolierten Zellen kamen jetzt in hängende Tropfen entsprechender Nährflüssigkeit auf das Deckglas, das mit Vaselinring auf dem Objektträger befestigt wurde. Das Präparat wurde in feuchter Kammer bei Zimmertemperatur und diffuser Beleuchtung aufbewahrt. Die Züchtung von isolierten Zellen oder Gewebestückchen wurde unter verschiedensten Bedingungen, sowohl was die Nährlösung, als auch was die Maceration betrifft, versucht, doch in keinem Fall Zellteilung oder Zellwachstum beobachtet. Auch Stimulationsversuche mit Li_2CO_3, $MnCl_2$, $FeCl_3$ usw., oder das Zufügen von größeren Mengen Gewebesaft des gleichen Organs gaben negative Ergebnisse. Keiner von den untersuchten 272 Fällen führte zum Erfolg. Diese Versuche ergeben also, daß bei Metaphyten, im Gegensatz zu den Metazoen, einzellige Stadien aus der Entwicklung ausgeschaltet werden, und Wachstums- und Zellteilungsvorgänge sich ausschließlich im Kontakt mit anderen Zellelementen abspielen; die einzelne Metaphytenzelle ist also nicht regenerationsfähig.

Die Ergebnisse der relativ kleinen Zahl aller Versuche lassen sich folgendermaßen zusammenfassen: Die pflanzlichen Gewebe und isolierten Einzelzellen lassen sich in vitro am Leben erhalten. Die Lebensdauer ist in erster Linie den Kulturmedien untergeordnet: die längste wurde hier in Agarkulturen erreicht, da diese den natürlichen Verhältnissen nahestehen. Von den flüssigen Kulturen (außer destilliertes und Leitungswasser) bewährten sich am besten die Nährlösungen von Knoop, Beyerinck und Artari, ohne und mit Zusätzen von Glukose, Fruktose, Maltose, Laktose, Inulin usw. (N-freie Substanzen) und Leucin, Asparagin, Pepton Witte usw. (N-haltige Substanzen). Dem Licht muß eine kleinere, der Feuchtigkeit eine größere Bedeutung zugesprochen werden. Allgemein genügt die normale Zimmertemperatur (gegen 20°), eine höhere beschleunigt den Wachstumsprozeß. Die Lebensdauer hängt von Art und Alter der Kulturen ab, sie schwankt zwischen einigen Tagen und 4 Monaten. Die Lebensäußerung der Zellen ist durch Volumenzunahme (mit oder ohne Protoplasmabewegung und Kernverlagerung) oder auch durch Stärkebildung charakterisiert. Die Zellteilungen werden durch die von Haberlandt nachgewiesenen Zellteilungsstoffe angeregt, die einerseits physiologisch im Meristem oder im Leptom, andererseits in pathologischen Zuständen, in verwundeten oder absterbenden Zellen entstehen.

VI. Die Wirkung wachstumsbeeinflussender Faktoren.

a) Die Wirkung der Temperatur.

Als man die Methode der Gewebekulturen einführte, legte man anfänglich auf den Einfluß, den die Temperaturschwankungen auf die Kultur ausüben konnten, einen großen Wert, aber spätere Beobachtungen, hauptsächlich von Lambert und Hanes, konnten feststellen, daß in Wirklichkeit die Temperaturgrenzen, innerhalb deren die Vegetation der Kultur möglich ist, genügend ausgedehnt sind.

Die Hühnerkulturen wachsen gut zwischen 26° und 44°, das Optimum für die Vegetation erhält man zwischen 36° und 39°. Nur eine Temperatur von 48° ist imstande, rasch jede Vitalität der Kultur zu zerstören, während eine Temperatur von 45°—47° noch in irgendeiner Weise eine Vegetation der Kultur erlaubt. Die Wachstumsgeschwindigkeit der Kultur ist dem Temperaturgrad proportional: Während z. B. die mitotische Teilung bei 28° zu ihrer Abwicklung eine bis zwei Stunden braucht, hat sie bei 39° hingegen im Mittel nur 18—20 Minuten nötig.

Lambert hat dann gezeigt, daß die sarkomatösen Zellen der Ratte oder Maus gegenüber Wärme empfindlicher sind, als die normalen Bindegewebe. Wenn die ersteren einer Temperatur von 42,5° ausgesetzt sind, sterben sie in kurzer Zeit, die Normalgewebe hingegen sind auch nach 48° noch lebend. In dieser Weise gelang es Lambert, indem er die Temperatur und die Behandlungsdauer entsprechend änderte, ausschließlich Entwicklung von Bindegewebe und Aufhören der Entwicklung der neoplastischen Elemente zu bekommen. Für Ratten- und Mausgewebe ist die vitale Temperatur um 3—4° niedriger als für Hühnergewebe.

Ingebrigtsen hat hingegen die Nährmedien der Wirkung verschiedener Temperaturen ausgesetzt, um zu sehen, in welcher Weise sie dann das Wachstum der Kultur beeinflussen. Indem der Autor verschiedene Seren (autogene, homogene, heterogene) während einer halben Stunde einer Temperatur von 56° aussetzte, hat er zeigen können, wie die autogenen und homogenen Seren die Proliferationsfähigkeit der Kultur vermindern, während die heterogenen Seren unter der Wirkung der Wärme bessere Kulturmedien werden. Betreffs des Verhaltens der verschiedenen Zellarten gegenüber dem erwärmten Serum hat Ingebrigtsen gefunden, daß das embryonale Bindegewebe einen stärker schädigenden Einfluß verspürt als die epithelialen Elemente.

Auch der Kälte können die Gewebekulturen widerstehen. So behalten Hühnergewebe, die für einige Tage bei einer Temperatur von —1° bis —4° aufbewahrt werden, noch ihr aktives Wachstum, und nur eine Temperatur von —10° ist imstande, jede vitale Aktivität in 2 Stunden zu unterdrücken, eine Temperatur von —20° in 5—10 Minuten. Wird andererseits ein Gewebe einige Zeitlang bei tiefer Temperatur gehalten, kann es zur Vermehrung schreiten, sobald es im Plasma eingeschlossen ist. So konnten Carrel und Burrows feststellen, daß die Milz, die Haut und das Herz von Hühnerembryonen, die vor Einschließung in das Plasma bei niederer Temperatur für einige Tage (bis 6) aufbewahrt wurden, noch proliferationsfähig bleiben; jedoch ist die Latenzperiode merklich verlängert. Um das Gewebe lebensfähig erhalten zu können, muß man Ringerlösung anwenden, während Blutserum nicht besonders günstig ist; direkt schädigend wirkt NaCl-Lösung. Auf den mitotischen Prozeß hat die niedere Temperatur einen augenscheinlichen Einfluß: wenn ein karyokinetischer Prozeß seinen Anfang genommen hat, kommt er durch niedere Temperatur zum Stillstand; wenn aber diese letztere auf die normale Höhe gebracht wird, dann beginnt die Teilung von neuem und wickelt sich nach ursprünglichem Rhythmus ab. Legendre und Minot haben folgendes festgestellt: bewahrt man durch 4 Tage bei 20° Spinalganglien von Hunden und Kaninchen in defibriniertem Blut, in welchem man Sauerstoff strudeln ließ, auf und setzt dann einen Teil ihrer Neuroblasten bei 39° in die Kultur, so entwickeln sie sich zu Nervenfasern.

b) Einfluß des osmotischen Drucks und der Ionenkonzentration.

Das Leben und die Proliferationsfähigkeit der Zellelemente in der Kultur hängt auch vom osmotischen Druck des Kulturmediums ab, wenn auch das Kulturleben innerhalb sehr weiter Grenzen möglich ist.

Schon Jacques Loeb hat gezeigt, daß der osmotische Druck bei der Entwicklung von Larven eine sehr wichtige Rolle spielt. Die Entwicklung, die in hypotonischem Medium beschleunigt erscheint, zeigt sich hingegen in hypertonischem Medium verzögert. Im folgenden haben Carrel und Burrows, Ruth, Ebeling, Hogue usw., die diese Untersuchungen auf die Gewebezellen ausdehnten, im allgemeinen bemerken können, daß die hypotonischen Medien die Aktivität einer Kultur begünstigen. Carrel und Burrows bemerkten bei der Züchtung von Fragmenten der Milz, der Haut, des Herzens und der Leber von

Hühnern, daß die Aktivität der Kultur viel ausgesprochener ist, wenn man mit destilliertem Wasser verdünntes Plasma verwendet, als wenn man sich eines hypertonischen Mediums bedient. Wenn man andererseits das Plasma verdünnt ohne den osmotischen Druck zu ändern, wird die Aktivität der Kultur auf keine Weise verändert (Ebeling). Auch Ruth hat dann den günstigen Einfluß eines hypotonischen Mediums bestätigt, sei es in der Kultur von Haut des erwachsenen Frosches, sei es auf die Vernarbung von Hautwunden. Diese letzteren wurden durch Behandlung mit hypotonischen Lösungen günstig beeinflußt, während die Anwendung von hypertonischen Lösungen mehr oder weniger die Heilung der Wunde selbst verzögerten. Hogue hat gleichfalls bestätigen können, daß das Wachstum einer Kultur in einer Lösung von 0,51 vH NaCl aktiver ist, während die Wanderung in einem hypertonischen Medium von 1,5 vH NaCl langsam vonstatten geht. Wenn die Konzentration des NaCl 1,8 vH erreicht, ist jedes Wachstum gehemmt.

Wenn man Kulturen, die sich schon in einem Kulturmedium entwickelt haben, mit stark hypotonischen Lösungen behandelt, sterben die Zellen, indem sie anschwellen, während die Zellen, die man mit stark hypertonischen Lösungen behandelt, rasch absterben, indem sie ihre Fortsätze zurückziehen. Die starke Veränderung des osmotischen Druckes, in positivem oder negativem Sinn, ruft in den Zellen, deren Tod sie bewirkt, degenerative Veränderungen hervor, die in den einzelnen Fällen verschieden sind.

Betreffs der Wirkung der p_H-Konzentration auf den Wachstumswert der Kultur konnten M. Lewis und Felton, die flüssige Medien anwandten, beobachten, daß die Grenzen der p_H, innerhalb denen das Wachstum der Kultur möglich ist, zwischen 5,5 und 9 p_H schwanken, und daß man das Optimum mit Konzentrationen von 6,8—7 p_H erhält. In Konzentrationen unter 4,5 bis 5 p_H wurde sehr selten eine Aktivität der Kultur bemerkt. Fischer hat mit Kulturen in Plasmamedien Werte erhalten, die jenen von M. Lewis und Felton ziemlich nahe stehen. Nach diesem Autor erhält man das Wachstumsoptimum mit Konzentrationen von 7,4—7,8 p_H. Fischer hat weiterhin festgestellt, daß die Fibroblasten gegenüber einer hohen Alkalität widerstandsfähiger sind als gegen eine hohe Säure. Bei der Züchtung von Fibroblasten hat er beobachtet, daß sie durch 5—6 Generationen hin wachsen, wenn sie in einem Medium von 5,5 p_H gehalten werden, länger als durch 10 Generationen hingegen in einem Medium von 8,5 p_H.

Mendéléeff hat in Hautkulturen von Meerschweinchen-Embryonen bemerkt, daß man das Wachstumsoptimum bei einem Wert von $p_H = 5{,}8$ erhielt. Diese Forscherin injizierte in Meerschweinchen heterogene Proteine zwecks Heruntersetzung des p_H des Serums; als sie dieses letztere als Kulturmedium verwandte, hat sie beobachtet, daß man besseres Wachstum erhielt, wenn der Wert des p_H zwischen 5,2 bis 6,6 schwankte; stieg er auf 7,6, so erhielt man keine Proliferation, ja sogar einige Male Autolyse. Aus diesen Untersuchungen scheint nun erwiesen, daß das Zellwachstum in direkter Beziehung zu der p_H des Mediums steht, und daß eine Herabsetzung des p_H-Wertes das Zellwachstum selbst begünstigt. Mendéléeff, die dann die Untersuchungen über den Einfluß des p_H-Wertes auf das Embryonalwachstum ausdehnte, hat beobachtet, daß das Mutterserum, welches einen sehr hohen p_H-Wert hat, und als solches infolgedessen das Wachstum des Embryos nicht erlauben könnte, sofort, nachdem es in Berührung mit dem Embryonalgewebe gekommen ist, seinen p_H-Wert herabsetzt; dadurch wird das Wachstum des Embryos möglich. Diese Beobachtungen stehen so in Einklang mit jenen von Ebeling, der annahm, daß Zusatz von Embryonalsaft zum Kulturplasma den p_H-Wert des Plasmas erniedrigt.

c) Einfluß des Lichtes, der Röntgenstrahlen und des Radiums.

Untersuchungen über den Einfluß des Lichtes auf die Gewebekulturen wurden von Gassul, Goodrich und Scott vorgenommen. Diese Untersuchungen gingen von dem Gedanken aus, daß die Gewebe innerer Organe, die physiologischerweise nie ans Licht kommen, nicht beeinflußt werden können, wenn sie ihm ausgesetzt werden. Andererseits haben die Pflanzenphysiologie und die Photobiologie den Einfluß des Lichtes auf die pflanzlichen Gewebe und auf einige Organismen niederer und einzelliger Tiere, die normalerweise im Dunkeln leben, kennen gelehrt.

Gassul hat zum Studium der Wirkung des Tageslichts auf die Gewebekulturen Milz und Flimmerepithel des Frosches verwendet, die er entsprechend in Froschplasma und Serum züchtete. Er bediente sich hauptsächlich des Flimmerepithels, um die Wirkung des Lichtes auf die Bewegung zu studieren. Ein Teil der Kulturen wurde unter besonderer Vorsicht gezüchtet und im Dunkeln aufbewahrt, der andere hingegen bei Licht. Die mit den zwei Kulturserien erhaltenen Ergebnisse sind beweisführend. Die bei Licht gezüchteten und aufbewahrten Milzkulturen zeigten nach 24 bis 48 Stunden eine ausgeprägte Proliferationszone mit lebhafter Lympho- und Leukocytenwanderung; in ihnen begannen jedoch am 4. Tage die degenerativen Prozesse, die am 8. Tage schon sehr ausgesprochen waren. In den im Dunkeln gezüchteten und aufbewahrten Milzkulturen war die Proliferationsaktivität hingegen langsamer, hielt aber länger an; noch nach 8 Tagen war sie sehr lebhaft. Gleichfalls unter dem Einfluß des Lichts verminderte sich die Drehung des Flimmerepithels, nachdem sie in den ersten Tagen eine Erhöhung erfahren hatte; etwa am 8. Tag hörte die Drehungsbewegung gänzlich auf; in den im Dunkel gezüchteten und aufbewahrten Kulturen hingegen nahm die Drehungszahl zwar nicht zu, aber sie dauerte dafür bis zum 11. Tag. Daraus geht also hervor, daß die im Dunkeln gehaltenen Gewebe länger leben, wenn sie auch einen verzögerten Lebensrhythmus aufweisen. Es scheint also, daß das Licht ein Katalysator der Lebensfunktionen sei. Goodrich und Scott haben zur Erforschung des Einflusses der elektrischen Lampe auf die Kulturen einen speziellen Apparat konstruiert und behaupten, daß zur Beeinflussung des Wachstums mehr als 270 Kerzenstärken nötig sind. Untersuchungen über den Einfluß der ultravioletten Strahlen wurden von Levaditi und Mutermilch vorgenommen. Diese Autoren konnten feststellen, daß eine Bestrahlung mit der Quecksilberlampe durch 20 bis 30 Minuten jedes Wachstum des Bindegewebes eines Herzfragmentes hindert, während eine gleiche Strahlendosis auf Milzkulturen diesen die Fähigkeit, in das Koagulum zu wandern, nicht nimmt. Versuche mit dem ultravioletten Licht hat auch Kiaer angestellt. Er bestrahlte Reinkulturen von Fibroblasten 24 Stunden nach der Explantation und beobachtete, daß eine Bestrahlung von 1—5 Minuten das Wachstum der Zellen nicht änderte, während eine Bestrahlung von 8—60 Minuten eine Hemmung in den Wachstumserscheinungen veranlaßt. Gingen aber solche Kulturen in frische Kulturmedien über, so kehrte die proliferative Tätigkeit zum normalen Zustande zurück. Nur mit einer verlängerten Bestrahlung von 2—3 Stunden gelang es, die

Fibroblasten zu töten. Kiaer unterwarf dann die pulsierenden Fragmente eines embryonalen Hühnerherzens von 9—10 Tagen einer ultravioletten Bestrahlung und beobachtete, daß eine Dosis von 15 Sekunden bis 2 Minuten die rhythmischen Kontraktionen der Zellen des Myokards anregt.

Mit Röntgenstrahlen sind Untersuchungen gemacht worden, sei es durch Kultivierung von Gewebsfragmenten in Plasma von bestrahlten Tieren, sei es durch direkte Röntgenstrahlenwirkung auf die Kultur. Als Gassul Kulturen von Froschmilz und Rachenflimmerepithel der Wirkung der Röntgenstrahlen aussetzte, bewirkte er mit einer Dosis von 40 vH bis 2—3 HED (Filter von 0,3 mm Zn + 3 mm Al — auf 30 cm Entfernung) eine Erhöhung der Flimmerbewegung in den ersten 6 Stunden, die dann langsam nachläßt, bis sie nach 1—2 Tagen aufhört.

Der Autor wandte sich dann zwecks Erforschung des Einflusses der Röntgenstrahlen auf den Stoffwechsel dem Studium der Flimmerzellen zu, welche die Fähigkeit haben, eine Lösung von Methylenblau in eine farblose Leukobase umzuwandeln. Er konnte feststellen, daß man mit einer Bestrahlung von über 40 vH der HED während der ersten 2—3 Stunden eine Erhöhung des Reduktionsvermögens erhält. Gassul konnte protoplasmatische und nukleäre Veränderungen bei Anwendung der Dosis von über 60 vH der HED beobachten; im allgemeinen waren sie im Protoplasma ausgesprochener, wenn man eine Dosis unfiltrierter Strahlen verwendete, während sie im Kern ausgesprochener waren, wenn man filtrierte Strahlen benutzte. Schließlich hat Gassul beobachten können, daß eine nicht starke Bestrahlung von vital gefärbten Milzkulturen eine erhöhte Ansammlung von Farbkörperchen in den endothelialen und retikulären Zellen bewirkt.

Krontowski suchte die Wirkung der Röntgenstrahlen zu erforschen: einerseits den Einfluß auf Gewebekulturen in vitro, wie das schon von manchen Autoren ausgeführt worden ist (Prime, Strangeways, Roffo, Gassul), andererseits in vivo, indem man den ganzen Organismus oder Organteile bestrahlt. Die Versuche wurden sowohl an embryonalen, als auch an erwachsenen Geweben durchgeführt; aus erwachsenen Kaninchen war für Kulturversuche das Milzgewebe am besten geeignet und stellte auch ein empfindliches Objekt für die Registrierung der Strahlenwirkung dar. Die außerordentliche Empfindlichkeit der Lymphocyten in den Milz- und Lymphkulturen wurde schon von Heinecke gezeigt; sie wandern regelmäßig in den ersten Stunden aus dem Explantat in das Koagulum hinein; dagegen erscheinen die retikulären Zellen und Fibroblasten erst später; deshalb wurde mit der Registrierung erst nach 48 Stunden begonnen. Die angewandten Strahlendosen waren verhältnismäßig groß, da die Versuche in kurzer Zeit durchgeführt werden sollten. Schon die Versuche von Schinz und Slotopolski haben gezeigt, daß die spermiogenen Anteile des Hodens, d. h. eines sehr empfindlichen Objektes, erst nach Bestrahlung mit 30 oder sogar 50 HED in 2—4 Tagen der Zerstörung anheimfallen; dagegen waren kleinere Dosen, wie 2—4 HED, im Laufe von 3—4 Tagen fast ohne Wirkung. In den Versuchen Krontowskis erfolgte die Bestrahlung mit einer Großmetro-Coolidge-Röhre bei 2,5 MA, 0,5 mm Cu + 1 mm Al und bei 23 cm Entfernung, wobei 30 Minuten Bestrahlung der HED entsprach.

Die Bestrahlungsversuche an Kulturen aus der Milz erwachsener Kaninchen, gleichzeitig 100 Minuten bestrahlt, ergaben keine Lymphocytenauswanderung, es fehlte keine Proliferationszone, wie in den Kontrollkulturen, und das Fragment hatte ganz scharfe Ränder, die aber das Fehlen des Wachstums verrieten. Wurden dagegen unter gleichen Bedingungen und mit gleichen Strahlendosen verschiedene Gewebe von Hühnerembryonen behandelt, so zeigten sie ein gutes Wachstum, das dem der Kontrollkulturen gleich war. Auch bei einer doppelt so großen Strahlendosis (200 Minuten Bestrahlung) wuchsen die embryonalen Gewebe gut. Daß embryonale Gewebe trotz großer Strahlendosen wachstumsfähig bleiben, wurde von Roffo für die Zellen der embryonalen Hühnerherzen gezeigt; die neue Untersuchung Krontowskis beweist diese Tatsache für verschiedene embryonale Gewebe. Die embryonalen Zellen sind unempfindlich gegenüber Strahlendosen, deren Teildose schon das Wachstum der erwachsenen Kaninchenmilz hemmt. Dagegen zeigten die lebenden Hühnerembryonen viel größere Empfindlichkeit. Strahlendosen, welche das Wachstum der embryonalen Gewebekulturen nicht hemmen konnten, waren für ganze Embryonen tödlich.

Ist einerseits das Bergonie-Tribondeau-Gesetz, daß nämlich die embryonalen Gewebe gegen Röntgenstrahlen sehr empfindlich sind, wahr, so ist es klar, daß die in vitro isolierten

Gewebe überhaupt weniger empfindlich sind als die in vivo. Um aber diese neue Hypothese mit größerer Sicherheit zu beweisen, wollte Krontowski bei den Versuchen (der Bestrahlung in vivo und in vitro) die gleichen Bedingungen schaffen, indem er die in vivo bestrahlten Gewebe aus dem Organismus entfernte und ihnen die gleichen Lebensbedingungen schuf. Damit war der eventuelle Einfluß des Organismus ausgeschaltet. Und tatsächlich zeigte es sich, daß auch in den Gewebekulturen, die aus den in vivo (in Eiern) mit tödlichen Dosen bestrahlten Embryonen angefertigt waren, im allgemeinen ein ebensolches Wachstum konstatiert wurde, wie in den Kontrollkulturen und den in vitro bestrahlten. Es gibt also keinen grundsätzlichen Unterschied zwischen Bestrahlung in vivo und in vitro. Wurde das unter natürlichen Bedingungen, d. h. in vivo, bestrahlte Gewebe vom Gesamtorganismus isoliert in vitro weitergezüchtet, so wuchs es sehr gut; wäre es im Organismus geblieben, so würde es mit diesem zusammen gestorben sein. Es handelt sich also nicht um eine höhere Strahlenempfindlichkeit in vivo als in vitro, sondern die ganzen Embryonen sind strahlenempfindlicher. Die Dose, welche ganze Embryonen tötet, ist für embryonale Gewebe nicht tödlich.

Die Wirkung des Radiums und der radioaktiven Substanzen ist von Wood und Prime, Amato, Rouffart, Goodrich und Scott, Mottram, Moppet usw. studiert worden. Amato, der die Wirkung des Thoriumhydrates auf Milz- und Nervenkulturen des neugeborenen Meerschweinchens beobachtet hat, hat mit verschiedenen Versuchsanordnungen feststellen können, daß das Thoriumhydrat hemmend auf das Wachstum der Kultur wirkt. Diese Wirkung wäre den α-Strahlen zuzuschreiben. Wood und Prime setzten Normalkulturen (Herz- und Bindegewebe) und neoplastische Gewebe der Wirkung des Radiums aus und behaupten, daß die ersteren keinen schädigenden Einfluß von der Wirkung des Radiums verspüren, daß aber unter den zweiten der Jensen-Tumor im Wachstum gehemmt wird. Nach den Autoren schiene es, als ob das sarkomatöse Gewebe empfindlicher als das carcinomatöse sei. J. und M. Rouffart haben beobachtet, daß die im Plasma bestrahlter Tiere gezüchteten Gewebsfragmente gegenüber den Kontrollen eine viel ausgesprochenere und bemerkenswertere epitheliale und bindegewebige Proliferationsaktivität aufweisen; in diesen Kulturen waren die Mitosen viel zahlreicher. Es scheint, daß das nicht bestrahlte Medium ein wahres Excitans der Zellproliferation sei. Das Überleben der Kulturen jedoch ist nach den Beobachtungen von J. und M. Rouffart im unbestrahlten Medium kürzer als in den Kontrollkulturen. Und das stimmt mit dem überein, was Gassul über die Wirkung des Lichtes beobachtet hat; er sah, daß die größere vitale Aktivität rascher zum Erlöschen des Lebens selbst führt. Andererseits hat Mottram gesehen, daß der Extrakt der erwachsenen Niere, welcher normalerweise die Proliferation hemmt, durch Bromradiumeinfluß Eigenschaften bekommt, welche das Wachstum aktivieren. Manche Versuche wurden von Goodrich und Scott an embryonalen Hühnerherzkulturen durch Bestrahlung von 15,1 mg Radiumbaryumsulfat durchgeführt. Diese Autoren haben in den bestrahlten wie in den Kontrollkulturen keinen Unterschied bemerken können, weder in bezug auf das Wachstum, noch in bezug auf die Zellwanderung. Nur nach einer längeren Bestrahlung konnten sie eine Verminderung der Zellen in Mitose beobachten. Die tödliche Dosis wäre nach den Autoren unter ihren Versuchsbedingungen nur zu erreichen, wenn man die Gewebe durch 4—5 Stunden den Ausstrahlungen des Radiums aussetzt.

d) Homogenes und heterogenes Plasma. — Organ- und Gewebeextrakte. — Chemische Substanzen.

Das Wachstumsoptimum einer Kultur erhält man, wie schon gesagt wurde, wenn man als Kulturmedium autogenes Plasma verwendet, das also demselben Tiere angehört, dem man das zu explantierende Organ entnimmt. Die Kulturen fallen jedoch gleich gut aus, wenn man homogenes Plasma nimmt, das also einem Tier von gleicher Gattung angehört, wie dasjenige, welches das zu kultivierende Gewebe liefert. Von den ersten Zeiten der Gewebekultur an wurde die Frage durchdacht, ob es möglich wäre, als Kulturmedien Plasmen von Tieren anderer Gattung, also heterogene Plasmen, zu verwenden. Carrel und Burrows fanden, daß die Vegetation vermindert und erschwert wird, wenn man heterogenes Plasma verwendet. Im folgenden dehnten Lambert und Hanes und Ingebrigtsen die Versuche aus und behaupteten, daß das Plasma von Tieren verschiedener Gattung für die Kultur weniger geeignet sei, als jenes von Tieren gleicher Gattung. Nicht alle heterogenen Plasmen sind jedoch gleich ungeeignet für die Kultur.

So stellten Carrel und Burrows fest, daß das Hühnerembryonalgewebe im Plasma des Hundes, des Kaninchens, des Menschen wachsen könne. Lambert und Hanes haben für die neoplastischen Gewebe gefunden, daß das heterogene Plasma mancher Tiere ein gutes Wachstum erlaubt, während jenes von anderen Tieren nur ein kärgliches oder gar keines gestattet.

Hadda und Rosenthal beobachteten gleichfalls, daß Kulturen von embryonaler Hühnerhaut und Knorpel gleich gut in Kaninchenplasma wachsen, jedoch entstehen in den Zellelementen dieser Kulturen bald regressive Veränderungen, im Gegensatz zu denselben Kulturen in homogenem Plasma. Die cytotoxische Wirkung des normalen Kaninchenplasmas auf embryonale Hühnerhaut und Knorpel hängt nach Hadda und Rosenthal vom Gehalt des Plasmas an normalen Hämolysinen ab. Anderseits hat Chlôpin, welcher Gewebe verschiedener Vertebraten in heterogenem Plasma (Kaninchen) züchtete, gute Proliferation erhalten, und Lemmel und Loewenstädt haben in Kulturen von menschlichen Embryonalgeweben beobachtet, daß die Kulturmedien, welche heterogene Substanzen enthalten, diesen Geweben ein gutes Wachstum erlauben. Anderseits kann auch das homogene Plasma einen verschiedenen Einfluß auf die Kultur ausüben, wenn es von einem tumortragenden Tiere, von einem schwangeren Tiere (Maccabruni) stammt, oder wenn es von Tuberkulose befallen ist usw., wie das die Versuche von Carrel und Burrows und Kiaer gezeigt haben.

Unter den Organ- und Gewebeextrakten, welche, dem Kulturmedium zugefügt, das Wachstum der Kultur stark reizen, steht an erster Stelle der Embryonalsaft (Carrel), über dessen Wirksamkeit an anderer Stelle gesprochen worden ist. Extrakte verschiedener Organe wurden Kulturmedien hinzugefügt und in ihren Wirkungen studiert (Walton), und unter diesen wurde als unzweifelhaft das Wachstum der Kultur anregend der Knochenmarkextrakt festgestellt (Maximow).

Mit dem Fortschreiten der Methodik der Gewebekulturen setzten sich die Autoren auch als Ziel, die Wirkung bestimmter chemischer Substanzen auf die isolierten Zellen des Organismus zu studieren. Burrows berichtet, daß geringer Zusatz von Alkohol zur Kultur nicht die Vitalität der kultivierten Zellen schädigt. Auch die Anwesenheit einer Toluollösung (4 vH) wäre mit dem Leben der Kultur vereinbar (Carrel und Burrows). Legendre beobachtete, daß die einwertigen Chlorverbindungen nicht fähig sind, bei 39° aufbewahrt, die Chromatolyse der Nervenzellen von isolierten Spinalganglienzellen des Körpers aufzuhalten, während einige zweiwertige es vollkommen hindern. Hoffmann und Levi konnten feststellen, daß der Zusatz von Pyrrol zum Kulturmedium nicht die Entwicklung der Kulturen hindert, während Janusgrün nach den Beobachtungen von W. und M. Lewis sehr toxisch auf die in flüssigen Medien kultivierten Zellen wirkt. Analog berichten Levaditi und Graben, daß Zellelemente, hauptsächlich Bindegewebszellen, wenn sie 20 Minuten lang in Methylenblau, Neutralrot und Brillantkresylblau getaucht und dann in Plasma kultiviert werden, sich durch mehrere Generationen vermehren können, und daß sie gefärbt bleiben, solange eine Farbstoffreserve im Gewebe ist. Nur konzentrierte Lösungen (1:100) von Methylenblau sollen die Proliferation hemmen.

Im Gegensatz dazu wirken Glycerin, Eiweiß, wenn sie in der Kultur vorhanden sind, sehr schädigend auf die Zellen. Auch der Zusatz von Aminosäuren, wie Burrows und Neymann und dann Ebeling bewiesen, kann die Zellen nicht zur Proliferation reizen; sie schädigen im Gegenteil die Kultur.

Der Einfluß von toxischen und medikamentösen Substanzen ist von verschiedenen Forschern studiert worden. Gironi, der Gewebefragmente von Tieren in Chlornarkose züchtete, behauptet, daß im allgemeinen die Chlornarkose die Entwicklung der Gewebe in der Kultur hindert. Und diese Hemmung, die bei einer leichten Chlornarkose gering wäre, würde mit Zunahme jener selbst stärker werden, bis sie endlich jede Zellentwicklung in der Kultur verhindert. Die Wirkung von Jod und Adrenalin wurde von Cervello und Levi ausgeprobt. Diese Autoren züchteten Kulturen von Myokard und Tegument von Hühnerembryonen in Plasma von Tieren, in die zuerst KJ injiziert wurde, oder im Plasma, welchem sie direkt das Jod hinzufügten; sie haben beobachtet, daß weder die Form der Zellen, noch ihre Wanderungsart von der Wirkung des Jodes verändert wurden. Die proliferative Aktivität der Kultur wird durch die Gegenwart von Jod nicht beschränkt, ja man erhielt sogar oft eine entgegengesetzte Wirkung, d. i. eine größere Proliferationsaktivität. In bezug auf Adrenalin hingegen konnte Cervello und Levi nicht bemerken, daß es einen Proliferationsreiz ausübe; sie beobachteten sogar, daß die Aktivität der Kultur herabgesetzt erschien.

Bianchini hat dann die Wirkung des Plasmas von mit Blei, Quecksilber oder Arsen vergifteten Tieren auf die Gewebekulturen studiert. Aus den Untersuchungen dieser Autoren ging hervor, daß das Plasma von chronisch mit $HgCl_2$ vergifteten Tieren, wenn es auch keine anregende Wirkung ausübt, doch das Wachstum nicht hindert. Hingegen scheint das Plasma von mit Blei vergifteten Tieren in einem gewissen Punkt die Gewebe zur Proliferation zu reizen. Die Arsensäure aber hindert im allgemeinen die Entwicklung der Gewebe.

Als Lewis die Wirkung des Kaliumpermanganates auf Mesenchymkulturen von 6—9 tägigen, in Lockeflüssigkeit + 0,5 vH Dextrose, oder in Locke-Lewisflüssigkeit gezüchteten Hühnerembryonen studierte, bemerkte er, daß das Permanganat in Verdünnung von 1:40000—1:80000 in etwa einer halben Stunde zum Tode führt. Von den Zellbestandteilen ist der erste, der betroffen wird, der Kern, der schon innerhalb weniger Minuten Zeichen von Koagulation zeigt; dann zieht sich das Chromatin zu einer kompakten Masse zusammen und der Embryonalsaft zu einer Vakuole. Nach den Kernveränderungen beginnen Modifikationen der Mitochondrien zu erscheinen. Diese letzteren bilden sich zu Blasen von verschiedener Größe um, je nach der Länge der Mitochondrien selbst. Zum Schluß verlieren die Degenerationskörnchen und Vakuolen, welche in Mesenchymalzellen älterer Kulturen vorhanden sind, und die mit Neutralrot gefärbt wurden, ihre Farbe.

Olivo untersuchte den Wirkungseinfluß der Elektrolyte NaCl, KCl, $CaCl_2$, $NaHCO_3$, KJ, LiCl auf Meerschweinchenfragmente und auf embryonale Hühnerhaut, die er vor Ansetzen in der Kultur mehrere Stunden lang mit einer 9 proz. Lösung genannter Substanzen behandelte und konnte feststellen, daß eine solche Behandlung den Fragmenten in der Kultur nicht die Fähigkeit nahm, den gewöhnlichen Lebensbedingungen Platz zu geben. Auch wenn die Gewebefragmente in verdünntem Plasma, das die Elektrolyte KCl, $CaCl_2$, KJ und LiCl zu 0,25 vH enthielt, gezüchtet wurden, behielten sie die Proliferationsfähigkeit in vollem Umfange. Diese erschien nur vermindert bei Anwesenheit von 0,45 vH derselben Salze im Kulturmedium.

Das Cyankalium, das gleichfalls von Olivo an Herz und Haut von Hühnerembryonen nach 5—14 tägiger Bebrütung, die dann in

Kultur gebracht wurden, untersucht wurde, zeigte sich in Verdünnung von N/1000 (0,0065 vH) oder darüber unfähig, die normale Entwicklung der Kultur zu verhindern. Nur Lösungen von N/10 (0,65 vH) führten schon nach 6 Minuten zum raschen Tode des Fragmentes. Für gradmäßig verdünntere Lösungen trat der Tod nach einer ebenfalls veränderlichen Zeit des Hineintauchens in die KCN-Lösung ein, welche zwischen 40 Minuten und 6 Stunden 20 Minuten schwankte. Außerdem scheint es nach den Beobachtungen von Olivo, daß die Gewebe jüngerer Embryonen gegen KCN-Lösungen widerstandsfähiger seien, als diejenigen von älteren Embryonen. Ließ Olivo hingegen KCN-Lösungen direkt auf die in das Koagulum gewanderten Zellen wirken, so konnte er beobachten, daß sie KCN-Lösungen von geringerer Konzentration und für kürzere Zeit vertragen, als die Gewebe, von denen die Zellen herkommen; und diese Tatsache wird vom Autor teilweise einer rascheren Absorption des Giftes von seiten der Zellen wegen ihrer größeren Oberflächenausdehnung zugeschrieben, teils der Veränderung der Zellen, die dadurch, daß sie in einem abnormalen Medium gelebt haben, sich irgendwie veränderten und so für das Gift empfindlicher geworden sind. Morphologisch wird die Zelle, sobald sie mit KCN in Kontakt gekommen ist, rund; dann bildet sich auf einem bestimmten Punkt ihrer Oberfläche eine homogene Blase; die Mitochondrien verschwinden, der rund gewordene Kern löst sich auf, die Nukleolen verschwinden auch, und in wenigen Augenblicken ist die Zelle, welche eben noch eine homogene, helle Scheibe zu sein schien, unsichtbar.

Von Mendéléeff sind dann Versuche ausgeführt worden, um den Einfluß von verschiedenen Metallionen auf das Wachstum der Gewebe zu bestimmen. Um der Kultur das Metall als freie Ionen und nicht molekulär gebunden zuzuführen, hat die Autorin in die Venen des erwachsenen Meerschweinchens reine kolloidale Substanzen eingeimpft, die K, Ca, Zn in Form von Peptonaten enthielten; dann entnahm sie das Blut, und mit dem gewonnenen Plasma züchtete sie Kulturen von embryonaler Meerschweinchenhaut. Sie hat beobachten können, daß das aus mit Zinkpeptonaten behandelten Meerschweinchen gewonnene Plasma äußerst giftig auf die embryonale Haut wirkt, und zwar in der Weise, daß sich das Gewebe nach 48 Stunden autolysiert. Das Plasma der mit Kaliumpeptonaten behandelten Meerschweinchen erlaubt in den ersten 24 Stunden ein beschränktes Wachstum, aber schon nach 48 Stunden gingen die Zellelemente degenerativen Phänomenen entgegen. Das Plasma der mit Calciumpeptonaten behandelten Tiere gab lebhaften Proliferationen Platz, welche schon in 48 Stunden die 4—5 fache Vermehrung der Wachstumsoberfläche bewirkten. Es scheint also, daß die Ca-Ionen wachstumanregende Agenten darstellen.

Deshalb glaubt die Autorin, daß für das Zellwachstum, außer der Verminderung innerhalb bestimmter Grenzen des p_H-Wertes, auch die Ca-Ionen einen großen Einfluß hätten und behauptet: wenn man einerseits mit künstlichen Mitteln den p_H-Wert herabsetzt, andererseits den Gehalt an Ca-Ionen erhöht, erhält man ein Plasma, das, als Kulturmedium verwendet, ein üppiges Wachstum erlaubt. Und diese Veränderungen: Herabsetzung des p_H-Wertes und Erhöhung der Ca-Ionen, werden von Mendéléeff, Mendéléeff und Slosse auch für die Faktoren des embryonalen Wachstums gehalten. Das Mutterblut, welches als solches unfähig wäre, das embryonale Wachstum anzuregen, würde dazu bei der Passierung der Placenta fähig, indem es seine chemisch-physikalischen Eigenschaften ändert.

Radsimowska untersuchte die Wirkung der verschiedenen Säuren auf die Milz junger Kaninchen. Der Autor setzte das Gewebe zuerst eine halbe Stunde lang der Wirkung von Säuren aus, kultivierte in Plasma und stellte fest, daß bei einer niederen p_H-Konzentration sowohl die Milchsäure, als auch die Essigsäure die Wanderung der blutbildenden Zellen hinderten, während sie den Fibroblasten noch das Wachstum erlaubten. Indem er dann die Wirkung verschiedener Säuren verglich, konnte Radsimowska eine Giftigkeitsskala festlegen, die, von der Schwefelsäure angefangen, langsam mit der Phosphor-, Zitronen-, Milch-, Essigsäure stieg.

Bauer untersuchte die Wirkung der Pyrogallussäure auf 6 bis 9 tägige Hühnerembryonalgewebe, die in Locke-Lewisflüssigkeit gezüchtet wurden, indem er in die Kulturkammer ein Pyrogallolkrystall einführte, und konnte feststellen, wie durch die Wirkung der letzteren die Konzentration des Sauerstoffes im Kulturmedium verhindert wurde und sich so Veränderungen in den Zellen selbst bildeten. Der Autor hat gefunden, daß die Pyrogallussäure für die Zellen giftig ist, weil sie Präzipitation des Plasmas und des

Kernes hervorruft. Außerdem verlieren die vital gefärbten Zellen nach Anwendung der Pyrogallussäure die Farbe. Bei Untersuchung der Wirkung der Kohlensäure auf die Kulturen konnte Bauer feststellen, daß die ruhenden Fibroblasten von der Wirkung der Kohlensäure nicht wesentlich verändert werden. Die Bewegung der Körnchen und Mitochondrien erschien durch die Gaswirkung gehemmt. Befindet sich die Zelle in Mitose, wird sie durch die Kohlensäure verzögert. Die Verzögerung betrifft hauptsächlich die Prophase, weniger die Metaphase und die Anaphase, gar nicht die Telophase. In pulsierenden Herzkulturen verzögert oder vernichtet die Kohlensäure die Kontraktionen. Aus der Gesamtheit der Ergebnisse geht jedoch hervor, daß die Gewebekulturen genug widerstandsfähig gegen die Wirkung des Sauerstoffes sind, welcher, um toxisch werden zu können, für eine längere Zeit und in höherer Quantität wirken muß. Andererseits hat Bianchini, der Fragmente verschiedener Organe im Plasma von durch Einatmung von CO_2 getöteten Tieren gezüchtet hat, bemerkt, wie sie sich dort gleich gut entwickelten wie im Plasma normaler Tiere.

M. Lewis hat, indem er Bindegewebekulturen benutzte, die in Locke-Lewislösung unter Zusatz von Hühnerbouillon und von Dextrose gezüchtet wurden, und deren p_H = 6,9—7,1 war, die Erscheinung der reversiblen Gelbildung studiert, die durch die Wirkung verschiedener Säuren hervorgerufen worden war (H_2SO_4, HCl, HNO_3, Essigsäure, Milchsäure, Priersäure, Pyrogallussäure usw.), welche die p_H auf 4,8—3,8 herabsetzten. Der Autor hat so beobachten können, daß die sauren Lösungen zuerst eine Gelifikation des Kernes hervorrufen, welchem die des Protoplasmas folgt. Die Koagulation des Kernes findet mit allen angewendeten Säuren statt, und immer bei der gleichen p_H-Konzentration (4,6); nur die Pyrogallussäure wirkte bei 6,4. Die Säurekoagulation war jedoch reversibel, solange die Zelle am Leben blieb; und nur ein längerer Aufenthalt im p_H = 4,6 tötet die Zelle. Die Mitosen, welche durch die Wirkung der veränderten Ionenkonzentration aufgehalten worden waren, gingen auf normale Weise weiter, sobald die Kultur in ein normales Medium zurückgebracht wurde. Auf diese Weise konnte die Gelbildung öfters hervorgerufen und rückgängig gemacht werden; solche Kulturen jedoch können nicht solange leben, wie die Kontrollkulturen.

Lewis, der bekanntlich die Myofibrillen der Formationen nicht als wirklich existierend im lebenden Myoblast annimmt, behauptet, daß, wenn embryonale Hühnerherzkulturen dem Einfluß der Säuren ausgesetzt werden (p_H = 4,3), in den Zellen quergestreifte Fibrillen sichtbar werden, der Kern sich koaguliert, und das Herz aufhört zu schlagen. Wird jedoch die Säure entfernt, bevor die Zellelemente getötet werden, dann verschwinden die Fibrillen, und das Herz beginnt wieder zu schlagen. Wurden aber die Zellen getötet, dann ist die Koagulation des Kernes und der Fibrillen irreversibel. Über die Wichtigkeit dieser Erscheinung kann man schwerlich ein Urteil fällen, da G. Levi und seine Mitarbeiter deutlich gezeigt haben, daß die Myofibrillen wirklich in den Myoblasten vorhanden sind und nicht künstlich geschaffen wurden.

Endlich hat M. Lewis in bezug auf die Wirkung von Alkalien, die den Wert der p_H auf 8—10 erhöhten, bemerkt, wie die Zellen flüssiger werden; aber sie konnten die entstandenen Veränderungen rückgängig machen, wenn sie zur rechten Zeit das Alkali entfernten.

e) Affrontierte Gewebe.

Sowohl die physische als auch die psychische Entwicklung eines Organismus wird von verschiedenen physikalischen und chemischen Faktoren bedingt, die im Rouxschen Sinne Realisationsfaktoren (äußere, extracelluläre) und Determinationsfaktoren (innere, intracelluläre) genannt werden.

Von diesen interessieren uns hauptsächlich die Agenten, die die Zellproliferation hemmen oder anreizen, also Inkrete, Gewebeextrakte, wie auch einfachere chemische Stoffe (Anilin, Teer usw.), die in die Kategorie der Hormonoide eingereiht und in Deutschland „Wachstumsstoffe", in England „Auxtics", in Italien „Blastine" genannt werden.

Die Wachstumsrichtungen sind demnach gar nicht von einfachen mechanischen Determinationen abhängig, sondern sind dem Gesetz des Tropismus untergeordnet, da die Zellen von verschiedenen Energiequellen physikalischer und chemischer Natur sowohl qualitative als auch quantitative Impulse erhalten; sie sind also von einem blastischen Tropismus abhängig, der kollaterale

Gesetze des motorischen Tropismus aufweist, mit diesem Parallelität besitzt, und deren Gesetze mehr oder weniger auf beide Formen des Tropismus anzuwenden sind.

Eine lange Reihe von Versuchen kann als Beweis erbracht werden; die Versuche zeigen eine Orientierung nach gewissen Richtungen, d. h. eine Polarität des wachsenden Organismus.

Eine solche Orientierung sehen wir bei der Kontinuitätstrennung der Nervenfasern einsetzen, wo der zentrale Stumpf mit Sprossen in gerader oder querer Richtung Hindernisse, z. B. Narben, durchquert, um sich mit dem peripheren Stumpf zu vereinigen. Auf ähnliche Weise geschieht die Regeneration der Gefäße, wo amöboide Sprossen von dem präexistierenden Gefäß abzweigen und sich gegen den Ort des Nahrungsbedarfes der proliferierenden Zellen orientieren.

Ein sehr demonstratives Beispiel haben wir durch die Experimente Borns erhalten, der zwei durchschnittene Froschlarven zusammenwachsen ließ. Als er die entsprechenden Teile einander genau gegenübersetzte, liefen die Brücken der Kontinuitätstrennung in direkter Richtung zwischen homologen Geweben. Wenn die Stümpfe hingegen verschoben wurden, wurde in den parallelen Brückensäulen zwischen homologen Zellterritorien eine Obliquität bemerkt. Wir sehen hier also eine Sympathie, eine spezifische Anziehung der regenerierenden Zellen, die die Hindernisse der Narbe überwinden kann.

A. Fischer injizierte, um einen formativen Reiz zu erzielen, scharlachrot gefärbtes Olivenöl intracutan in das Ohrläppchen des Kaninchens und sah, daß aus der Epidermis und auch aus dem vasalen Endothel epitheliale Sprossen entsprangen und, sich gegen das Injektionsmittel orientierend, auch den im Wege stehenden Knorpel durchquerten. Fischer nannte die in diesem chemotaktischen Phänomen wirkenden Prinzipien „Attraxine", d. h. Substanzen, die die Proliferationspolarität bestimmen. Ihm folgend haben Wacker und Schmincke ähnliche Fähigkeiten für Anilinfarben, Indol, Skatol, für gewisse Teerpräparate, Paraffinöl, Nicotin, Ölsäure, Aceton usw. beobachtet, also hauptsächlich für fett- und lipoidlösliche Substanzen der aliphatischen und aromatischen Reihe. Im Sinne Fischers benutzte Centanni in Lipoid gelöstes Sarkomextrakt und inokulierte es in den Ohrläppchenknorpel, wo er knotenförmige Vegetationen hervorrief. S. Lewis konnte ebenfalls durch mit Scharlachrot gefärbtes Paraffin sarkomähnliche Granulome erhalten.

Bei diesen Beispielen handelt es sich um ausgebildete Organe; aber auch die Embryologie konnte eine fast unendliche Reihe von Fällen aufzeigen, wo durch formative Reize eine gewisse Polarität in der Zellproliferation entsteht.

Geoffroy S. Hilair hatte zum erstenmal eine Gesetzmäßigkeit der Entwicklungsfaktoren bemerkt; er wies sogar eine gegenseitige Affinität der entsprechenden Organe nach. Im Pflanzenreich gelang das Studium des Tropismus auch leichter, da das Wachstum hier viel größere Intensität aufweist als in der Tierwelt (Haberlandt).

Von diesen Erwägungen ging Burrows aus, als er seine Versuche durch Kulturen in vitro des Nervensystems anfing. Er wollte erst an Froschembryonen, dann auch an Hühnerembryonen die Polarität der sich entwickelnden Nervenfasern experimentell in vitro beweisen, indem er eine zwischen Nervenfaser und Muskelplatte vorhandene chemotaktische Beziehung voraussetzte. Demnach müßten die wachsenden Fasern auch in vitro die natürliche Richtung behalten. Seine Versuche — etwa 40 —, in denen er feine Präparate vom Cabalis neuralis, von Myotomfragmenten und Herzstückchen benutzte, sind mißlungen. Carrel stellte zwei mit verschiedenem Rhythmus pulsierende Myokardiumfragmente einander auf kurze Entfernung gegenüber, wobei beide durch eine Bindegewebsbrücke getrennt waren. Beide Myokardien erhielten eine synchrone Pulsation.

Im Jahre 1924 unternahm A. Fischer ähnliche Versuche. Er stellte zwei Hühnerfragmente einander gegenüber, die ebenfalls verschiedene Kontraktionsrhythmen zeigten. In 24—72 Stunden entstand eine Synchronizität in der Pulsation, die durch eine zwischen beiden Fragmenten gebildete Kontinuität erklärt werden konnte. Die übrigen Versuche von Fischer und Olivo, die schon an anderer Stelle behandelt worden sind, zeigen, wie auch ein zwischen heterogenen Herzfragmenten entstandener anastomotischer Zusammenhang eine vollkommene Synchronizität der Kontraktionen bedingte, die aber verloren ging, sobald die Kontinuität getrennt wurde. Hier mußte also eine reziproke Toleranz, oder — wir könnten sagen — noch eher eine gegenseitige tropische Relation vorhanden sein, eine Anziehung, im Sinne der „Zellen, die einander suchen", durch welche die anastomotische Einheit entstand. Die Brücke, die die beiden Herzfragmente miteinander verband, war so sehr begrenzt, daß die Synchronizität nicht durch einfache mechanische Ursache entstehen konnte.

Marinesco und Minea haben Spinalganglien explantiert und beobachteten, wie die von verschiedenen Zellen entsprungenen Fibrillen eine Tendenz zeigten, sich einander zu nähern (Homotropismus), dabei Bündel bildend, welche die ansehnliche Distanz zwischen den beiden Fragmenten überbrückten.

Um in bezug auf die tropischen Einflüsse zu besserem Verständnis zu gelangen, wurden teils schon bekannte Wege fortgesetzt, teils neue Wege eingeschlagen. Die in diesem Sinne gemachten Experimente können in zwei Hauptgruppen eingeteilt werden; in der ersten sollen die Gegenwirkungen homo- und heterogener Gewebe, in der zweiten die blastotropischen Wirkungen chemisch mehr oder minder determinierter Stoffe und Gewebeextrakte untersucht werden.

Für diese Versuche wurde die Methode der Gewebezüchtung benutzt, bei der man unter einem Plasmatropfen zwei Fragmente, oder ein Fragment mit einem Capillarröhrchen, einander gegenübersetzte. Die Forschungsmethode der affrontierten Gewebe oder des affrontierten Capillarröhrchens wurde hauptsächlich von Centanni und seinen Mitarbeitern ausgearbeitet und über das Phänomen der Wachstumspolarität interessante Tatsachen ans Licht gebracht.

Es wurden verschiedene Organe, wie Nerv, Leber, Niere, Pankreas, Milz, Nebenniere und Muskel, untersucht. Die Gewebe wurden entweder in zwei getrennten Stückchen in einer Distanz von etwa einem Millimeter einander gegenübergestellt, oder es wurde ein Stück allein verwendet. Im ersten Falle konnte allgemein eine Polarität beobachtet werden, bei der ein frontaler und distaler Pol zu unterscheiden war.

Im zweiten Falle wurde bloß ein Gewebestückchen benutzt, das hufeisenförmig gebogen war. Die neugebildeten Zellzäpfchen, die zungenförmige oder pinselförmige Auswüchse darstellten, erschienen an den beiden Extremitäten; die Entfernung ihrer Grenzlinien verringerte sich langsam; die Extremitäten näherten sich einander, bis der Ring vollkommen geschlossen war. Eine ähnliche Proliferationsintensität wurde auch an den kleineren konkaven Grenzbögen des Kulturgewebes beobachtet, wo die sich abzweigenden Zellelemente den ringförmigen Hohlraum auszufüllen trachteten. Diese Erscheinung ist auch schon deshalb auffallend, weil die freie konvexe Grenze, oder bei zwei Gewebsfragmenten die distale Fläche besser mit Nährmaterial versorgt wird. Auch an den Herzexplantaten von Fischer und Olivo zeigte sich, daß von den homologen Zellelementen gegenseitig tropischer Reiz vermittelt wird.

Während aber die frontalen Flächen sich einander näherten und zwischen ihnen eine narbenähnliche Brücke entstand, fehlte am distalen Pol die Proliferation oder war weniger ausgeprägt.

Bei den ersten Experimenten Centannis wurde als Grundmaterial der Nerv gewählt, der verschiedenen Organgeweben — Nerv, Leber, Niere, Nebenniere, Pankreas, Milz und Muskel — gegenübergestellt wurde. Er wurde nicht nur deshalb, weil er gutes Kulturmaterial darstellt, gewählt, sondern auch deswegen, weil sich seiner Struktur nach die Proliferationspolarität nach zwei Seiten hin auswirken kann.

Die Resultate zeigen, daß, sobald der Nerv dem Nerv, der Leber, Milz oder Niere gegenübergestellt war, eine positiv blastotropische Relation entstand, da die Proliferationselemente eine der allgemeinen Chemotaxis entsprechende Entwicklungsrichtung zeigten, bei der die Beweglichkeit als Cytotropismus bezeichnet werden kann, dagegen die Orientierung (das Entstehen einer Proliferationsdirektion) das Wort Blastotropismus beansprucht. Beide Formen, die cyto- und blastotropischen Eigenschaften, sind schwerlich voneinander zu trennen.

Das der Nebennierenrinde gegenübergestellte Nervenfragment bekam dagegen einen negativ blastotropischen Reiz. Es wurde hier an der distalen Seite eine Entwicklungsintensität bemerkt; entstand jedoch einmal am frontalen Abschnitt ein Zuwachs, so bogen die pinselförmigen Zäpfchen distalwärts aus, als ob sie von einem Windstrom getroffen würden. Die aus der Rinde ausströmende Emanation hemmt vielleicht die Vegetation gar nicht, doch hat sie einen starken repulsiven Einfluß. Man hat auch an den Seitenrändern des Nervenfragmentes, wie auch auf dem Frontalpol solche multiplen pinselförmigen Formationen bekommen, die alle in retrograder Richtung, zentrifugal von der Rinde, orientiert waren.

Der blastotropische Effekt kann also, wie wir es hier durch die Nebennierenrinde bestätigt sehen, nicht bloß ein quantitativer sein (hemmend oder beschleunigend), sondern auch ein qualitativer, wo andere, teils noch unbekannte Werte entstehen.

Um die aktive Substanz zu bestimmen, wurde dann dem Fragment auch Adrenalin in Capillarröhren (siehe unten!) gegenübergestellt, das denselben negativ blastotropischen Effekt zeigte, wie die Nebennierenrinde. Wenn anstatt der Nerven andere Organe, etwa Muskeln, benutzt wurden, blieb der Effekt derselbe.

Die starke positiv blastotropische Gegenwirkung zwischen zwei Nerven kann als die Ursache der Anastomosis betrachtet werden, was in der Kultur zum erstenmal von Levi beobachtet wurde. Er sah zwischen zwei parallel nebeneinander liegenden Fasern des Rhombencephalon eines 3 Tage alten Hühnerembryos feine Faserbrücken fibrillärer Natur entstehen.

J. Carra untersuchte den blastischen Einfluß gewisser Organe und Hormone auf die Gefäßproliferation, indem er Fragmente endokriner Organe dem Gefäßfragment gegenüberstellte. Bei diesen Versuchen, wie auch bei den übrigen, wurde die Polarität der Proliferationssprosse in Betracht gezogen. Es war schon lange bekannt, daß — wie früher erwähnt — bei Kontinuitätstrennungen Proliferationsreize, von Virchow Wundreize genannt, entstehen, die ein besonderes Stimulans für das Entstehen der Narbe darstellen und so auch bei Vasalregeneration bestimmend sind.

Es ist jedoch wichtiger und noch interessanter, daß gewisse Tumoren mit sehr reichem Gefäßnetz, d.h. mit dem sogenannten Caput medusae, umgeben sind, das ihnen ein dunkles Aussehen verleiht. Ehrlich fand es bei einer chondromatösen Geschwulst und behauptete, daß der Tumor eine Quelle angiotropischer Substanzen darstellt. Ein ähnlicher angioblastischer Stimulus muß auch bei normalen, sowohl embryonalen, als auch ausgewachsenen Geweben vorhanden sein.

Carra stellte ein aus Lebergewebe hervorwachsendes Gefäß dem Nierenfragment gegenüber; er entnahm Plasma und Gewebe von demselben Tier. Aus dem frontalen Pol des Leberfragmentes entsprang eine Gefäßverzweigung von drei Ästen, und zwar der Hauptast, der von linienförmig gestellten und ein Rohr bildenden endothelialen Zellen gebaut war. Die Zellen hatten den Charakter des ruhenden Endothels, waren mit großem runden Kern und reichlichem Protoplasma versehen. Die kleineren Abzweigungen dagegen wurden von Zellen aufgebaut, die, wenn auch von denen der Hauptäste strukturell nicht direkt zu unterscheiden, doch einen sehr kontinuierlichen, syncytialen Charakter hatten. Von demselben Truncus entsprang an dem basalen Ende ein anderer Sproß in einem entwickelteren Zustande mit sehr fusiformen Kernen und freien protoplasmatischen Bestandteilen. Die Zellen waren noch nicht in kompletten Serien geordnet; auf einer Fläche lagen drei Elemente übereinander. Sie hatten ausgeprägt proliferativen Charakter.

Sehr interessant sind Carras Versuche, der verschiedene Drüsen, auch solche mit innerer Sekretion, affrontierte. Die Literatur der inneren Sekretion ist so umfangreich, daß es fast unmöglich wäre, alle hier interessierenden Arbeiten aufzuzählen. Aber Arbeiten, die die interglanduläre Relation morphologisch behandeln, sind sehr selten. Desto wichtiger scheinen uns diese Versuche zu sein, da sie in viele sehr wichtige Probleme Klarheit bringen könnten. Die von Carra benutzten Organe waren Schilddrüse, Testikel, Nebenniere, Leber, Milz und Niere. Die Schilddrüse, der Milz gegenübergesetzt, entwickelt sich gleichmäßig, in jeder Richtung ohne Polarität; bei einem ausgesprochenen Entwicklungsstadium wird die Weiterentwicklung der Milz an der frontalen Seite gehemmt. Die Schilddrüse hat auf die Milz negativ blastotropischen Einfluß. — Der Schilddrüse wird Nebenniere affrontiert: es wird eine gegenseitige positiv-blastische Aktion beobachtet. — Schilddrüse und Niere: Ohne Einfluß; Entwicklung ohne Polarität. — Schilddrüse und Leber: Frontale Polarität. — Nebennierenrinde und Niere: Die Nebennierenrinde hemmt die Nierenentwicklung, während diese auf die Proliferation der Nebennierenrinde keinen Einfluß hat. — Nebennierenrinde und Leber: Die erstere wirkt positiv auf die Leber, dagegen wird die Nebenniere kaum beeinflußt. — Nebennierenrinde und Milz: Die erstere hat auf die Milz eine hemmende Wirkung; diese wirkt schwach positiv auf die Nebenniere. — Nebenniere und Testikel: Der Testikel bekommt starken Proliferationsreiz, während die Nebenniere nicht beeinflußt wird. — Testikel und Niere: Testikel wird von Niere leicht gehemmt; die Niere entwickelt sich lebhafter, als mit anderen Organen. — Testikel und Milz: Gegenseitige schwach positiv-blastotropische Aktion, die für den Testikel stärker erscheint, da aus der Milz am frontalen Pol längere, zungenförmige Proliferationssprossen entspringen. — Testikel und Leber: Die von der Leber ausströmende blastische Kraft beeinflußt die Kanälchen des Testikels anders als das Bindegewebe. Am frontalen Pol ist die Entwicklung der Kanälchen gehemmt, am distalen unbeeinflußt. Die Leber wird negativ blastotropisch gereizt, an dem frontalen Pol gehemmt; die Sprossen entwickeln sich distalwärts. — Leber und Milz: Die Organe bleiben unbeeinflußt. — Leber und Niere: Leber wird vielleicht schwach gehemmt, Niere bleibt unbeeinflußt. — Milz und Niere: Niere wird positiv gereizt, Milz schwach negativ.

Wir sehen also, daß die gegenseitige Beeinflussung in positivem oder negativem Sinne stattfinden kann; die Affrontierung kann aber auch negative Resultate geben, weil eine Beeinflußbarkeit nicht wahrgenommen wird. Es ist allzu problematisch, inwieweit diese Ergebnisse durch Befunde in vivo bestätigt oder widerlegt werden; jedenfalls sollten weitere Versuche eine Parallelität aufzudecken suchen.

Um die Wirkungsfähigkeit endokriner Organe weiter zu studieren, wurden sie auch mit Tumorfragmenten affrontiert. Es wurden in vivo viele Versuche von verschiedenen Autoren gemacht, die nach einer direkten oder indirekten innersekretorischen Beeinflußbarkeit der Tumorvegetation suchten.

Carra benutzte bei seinen Versuchen transplantables Mäuseadenocarcinom und setzte es normalen Organen der Mäuse gegenüber. Bei einigen Versuchen wurden wiederum heterogene Organe benutzt. Die affrontierten Organe waren Milz, Schilddrüse, Nebenniere, Leber und Niere, alle vom Kaninchen stammend.

Die Milz hat, wie das auch in vivo konstatiert wurde, eine stark hemmende Wirkung auf die Tumorentwicklung. An der frontalen Seite der Tumorgewebe wurde Autolyse der Krebszellen beobachtet. Die Schilddrüse dagegen wirkte stark positiv, mit einer frontalen Polarität der Entwicklungsrichtung. Der Testikel beschleunigt ebenfalls aktiv die Tumorvegetation. Die Leber scheint indifferent zu sein, die Niere gibt einen negativ blastischen Reiz ab.

Fornero machte Versuche über die tropischen Verhältnisse zwischen Uterus und Organen des sogenannten genito-endokrinen Systems, um dadurch eine durch intraglanduläre Korrelation entstandene Entwicklungspolarität wahrzunehmen. Das sogenannte genito-endokrine System wurde beim Weibe als von Schilddrüse,

Epithelkörperchen, Nebenniere, Ovarium, Hypophysis und Thymus zusammengesetzt betrachtet, dazu aber noch drei andere Drüsenorgane, wie Uterus, Placenta und Brustdrüse gerechnet. Die benutzten autogenen Gewebe wurden von schwangeren Versuchstieren, Meerschweinchen und Kaninchen, entnommen und mit Plasma derselben Tiere behandelt. Seine Versuche zeigten erstens, daß das thyreo-parathyreoidale System auf den Uterus einen blastotropischen Reiz ausübt.

Es wurde zwischen formativer und sekretorischer Aktivität ein kompleter Synergismus beobachtet, da zwischen den Resultaten in vitro und in vivo kein Widerspruch bestand. Mit der Gravidität entsteht nämlich einerseits Hyperthyreoidismus, andererseits Hyperplasie des muskulären Uterus, hier sogar auch ein progressives Wiederbeleben der hormonpoietischen Gewebe. Es wurde auch bei thyreoidektomierten Tieren eine Atrophie des Uterus beobachtet. Es handelt sich hier also um eine in vitro bewiesene interglanduläre Interferenz zwischen beiden glandulären Systemen.

Wurde dem Uterus Nebenniere gegenübergestellt, erhielt er ebenfalls positiv blastotropischen Reiz, wie auch bei Schwangeren die uterine Hyperplasie von einer erhöhten sekretorischen Tätigkeit des chromaffinen Systems der Nebennierenrinde abhängt. Dem Thymus gegenüber wurde ein Cytotropismus nicht beobachtet; bei Proliferation und Produktion von chromoresistenten metaplasmatischen Lipoiden, die in ziemlich großer Quantität erschienen, war keine Polarität zu bemerken; dem Placentagewebe gegenübergestellt, wurde am frontalen Pol eine starke Proliferationsintensität mit Sekretion phosphorhaltiger Lipoide wahrgenommen. Mit Brustdrüse gaben die Versuche negativ blastotropische Resultate; auch die endokrine Tätigkeit, hauptsächlich für phosphorhaltige Substanzen, wurde abgeschwächt. Als Kontrolle wurde Uterusfragment in reinem, autogenem Plasma gezüchtet, dann auch eine Serie von Versuchen gemacht, bei denen die verschiedenen gegenübergestellten Gewebefragmente durch die dem Plasmamedium beigemengten Gewebeextrakte, d. h. der Schilddrüse, Nebenschilddrüse, Thymus, Hypophysis, Brustdrüse usw.) ersetzt wurden. Die Resultate waren die gleichen; die erhöhte sekretorische Aktivität der Kulturgewebe konnte demonstriert und dadurch bewiesen werden, daß diese Organprodukte auch auf den Uterus tropischen Einfluß haben.

Es blieb jedoch die Frage offen, ob diese Aktion nicht unspezifisch auf alle Gewebe dieselbe tropische Wirkung hat. Seit den Versuchen von Gudernatsch haben wir eine Möglichkeit, die morphogenetischen Wirkungen innersekretorischer Stoffe (nach Gley: Harmozoen) zu bestimmen. Es waren in diesem Sinne von verschiedenen Autoren Versuche gemacht worden, in denen sie hauptsächlich Froschlarven mit Drüsensubstanzen fütterten. Es ist zwar bekannt, daß der vollständige Ausfall, z. B. der Schilddrüse oder der Epithelkörperchen, durch Fütterung funktionell nicht ganz zu ersetzen ist; die Störungen sind aber zeitweise doch zu beheben. Es haben in erster Linie Cotronei, Romeis und Schultze gezeigt, daß die Wirkung von Fütterung (z. B. von Schilddrüse) nicht jedes Organ gleichmäßig betraf. Dieses Investigationsfeld ist noch nicht genügend durchforscht, und es würde allzuweit führen, alle hier erhaltenen Ergebnisse aufzuzählen. Doch scheint es mir nicht ohne Interesse zu sein, auf beiden Versuchsgebieten parallel weiter zu arbeiten. Es sprechen die Resultate von Carra auch dafür, daß diese blastotropischen Reize organspezifisch sind.

Fornero setzte, um auch eine Polarität der Wirkungsweise zu zeigen, dem explantierten Uterusgewebe ein mit Gewebeextrakt (der genannten Organe) gefülltes Capillarröhrchen gegenüber (in der Weise, wie es weiter unten beschrieben wird) und zeigte in überzeugender Weise die positiv-blastische Attraktion, d. h. eine Proliferationsorientierung gegen das Capillarröhrchen. Der Uterus verhielt sich anderen, nicht endokrinen Organen gegenüber mehr oder weniger indifferent; manchmal war eine negative Wirkung zu beobachten.

In einer anderen Reihe von Experimenten wird das gegenübergestellte Fragment durch ein Capillarröhrchen ersetzt, das chemische Stoffe, Gifte oder Gewebeextrakte enthält. Centanni ging von der Voraussetzung aus, daß der Einfluß der gegenübergestellten Gewebe auf das andere Fragment nicht anders zu erklären ist, als daß man eine Diffusion chemischer Lösungen in das Kulturmedium annimmt. In einem solchen Präparat ist das Gewebefragment durch eine Quelle chemischer Substanzen ersetzt. Diese Methode führt auch zu einer viel höheren Extension der Wirkung und erlaubt, die blastische Kraft der benutzten Substanzen von verschiedenen Standpunkten aus zu studieren.

Mit dieser Methode untersuchte Sanguinetti die blastische

Aktivität verschiedener Nervina. Er benutzte Chloral, Koffein, Strychnin, Morphin, Nicotin und das durch die Untersuchung Centannis seinen Wirkungen nach schon bekannte Adrenalin. Die verwendeten Objekte waren periphere Nerven- und Spinalganglien junger Kaninchen.

Das Chloral wurde auch schon von Loeb als formatives Reizmittel für die Parthenogenese verwendet; er konnte so starken formativen Reiz an Embryonen erzeugen, daß in zwei Fällen bösartige Tumoren entstanden. Chloral hatte die stärkste blastische Wirkung, wenn auch die anderen Substanzen sich ebenfalls im positiven Sinne verhielten, ausgenommen das Adrenalin, dessen negativ blastische Wirkung hier ebenfalls bestätigt wurde. Beim Wachstum wurde eine frontale Polarität beobachtet, jedoch scheinbar mehr das Bindegewebe betreffend; der Autor wollte sich über die Nervensubstanz nicht endgültig aussprechen.

Es ist bekannt, daß bei Traumen bzw. Entzündungen Proliferationsreize entstehen, durch welche auch die Organisationen des Koagulums, der Pseudomembranen, der Thromben usw. durch Bindegewebe hervorgerufen werden. In ähnlicher Weise können auch gutartige Geschwülste entstehen. Von diesem Standpunkte aus wurde die Ätiologie auch der epithelialen und bindegewebigen Neoformationen studiert (Fischer, Helmholtz, Florito, Haga, Bernabei, Centanni, Gelende usw).

Fiori wählte sich die Aufgabe, die von Mikroorganismen und ihren Toxinen ausgehenden Proliferationsreize auf physiologische Gewebe zu studieren und dadurch auch eventuell eine Neubildungsintensität experimentell zu erzeugen. Er benutzte zwei Agentien, die durch ihre blastische Aktivität ein für das Studium scheinbar gutes Material darstellten, und zwar Saccharomyces neoformans und Actinomyces albus. Von diesen Mikroorganismen stellte er ein unter Toluol entstandenes Autolysat in der Form einer Emulsion, das in Pfefferschen Röhrchen eingeschlossen worden war, her. Als Subjekte wurden Kaninchenleber und Nerv gewählt und mit dem gefüllten Pfeffer-Röhrchen affrontiert.

Der beobachtete Proliferationsstimulus war ausgesprochen positiv. Am frontalen Pol entstand in 68 Stunden eine ähnliche Wucherung, die etwa ein Drittel der Muttergewebe ausmachte. In den folgenden 24 Stunden blieb die Proliferationsintensität noch immer bedeutend, um dann allmählich ihre Kraft zu verlieren. Die Zellteilung war regelmäßig mitotisch, doch sind unregelmäßige Teilungen auch vorgekommen, bei denen die chromatische Masse sich in asymmetrische Hälften teilte. Die rein amitotische Division wurde nicht sicher beobachtet, jedenfalls dürfte sie äußerst selten vorkommen.

Schließlich, etwa vom 22. Tage ab, erschienen große Vakuolen, die vielleicht Zeichen der Lebensschwäche waren. Die eigentliche Differenzierung ist hier jedoch ebenso problematisch, wie auch ähnliche Erscheinungen nach anderen Autoren. Eine morphologische Umwandlung, die von einer solchen biochemischen und funktionellen Eigenschaft begleitet wird, ist jedoch keinesfalls zu leugnen. Carrel und Burrows setzten beim Suchen nach blastisch wirkenden Substanzen dem Plasmamedium Rous-Sarkomextrakte zu, die die Proliferationsintensität sowohl der physiologischen Gewebe, als auch der Tumoren erhöhten. Es wurden viele ähnliche Versuche gemacht, die die Ätiologie der onkogenen Umwandlung aufzudecken beabsichtigten.

Dieselben Wege betrat Bisceglie in seinen Versuchen, als er die Relationen zwischen Neoplasma und Organgeweben des Wirtstieres klarzulegen versuchte. Solche Korrelationen, die zwischen Neoplasma einerseits, Milz, Leber, Schilddrüse, Testikel, Thymus, Hypophysis und Ovarium andererseits bestehen, weisen auf gegenseitige positive oder negative blastische Reize hin.

Bisceglie untersuchte die blastische Kraft des Mäuseadenocarcinomextraktes auf physiologische Organe des eben geborenen oder embryonalen Tieres. Die Versuche wurden an Kaninchen und Meerschweinchen gemacht, indem die Organfragmente mit Extrakt gefüllten Capillarröhrchen affrontiert wurden. Bei den Züchtungen von Leber, Milz und Schilddrüse wurde ein positiv blastotropischer Proliferationsreiz wahrgenommen; im Sinne einer frontalen Polarität entstanden zungen- und pinselförmige Wucherungen, die in ihrer Entwicklung gegen die Emanation der blastischen Energiequelle orientiert waren. Die Konzentrationsverhältnisse stimmten mit dem Arndt-Schultzschen Gesetz überein. Herz und Nebenniere wurden in ihrer Entwicklung gehemmt, die Niere verhielt sich indifferent. Während in den Explantaten von Herz, Nebenniere, Niere, und manchmal auch von Schilddrüse, die neugebildeten Zellelemente die epitheliale Natur typischerweise erhielten, zeigten in anderen Explantaten von Milz, manchmal auch in denen von Schilddrüse und Niere, die Zellen bindegewebigen Charakter. Diese Beobachtungen nach Bisceglie, im Sinne der modernen Onkologie, können folgende Schlüsse zulassen:

1. Im Wirtstier existieren zwischen verschiedenen Organen und dem Blastom intime und multiple Korrelationen.
2. Verschiedene Organe zeigen verschiedene Resistenz gegen die Implantation und Evolution des Neoplasmas.
3. Diese Resistenz wird mit dem Wachstum des Tumors allmählich abgeschwächt, bis sie vollkommen verschwindet.

Bisceglie benutzte bei seinen Forschungen über die Ätiologie der Geschwülste als Versuchsmaterial Mäuseadenocarcinom, dessen Extrakte einerseits in weiße Mäuse präventiverweise inokuliert worden waren, andererseits wurden auch Versuche in vitro gemacht, bei denen Tumorgewebe und mit Tumorextrakt gefüllte Capillarröhrchen affrontiert wurden. Es zeigte sich hier die blastische Wirkung des Extraktes; denn wenn auch die Zellwucherung an allen Seiten des Explantates anfing, so war doch eine ausgesprochen positive, d. h. frontale Polarität vorhanden. Dabei konnten auch die in vivo gemachten Befunde bestätigt werden. Bisceglie glaubt auf Grund dieser Versuche annehmen zu dürfen, daß durch die Krebszellen Substanzen entstehen, die die Tumorelemente beständig reizen; und damit haben die Tumorextrakte entgegengesetzte Wirkungen als die Extrakte physiologischer Gewebe, die nämlich die Tumorvegetation hemmen.

Die neoplastischen Zellen haben die Fähigkeit, die Reizsubstanzen, die zu unbegrenztem Wachstum führen, selber zu erzeugen. Die entstandenen Tumorzellen bilden aber weiter die genannten blastischen Substanzen in der Weise, daß sie als Autokatalysatoren zu betrachten sind, d. h. sie rufen nicht nur morphogenetische Phänome hervor, sondern erzeugen kontinuierlich auch sich selber.

Die Zellproliferation wird also durch verschiedene Stoffe gehemmt oder beschleunigt. Die Stoffe, die eine solche blastotropische Eigenschaft besitzen, können in zwei Gruppen eingeteilt werden:

1. Chemisch mehr oder minder gut determinierte einfachere Stoffe, wie Anilinfarben, Scharlachrot, Chloral, Koffein, Strychnin,

Morphin, Nicotin, Indol, Skatol, Teerpräparate, Paraffinöl, Ölsäure, Aceton und noch verschiedene andere fett- und lipoidlösliche Substanzen der aliphatischen und aromatischen Reihen.

2. Physiologische Substanzen, die in vier Untergruppen eingereiht werden: a) Hormone (endokriner Drüsen); b) sogenannte Zerfallshormone, die durch Gewebszerfall entstehen; c) Vitamine und endlich d) Trephone. Diese letzteren werden von Carrel nicht als Hormone betrachtet; sie sollen nach ihm bloß nutritive Substanzen darstellen, die dem embryonalen Bindegewebe Wachstumsreize vermitteln.

Wir haben die Möglichkeit, sowohl in vivo als auch in vitro, die blastische Aktion dieser Stoffe zu erforschen.

In vivo geschieht es 1. durch Allgemeinbehandlung, indem die gelöste Substanz intravenös injiziert wird; 2. lokal, entweder durch subcutane Injektion oder durch lokale Anwendung der Substanzen an Kontinuitätstrennungen, wo die Reparationsbeschleunigung maßgebend sein wird. Dieselben Standpunkte waren auch bei den entsprechenden Tumorforschungen maßgebend.

In vitro besteht die einfachste Methode darin, die Substanz in dem Kulturmedium zu lösen. Kompliziertere aber, zu weiteren Ergebnissen führende Methoden sind die Affrontierungen von Gewebefragmenten, bzw. Gegenüberstellung von Fragment und in Capillarröhrchen gefüllter Extrakt.

VII. Die morphologischen Forschungsprobleme der Gewebezüchtungen in vitro.

a) Die Struktur des Protoplasmas.

Lebhaft waren die Erörterungen und zahlreich die Forschungen, die sich über ein halbes Jahrhundert mit der Struktur des Protoplasmas beschäftigt haben; aber der größte Teil von ihnen, das kann man heute behaupten, hat nur noch eine historische Bedeutung. Die Netztheorie, die Fadentheorie, die granulären und alveolären Theorien, nach welchen das Protoplasma der Reihe nach bestand aus: entweder einem feinsten Netz von Fibrillen, die miteinander anastomotisch verbunden sind, in welchen eine flüssige Substanz sich befindet (Fromann), oder aus nicht anastomosierenden Fäden (Flemming), oder auch, wie Altmann behauptete, aus kleinsten

Körnchen, Bioblasten, oder schließlich, wie Bütschli glaubte, aus zahlreichen Alveolen, welche von einer Membran mit einer größeren Dichte als der Inhalt im Alveol selber, umgeben gewesen seien. Heute, speziell nach den Erfahrungen an Gewebekulturen, kann man sagen, daß all diese Ansichten nur Arbeitshypothesen waren, um tiefer in die Struktur der lebenden Materie einzudringen. Die Schwierigkeiten, welche sich früher dem Studium der Struktur des Protoplasmas entgegenstellten, ergaben sich damals zum großen Teil aus der Unmöglichkeit, die Zellelemente in lebendem Zustande studieren zu können, ohne daß sie vorher den mehr oder weniger rohen Wirkungen des histologischen Verfahrens unterzogen worden wären. Und selten nur verfügte man über Protisten, Pflanzenzellen und auch tierische Zellen, die sich wegen ihrer Größe und Klarheit zu direkten mikroskopischen Untersuchungen eigneten.

Die Möglichkeit, die Struktur des lebenden Protoplasmas zu studieren, wurde endlich von der Methode der Gewebekulturen geboten; die bis heute gemachten Untersuchungen sind von großer Bedeutung.

Unter den Forschern, die sich diesem Problem gewidmet haben, müssen vor allem M. und W. Lewis und G. Levi genannt werden. Nach den an Kulturen lebender Zellelemente gemachten Beobachtungen ist es noch nicht gelungen, irgendeine lebende Struktur des Protoplasmas zu erkennen. Das Protoplasma scheint aus einer homogenen Masse ohne eine netzartige oder alveoläre Struktur zu bestehen, in welcher sich einige eigenartige Organellen befinden, die wir später beschreiben werden. Nach Levi besteht das Protoplasma aus einer kolloidalen Flüssigkeit in Form von durchscheinendem und homogenem Sol, in welchem man die Organellen der Zelle oder Chondrioconten unterscheidet.

Der Kern erscheint homogen, wie es aus den Beobachtungen von Levi und Strangeways an Hühnergewebekulturen hervorgeht, mit zwei oder drei runden oder unregelmäßigen Massen, welche sich zuweilen zu kleinen Granulen reduzieren, und welche ständig die Form wechseln. Nach Fixierung und Färbung erscheinen diese Massen basophil und enthüllen sich so als Chromatin. Ludford behauptet, daß man beim Studium lebender Fibroblasten in der Kultur Ort- und Formänderungen des Nucleolus beobachten kann.

Sehr interessante Untersuchungen über den mitochondrialen Apparat wurden von W. und M. Lewis, G. Levi, Matsumoto, Policard, Champy usw. ausgeführt. Es sind frühere zahlreiche Forschungen über die Mitochondrien, ebenso die Auseinandersetzungen über diese Frage (Altmann, Benda, Meves, Duesberg, Policard usw.) wohl bekannt; die Mitochondrien wurden für einen integrierenden Bestandteil des Zellprotoplasmas gehalten, während das nach anderen angezweifelt und ganz geleugnet wurde, wie es Gurwitsch und Retzius getan haben. Die Chondriosomen sind später zur Deutung einiger protoplasmatischer Strukturen, wie etwa der Myofibrillen in den Muskelzellen (Duesberg), der Fibrillen des Bindegewebes (Meves), der Neurofibrillen im Neuroblast herbeigezogen worden, und nie hat man ihnen dann eine Wichtigkeit für die direkte oder indirekte Bildung der Sekretionskörnchen in der Speicheldrüse, der Magendrüse, den Brustdrüsen usw. beigemessen. So wurde auch die Fettentstehung in Beziehung zu den Chondrioconten gebracht. Jedoch die Tatsache, daß man dem mitochondrialen Apparat so verschiedene Wirkungen und Rollen zugeteilt hat, zeigt, daß es mit den alten Methoden der Cytologie nicht möglich war, zur genauen Bestimmung ihrer wahren Natur und Wirkung zu kommen. Erst mit der Beobachtung der lebenden Zelle selbst wurde es möglich, die Wichtigkeit und das Verhalten der Mitochondrien festzustellen. Der mitochondriale Apparat ist sowohl in der Mehrzahl der tierischen Zellen, als auch in den pflanzlichen vorhanden; das läßt darauf schließen, daß er tatsächlich für das Leben der Zelle eine große Bedeutung hat. Es ist möglich, wie die Lewis selbst sagen, daß die Mitochondrien in Beziehung zu der Atmung stehen oder daß sie, wie Kingsburg angenommen hat, den reduzierenden Teil des Cytoplasmas in bezug auf die Erscheinung der Zellatmung darstellen.

Wie die grundlegenden Versuche von M. und W. Lewis und G. Levi gezeigt haben, zeigen sich die Mitochondrien in Form von kleinen Stäbchen, Fäden, Körnchen, Spindelformen, Ringen usw., welche sich in der lebenden Zelle optisch von dem übrigen Cytoplasmas durch ihre stärkere Lichtbrechung unterscheiden. Was den Sitz der Mitochondrien selbst anbetrifft, so können sie inmitten des Cytoplasmas zerstreut oder auch um den Kern lokalisiert sein; ihre Zahl ist gleichfalls sehr verschieden; M. und W. Lewis trafen

2—3, manchmal bis 200 an. Sitz und Zahl der Mitochondrien sind nicht nur für jede einzelne Zelle sehr verschieden, sondern ändern sich auch in den einzelnen Lebensstadien der Zelle selbst. Wenn man am Mikroskop eine lebende Zelle verfolgt, bemerkt man, wie rasch auch die Ortsveränderungen der Mitochondrien vor sich gehen; sie können sich in kurzen Zeitabschnitten folgen und werden

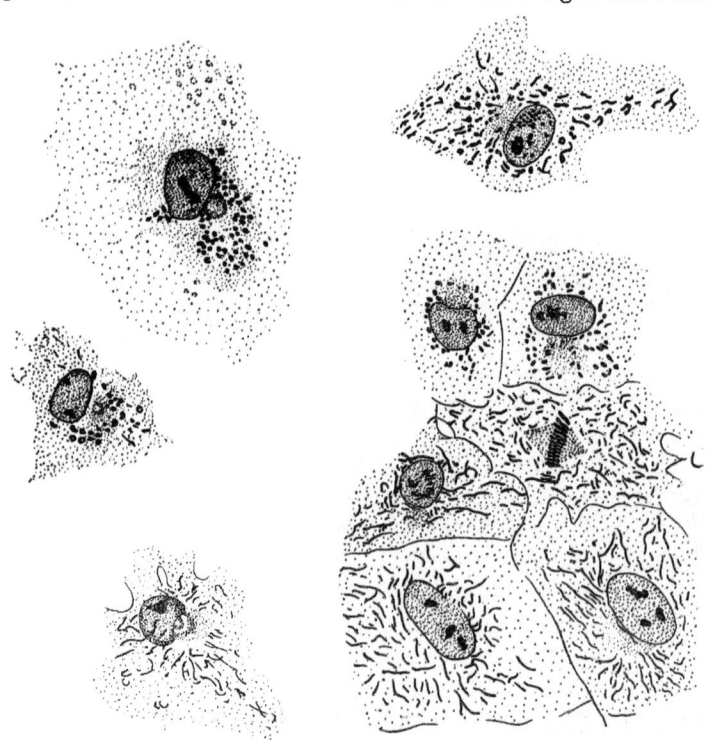

Abb. 42. Zellen aus einer 2 Tage alten Herzkultur des 5 Tage alten Huhnes. Man sieht in den Zellen die der Form, Größe und Lage nach ungleichen Mitochondrien.
(Nach W. und M. Lewis.)

meistens von einer Formveränderung der Mitochondrien begleitet: einzelne verlängern und verdünnen sich, andere hingegen verkürzen sich und werden dicker, oder es können, wie M. und W. Lewis beobachtet haben, zwei oder drei Körnchen zusammenschmelzen; auch stellen sich kurze Stäbchen schnell in eine Linie und bilden ein langes Filament, welches sich andererseits wiederum zerstückeln kann; dabei wird die Gesamtzahl der Mitochondrien selbstverständlich vermehrt oder vermindert, je nachdem, ob Teilung oder Schmelzung zustande kommt. Im weiteren scheint die Beweglichkeit der Chondriosomen nicht von passiven Ortsveränderungen bedingt zu sein, sondern Levi glaubt vielmehr, daß sie durch einen gewissen Grad von Kontraktilität bedingt werden. Mit Zahl- und Ortsveränderungen treten gleichzeitig Formveränderungen der Mitochondrien selbst auf; und ebenso wie nicht nur eine Gattung Mitochondrien existiert, so existiert auch keine konstante Form der verschiedenen Mitochondrientypen. So können, wie W. und M. Lewis beobachtet haben, die Mitochondrien in 10 Minuten etwa 5—20 Formen annehmen.

Die Tatsache, daß die Chondriosomen ständigen Veränderungen ihres Ortes, ihrer Form und Zahl unterworfen sind, ohne daß dabei gleichzeitig Veränderungen ihrer physischen Eigenschaft (Konsistenz, Lichtbrechung) eintreten, ließe nach Levi annehmen, daß zwischen dem Kolloid, aus welchem die Mitochondrien bestehen, und den anderen cytoplasmatischen Kolloiden nicht nur ein Wasseraustausch, sondern auch ein Austausch anderer Substanzen stattfinde.

Levi bestätigt die von M. und W. Lewis schon früher beschriebenen Beobachtungen, und beobachtet selbst, wie die aus dünnen Filamenten bestehenden Mitochondrien sich in dickere und kürzere, bis zur Bildung von Granulationen, umwandeln können; dieser Vorgang ist aber oft regressiv.

Matsumoto, der die Mitochondrien im Nervus sympathicus studiert hat, hat ebenfalls feststellen können, wie diese in verschiedener Menge erscheinen können, verschieden angehäuft, wie sie nie regelmäßig verteilt und dass sie beweglich sind. Unterschiede in der Form des mitochondrialen Apparates wurden von Policard in den Fibroblasten und in den runden Zellen des Rattensarkoms angetroffen. In den ersteren erscheinen die Mitochondrien spindelförmig, in den zweiten ist das Chondriosoma aus punktförmigen, im Cytoplasma zwischen den Fetttropfen und den Elementen des Vakuums verstreuten Bildungen geformt.

Aus der Gesamtheit der Beobachtungen geht hervor, daß die frühere Hypothese über die Unveränderlichkeit der Mitochondrien in Form und Zahl durch Beobachtungen an lebenden Zellen in der Kultur vollkommen zerstört wird. Die Mitochondrien sind in Zahl,

Lage und Form außerordentlich veränderliche Bildungen: ein einziges Mitochondrium, gleich ob von einem Körnchen, von einem Stäbchen oder von einem Faden dargestellt, kann sich in die eine oder andere Gattung umwandeln, oder mit anderen Mitochondrien verschmelzen, oder sich in mehrere Chondriosomen teilen (W. und M. Lewis, G. Levi). Man kann, wie die Lewis' behaupten, kleine Veränderungen in den Mitochondrien der verschiedenen Zellgattungen antreffen, aber wegen ihrer Unbeständigkeit darf man aus ihnen nicht die Natur der verschiedenen Zellarten bestimmen.

Während der mitotischen Aktivität der Zelle verkürzen sich die Mitochondrien gleichzeitig mit dem Verschwinden der Kernmembran und dem Manifestwerden der Chromosomen, sie werden dicker und vor allem, wie Levi gezeigt hat, dichter; doch begegnete Levi selbst während der Mitosen langen Filamenten, ähnlich jenen, die man in der ruhenden Zelle findet. Während der Periode der Metaphase und Anaphase zerstreuen sich die Mitochondrien, welche das Cytoplasma durchsetzen, gewöhnlich an den Seiten der Spindel und fehlen in der von dieser letzteren eingenommenen Zone (M. und W. Lewis, G. Levi). Am Schluß der Telophase verteilen sich dann die Mitochondrien in gleichen Teilen in die zwei Tochterzellen; es ist aber nicht nachzuweisen, ob während der Mitose auch die Chondriosomen, speziell die granulären, sich teilen. Ihre Zahl nimmt in den Tochterzellen mit ihrem Reifwerden allmählich zu. In den Fällen, in denen die beiden Tochterzellen, wie G. Levi beobachtet hat, von ungleicher Größe sind, geht auch die Verteilung der Chondriosomen in ungleicher Weise vor sich.

In den Riesenzellen ist, wie M. und W. Lewis beobachten konnten, die Zahl und Menge der mitochondrialen Substanz stark erhöht, und das wäre der Vermehrung des cytoplasmatischen und kernigen Materials zu verdanken.

Die Mitochondrien können außerdem von den verschiedensten Faktoren beeinflußt werden, ja sie reagieren sogar rascher als jede andere cytoplasmatische Struktur. So kann ihre Form hauptsächlich durch Wärme, durch hypotonische und hypertonische Lösungen (M. und W. Lewis) verändert werden. Auch viele andere Agenten, wie Kohlenoxyd, Säuren, Alkalien, fettlösende Substanzen, Kalium hypermanganicum können im Chondriosoma Veränderungen hervorrufen.

Von Scott wurde das Verhalten des mitochondrialen Apparates in bezug auf verschiedene Wasserstoff-Ionenkonzentrationen studiert. So hat dieser Autor beobachten können, daß die Sichtbarkeit und die färberische Reaktion der Mitochondrien von der p_H-Konzentration des Mediums abhängt, indem sie sich in alkalischer Umgebung mit einer p_H bis 7,5 und 7,9 besser färben, als in einer Umgebung mit neutraler Reaktion. Mit Werten, die diese Ziffer überschreiten, bekommt man hingegen Autolyse. Scott hat beobachten können, daß man mit einer p_H über 7,9 allmählich eine Verminderung der Zahl und Erhöhung der Größe der Mitochondrien bekommt. Ferner konnte der Autor bemerken, daß die Mitochondrien der blutbildenden Zellen sich widerstandsfähiger zeigen als die Leberzellen.

Durch diese Beobachtungen an lebenden Zellen wird auf unanfechtbare Weise die wirkliche Existenz des mitochondrialen Apparates bestätigt; außerdem zeigen diese Beobachtungen, daß weder Form noch Sitz dieses Apparates stabil sind; beide sind äußerst veränderlich. Diese Untersuchungen bestätigen und erweitern mithin die früheren Forschungen, die mit anderen Methoden ausgeführt wurden, und zwar die Versuche von Pensa, die die große Formveränderlichkeit der Mitochondrien in den Pankreaszellen des Triton cristatus in Beziehung zu ihrer funktionellen Tätigkeit bewies, von Luna über die Zellen des Pronephros der Larven von Bufo vulgaris, von Policard über Leberzellen der Säugetiere, von Romeis über die Spermien von Ascaris megalocephala, von Lewis und Robertson über die Spermatozoen usw usw., welche die Veränderungen des mitochondrialen Apparates beweisen in Beziehung zu pathologisch-involutiven Veränderungen.

Jedoch bemerkt G. Levi, daß man nicht ohne weiteres aus den in Kulturen in vitro beobachteten Tatsachen Rückschlüsse ziehen kann auf die im Organismus bestehenden; sehr oft ist die homogene Grundsubstanz des Cytoplasmas gelartig, dann müssen auch die in ihnen eingeschlossenen Chondriosomen unbeweglich sein; es kommt nur in der Kultur vor, daß das Zellprotoplasma einem sehr bedeutenden Inhibitionsprozeß entgegengeht, seinen Gelzustand in eine Solphase umwandelt (Levi).

Sicher jedoch und trotz Mitberücksichtigung dieser wesentlichen Differenzen muß man dem mitochondrialen Apparat eine große Bedeutung zuschreiben, und man muß den beiden Lewis zustimmen, wenn sie behaupten, daß die Mitochondrien mit aller Wahrscheinlichkeit Körper sind, die mit der metabolischen Aktivität der Zelle in Zusammenhang stehen. Bei dieser Gelegenheit muß man an die Untersuchungen von Wallin über die Natur der Mitochondrien erinnern. Dieser Autor weist die Annahme zurück, daß die Mitochondrien normale Bestandteile der lebenden Zelle seien, glaubt vielmehr, daß diese Bildungen intracelluläre Symbionten darstellen. Wallin begründet diese seine Annahme mit der von ihm beobachteten Tatsache, daß man in Kaninchenleberkultur im Kulturmedium bakterienähnliche Bildungen antreffen kann, daß sie sich aber auch mit denselben Mitteln färben lassen wie die Mitochondrien. Diese Bildungen, welche der Autor für aus Zellen ausgewanderte Mitochondrien hält, können den Zelltod in der Kultur überleben, und außerdem können sie in speziellen Kulturmedien wachsen und sich vermehren. Alles dies würde nach Ansicht des Autors beweisen, daß die Mitochondrien autonome Formationen sind, bakterienähnlich, welche symbiotisch in höheren Organismen leben.

Betreffs der Beziehungen zwischen mitochondrialem Apparat und Fettbildungen, welche von einigen Autoren dahin ausgelegt wurden, daß die Mitochondrien an der Fettbildung teilnehmen, geht aus den Beobachtungen von M. und W. Lewis, G. Levi, Luna hervor, daß manchmal eine Koinzidenz zwischen Umwandlung der Chondriosomen und Bildung von kleinen Fetttropfen statthaben kann, daß aber in den Zellen nie eine Beziehung zwischen Mitochondrien und Fetttropfen und Vakuolenbildung evident ist. Ebenso geht betreffs des Ursprungs von Pigmentkörnchen in den epithelialen Zellen der Retina, welche von manchen Autoren in Beziehungen zu den Mitochondrien gebracht wurden, aus den Forschungen von Smith und Luna hervor, daß diese Beziehung nicht existiert, weil weder die direkte Untersuchung der lebenden Zellen, noch die färberische Affinität der Pigmentkörnchen und der Chondrioconten jemals eine direkte Umwandlung der einen in die anderen zeigten. Weiterhin hat die Meinung von Meves und Duesberg, nach welchen die Myofibrillen der Zellelemente von den Mitochondrien herkämen, eine Stütze in den Beobachtungen von G. Levi gefunden, welcher in Kulturen von Muskelfragmenten von Hühnerembryonen eine Verdünnung der Kontinuität der Myofibrillen bemerken konnte, wodurch sie die

Charaktere der Mitochondrien erhalten sollen. Levi behauptet deshalb, daß die Umwandlung der Myofibrillen in Mitochondrien das Produkt der Differenzierung der Muskelfasern sei, welche auf dem umgekehrten Wege, den sie während der Ontogenese genommen hatten, zurückkehren.

In der Zelle kann man schließlich andere Körnchen beobachten, welche nichts mit den Mitochondrien zu tun haben. Sie sind vital mit Neutralrot färbbar, während sich die Chondrioconten mit Janusgrün färben. Die Vitalfärbung mit Janusgrün erlaubt jedoch der Zelle kein langes Überleben, während die Zelle in Pyrrolblau, wie Levi gezeigt hat, manchen Tag überleben und sich auch reproduzieren kann. Doch verursacht die Vitalfärbung mit Pyrrolblau Formänderungen der Chondrioconten, wodurch die langen Filamente kürzer und dicker werden, ohne daß sonst die Vitalität der Zelle leidet.

Schließlich haben W. Lewis und Macklin bei den in vitro kultivierten Zellen klar gezeigt, daß die Zentrosphäre wirklich existiert, Centriolen enthält und gegenüber dem umstehenden Cytoplasma ein leicht konzentriertes Gel wäre; die Zentrosphäre ginge dann fortwährenden Veränderungen entgegen, welche in Beziehung zu den Bewegungen der umgebenden Mitochondrien stünden.

Es ist weiterhin daran zu erinnern, daß W. Lewis die Riesenzentrosphäre, der man unter degenerierenden Zellen begegnet, mit den schon erwähnten Zelleinschlüssen in Krebszellen von Flimmer oder auch mit Vaccinkörperchen von Hückel identifiziert hat.

Andere cytologische Fragen sind mittels Kulturmethoden in vitro studiert worden, aber diese Beobachtungen wurden aus verschiedenen Gründen mehr an fixierten und gefärbten Präparaten, als an lebenden Elementen gemacht.

Über die Frage des nukleoplasmatischen Indexes wurden Untersuchungen von Dogliotti angestellt, welche grundsätzlich mit den von früheren Forschern gemachten Beobachtungen übereinstimmen (Hertwig, Rh. Erdmann, Godlewski, Levi usw.). Es ist bekannt, daß hauptsächlich durch die Arbeit von Hertwig und seinen Mitarbeitern das Prinzip der Notwendigkeit einer Beziehung, innerhalb gewisser Grenzen, zwischen Kernmasse und Cytoplasmamasse festgestellt wurde; eine Beziehung, welche gestört werden kann, sei es in gewissen Perioden der Zellaktivität, sei es wegen äußerer Einflüsse. Dogliotti hat Messungen an fixierten und gefärbten Herzmyoblasten, an Myoblasten der Myotomfragmente, an epithelialen und endothelialen Zellen, an entodermalen und Corneazellen vorgenommen; er hat feststellen können, wie Zellfläche und Kernfläche innerhalb weiter Grenzen in allen Geweben wechseln; die absoluten Werte jedoch sind ähnlich für alle Gewebe, ausgenommen die Elemente der Hornhaut, in denen die Indexziffern höher sind. Im allgemeinen hat der Autor die nukleoplasmatischen Indexziffern niedriger gefunden, als mit den Messungen der Zellen von normalen Geweben. Daraus geht hervor, daß die größeren Elemente einen niedrigeren Index haben, und das wäre nach Dogliotti nicht von im Zellkörper eingeschlossenen Paraplasmamassen herzuleiten, auch stünde es nicht in Beziehung zum Alter der Kultur, sondern sei zurückzuführen auf die größere Imbibition des Cytoplasmas dieser Elemente, weshalb ihre Masse in der Nuklearmasse vorzuherrschen beginnt. Zum Schluß machte der Verfasser Messungen an Zellelementen in der Telophase und hat bestätigen können, was schon aus den Arbeiten von Hertwig, Levi und Terni bekannt war, daß nämlich zum Schluß der Mitose ein bemerkenswertes Vorherrschen des Kernes über das Cytoplasma stattfindet.

Noch eine Bildung ist in den in vitro kultivierten gefärbten und fixierten Zellen studiert worden: das vakuoläre System. Dieses System ist von den französischen Autoren (Guilliermond, Mangeot, Parot und Painlevé) mit dem retikulären Apparat von Golgi identifiziert worden. Nach diesen Autoren entstünde der retikuläre Apparat von Golgi durch das künstliche Zusammenfließen der Vakuolen, was aus der Wirkung der Fixierung herrühre und verstärkt werde durch Silber- und Osmiumablagerungen.

Dieses spezielle System ist an den in vitro kultivierten Gewebezellen von Policard durch Fibroblasten und Histiocyten des Rattensarkoms studiert worden, von Champy in den Keimepithelzellen des Ovariums, von Zweibaum und Elkner im Bindegewebe des Epiploon junger Kaninchen. Aus der von diesen Autoren gegebenen Beschreibung geht hervor, daß das vakuoläre System in den Elementen des Bindegewebes aus einer Reihe von Kanälchen gebildet ist, welche unter Wirkung verschiedener Faktoren sich zerstückeln oder anschwellen und dabei Vakuolen bilden. Dieses System, das in den Zellen nicht konstant wäre, sollte sowohl in den Fibroblasten als auch in den Klasmatocyten enthalten sein.

Es kann jedoch eine verschiedene Lage einnehmen: So befindet es sich nach Policard in den Elementen des Rattensarkoms um den Kern herum, nach Champy in den Zellen des Keimepithels entweder um den Kern herum oder um das Centrosoma; nach den Beobachtungen von Zweibaum und Elkner sind sie in den Bindegewebezellen um den Kern herum.

Wenn aber auch die Beschreibungen dieser Forscher das sogenannte vakuoläre System als ein wirklich in der lebenden Zelle existierendes System behandeln, ist doch seine Existenz nicht mit absoluter Sicherheit anzunehmen; ja sie wird sogar von einigen Forschern geleugnet, welche sie für eine künstlich geschaffene Bildung halten, der keine in der lebenden Zelle vorhandene Formation entspricht.

b) Die Zellteilung.

Die direkte Erforschung der Zellteilung ist Gegenstand genauer und interessanter Studien von seiten vieler und maßgebender Forscher geworden (Burrows, Lambert und Hanes, G. Levi, W. und M. Lewis, Strangeways), so daß heute, dank der Beobachtungen an Gewebekulturen, auch auf diesem Gebiet ein großer Schritt vorwärts getan ist.

In den Kulturen findet man Zellen in Mitose sowohl in der Invasionszone, als auch in der fruchtbaren Zone, und gerade in dieser letzteren, welche im Grunde genommen die Kultur im wahren Sinne bildet, spielt sich alles in lebhaftem Rhythmus ab.

Während der Prophase und Metaphase versucht die Zelle ihre Fortsätze zu verkürzen und eine kugelige Form anzunehmen; manchmal, wie Levi beobachtet hat, können an den Polen der Zelle zwei dünne Fäden erhalten bleiben. Die Chromosomen werden in Form von kleinen Stäbchen sichtbar; dann bemerkt man die Wanderung der zwei Chromosomgruppen gegen die Pole der Zelle, die Bildung der Spindel und schließlich die Einschnürung der Zelle selbst. Die Tochterzellen bleiben für einige Zeit miteinander durch einen dünnen Spindelrest verbunden. Betreffs des Ursprungs der Chromosomen ist es sehr wahrscheinlich, daß sie sich auf Kosten der chromatischen Massen bilden, aber über den Mechanismus dieses Prozesses weiß man noch nichts; es ist möglich, daß eine Veränderung der nukleären Kolloidphase dabei eine Rolle spielt. Die Mitochondrien werden während der Anaphase weniger sichtbar;

sie halten sich an der Peripherie der Zelle und dringen nie in die Spindel ein (W. und M. Lewis, G. Levi).

Während der mitotischen Periode ist die Zelle lebhaft amöboid (Lambert usw.). Eine von Burrows und Levi beobachtete Einzelheit ist das Aussenden von protoplasmatischen Tropfen von seiten der Zelle gleich nach Beginn der äquatorialen Einschnürung; diese Tropfen besitzen eine äußerst lebhafte amöboide Bewegung.

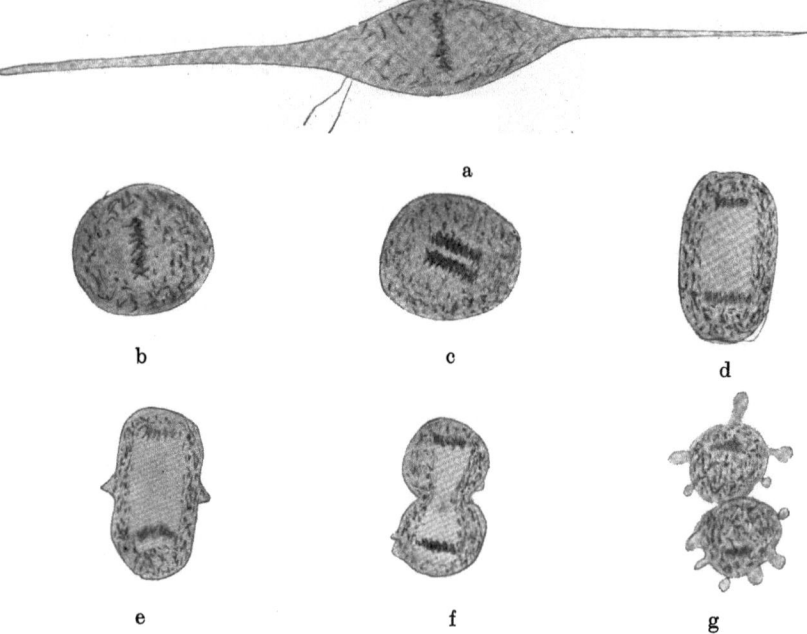

Abb. 43. a—g Verschiedene Phasen der Mitose in lebenden Zellen bei einer Mesenchymkultur von einem 7 Tage alten Hühnerembryo. (Nach G. Levi.)

Sie sind zum großen Teil durchsichtig, und nur selten haben sie die gleiche Konstitution wie der Hauptteil des Zellkörpers. Dieses Phänomen erklären Burrows und Levi in folgender Weise: während in der ersten Phase der Mitose die Zelle eine starke Oberflächenspannung aufweist und ihre Fortsätze zurückzieht, erhält sich während der Anaphase die erhöhte Oberflächenspannung nur am äquatorialen Teil und geht an den anderen Punkten der Zelloberfläche zurück, weshalb eben diese amöboiden Tropfen ausgesandt werden.

Die Schnelligkeit des mitotischen Prozesses erleidet keine großen Differenzen in den verschiedenen Zellen und unter verschiedenen Bedingungen, und im allgemeinen schwankt sie zwischen nicht weiten Grenzen. Die von Lambert und Hanes durchgeführten Messungen zeigen, daß der mitotische Prozeß in den Zellen der Maus sich in 24—25 Minuten abspielt, in jenen der Katze in 15—20 Minuten. Die längere Zeit wird für die Bildung der äquatorialen Platte beansprucht, während die Teilung des Cytoplasmas sich viel schneller vollzieht. Nach den Beobachtungen von Lambert und Hanes ist die Schnelligkeit des mitotischen Prozesses von der Temperatur beeinflußt: er soll bei einer Temperatur von 28° die doppelte Zeit beanspruchen als bei 39°. Und diese Tatsache, daß die Erniedrigung der Temperatur den mitotischen Prozeß nicht unterbindet, sondern nur verlangsamt, ist von Levi bestätigt worden.

Nach den Beobachtungen von G. Levi schwankt bei gleicher Temperatur der Prozeß der Zellteilung innerhalb eines Zeitraumes von 16 und 40 Minuten; meistens wickelt sich der ganze Prozeß in 18 bis 20 Minuten ab; diese Beobachtungen stimmen mit jenen von W. und M. Lewis und Strangeways überein. Aber während alle Perioden des mitotischen Vorgangs irgendwie in ihrer Schnelligkeit schwanken können, ist die Periode der Telophase konstant, und die Lewis' stellen sogar fest, daß in allen Zelltypen die Dauer der Telophase annähernd gleich ist. Levi hat außerdem klargestellt, daß weder die Verdünnung des Plasmas, noch der Zusatz von Embryonalsaft fähig ist, die Zeitdauer des mitotischen Prozesses abzukürzen; beide bewirken in der Kultur die Erhöhung der Zahl der Mitosen, aber sie beschleunigen nicht ihre Schnelligkeit; mit anderen Worten: man kann die Dauer der Interkinese beeinflussen, aber nicht jene der Kinese selbst.

Und in Übereinstimmung mit dieser Beobachtung hat Wright ebenfalls die Beobachtung gemacht, daß die Zahl der Mitosen, die man in einer Kultur antrifft und nicht die Schnelligkeit dieses Prozesses direkt proportional der Konzentration des Embryonalsaftes ist.

Die Häufigkeit der Mitosen in der Kultur kann in Beziehung zu verschiedenen Faktoren wechseln. Unzweifelhaft bewiesen ist, daß die in die Invasionszone eingewanderten Zellen sich nicht nur mitotisch teilen können, sondern daß auch die aus diesen Teilungen herstammenden Tochterzellen ihrerseits selbst wieder einem mitotischen Prozeß entgegengehen können. Nach den Beobachtungen von Strangeways kann sich in einer Zelle der mitotische Prozeß nach 11—12 Stunden wiederholen.

Außerdem scheint es nach den Beobachtungen von Levi, daß die Frequenz der Zellteilungen nicht in Beziehung zum Alter des

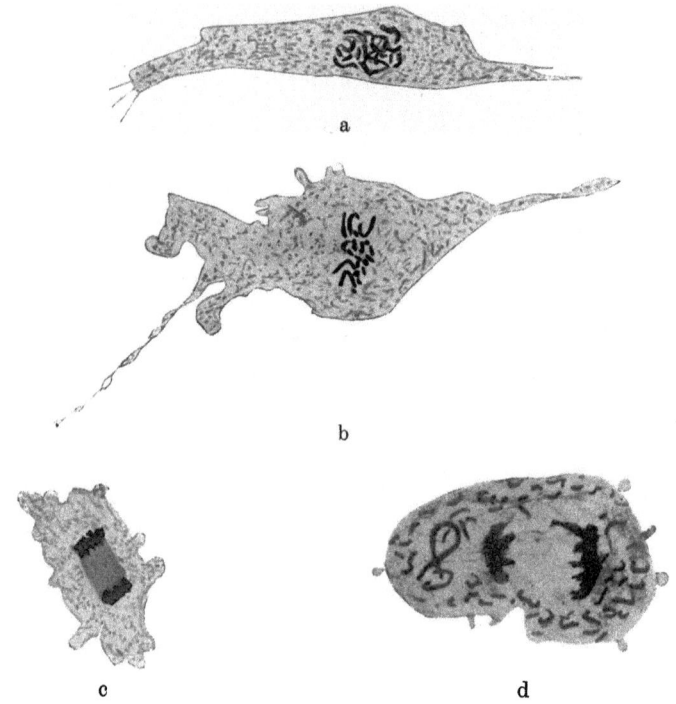

Abb. 44. a Zelle in Prophase. b Zelle in Metaphase. c Zelle in Anaphase. d Zelle im Beginn der Telophase; die äquatoriale Einschnürung beginnt an einer Seite. Hyaline Sprossen an verschiedenen Punkten der Oberfläche. (Nach G. Levi.)

Embryos steht; gewöhnlich finden sich in Kulturen von 19 tägigen Hühnerembryonen nur sehr kärgliche Mitosen, doch können sie in sehr großer Anzahl angetroffen werden. Schließlich steht die Frequenz der Mitosen selbst in Beziehung auch zu dem Volumen des explantierten Fragments.

Levi hat weiterhin ein einigermaßen merkwürdiges Phänomen beschrieben; scheinbar ohne Grund traten rasch zahlreiche Mitosen in der Kultur auf, sie begannen normal, wurden aber während der Prophase und Metaphase unterbrochen; deshalb verharrte die Zelle in kugeliger Form. Und auch wenn die äquatoriale Einschnürung schon begonnen hatte, schritt sie nicht fort; folglich wurde die Zelle kugelig und veränderte sich nicht weiter. Alle Zellen, in denen der mitotische Prozeß zwar begann, aber nicht zu Ende geführt wurde, gehen unvermeidbar regressiven Prozessen entgegen. Levi schreibt diese Erscheinung einem im Kulturmedium vorhandenen Überfluß von katabolischen Kulturprodukten zu, die einerseits die Zellen zur Teilung reizen, andererseits wegen ihrer starken Konzentration für die in Mitose befindlichen Zellen schädlich werden; denn diese Zellen sind gegen krankhafte Reize empfindlicher als die ruhenden Zellen. Dies könnte man mit der von Burrows über die „Archusia" ausgesprochenen Meinung in Einklang bringen. „Archusia" reizt in mittlerer Konzentration die Zellen zur Proliferation, ruft aber in hoher einen Vorgang der Selbstverdauung in ihnen hervor.

Unter den Faktoren, welche die Zellen zur Mitose reizen, wollen wir hier nur an die mitogenetischen Strahlungen der Gewebe von Gurwitsch erinnern. Dieser Autor will in einer Reihe von Versuchen zuerst für die Pflanzengewebe die Existenz von spezifisch mitogenetischen Faktoren beweisen, die vom Wachstumspunkt der Wurzeln ausstrahlen (Allium und Helianthus) und Mitosen in einer anderen Wurzel hervorrufen, die in den Bereich der Strahlen gebracht worden ist. Diese Irradiationen müßten nach den Untersuchungen von Gurwitsch im Spektrum lokalisiert sein, sehr wahrscheinlich jenseits der ultravioletten Strahlen; sie sollen sich in bestimmten für das Licht durchscheinenden Medien verbreiten, sie sollen von einer Glasscheibe zurückstrahlen usw. Beim Studium der mitogenetischen Aktion in den tierischen Embryonalgeweben glaubt Gurwitsch auch an ihnen seine Lehre beweisen zu können.

Der Prozeß der direkten oder amitotischen Teilung, der das erstemal von Remak und dann von Ranvier, der sie in Axolotl-Leukocyten beobachtete, beschrieben wurde, ist neuerdings hauptsächlich von Macklin in vitro studiert worden. Es ist bekannt, daß einige Autoren dem mitotischen Prozeß einen hohen funktionellen Wert geben wollen, die Mehrheit hingegen (Van Roth, Ziegler, Prenant, Pfeiffer und Nathanson, Gerassimoff usw.) annimmt, daß die Mitose die Veralterung oder einen degenerativen Zustand der Zelle bedeute, und deshalb würde die Amitose auf eine reproduktive Anstrengung der Zelle bei verminderter Vitalität hindeuten. Jetzt aber will Macklin durch seine Untersuchungen beweisen, daß die Amitose bloß ein abortiver Versuch der Zelle, sich zu reproduzieren, sei.

In den Gewebekulturen kann man häufig die direkte Teilung des Kernes beobachten, welche langsam vor sich geht; aber ihr folgt nicht die Teilung des Cytoplasmas. So entstehen zweikernige Zellen, welche keine Bedeutung für das Wachstum der Kultur haben und die Amitosen führen nicht zur Bildung zweier Zellen. Außerdem hat Macklin folgendes zeigen können: wenn sich diese zweikernigen Zellen durch Mitosen vermehren, erfolgt, obwohl sich in den Kernen zwei verschiedene Knäuel bilden, die Bildung einer einzigen äquatorialen Platte; und auf diese Weise führt die Mitose dann zur Bildung von zwei verschiedenen einkernigen Zellen.

c) Das Problem der gegenseitigen Abhängigkeit der Zellen in Kultur.

Es ist bekannt, daß die Frage nach den gegenseitigen Beziehungen der Zellen einer Umwandlung unterworfen wurde. Die bisherige Zellehre nahm an, daß die Zellen in den Geweben unterschiedliche Individualität hätten. Dann ging man zu der Annahme über, daß die Zellen in den Geweben ausgedehnte Beziehungen zu anderen Zellelementen erhalten können, und auf diese Weise ein Syncytium darstellen (Sachs und Russow, Sedgwich, Held, Rhode usw.). Dieses Problem, das eine heftige Diskussion hervorgerufen hat, ist aufs neue mit der Methode der Gewebezüchtungen akut geworden; denn diese Methode eignet sich außerordentlich für ein solches Studium, und das Problem ist Gegenstand von Beobachtungen seitens vieler Forscher geworden; eingehend wurde es von G. Levi behandelt.

Die syncytiale Konstitution in der Kultur ist schon von Burrows in Kulturen von Hühnerembryonen konstatiert worden, von Carrel und Ebeling in Kulturen unbegrenzten Lebens, von W. und M. Lewis in Kulturen von Muskelfragmenten von Hühnerembryonen, von Rous und Jones, welche bemerken konnten, wie die isolierten Zellen in der Kultur sich zu verbinden trachten.

Wenn man auch die wirkliche Existenz eines syncytialen Baues nicht bezweifeln kann, liegt doch der Schwerpunkt des Problems, wie Levi richtig bemerkt, in der Frage, welches die Natur der Verbindungen zwischen zwei Zellindividuen sei; die Verbindungen könnten auf einfachen Adhäsionen oder auf einer plasmatischen Kontinuität beruhen, sie könnten zeitweise oder immer vorhanden sein. Aus den zahlreichen und schönen Versuchen Levis geht hervor, daß auch in den Geweben — wie im Myocard und Mesenchym, in welchem die Verbindungen zwischen den Zellen viel enger erscheinen, wenn die Zellen explantiert sind — die Zellelemente sich befreien und in das Koagulum auswandern, wobei sie eine starke protoplasmatische Aktivität entfalten. Dort behaupten sie jedoch nicht immer ihre Unabhängigkeit und können sich wiederum verlieren. In diesen Kulturen also, in welchen unzweifelhaft Anastomosen zwischen den Fortsätzen der Zellelemente bestehen, tritt nach einer längeren oder kürzeren Zeit eine Lösung der Anastomose ein, wodurch die Zelle frei wird (Levi). Mithin können sich von den Syncytien unter bestimmten Bedingungen einzelne Zellen befreien, welche dann isoliert in das Kulturmedium wandern. W. Lewis glaubt deshalb, daß das mesenchymale Zellnetz nicht ein Syncytium sei, sondern, daß es nur aus Adhäsionen der Fortsätze bestehe. Diese Annahme stimmt mit der Beobachtung von G. Levi überein, daß in den Kulturen von Herz, Mesenchym, endothelialen Zellen usw. die Oberflächen und auch die Fortsätze der Zellen nur dann aneinander haften, wenn sie sich auch in Kontinuität zu befinden scheinen; er hat beobachten können, daß die Chondriocenten im Umkreis der Anastomose zwischen den zwei Zellen nicht von einer Zelle zur anderen übergehen, sondern getrennt bleiben, fast als ob sie vor einem Hindernis stünden. Aber wenn es sich auch in diesem Falle nur um einfache Adhäsion handelt, so sind doch andere sichere Beobachtungen vorhanden, die zeigen, wie manchmal wirklich eine protoplasmatische Kontinuität existiert. So hat Levi, wenn auch in sehr wenigen Fällen, in der protoplasmatischen Brücke den Übergang von kleinen Körnchen und Chondriocenten von einer Zelle zur anderen beobachten können; und Luna hat eine materielle Kontinuität zwischen Zellelementen verschiedener Art beobachtet, wie z. B. zwischen pigmentierten epithelialen Zellen der Retina und den Fibroblasten, wobei die protoplasmatische

Kontinuität durch den Übergang von Pigmentkörnchen von einer Zelle zur anderen bewiesen wurde. Chambers hat folgendes beobachtet: sticht man von zwei mesenchymalen Elementen in der Kultur, welche so eng verbunden sind, daß die Zellgrenzen jedes Elementes nicht mehr voneinander zu unterscheiden sind, eines mit einer Glasnadel, so antworten beide auf den Reiz, indem sie sich zusammenziehen; bestand zwischen den Zellen nur eine Adhäsion, so veränderte sich nur der Kern der betreffenden Zelle; war hingegen zwischen den zwei Zellen eine plasmatische Kontinuität vorhanden, dann koagulierten alle beide Kerne.

Es ist also zweifellos, daß oft eine echte protoplasmatische Kontinuität zwischen Zellelementen vorhanden ist, wenn immerhin auch daran zu denken ist, wie Levi annimmt, daß die Individualität der Zelle scheinbar verschwindet und eine territoriale Abgrenzung zwischen zwei Elementen nicht mehr möglich ist, die Individualität der Zelle im biologischen Sinne doch vorhanden ist, da jeder Kern die eigene Wirkungssphäre auf eine bestimmte Plasmazone besitzt (Levi). So wird jede Zelle in Symplasmen wenigstens eine potenzielle Individualität besitzen, die in der Kultur unter gewissen Bedingungen manifest wird.

VIII. Die physiologischen Forschungsprobleme der Gewebezüchtungen „in vitro".

Wird ein Gewebefragment in ein indifferentes Kulturmedium gelegt, das zwar sein Wachstum nicht anreizt, doch sein Weiterleben und die Proliferation des Gewebes erlaubt, so zeigen die Zellelemente des Fragmentes eine anfängliche Proliferation, deren Aktivität steil absinkt; für eine mehr oder weniger lange Zeit bleibt die Vegetation bestehen, doch kann die Kultur dem Tod nicht entgehen. Man kann hier selbstredend zwei diametral entgegengesetzte Fragen aufstellen: erstens, warum stirbt die Kultur und zweitens, warum bleibt sie doch eine Zeitlang am Leben? Die erste Frage kann leicht beantwortet werden: Das Kulturmilieu enthält nicht die Bedingungen, unter welchen das Gewebe sein Leben fortsetzen kann. Nun drängt sich gleich die andere Frage auf: Welches sind die Faktoren, die anfänglich die Proliferation zulassen, doch scheinbar rasch verzehrt werden, da die Kultur schnell dem sicheren Tod entgegeneilt.

Burrows sucht sich dieser Frage zu nähern. Carrel und Ebeling haben schon bewiesen, daß die Zellelemente ihre Nährsubstanzen nicht vom Serumgehalt des Kulturmediums erhalten, da die Zellen die Serumproteine nicht verwenden können. Weiterhin hat Burrows die Meinung geäußert, daß das Explantat das Nährmaterial nicht vom Medium, sondern vom Fragment selber erhält. Diese Tatsache wird dadurch erhärtet, daß eine anfängliche Proliferation auch in einem Kulturmedium zu beobachten ist, das überhaupt kein Serum enthält und nur aus Fibrin und anorganischer Salzlösung zusammengesetzt ist. Burrows nahm an, daß hier einfach nur ein Transport des Materials vom Zentrum des Fragments an die Peripherie zu den ausgewanderten Elementen stattfindet. Wenn nach einigen Passagen das Wachstum der Kultur aufgehört hat, ist die Gesamtmenge des Gewebes geringer als die der ausgepflanzten Masse. Es werden also in reinem Plasma die peripheren Zellen des Fragmentes mit Hilfe des absterbenden Zelleiweißes des mittleren Teiles zu mitotischen Zellteilungen angereizt. Diese Hypothese wurde auch von W. und M. Lewis, Ingebrigtsen, Burrows und Heymann bestätigt.

Man könnte aber auch einen anderen Nebenfaktor mit einiger Wahrscheinlichkeit annehmen, der allgemein Wundreiz genannt wird. Dieser Faktor der Zellproliferation wurde von Haberlandt an Pflanzengeweben studiert. Nach seiner Theorie müssen durch die Schnittwunde eine Reihe peripherischer Zellen tödlich verletzt werden, deren Zellsubstanz frei wird; diese Substanz soll den ersten Impuls zum Wachstum der anderen Zellen geben. Ob diese Substanzen in Haberlandtschem Sinne als Reizhormone aufzufassen sind, ist fraglich, da den das Wachstum fördernden Substanzen von den meisten Autoren keine hormonale Natur zugeschrieben wird.

Die Bedeutung des Wundreizes in den Kulturen wurde auch von Akamatsu erkannt. Dieser Forscher nahm von seinem Versuchstier Blut und ein Stückchen Lebergewebe. Ein Teil dieses Gewebes wurde gleich in das Plasma des eben entnommenen Blutes explantiert; ein Teil des Leberstückchens wurde für 24 Stunden in Eis aufbewahrt, dann dem Versuchstier wiederum Blut entnommen, und in diesem neugewonnenen Plasma wurde das aufbewahrte Gewebsstückchen gezüchtet. Es zeigte sich, daß diese Aufbewahrung in Eis das Gewebe gar nicht geschädigt hatte; das

Fragment zeigte eine nicht herabgesetzte Wachstumskapazität; das Plasma des vor 24 Stunden operierten Tieres aber ermöglichte jetzt ein üppigeres Wachstum, als das zuerst gewonnene Plasma. Auch Akamatsu nimmt an, daß der bei der Verletzung der Leber entstandene Wundreiz hier aktivierend auf das Plasma wirkte.

Alle diese freiwerdenden assimilierbaren Stoffe werden, da sie nur in beschränkter Menge vorhanden sind, durch den Zellmetabolismus rasch vermindert, die vitale Aktivität der Zellelemente in der Kultur wird gradmäßig herabgesetzt und die Kultur geht dem sicheren Tod entgegen.

Der Prozeß des Todes wurde von vielen Autoren beschrieben. Dieser Prozeß wird von charakteristischen Veränderungen begleitet: die Zellbewegungen hören langsam auf, die Protoplasmafortsätze werden zurückgebildet, d. h. die Form der Zelle verändert, das Protoplasma vakuolisiert. Diese degenerativen Erscheinungen sind unter günstigen Bedingungen reversibel. Die von Roffo an Hühnerherzkultur gemachten mikrochemischen Untersuchungen zeigen das Auftreten von Fettsäure und Cholesterin.

Man kann sich vorstellen, daß das Altern einer Kultur wahrscheinlich von Faktoren bedingt wird, die einerseits in den Zellen selber gewisse Veränderungen hervorrufen, andererseits die chemische Zusammensetzung des Mediums ungünstig beeinflussen. Hierher kann auch die Ansammlung katabolischer Stoffwechselprodukte gerechnet werden. Die Analyse der Faktoren des Lebens und in umgekehrtem Sinne des Todes einer Kultur ist, hauptsächlich durch die Bemühungen amerikanischer Autoren, weit fortgeschritten, wenn sie auch noch viel dunkle Punkte bietet.

Es wurde bei den ersten Versuchen mit Gewebezüchtung daran gedacht, daß das Blutserum Nährmaterialien in größerer oder kleinerer Menge enthalten müsse. Aber viele Phänomene haben ein Bedenken gegen diese Annahme erweckt, bis endlich Carrel und Ebeling in diese Frage Licht gebracht haben.

Die beiden Forscher züchteten embryonale Herzfragmente in einem Kulturmedium, das einerseits aus 10 vH Fibrinogensuspension, andererseits aus 90 vH Tyrodelösung mit oder ohne Serumgehalt bestand. Die Serumkonzentration in der Tyrodelösung wurde von 0 vH bzw. von 2,37 vH bis 90 vH gesteigert. Das Serum stammte von einem 2 Jahre alten, gesunden Tiere, es wurde mit der Tyrodelösung vermischt und durch Berkefeldkerze filtriert. Die Kulturen wurden nach 48 Stunden untersucht, ihre relative Wachstumskapazität mit der Ebelingschen Methode bestimmt und untereinander verglichen. Die Ergebnisse der beiden Autoren sind aus Tabellen und Figuren ersichtlich; diese zeigen klar, daß das Wachstum der embryonalen Herzfragmente von der Serumkonzentration vollkommen unabhängig ist, ja, es schien sogar, als ob die höhere Serumkonzentration weniger günstig oder direkt toxisch wirkend wäre.

a) Einfluß des Alters.

Die lebhaften Lebensprozesse, in erster Linie aber die sehr ausgesprochene Teilungstendenz der Zellen embryonaler und neugeborener Gewebe, die sich mit dem Alter immer mehr vermindert, sind von jeher bekannte Tatsachen. Carrel hat diese Erscheinung, d. i. das Verhältnis zwischen Aktivität eines Gewebes und seinem Alter, zu erklären versucht. Es ist möglich, meint Carrel, daß die Wachstumsenergie nicht im gemeinen Sinne vom Alter abhängig ist, sondern sie könnte gewissen aktivierenden und hemmenden Substanzen untergeordnet sein, die in den Gewebssäften enthalten sind. Die aktivierenden Substanzen sind mit dem Alter umgekehrt, die hemmenden direkt proportional: mit dem Vorrücken des Alters wird die erstere immer mehr herabgesetzt, die letztere vermehrt sich dagegen schrittweise. Die Wachstumstendenz und überhaupt die vitalen Funktionen eines Gewebes sind der Konzentration dieser Substanzen im Kulturmedium untergeordnet. Setzt man zwei Kolonien von Fibroblasten verschiedenen Ursprungs, die verschiedenen Wachstumsrhythmus zeigen, in ein gemeinsames Kulturmedium, so entsteht ein Synchronismus in ihrer Proliferation; werden sie dagegen wiederum getrennt und in verschiedene Medien gesetzt, so wird ihr Wachstumsparallelismus auseinandergehen. Es sollte also die Wachstumstendenz eines Gewebes als die Summe verschiedener unabhängiger Faktoren betrachtet werden, deren zwei Gruppen leicht voneinander zu trennen sind, in die innere Wachstumsenergie des gegebenen Moments und die Qualität und die Konzentration der die Proliferation anregenden oder hemmenden Faktoren im Kulturmedium. Diese Wachstumstendenz war in vivo schon früher bekannt, und die allgemeine Erfahrung hat auch gelehrt, daß die Dauer der primären Wundheilung vom Alter des Organismus abhängig ist: Es ist sehr wahrscheinlich, daß die Heilungsprozesse durch dieselben Faktoren geleitet werden, welche auch die Wachstumsintensität des explantierten Gewebes in vitro bestimmen.

Die innere Wachstumsenergie ist mit der Residualaktivität des Gewebes aller Wahrscheinlichkeit nach proportional; ihr Wert ist so zu messen, daß man das Gewebe in ein indifferentes Kulturmedium setzt und seine Proliferationsintensität und Lebensdauer als Anhaltspunkt voraussetzt. Die Residualenergie ist dasjenige Energiequantum, das die Kultur in diesem Medium funktionieren läßt. Carrel legte Reinkulturen von Fibroblasten oder ein Fragment des Herzgewebes in Kulturmedien, um die residuale Wachstumstendenz zu messen. Mit Hilfe des Projektoskops und des Planimeters wurde die Proliferationszone gemessen und auf Tafeln gezeichnet; dies ergab in anschaulicher Weise eine S-förmige Kurve. Wurden zwei verschieden alte Gewebe gemessen, so stieg die Kurve des jungen Gewebes viel höher, d. h. es produzierte innerhalb einer Zeiteinheit eine breitere Proliferationszone. Bei zwei Hühnerembryonen von 10- und 17 tägiger Brutzeit betrug dieser Unterschied etwa 30 vH.

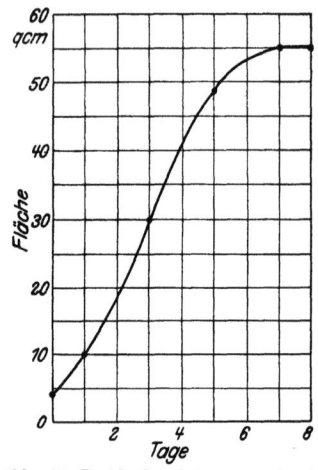

Abb. 45. Residualwachstumsenergie der Fibroblasten. Tyrode-Lösung als Medium. (Nach Carrel.)

Es stellte sich aus den Versuchen von Carrel klar heraus, daß das Wachstum auch vom Alter des Serums abhängt: Wurde Hühnergewebe in Hühnerplasma gezüchtet, so zeigte sich im Plasma junger Tiere eine größere Wachstumsintensität, als im Plasma älterer Tiere. Carrel und Ebeling züchteten gleichwertige Elemente, meistens desselben Gewebes, in zwei verschieden alten Plasmamedien: Bei beiden Versuchen starben die Fragmente ab, doch war ein ausgesprochener Unterschied in der Lebensdauer zu erkennen. Im Plasma eines 3 Monate alten Huhnes überlebte das Fragment 14 Passagen, dagegen im Plasma eines 3 Jahre alten

Huhnes nur 7 Passagen. Bei einem anderen Versuch wurde das Plasma einem 3 Monate und einem 9 Jahre alten Tiere entnommen; im ersteren lebte das Fragment 16 Passagen hindurch, dagegen starb es im letzteren schon nach der dritten. Die Lebensdauer der Gewebsfragmente im Plasma alter Tiere macht nur 19 vH der im Plasma junger Tiere gezüchteten Fragmente aus. Daraus kann man schließen: die Lebensdauer des Fragmentes in vitro und damit auch die Wachstumsintensität ist dem Alter des plasmaspendenden Tieres umgekehrt proportional.

Bei diesen Versuchen tauchte die Frage nach der Ursache dieses Phänomens wieder auf. Es haben Schon, Loeb und Northorp die Meinung ausgesprochen, daß die Lebensdauer eines Gewebes durch eine Substanz bestimmt wird, die mit dem vorrückenden Alter im Serum erscheint, oder umgekehrt, sie ist durch das Verschwinden einer Substanz bedingt, die im jungen Serum vorhanden ist.

Die Anwesenheit des dem hemmenden Faktor antagonistischen fördernden Faktors wurde von Carrel und Ebeling durch die Thermolabilität nachgewiesen. Sie haben Serum eines 1 Jahr alten Huhnes in Pyrextuben 1—8 Stunden lang auf 56° bis 70° C erwärmt. Das Serum wurde dabei trübe und das Präzipitat, dessen Quantität individuell veränderlich war, konnte durch Zentrifugieren entfernt werden; doch blieb der Refraktionsindex des Serums vor und nach Erwärmen stets gering; auch die Wasserstoffionenkonzentration des Residualserums zeigte keine Unterschiede. Nun wurde in diesem Residualserum und im Normalserum die Wachstumsfähigkeit einer Fibroblastenreinkultur vergleichend gemessen. Im erwärmten Serum vermehrte sich die hemmende Kraft des Serums durch die Inaktivierung des thermolabilen fördernden Agens um 30 vH; dabei war die Inaktivierung nicht immer vollständig.

Die aktive Substanz ist also thermolabil, die hemmende wird bei Erwärmung auf 65° nicht zerstört und bleibt bei Albuminfraktion im Serum. Es wurde angenommen, daß die hemmende Aktion des Serums älterer Tiere entweder durch Verminderung der aktivierenden oder Vermehrung der hemmenden Substanzen bedingt ist, oder aber gleichzeitig durch Verminderung der einen und Vermehrung der anderen. Da aber diese Substanzen der Temperatur und auch der Kohlendioxydfällung gegenüber die erwähnte Eigenschaft aufweist, war die Möglichkeit des Studiums beider Faktoren wohl gegeben.

Es wurden Seren von 10 Monate und 6 Jahre alten Hühnern für eine Stunde auf 65° erwärmt. In Medien, die 50 vH von den erwärmten oder nicht erwärmten Seren enthalten, wurde die Wachstumsintensität von Fibroblasten komparativ gemessen. Es zeigte sich, daß durch das Erwärmen die hemmende Aktion im Serum des jungen Huhnes mit 38 vH stieg, im Serum des alten Huhnes dagegen nur mit 16 vH. Das Ergebnis beweist also, daß im Serum der alten Tiere die thermolabile, wachstumfördernde Substanz in geringerer Menge vorhanden ist, als im Serum des jungen Tieres. Es wurde gleichzeitig auch nachgewiesen, daß nach Erwärmen zweier verschieden alter Seren immer das ältere eine stärkere hemmende Wirkung — in den Versuchen von Carrel und Ebeling 24 vH — aufweist. Beide Faktoren entwickeln sich also im Blutserum in umgekehrtem Sinne, wenn auch der hemmende Faktor immer vorherrscht.

Ähnliche Versuchsresultate wurden durch Kohlendioxydpräcipitation von sehr jungen und alten Tieren erhalten. Das Präcipitat, in das thermolabile Substanzen übergehen, wurde in Tyrodeflüssigkeit gelöst und die wachstumbeeinflussende Wirkung dieser Lösung mit reiner Tyrodelösung verglichen: das CO_2-Präcipitat von Seren junger Tiere fördert die Wachstumsaktivität homologer Fibroblasten. Im Residualserum von jungen Tieren, aus welchem das CO_2-Präcipitat entfernt ist, ist ein Zuwachs der hemmenden Aktion zu bemerken; im Residualserum alter Tiere fehlt dieser Zuwachs.

In einer anderen Versuchsreihe wurde die Wirkung des Residualserums junger Tiere mit dem entsprechenden Normalserum verglichen. Es stellte sich heraus, daß sich im Residualserum die hemmende Wirkung um 17 vH vermehrte. Bei ähnlichen vergleichenden Untersuchungen mit Residualserum und Normalserum alter Tiere war die Zunahme der hemmenden Wirkung nicht wahrzunehmen.

Es wird also gezeigt, daß im Serum junger Tiere ein das Wachstum der Gewebe in vitro fördernder Faktor anwesend ist, der sich mit fortschreitendem Alter vermindert und endlich ganz aus dem Serum verschwindet. Sein quantitativer Wert ist dem immer zunehmenden hemmenden Faktor gegenüber sehr niedrig. Was die

Art und Herkunft dieses Faktors betrifft, war mit Wahrscheinlichkeit anzunehmen, daß er dem aktiven Faktor der Embryonalgewebeextrakte und den Extrakten und Sekreten der Leukocyten ähnlich sei; über sie wird im folgenden berichtet.

Um die chemische Natur dieser wachstumhemmenden Substanz zu erforschen, wurden von Lilian E. Baker und von Carrel chemisch-biologische Analysen vorgenommen. Schon die Untersuchungen von Carrel und Ebeling haben bewiesen, daß der hemmende Faktor des Serums an das Euglobulin gebunden ist, da nach Filtration der CO_2-Präcipitation die hemmende Wirkung des Residualserums junger Tiere zunimmt. Vor allem war die Aktion der vom Serum extrahierten Lipoide zu bestimmen.

Diese Versuche haben von zwei Gesichtspunkten aus die Frage erörtern können. Es wurden einerseits die Lipoide entfernt und damit die Verminderung des hemmenden Faktors bestimmt; andererseits brachten sie auch den positiven Beweis für die Hemmungsaktion der Serumlipoide.

Die Extraktion geschah aus der trockenen Serumsubstanz im Soxhletapparat mittels Äther. Als Testobjekt wurden gleiche Hälften einer Fibroblastenreinkultur verwendet, und es zeigte sich, daß sich in diesem Serum die hemmende Wirkung mit 28 vH verminderte. Bei einer anderen Versuchsreihe zeigte sich im lipoidfreien Serumpräparat ein um 78 vH höherer Wachstumswert als im Originalserum. Bei diesem Versuch wurde die Extraktion mit einer Modifikation der für das Gewinnen von Serumalbuminen angewandten Youngschen Methode durchgeführt. Es wurde zweifellos erwiesen, daß sich durch Entfernung der Lipoide aus dem Serum die hemmende Wirkung stark vermindert. Es schien aber, daß auch die Serumproteine eine hemmende Aktion ausüben, da ihre Entfernung aus dem Serum diese Wirkung weiter vermindern konnte; aber diese Wirkung war viel geringeren Grades als die der Lipoide. Es könnte aber möglich sein, daß gewisse Lipoide mit Proteinen in Verbindung standen und diese die Resthemmung verursacht haben. Daß aber bei Darstellung des lipoidfreien Serums die Proteine (Euglobulin, Pseudoglobulin I und II und Albumin), die nach Präcipitation wieder gelöst waren, nicht beeinträchtigt wurden und damit auch den Wert der Versuche herabgesetzt haben, konnte von den Autoren bewiesen werden. Dies geschah an Seren anderer Art, die das Verhalten der Serumalbuminlösungen im Vergleich mit den Originalseren und der Oberflächentension betreffen. Der beweiskräftigste Nachweis wurde durch eine immunitäre Reaktion erbracht. Kaninchen wurden mit Hühnerserum und mit Hühnerserumproteinlösung immunisiert und beide Immunseren gaben mit gleichen Testobjekten Reaktionen gleicher Intensität.

Auch die in umgekehrtem Sinne vorgenommenen Untersuchungen bestätigen diese Ergebnisse. Es wurden Fibroblasten in einer Nährmischung von Tyrodelösung mit und ohne Zusatz von Serumlipoiden gezüchtet, und man erfuhr, daß in lipoidhaltigen Kulturmedien, viel kleinere Wachstumshöfe entstanden (etwa um 70 vH kleiner); die Zellen wurden fettig degeneriert und das Gewebe starb oft schon nach kurzer Zeit ab. Dem Nornalserum gegenüber zeigte die entsprechende Serumlipoidlösung eine Hemmungszunahme um 20 vH. Dieser Unterschied wird von Carrel durch die Hypothese erklärt, daß ein Teil der Lipoide sich mit den Proteinen vereinigt.

Die Ursache der mit dem Alter zunehmenden Wachstumshemmung der Blutseren wird also durch eine allmähliche quantitative oder qualitative Veränderung der Serumlipoide erklärt. Ob die Lipoide auch andere Substanzen in sich gelöst enthalten, die das Wachstum des Explantates hemmen, ist nicht nachgewiesen; doch kann man mit Wahrscheinlichkeit annehmen, daß die Serumlipoide eine kompliziertere Mischung darstellen. Die direkte hemmende Wirkung der Lipoide könnte auch durch andere, besser definierte Lipoide nachgewiesen werden; in jedem Falle hatten Lipoide anderen Ursprungs, wie Eilecithin, Lipoide aus Hühnerleber oder Hühnergehirn usw., ähnliche Wirkung.

Es gibt nur eine einzige Zellart, die weißen Blutkörperchen, die die Substanzen des Serums direkt verwerten können. Carrel und Ebeling haben gezeigt, daß die Lymphocyten und die großen mononukleären Zellen in Medien leben können, in welchen das notwendige Nitrogen nur vom Serum geboten wird. In diesen Medien wanderten die amöboiden Zellelemente aus dem Fragment schon nach einigen Stunden in das Koagulum. Die eine Kultur lebte 36 Tage, dann wurde sie durch eine Infektion zerstört. Eine andere Kultur wurde 34 Tage am Leben erhalten. Nur die Lymphocyten und die mononukleären Zellen wurden so lange erhalten. Daß diese Blutzellen eine sozusagen sekretorische Funktion ausüben und Substanzen erzeugen, die von den Fibroblasten assimiliert werden können, wird weiter unten besprochen.

Eine sehr ausgesprochen toxische Wirkung auf die Fibroblastenkulturen haben die heterogenen Seren; die wachstumhemmende und ständig zum Tod der Kultur führende Wirkung des heterogenen Serums hängt in erster Linie von seiner Quantität im Kulturmedium ab. Ein Zusatz von etwa 15 vH Hundeserum im Kulturmedium wirkte auf Hühnerfibroblasten kaum etwas störend, dagegen fand bei höherer Konzentration von 30—45 vH überhaupt kein Wachstum statt. Schon bei einer Konzentration von 25 vH fängt die hemmende Wirkung an ausgesprochen zu sein, und nimmt mit der Konzentrationssteigerung immer zu.

b) Wirkung erwachsener und embryonaler Gewebeextrakte auf das Wachstum.

Die Tatsache, daß die Gewebeelemente weder aus homologen noch aus artfremden Albuminen das notwendige N erhalten können, wurde erwiesen. Es war noch zu erforschen, wie weit die N-Verbindungen des homologen und heterologen Protoplasmas zur Synthese neuer Zellen sich eignen; zwar war die Tatsache schon lange bekannt, daß die Embryonalgewebe und die Leukocyten diese N-Produkte reichlich enthalten. Die Versuche von Carrel haben auch in dieser Richtung neue Ergebnisse gezeitigt. Es zeigte sich nämlich, daß homologe Muskelextrakte die Proliferationsaktivität des Explantats erwachsener Tiere erhöhen; aber ein permanentes Leben wird durch ihren Zusatz in das Kulturmedium dem Explantat nicht gesichert. Ja, sogar auch heterologe Gewebeextrakte (Meerschweinchengewebeextrakt auf Fibroblasten der Hühner) können ausgesprochene Wirkung haben; sie erhöhen die Wachstumskapazität des Explantats, verlängern seine Lebensdauer, doch verhindern sie den unabwendbaren Tod nicht.

Bei Muskelextrakten war nach der anfänglichen Wirkung eine fettige Degeneration der Zellelemente zu beobachten und das Explantat starb nach fünf bis sechs Passagen. Die wachstumfördernde Wirkung des Ovariumextrakts war noch ausgesprochener: bis zur dritten, vierten Passage war eine üppige Zellvermehrung zu beobachten, die aber schnell nachließ, und das Leben in der Kultur hörte etwa nach sieben Passagen auf. In heterologen Gewebeextrakten (vom Meerschweinchen oder Kaninchen) erlosch das

Leben der Hühnerfibroblasten noch schneller als in Tyrodelösung. Auch die heterogenen Milzextrakte konnten die Lebensdauer nicht verlängern; beim Zusatz von Schilddrüsenextrakt überlebte die Kultur sechs Passagen. Muskelextrakte hatten auf das Wachstum der Periostfragmente ähnliche Wirkung.

Die Gewebeextrakte erwachsener Tiere enthalten also ähnlich wie das Serum wachstumfördernde Substanzen, aber nur in kleiner Quantität, und sie werden von dem wachstumhemmenden Faktor allmählich übertroffen; diese letzteren Substanzen wirkten auf die Zellelemente stark toxisch und führten sie dem sicheren Tod entgegen.

Eine stärkere wachstumfördernde Wirkung hatten die Extrakte von Milzgewebe und die Roussarkomextrakte; die Wirkungskapazität dieser Extrakte stand der des Embryonalgewebes nahe.

Die Wirkung von verschiedenen Gewebeextrakten erwachsener Tiere wurde auch von Heaton untersucht; er setzte diese Extrakte seinen Kulturen zu und sah, daß in solchen Medien nur Epithelzellen, aber keine Fibroblasten wachsen.

Die Extrakte des Lebergewebes zeigten eine ausgesprochene Hemmungswirkung für das Fibroblastenwachstum und eine fördernde Wirkung für das Wachstum epithelialer Zellen. Bestätigt sich diese Beobachtung, so lassen sich Leberextrakte vielleicht verwenden zur Darstellung von Reinkulturen epithelialer Natur.

Während also die von den Zellelementen assimilierbaren N-haltigen Substanzen weder in den Serumproteinen, noch in erwachsenen Geweben in ausreichender Quantität aufzufinden waren, wurden sie in den Embryonalextrakten in enormen Mengen gefunden, so daß ihr Zusatz zum Kulturmedium ein unbegrenztes Leben des Explantats ermöglichte. Diese Extrakte bewirken eine so starke Zellproliferation, daß, nach dem Carrelschen Axiom, die Zellkolonie, welche seit mehreren Jahren durch viele tausend Passagen weitergezüchtet wurde, schon größer wäre als die Erde, wenn sie hätte frei im Raum weiterwachsen dürfen.

Die embryonalen Gewebe der Vögel und der Säugetiere gewinnen aus Substanzen, die sie vom Ei oder vom mütterlichen Blutkreislauf erhalten, Prinzipien, aus welchen die Fibroblasten neue Protoplasmabestandteile synthetisch darstellen. Damit wird eine unbegrenzte Zellvermehrung ermöglicht. Carrel nannte diese

Prinzipien Trephone, aus τρεφω (= nähre). Sie sollen nicht etwa nur als Hormone oder Enzyme wirken, sondern sie stellen echte, assimilierbare Nährsubstanzen dar, da ihr Zusatz in indifferenten Kulturmedien, z. B. in Fibrinsuspension und Salzlösung, ein unbegrenztes Wachstum ermöglicht. Es ist aber höchst wahrscheinlich, daß die embryonalen und erwachsenen Gewebe außer diesen assimilierbaren Nährsubstanzen andere Wachstumsfaktoren, in erster Reihe aber Hormone, enthalten, die die vitalen Prozesse spezifisch beeinflussen. Das Plasmamedium, Serum oder andere Mischungen, können also in wahrem Sinne gar nicht Kulturmedien genannt werden, da die Fragmente in diesen Flüssigkeiten nicht in absolutem Sinne Nährstoffe sind. Eine echte Gewebekultur setzt ein Medium voraus, aus welchem die Zellelemente Baustoffe für neue Zellen erhalten. Werden Fibroblasten oder Epithelienfragmente in ein Nährmedium gesetzt, so nimmt ihre absolute Menge immer zu; die Zellelemente wachsen und vermehren sich auf Kosten der vom Medium erhaltenen und assimilierten Stoffe, die, wie erwähnt, auch in manchen aus erwachsenem Gewebe hergestellten Medien enthalten sind, aber in höchster Konzentration in embryonalen Geweben vorkommen.

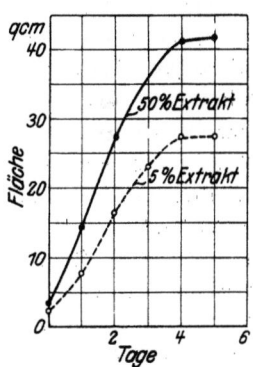

Abb. 46. Residualwachstumsenergie von Fibroblasten nach 48 stündiger Züchtung in hängenden Tropfen bei Zusatz von 5 und 50 vH Embryonalextrakt. (Nach Carrel.)

Carrel und Ebeling konnten an einer langen Versuchsreihe nachweisen, daß die Wachstumsintensität des Explantats in direktem Verhältnis zu der Konzentration der Embryonalextrakte im Kulturmedium steht. Die Embryonalextrakte werden in steigender Konzentration den Medien zugesetzt, während die Mengenverhältnisse der übrigen Bestandteile des Mediums, Fibrin und Serum, unverändert blieben. Die Abhängigkeit der Wirkungsintensität von der Konzentration wurde graphisch in einer Kurve dargestellt. Von 0 bis 10 vH steigt die Wachstumsintensität steil aufwärts, von 10 bis 80 vH allmählicher. Von 40 vH aufwärts ist die Zunahme der Wachstumsintensität nur wenig ausgesprochen. Diese Abhängigkeit der vitalen Prozesse des Explantats von der Trephonenkonzentration, noch mehr der Umstand, daß diese zwei Komponenten (Wachstumsintensität und Trephonenkonzentration) bis zu einem gewissen Grade miteinander direkt proprotional sind, beweist, daß die wachstumfördernden Faktoren der Embryonalextrakte nicht eine katalytische Wirkung haben, sondern durch ihre direkte Assimilation die Lebensprozesse der Zellelemente fördern.

Die physikalisch-chemischen Eigenschaften der N-Verbindungen der Embryonalextrakte sind teils schon bekannt, wenn auch über die eigentliche Substanz noch nichts Näheres auszusagen ist. Seit etwa 13 Jahren sind mehrere Autoren, meistens Carrel und Ebeling und ihre Mitarbeiter, Fischer usw., bemüht, diese Eigenschaften kennen zu lernen. Die Erfahrungen haben gezeigt, daß diese Substanzen mit den wachstumfördernden Substanzen, die in geringer, vom Alter abhängender Quantität in Geweben und Blutseren, auch denen erwachsener Tiere, vorhanden ist, identisch sind. Sie verlieren bei Erwärmen auf 65° C in einigen Minuten ihre Aktivität, sie werden bei 56° in 30 Minuten teilweise zerstört oder im Thermostat bei 38° innerhalb 48 Stunden sehr abgeschwächt. Sie sind anderen Agenzien, so z. B. Radium und Röntgenstrahlen, gegenüber unbeständig und sind auch dem Tageslicht gegenüber einigermaßen empfindlich. Die Inaktivierung kommt auch bei Zimmertemperatur zustande und wird von einem spontanen Herabsinken des p_H-Wertes begleitet; dagegen können sie in Eis 1 oder 2 Wochen aufbewahrt werden, ohne die Aktivität zu verlieren. Über ihre Molekulargröße kann man sich einen Begriff machen, wenn man in Betracht zieht, daß die aktive Substanz, durch Berkefeldkerze filtriert, teilweise, durch Chamberlandkerze vollkommen zurückgehalten wird. Nach Evaporation ist die wieder gelöste Trockensubstanz immer noch aktiv, sie muß nur in weniger Flüssigkeit gelöst werden, als sie ursprünglich enthielt.

Auch die Wirkung fraktionierter Präcipitation mit Alkohol, Aceton oder anderen Substanzen wurde untersucht. Die Substanz kann durch Ausfällung mit 95proz. Alkohol gewonnen werden. Das Präcipitat wird in Ringerlösung wiederum gelöst und in dieser Lösung ist, wie es die Versuche Carrels gezeigt haben, die Wachstumsintensität des Gewebes fast so hoch, wie in frischem Embryonalextrakt. Diese Tatsache konnte auch von Fischer bestätigt werden. Fischer hat auch das Verhalten der Embryonalextrakte bei Ammoniumsulfatpräcipitation untersucht. Die Extrakte wurden in Ringerflüssigkeit gelöst und mit $(NH_4)_2SO_4$ saturiert. Das zentrifugierte Präcipitat wurde in destilliertem Wasser gewaschen und vom Ammoniumsulfat befreit, das, wie die Alkoholfällungen, in Ringer gelöst wurde. Zusatz von dieser Lösung zu den Kulturmedien bewirkte das Wachstum in ähnlicher Weise, wie der frische Embryonalextrakt. Beide Ausfällungen zeigen, daß der wachstumfördernde Faktor in den ausgefällten Globulinen enthalten ist.

Die Albumine wurden durch Saturierung mit Ammoniumsulfat aus dem Filtrat des Globulins gewonnen; das $(NH_4)_2SO_4$ konnte durch Dialyse entfernt werden. Jedoch hatten weder die alkoholischen, noch diese Albuminfraktionen eine wachstumfördernde Wirkung. Die fördernde Substanz ist also entweder nur in den Globulinfraktionen enthalten, oder sie wird durch die rauhe Behandlung zerstört (Carrel, Ebeling, Fischer).

Kohlendioxydpräcipitate werden in ähnlicher Weise in Ringerscher Flüssigkeit gelöst und das p_H der Lösung auf 7 bestimmt. Durch Abfiltrieren der Globuline wurden Albuminfraktionen gewonnen; beide Fraktionen, die des Globulins und die des Albumins, hatten eine höhere Aktivität als die $(NH_4)_2SO_4$-Globulinfraktionen; die Wirkungskapazitäten beider Fraktionen (Globulin und Albumin) wiesen ein Verhältnis von 2,6:1 auf, während sich für das Verhältnis des Gesamt-N nach Fischer folgendes ergab:

Fraktionen	vH des Gesamt-N
Originalextrakt	0,126
Globulin	0,047
Albumin	0,062

Fischer setzte die Embryonalextrakte auto- und hydrolytischen Prozessen aus. Bei Anwesenheit von Gewebebrei verlor der Embryonalextrakt im Thermostat bei 39° C innerhalb einiger Stunden seine Aktivität. Trypsinverdauung gab ein ähnliches Ergebnis. Die hydrolytischen Prozeduren wurden von Fischer nach der Methode von Kendall (für das Gewinnen des Thyroxins) vorgenommen, wobei zwei verschiedene Fraktionen, A und B, gewonnen wurden. Die Fraktion A war eine fettige Substanz, die das Wachstum der Fibroblasten nicht begünstigte; die Fraktion B war eine lösliche Substanz, welche mit Essigsäure nicht ausgefällt wurde. Die hydrolysierten Embryonalgewebeextrakte wurden einer quantitativen Analyse auf Aminosäuren im Vergleich mit Erwachsenenplasma unterworfen, doch konnten die Befunde nichts Näheres aussagen.

Intensivere Studien wurden von Fischer mittels Absorptionsversuchen vorgenommen und die Ergebnisse schienen bessere als die früheren zu sein, da diese Investigationsmethoden die fraglichen Substanzen nicht so roh behandeln, wie die anderen. Als Absorptionsstoffe wurden Holzkohle, Tierkohle, Mastix, Gummi arabicum, Bariumsulfat, Agar, Gelatine usw. verwendet. Der erstere wurde allgemein in 10proz. Konzentration an Embryonalgewebeextrakten von verschiedenen H-Ionenkonzentrationen angewendet. Es stellte sich heraus, daß trotz einer Absorption von 50 vH des Gesamt-N die Flüssigkeit fast ihre ganze Wirkung besaß. Die Aminosäuren bleiben bei verschiedener H-Ionenkonzentration unabsorbiert.

In einer anderen Versuchsreihe wurden etwa 30 vH des Gesamt-N von der Tierkohle absorbiert; die behandelte Substanz hatte keine merkenswerte Wirkung auf die Proliferationsaktivität mehr.

Die biochemischen Untersuchungen brachten keine nähere Aufklärung über die fragliche Substanz. Es sind uns ihre biologischen Eigenschaften, hauptsächlich aber ihre Wirkung auf die Kulturentwicklung wohl bekannt. Fischer geht von den Eigenschaften dieser Stoffe, wie Thermostabilität, Präcipitierbarkeit usw. aus, und glaubt, daß bei den Proteinen der Embryonalextrakte gewisse physikalische Eigenschaften, wie Oberflächenspannung, Viscosität, osmotischer Druck, elektrische Ladung usw., eine ausschlaggebende Rolle spielen. Der von Fischer eingeschlagene Weg der physikalisch-chemischen Untersuchung wird unsere Kenntnisse dieser so wichtigen Fragen der Biologie sicherlich noch bereichern.

Auch heterologe Embryonalgewebeextrakte bewirken ein üppiges Wachstum der Fibroblastenkulturen; ihre Anwesenheit in der Kultur ist, wenigstens für einige Zeit, ausreichend. Es wurden z. B. Embryonalextrakte von der Maus bei Kulturen von Hühnerfibroblasten verwendet und es zeigte sich, daß diese keine geringere Wirkung hatten, als die homologen Embryonalgewebeextrakte. In ähnlicher Weise konnten Embryonalgewebeextrakte der Ratten, Meerschweinchen, Maus, Kaninchen und der Hühner verwendet werden, die auf das Wachstum des Carrelschen Fibroblastenstammes die gleiche Wirkung hatten. Es scheint also, daß die embryonalen Gewebeextrakte von den einander nahestehenden Warmblüterfamilien durchweg assimilierbare Substanzen enthalten und ihr Zusatz, selbst zu Kulturen heterologer Gewebe, ein unbegrenztes Wachstum sichert.

Um die Wirkung gewisser das Wachstum der Kulturen fördernder Substanzen zu studieren, wurden von Heaton Gewebezüchtungen in Drewscher Salzlösung vorgenommen, die dem Plasmamedium gegenüber ein chemisch streng definiertes Medium darstellt. In diese Lösungen setzte er Fragmente von Haut, Darm, Herz und Leber von Hühnerembryonen. In der anorganischen Salzlösung wuchsen nur Fragmente, die von höchstens 11 Tage alten Embryonen stammten, während die gleichen Organe von viel älteren Embryonen im Serum oder Plasmamedium gut wuchsen. Er mußte also annehmen, daß im Serum Substanzen enthalten sind, die selbstverständlich in der Salzlösung fehlen, dagegen sicherlich im Embryonalgewebeextrakt vorhanden sind. Heaton hat noch eine interessante Erscheinung beobachtet, nämlich das Verhalten von Kulturen verschiedener Natur im gekochten Embryonalextrakt; in diesem wächst die epitheliale Kultur erheblich besser als die Fibroblasten, so daß man voraussetzen kann, daß in den Embryonalextrakten verschiedene gewebsspezifische Substanzen mit verschiedenen physikalischen, wahrscheinlich auch chemischen Charakteren vorhanden sind, d. h. daß die das Wachstum fördernden Substanzen für beide Zellarten nicht die gleichen sind. Ob diese Meinung tatsächlich berechtigt ist, wird durch weitere Versuche erwiesen werden; jedenfalls wäre die Bestätigung dieser Hypothese von grundlegender Bedeutung.

Heaton will die Substanzen, welche Zellteilungen hervorrufen, von denen, welche für die Synthese des neuen Protoplasmas in der proliferierenden Kultur verwendet werden, streng trennen; diese beiden Faktoren sollen ganz verschieden sein, da z. B. ein embryonales Hühnerherzfragment in der Kultur pulsieren kann, ohne dabei Zellteilungen aufweisen zu müssen. Es wurde zwar schon von Carrel die Möglichkeit ausgesprochen, daß in den Kulturen auch Substanzen hormonaler Natur vorhanden sind, doch war eine strenge Trennung im Sinne Heatons nicht möglich. Auch die Tatsache könnte gegen Heaton sprechen, daß selbst in anorganischen Lösungen Proliferation stattfindet — es ist aber in diesem Falle umgekehrt annehmbar, daß die die Proliferation bedingenden Reizsubstanzen vom Fragment selber abgegeben werden.

Wright ließ die wirksamen Stoffe der Embryonalgewebeextrakte bei der Dialyse durch Kollodiummembranen hindurchtreten, während die Proteine zurückgehalten wurden. Das proteinfreie Diffusat konnte das Wachstum der embryonalen Hühnerherzkulturen gleicherweise wie die Embryonalextrakte selbst fördern.

c) Die leukocytären Trephone.

Während in den ausgebildeten Organen physiologischerweise nie eine ausgesprochene Zellproliferation zu beobachten ist, wird die Frage nicht ohne Interesse sein, woher diese erwachsenen Gewebe in den Wunden einen so starken Proliferationsstimulus erhalten, daß sie nicht nur Kontinuitätstrennungen überbrücken, sondern auch bei Substanzverlusten Lücken ausfüllen können. Die Frage der Zellvermehrung bei der Narbenbildung wurde in diesem Sinne erst von Carrel aufgenommen. Da eben die Leukocyten in der Wundheilung eine überwiegende Rolle spielen, wurde das Interesse auf diese Zellen gelenkt, die durch ihre Charaktere die Vermutung, die Quelle eines derartigen Wachstumsreizes zu sein, verständlich machen, obgleich man sich vorstellen kann, daß auch andere Faktoren mit im Spiele sind.

Carrel hat seine Hypothese damit bekräftigen können, daß er die wachstumfördernde Wirkung der Leukocyten direkt in vitro, ohne andere Faktoren der Entzündung, nachwies. Er wusch mehrere Male in Ringerlösung die weißen Blutkörperchen; nach einem Aufenthalt im Eisschrank von einem oder mehreren Tagen wurden die Leukocyten aufgeschlossen, mit Ringerlösung versetzt, zentrifugiert und das so gewonnene Leukocytenextrakt in einer höheren Verdünnung als es bei Embryonalextrakten allgemein üblich ist, dem Kulturmedium zugesetzt (2 Teile Plasma und 1 Teil Leukocytenextrakt). Als Kontrollmedien wurden solche verwendet, die anstatt der Leukocytenextrakte Embryonalgewebeextrakte enthielten. Obgleich die Verdünnung der Leukocytenextrakte eine größere war, als die der letzteren, zeigten die Kulturen die gleiche Wachstumsintensität, wie bei Anwesenheit von Embryonalgewebeextrakt. Es wurde aber nachgewiesen, daß die Leukocyten auch im Leben wachstumfördernde Substanzen ausscheiden, wie dies auch für die Embryonalgewebezellen festgestellt worden war. In Gabritschewskischalen werden im Plasma und hypotonischer Tyrodelösung Fragmente von Leukocytenmembranen gezüchtet. Nach 48 Stunden wurde der Kultur die Serumflüssigkeit entnommen und an Testkulturen von Fibroblasten ihre wachstumfördernde Wirkung ermessen, die einen hohen Aktivitätsgrad aufwies.

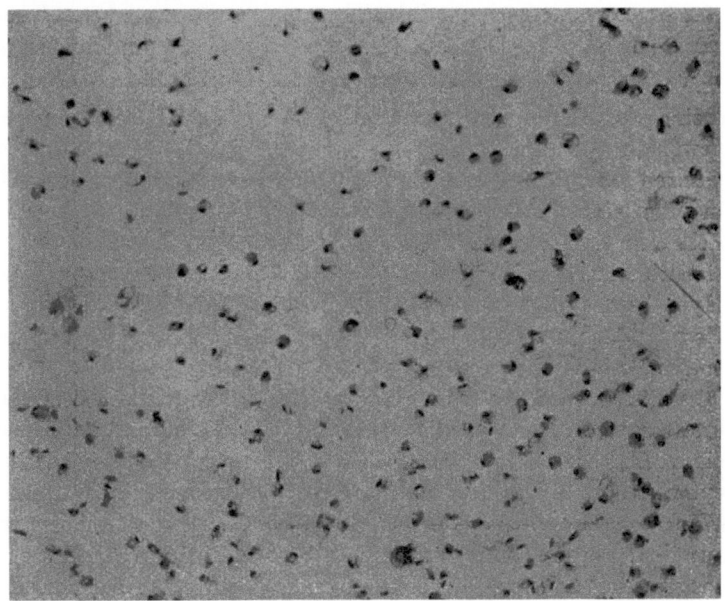

Abb. 47. Lymphocytenkultur nach 36 tägiger Züchtung in D. 5. Flasche.
(Nach Carrel und Ebeling.)

Es ist also klar, daß die Leukocyten einerseits trephonenähnliche Substanzen ausscheiden, andererseits diese Substanzen auch aufspeichern, die den Zellelementen ebenso wie die Embryonalgewebeextrakte eine embryonale Wachstumsenergie verleihen. Carrel nannte aus diesem Grunde die Leukocyten Trephocyten, d. h. Trephonenbildner.

Carrel und Ebeling haben die hämolytische Aktion der Leukocytensekrete auf artfremde Erythrocyten untersucht. Es wurden Hühnerleukocyten verwendet und an Erythrocyten des Schafes oder des Kaninchens die hämolytische Kraft dieser Sekrete mit Sicherheit nachgewiesen. Das Leukocytensekret kann man in Eis für längere Zeit aufbewahren und seine Wirkungsaktivität wohl an seiner hämolytischen Kraft ermessen. Diese Kraft, wie auch die wachstumfördernde Eigenschaft Fibroblasten gegenüber, wird bei 38° im Thermostat innerhalb 48 Stunden sehr abgeschwächt und wird bei 56° rasch zerstört. Wird im Leukocytenserum die thermolabile Substanz durch Erwärmen zerstört, so wird eine ausgesprochen wachstumhemmende Wirkung des Serums nachweisbar. Man muß annehmen, daß die Leukocyten gleichzeitig Alexine oder natürliche Hämolysine produzieren, deren Thermolabilität auch für die Embryonalgewebeextrakte nachgewiesen wurde. Diese letzteren Nährsubstanzen verleihen den Zellelementen des Gewebes, scheinbar auch in vivo, eine höhere Proliferationsaktivität, d. h. sie setzen die Zellen in einen Zustand, welcher für die jungen Zellen charakteristisch ist: sie wirken verjüngend auf die Gewebeelemente. Die Hypothese, daß diese Substanzen in den Entzündungen, bei der Regeneration und Wundheilung in vivo eine hervorragende Rolle spielen, scheint bewiesen zu sein.

Es sind auch die Versuche von Carrel und Ebeling sehr interessant, in welchen diese Autoren Fibroblasten in der Nähe eines Milzfragments gezüchtet haben. Die ausgewanderten Leukocyten näherten sich den Fibroblasten, die dadurch einen großen Wachstumsstimulus erhielten. Es scheint, daß die Leukocyten aus dem Serum Stoffe assimilieren und aus diesen andere erzeugen, welche den Fibroblasten oder den epithelialen Zellelementen als Nährstoffe dienen. Die Leukocyten müssen also als einzellige wandernde Drüsen betrachtet werden, welche, auch in vivo, Substanzen erzeugen, die den Organzellen nützlich sind. Die Leukocyten gewinnen die zu ihrer Sekretion notwendigen Stoffe auch aus artfremden Proteinen. Es ist bekannt, daß ein Zusatz von Casein im Kulturmedium eine toxische Wirkung auf die Zellelemente des Explantats ausübt. Wird aber 1 oder 0,1 vH Casein einer Leukocytenkultur zugesetzt, so wird eine Sekretionssteigerung der Leukocyten stattfinden, und zwar wird diese Steigerung bei 1 vH Casein ausgesprochener, als bei einem Gehalt von 0,1 vH sein.

Es wurde schon öfter erwähnt, daß die Fibroblasten nicht lange Zeit im Blutserum leben können. Wird aber dem Medium eine Menge Lymphocyten und große Mononukleäre zugesetzt, so bekommt die Kultur eine sehr ausgesprochene Wachstumsintensität. Diese Erscheinung wirft überhaupt Licht auf die Frage der Zellernährung: Es ist mit Wahrscheinlichkeit anzunehmen, daß die weißen Blutkörperchen, wie es schon vor 30 Jahren Renant vermutet hat, dem Gewebe Nährsubstanzen zuführen. Sie könnten als ein Drüsenapparat der Assimilation zweiter Ordnung aufgefaßt werden, da sie die Nährsubstanzen für die Assimilation der Gewebeelemente vorbereiten. Damit wird die Richtigkeit der Ansichten von Renant und Jolly, daß nämlich die Lymphocyten wichtige chemische Substanzen an die Zellen bringen, klar erwiesen.

Sehr interessant ist auch, daß auf degenerierende Fibroblasten in der Kultur die weißen Blutzellen sozusagen verjüngend wirken und ihre Lebensdauer verlängert wird.

Schazillo hat die Frage der Trephone im allgemeinen von anderem Standpunkt aus behandelt. Er untersuchte die Wirkung der Trephone bei der Assimilation verschiedener Nährstoffe, wobei selbstverständlich — gegenüber Carrel und Ebeling, Fischer usw. — eine Analogie zwischen Trephonen und Hormonen vermutet werden mußte. In ähnlicher Weise suchte er diese Trephonenwirkung in Regenerationsprozessen in vitro zu erkennen. Bei diesen Versuchen wurden als Untersuchungsobjekte Herz und Milz ausgehungerter Frösche verwendet. Der Wirkungsmechanismus der Trephone wurde mit dem der Hormone (Adrenalin, Schilddrüsen-, Thymus-, Testis-, Ovariumhormone usw.) verglichen. Während die Inkrete zwar die Auswanderung der Formelemente erhöhen, kann man diese Wirkung doch nicht der der Trephone gleichstellen. Es ist klar, daß die Inkrete auf Lebensprozesse nur katalytisch wirken, diese beschleunigen. Daß in den Trephonen außer den echten Nährstoffen auch Hormone vorhanden sind, ist wahrscheinlich; das wurde auch schon von Carrel und Ebeling ausgesprochen.

Die Inkrete regen die Zellen zu intensiveren Oxydationsprozessen an, die von einer Beschleunigung der Emigration und der karyokinetischen Teilung begleitet ist. Die Trephone erhöhen dagegen die synthetischen Prozesse in den Zellen, d. h. den Aufbau neuen Protoplasmas. Schazillo findet ebenfalls, daß die Trephone in den Lymphocytenauszügen sich in reinerem Zustand befinden als im Embryonalextrakt.

d) Die Desmonen.

Die schönen Erfolge der Gewebezüchtungen haben selbstverständlich den Wunsch erweckt, die Einheit des Organismus, die Zelle, zu isolieren, und die Möglichkeit und die eventuellen Bedingungen ihres autonomen Lebens zu ergründen. Da die Möglichkeit und die Bedingungen des unbegrenzten Lebens von Zellkolonien schon klargelegt war, schien die erstere Aufgabe leicht löslich zu sein. A. Fischer unternahm zuerst Versuche in dieser Richtung; er isolierte eine kleinere Anzahl von Bindegewebs- oder Epithelzellen und legte sie in ein Kulturmedium, das für das Wachstum einer größeren Zellkolonie das günstigste war. Es bestand aus einem festen Skelettsystem, aus Fibrin, und aus einer Nährlösung, die genügende Mengen von Trephonen, d. h. frische Embryonalextrakte, enthielt. Aber trotz dieser günstigsten Lebensbedingungen waren die isolierten Zellen nie vegetationsfähig und gingen innerhalb einiger Tage, ohne Wachstum oder Teilung zu zeigen, zugrunde.

Die so isolierten Fibroblasten schienen in diesem in jeder Beziehung zweckentsprechenden Medium lebensfähig zu sein, doch kam es nie zu einer Zellteilung: die isolierte Einzelzelle ist nicht proliferationsfähig. Diese Eigenschaft zeigt den Mikroorganismen gegenüber einen Unterschied: Der Mikroorganismus als alleinstehendes Individuum kann unter günstigen Bedingungen rasch zu einer Kolonie werden; die Einzelzelle des Organismus ist dazu nicht fähig und beweist damit, daß sie eine gewisse Abhängigkeit, die Notwendigkeit des Zusammenwirkens in einer Gesamtheit, d. i. in einer Zellkolonie, in sich trägt. Die Einzelzelle außerhalb des Verbandes verlor ihre Reproduktionsfähigkeit und es scheint, daß aus unbekannten Gründen die Zellkolonie die biologische Einheit darstellt, die zur Vermehrung berufen ist. „Il paraîtrait que la faculté régénérative des tissus fait défaut, du moment où le nombre d'élément cellulaire dépasse un certain minimum mais nous n'en savons rien de précis."

Die Ursache dieses Phänomens sucht Fischer in interessanter Weise zu erklären. Der Zusammenhang zwischen Zellkomplexen, wie das z. B. in Geweben zu sehen ist, wird in den Kulturen auch nicht aufgehoben; hier sehen wir anastomotische oder mitochondriale Beziehungen zueinander, durch welche ein Stoffaustausch leicht vor sich geht. Deshalb zeigen die isolierten Zellen die Tendenz, sich zu vereinigen; diesen Gewebezellen gegenüber stehen jedenfalls die wandernden Zellen, die eine solche Tendenz nicht aufweisen. Innerhalb der Zellkolonie wird eine kollektive Wirkung von den Zellindividuen ausgeübt, die ihre Teilungsphänomene regulieren. Dabei zeigt sich in breiteren Gebieten ein Teilungsrhythmus, als ob ein ganzes System durch einen gemeinsamen Teilungsfaktor beherrscht wäre. Es wären eigentlich zwei brauchbare Hypothesen, die diesen Synchronismus der Teilungstendenz der Gewebeterritorien erklären könnten; die eine, die von Haberlandt an Pflanzengeweben aufgestellt und experimentell begründet wurde, nimmt Teilungshormone an. Ein anderer Weg wurde von Gurwitsch eingeschlagen. Er nimmt an, daß zwischen dem Reizempfänger und den Teilungsreizen entstehende Beziehungen in großem Ausmaße von räumlichen Faktoren bedingt werden, d. h. von der Konfiguration der Zelle, die eben über ihre Reaktivität auf den Reiz entscheidet. Er vergleicht die Reizperzeption mit einem der Resonanz ähnlichen Vorgang, wo natürlich der Reizfaktor oszillatorischer Natur, d. h. Strahlung, sein sollte. Der Teilungsreiz ist also nach Gurwitsch eine „vom Organismus selbst produzierte Strahlungsart, die Teilungen anregt, die wir daher als mitogenetische Strahlen bezeichnen dürfen". Gurwitsch erkennt selber an, daß die Haberlandtsche Theorie „den Anschein einer fast unmittelbaren Evidenz" hat; doch wenn er die Fortpflanzungsgeschwindigkeit des Reizfaktors in den Antheren von Lillium ausrechnet, so ergibt sich, daß zur Zurücklegung einer Strecke von etwa 12 mm 3 Stunden notwendig sind, was einem Diffusionsvorgang chemischer Stoffe entspricht; das wird manche Bedenken gegen seine sonst klar und logisch aufgebaute Hypothese erwecken. Nur fortgesetzte Arbeit wird entscheiden können, welcher Natur der eigentliche Teilungsfaktor sei, wobei es nicht auszuschließen ist, daß mehrere zusammenwirken. Ob diese hypothetischen Faktoren der Zellteilung in irgendwelcher Beziehung zu dem von Fischer beobachteten Phänomen stehen, ist vorläufig wohl kaum zu entscheiden.

Fischer suchte seine Hypothese, daß nämlich die Zellteilung

und andere vitale Phänomene der Zellen auch von einem Stoffaustausch durch protoplasmatische Brücken („ponts") geregelt werden, an Herzexplantaten zu beweisen. Zu dieser Beweisführung hat hauptsächlich Olivo vieles beigetragen. Wenn man zwei Herzfragmente, deren Kontraktionsrhythmus verschieden ist, in ein gemeinsames Kulturmedium setzt, so entsteht bald zwischen beiden Fragmenten eine Kontinuität, die von einem Synchronismus in der Pulsation begleitet wird. Durch Kontinuitätstrennung geht auch der Synchronismus verloren. Bei diesen Phänomenen muß wohl eine Substanz oder Substanzen angenommen werden, deren Austausch durch die protoplasmatische Kontinuität, d. h. durch eine Anastomose, vermittelt wird. Diese Substanz soll nach Fischer eine Art Spezifizität aufweisen; denn als er zwei Herzfragmente verschiedener Tierarten affrontierte, kam eine Synchronie nicht zustande. Die Existenz einer strengen Spezifizität wurde aber in den Versuchen von Olivo widerlegt, da es ihm gelang, zwischen Herzfragmenten von Huhn und Taube eine Anastomose und damit Kontraktionssynchronismus hervorzurufen. Die letztere Tatsache scheint vieles zum Problem der heterogenen Transplantationen beitragen zu können. Es kann mit aller Wahrscheinlichkeit angenommen werden, daß beim Einheilen des Transplantats eine Art- und Gewebespezifizität, wenn auch nicht im strengsten Sinne, mitwirkt.

Es genügt nach Fischer nicht, daß zwei Fragmente einander berühren, es müssen die genannten Stoffe aufgenommen, von den Zellen „inkorporiert" werden. Die zwei von Fischer affrontierten heterogenen Herzfragmente (vom Kanarienvogel- und Hühnerembryo) konnten dieses cytoplasmatische Prinzip nicht utilisieren. Centanni und seine Schule haben hier ein eigentümliches Phänomen beobachtet. Wenn man zwei homologe Gewebe affrontiert in der Weise, daß zwischen beiden etwa eine Distanz von 1 mm vorhanden ist, so kommt zwischen beiden Geweben eine blastotrope Anziehung zustande, neue Zellsprossen nähern sich gegenseitig und überbrücken bald die Distanz. Es scheint also, daß die „incorporatio" nicht, wie Fischer es annimmt, nur durch cytoplasmatische Brücken zustande kommt, sondern auch von weitem vielleicht durch Strömung in das Kulturmedium wirken kann, ja sogar eben diese Fernwirkung ist dazu befähigt, die protoplasmatische Einheit zustande zu bringen. In dieser Richtung sollte die Forschung noch fortgesetzt werden.

Fischers Hypothese nimmt also einen intracellulären cytoplasmatischen Stoffwechsel an. Den aktiven Substanzen, die von einer Zelle durch die Protoplasmabrücken in die anderen Zellen hinüberströmen, gab er den Namen „Desmone" von δεσμός. Sie sollen die somatischen Funktionen, in erster Linie der Gewebezellen, regulieren. Sie weisen — nach Fischer — weitgehende Spezifizität auf, und zwar nicht nur die Art des Tieres, sondern auch die des Gewebes betreffend: denn angeblich kommt die Desmonwirkung zwischen zwei Gewebearten, wie dem Bindegewebe und dem Epithel, nicht zustande. Eine Bindegewebszelle kann bei Anwesenheit einer Epithelzellenkolonie nicht zur Teilung gebracht werden und umgekehrt: eine Desmonwirkung üben auf die isolierte Einzelzelle nur gewebeeigene Zellkomplexe aus. Die Tumorzellen haben nach Fischer die Eigenschaft, auch heterogene Desmone verwenden zu können, auf denen eben ihr infiltrativer Charakter beruht; eine mesenchymale Tumorzelle reagiert auf die Desmone epithelialer Zellen, während die Normalzelle nie den Zusammenhang des eigenen Gewebsverbandes verlassen kann; erfährt sie aber die onkogene Umwandlung, so wird sie die umgebenden heterotropen Gewebe infiltrieren. Ob wirklich die Theorie der Desmone den infiltrativen Charakter der Tumoren erklären kann, ist noch sehr fraglich, jedenfalls warf die Desmonen-Hypothese eine ganze Reihe von Fragen auf, die ihre Lösung verlangen.

Noch ein anderer Effekt der Desmone wurde von Fischer nachgewiesen. Er setzte zu sterbenden Kulturen von Hühnerfibroblasten, in welchen die Zellelemente kaum mehr wuchsen, die dagegen Zeichen der Degeneration in sich trugen, Leukocyten enthaltende Plasmamembranfragmente des Hühnerblutes. Die Wirkung war evident. Die vakuolisierten Fibroblasten bekamen ihr gesundes Aussehen zurück und fingen an sich lebhaft zu vermehren. Als Faktoren einer derartigen Verjüngung konnten zwei Möglichkeiten in Betracht kommen: 1. daß die toxischen Substanzen und die nekrotischen Zellen phagocytiert und eliminiert wurden; 2. daß die Leukocyten Substanzen mitgeführt haben, die von den Fibroblasten verwertet werden konnten. Fischer ist der Meinung, daß diese Substanzen nicht die eigentlichen Trephone seien, da das Medium der degenerierenden Kulturen schon ursprünglich Embryonalgewebeextrakte enthalten hat; nach Fischer sind diese Substanzen die Desmone.

Setzt man zu einer degenerierenden Fibroblastenkultur junge, lebhaft proliferierende Kulturelemente, so wird die veraltete Kultur sozusagen verjüngt, neubelebt. Dieses Phänomen soll ebenfalls durch Produktion von Desmonen bedingt sein.

Zech hat das Fischersche Phänomen an Pflanzenzellen beobachten können und kam ebenfalls zu dem Ergebnis, daß die in vitro isolierten Pflanzeneinzelzellen nicht mehr teilungsfähig sind.

e) Archusia und Ergusia.

Über die Erscheinung der Motilität der Körperzellen wurden von Burrows sehr interessante Beobachtungen gemacht. Allgemein wird angenommen, daß die Bewegungen der Körperzellen mit denen der Amöben identisch seien; diese strecken Pseudopodien aus, die sich an Gegenständen festhalten; durch die Verkürzung dieser Fortsätze wird der Körper vorwärtsbewegt. Solch ein Mechanismus würde bei den Körperzellen einen ähnlichen Aufbau aus Endoplasma, Ektoplasma und einer äußeren Membran voraussetzen. Nach Burrows und auch nach Fischer soll aber die Körperzelle aus einfachem, flüssigem Protoplasma bestehen, in welchem der Nucleus schwimmt, aus Centrosomata, aus Mitochondrien, aus Fett und Proteinkörpern. Das Protoplasma entbehrt jeder Organisation und es fehlt auch die äußerlich bedeckende Haut der Amöben. Oppel und Osowski sind der Meinung, daß die Bewegung epithelialer Membranen auch ohne amöboide Bewegung ablaufen kann, und sie nannten dies „Massenbewegung", ohne jedoch deren Ursache klar erfaßt zu haben. Holmes dagegen vertritt die Ansicht, daß es sich wie bei den Amöben um protoplasmatische Bewegungen handelt.

Nach Burrows bewegen sich die Körperzellen durch einen anderen Mechanismus, als die Amöben, und zwar entlang gewissen Diffusionslinien, die vom Medium zum Fragment und umgekehrt auftreten. Sie können ohne irgendeine Veränderung in ihrer Kontur auch lange Strecken zurücklegen. Um diese Erscheinung zu illustrieren, brachte er das Beispiel vom gemahlenen Pfeffer: wird das Pulver auf die Wasseroberfläche gestreut, so bewegen sich die Körnchen in allen Richtungen fort, um an der Wasseroberfläche gleichmäßig verteilt zu werden. Diese Erscheinung wird durch das Freiwerden oberflächenspannungerniedrigender Substanzen bewirkt und etwas Analoges sollte nun bei den Bewegungen der Körperzellen zu beobachten sein. Die Geschwindigkeit der Körnchen hängt von den Oberflächenspannungsdifferenzen ab; wenn das Wasser diese oberflächenspannungerniedrigenden Substanzen enthält oder damit gesättigt ist, so bewegen sie sich langsamer oder überhaupt nicht mehr. Von Burrows wurde die Auswanderung der Zellelemente von Milzfragmenten in das Medium beobachtet und gesehen, daß diese Zellen amöbenähnliche Stadien durchmachen, daß sie aber auch längere Strecken zurücklegen ohne solche Änderungen. Hier müßte man einen Mechanismus annehmen, der nicht dem der Amöben ähnlich ist, d. h. die Bewegungen werden nicht mit sichtbaren Zellbewegungen durchgeführt. Eher soll hier eine Affinität der Zellsubstanzen zu den Bestandteilen — Eiweiß, Fette usw. — des festen Mediums angenommen werden; in wässerigen Lösungen sind die Bewegungen nicht möglich, da dort eben keine oberflächenspannungerniedrigenden Substanzen abgegeben werden, sondern nur solche, die andernfalls von den Proteinen und Fetten eines festen Mediums absorbiert werden. Diese Anziehung zwischen Medium und Zellen wird z. B. auch durch folgendes gezeigt: ist das Plasmagerinnsel nicht gut am Deckglas befestigt, so wandert die Zelle nicht hinauf, sondern das Plasmateilchen (bestehend aus Protein oder Fett) wird in das Fragment hineingezogen. Burrows nennt die von der Zelle freigegebene Substanz „Ergusia" oder arbeitende Substanz, die ebenfalls bei der Koagulation des Fibrinogens zu Fibrin eine Rolle spielt.

Im Milzfragment wird erst die Auswanderung von Lymphocyten, Leukocyten und Erythrocyten in das Blutplasma und später die der fixen Bindegewebszellen beobachtet. Die Lymphocyten und Leukocyten koagulieren das Fibrinogen zu einem Gel und wandern darin durch schmale Kanälchen, die durch Lösungsmittel der Zellen selbst erzeugt werden, während keine amöboide Bewegung stattfindet. Die Epithelzellen, die nicht auseinandergehen, bewegen sich in kontinuierlichen Membranen; sie koagulieren das Plasma und bleiben daran haften. Später aber folgt eine Auflösung des Koagulums dadurch, daß die äußeren Zellen sich vorwärts bewegen.

Die Ergusia wird nicht sofort produziert, sondern es wird erst ein primäres Oxydationsprodukt in genügender Konzentration angesammelt, das von dem wachsenden Gewebe mittels Salzlösung zu extrahieren ist; ist diese Substanz in hoher Konzentration im Kulturmedium enthalten, so werden die Zellen zu lebhafterer Wanderung, bei noch höherer zu Wachstum und Teilung angeregt. Die allzu starke Konzentration führt zur Selbstverdauung der Zelle. Diese „treibende Substanz" führt nach Burrows den Namen „Archusia". Die Latenzperiode der Zellwanderung ist die Zeit, in welcher die Substanz zu einer entsprechenden Konzentration gespeichert wird; die Länge der Latenzperiode hängt also von der Menge des Mediums und von der Zahl der Zellen ab und kann willkürlich durch Zusatz von dieser Substanz verkürzt werden.

Die Theorie der Archusia und Ergusia wurde auch zur Erklärung anderer pathologischer Phänomene, insbesondere des Geschwulstwachstums, herangezogen, das nach Burrows auch durch Veränderungen der Oberflächenspannung zu erklären ist. In den Zellen, als flüssigen Systemen, können sich mit Sauerstoff Reaktionen abspielen, die eben die Archusia erzeugen; aus diesen entsteht die Ergusia und damit die Zellwanderung. Gleichzeitig wird aber auch durch hochkonzentrierte Ergusia das fixierte Protein und Fett des Mediums verdaut und die Zellen zum Wachstum veranlaßt.

Der Bewegungsmechanismus der Körperzellen ist also, nach Burrows, einfacher als der der Amöben und des Paramäciums. Die Bewegungsphänomene beruhen auf Doppelreaktionen, deren eine das Wachstum, die andere die Bewegung bedingt. Ob die von Burrows beschriebenen Phänomene und noch mehr ihre Deutung die einzig richtige ist, kann nicht vorausgesagt werden. In jedem Falle hat diese einfachere Erklärung den komplizierten teleologischen Akten gegenüber auch eine gewisse Berechtigung und nur die weitere Forschung kann zeigen, inwieweit sie standhält.

Die Archusia von Burrows sollte eigentlich mit den von Carrel als wachstumfördernde Faktoren angenommenen Substanzen identisch sein; die wachstumhemmenden Substanzen Carrels sollen dagegen mit der Ergusia einen gewissen Parallelismus aufweisen. Inwieweit die Substanzen bei Wachstum und Motilität identisch seien, scheint noch eine ungelöste Frage zu sein. Burrows identifiziert die wachstumhemmenden Substanzen mit dem Vitamin A, die wachstumfördernden mit dem Vitamin B und leitet daraus die Erklärung des Tumorproblems ab. Auch Erdmann will durch eine in bezug auf die Vitamine nicht ausbalancierte Diät Spontantumoren hervorgerufen haben.

f) Stoffwechselstudien.

Schon von jeher lag die Frage auf der Hand, woher im Explantat die proliferierenden Zellelemente die zu ihrem Metabolismus notwendigen Substanzen gewinnen, oder woher die Proliferationselemente die Substanzen bekommen, die zur Synthese ihres Protoplasmas erforderlich sind.

Diese Fragen der allgemeinen Physiologie konnten erst mit den Methoden der Biochemie gelöst werden, wobei die Untersuchungen sich in zwei Richtungen bewegen mußten: Die eine Richtung mußte sich zu den für den Zellkatabolismus in Frage kommenden Substanzen wenden und nachweisen, welche Stoffe und wie diese von den Explantationselementen assimiliert werden, ihr quantitatives Verhältnis unter normalen und pathologischen Bedingungen. Die andere Richtung beschäftigte sich mit den anabolischen Stoffwechselprodukten und stellte ihre Bedeutung für die normalen und pathologischen Lebensverhältnisse fest. Und eben die Methode der Gewebezüchtung in vitro ist dazu berufen, diese Frage des Zell- und Gewebestoffwechsels zu erforschen. Unsere Kenntnisse in dieser Richtung sind sehr wenig entwickelt und es wäre eine intensivere und systematischere Arbeit in dieser Richtung am Platze.

Die Versuche von Burrows haben gezeigt, daß die Explantationselemente vor allem Sauerstoff benötigen. Das Gewebe wächst zwar auch in einer Atmosphäre von reinem Stickstoff, da die Zellen noch eine Energiereserve mitgebracht haben, doch gehen sie ohne Sauerstoff rasch zugrunde. Je jünger das wachsende Gewebe ist, desto mehr O wird es entbehren können; ältere Zellen verbrauchen viel mehr Sauerstoff als junge.

Burrows suchte in seinen Arbeiten nachzuweisen, wie hoch die Säule des Plasmamediums sein darf, daß darin das Hämoglobin zu Oxyhämoglobin werden kann. Bei Versuchen mit 0,3—3 mm hohen Plasmasäulen erwiesen sich die 0,5—0,7 hohen als die günstigsten. In verschieden hohen Medien wurden Lymphganglien gezüchtet. Es zeigte sich, daß in den tieferen Schichten des Plasmamediums, unterhalb 0,7 mm, keine Mitosen stattfinden, auch keine typischen Fibroblastenauswanderungen, sondern nur eine Auswanderung abnormaler unregelmäßiger großer Zellen und Riesenzellen. In diesen tieferliegenden Zellen zeigen sich pathologische Zellveränderungen, die von Sauerstoffnot der Elemente zeugen. Man sieht, daß die Dicke der Plasmasäule in den Kulturmedien ein wichtiger Faktor ist, da von ihr der respiratorische Stoffwechsel des Explantats abhängt. Es scheint dabei, daß der Sauerstoff in den Zellen nicht direkt die Reaktionen verursacht, sondern zur Bildung der von Fischer Archusia genannten Substanzen dient, die in den Gewebeextrakten reichlich vorhanden sind, da die embryonalen Gewebeextrakte diese Reaktionen beschleunigen, die bei ihrer Anwesenheit auch in Anaerobiose zustande kommen. Barta untersuchte, ob in sehr hohen Plasmasäulen, d. h. unter Bedingungen der relativen Anaerobiose, die Kultur beim Zusatz von Embryonalgewebeextrakten entwicklungsfähig ist, und fand, daß auch in den tieferen Schichten typische Fibroblasten in Mitose zu finden sind. Die Embryonalgewebeextrakte neutralisieren die schädliche Wirkung der Anaerobiose.

Versuche über Atmung des explantierten Gewebes wurden von Rh. Erdmann und Schmerl vorgenommen. Diese Autoren haben ihre Versuche an ungezüchteter und gezüchteter Froschhaut vorgenommen. Sie gingen von der Voraussetzung aus, daß den Atmungsversuchen Warburgs gewisse Fehlerquellen anhaften können, da ein Gewebe nach den bei der Explantation gemachten Erfahrungen eine gewisse Latenzzeit überwinden muß, bis es sich dem neuen Medium anpaßt und Zellwanderungen und Zellteilungen aufweist. Das soeben explantierte Gewebe befindet sich nicht auf der Höhe seiner Lebenstüchtigkeit, es soll erst gezüchtet werden, bis neue Zellteilungen auftreten, und erst dann kann man es zu Atmungsversuchen verwenden. Eine andere Fehlerquelle steckt darin, daß in einem Gewebestückchen mehrere Zellarten vertreten sind. Eine zuverlässige Bestimmung der Atmungsgröße eines Gewebes kann sicherlich nur an Reinkulturen ausgeführt werden. Daß sich eine Kultur besser zu diesen Versuchen eignet, als das überlebende Gewebe, wird klar, wenn man bedenkt, daß dieses letztere während der Versuche abstirbt, dagegen die Kultur während dieser Versuche funktionstüchtig ist und am Leben bleibt.

Erdmann und Schmerl haben daher die Atmungsfunktion sowohl überlebender als auch gezüchteter lebender Froschhaut, und außerdem gezüchtete Reinkulturen von Froschepithel bestimmt. Die Atmungsmessung geschah nach der Methode Warburgs in reinem Sauerstoff, wobei vorausgesetzt wurde, daß der Wert D/A (Diffusionskonstante zu Sauerstoffverbrauch) für die Froschhaut ungefähr der gleiche ist, den Warburg für Lebergewebe angegeben hat. Die Kulturen wurden in Atmungströge von 4—5 ccm gebracht und mit einer gewöhnlichen analytischen Wage (Empfindlichkeit = $^1/_{10}$ mg) die Differenzen gewogen. Versuchszeit war 1—2 Stunden, und es wurde bei einer Temperatur von 22° C gearbeitet. Das Trockengewicht der Kulturen in jedem Atmungsgefäß betrug 1 mg, bei den Versuchen mit frischer, überlebender Froschhaut 2—3 mg. Die Kulturen wurden in Plasma oder in Ringerlösung gehalten.

Als Ergebnis dieser Messungen sind folgende Werte erhalten worden:

Atmung pro Milligramm Gewebe in einer Stunde:
1) frische Haut . . . . 3,1 cmm O_2
2) Kulturen in Plasma . . . 6,1 cmm O_2
3) Kulturen in Ringerlösung 1,5 cmm O_2
4) reines Epithel . . . . 4,3 cmm O_2

Das Überraschendste bei diesen Zahlen ist die Summe für die Epithelatmung. Man könnte tatsächlich erwarten, daß in diesen Versuchen das Epithel am stärksten atmet; die Autoren finden selber keine sichere Erklärung für diesen Befund. Sie glauben den Unterschied der Kulturen gegenüber der frischen Haut mit den großen neugebildeten epithelialen Rändern erklären zu dürfen, wobei eine Verschiebung des Epithels zu Bindegewebe stattfindet.

Die Versuche von Erdmann und Schmerl wurden von Börnstein und Klee fortgesetzt. Diese Kulturversuche wurden unter gleichen methodologischen Bedingungen wie die ersteren durchgeführt. Als Versuchsmaterial haben die beiden Forscherinnen erstens Rücken- und Schwanzhaut von Rana esculenta var. ridibunda, Schwanzhaut von Rana esculenta-Larven, dann aber auch Rückenhaut von ganz jungen oder ausgewachsenen Fröschen verwendet. Die Atmungsversuche wurden sowohl an ungezüchteter, als auch an gezüchteter Haut vorgenommen, und es ergaben sich im Mittel folgende Werte der Atmungsgrößen:

1,56 für ungezüchtete Haut von Froschlarven,
1,69 „   „   „   junger Frösche,
0,72 „   „   „   ausgewachsener Frösche,
4,37 „ Kulturen von Froschlarvenhaut,
5,45 „   „   der Haut junger Frösche.

Es war dabei die interessante Erscheinung zu beobachten, daß die durch Pilze verunreinigten Kulturen viel höhere Werte gaben (10,4—12,45) als die sterilen Kulturen, dagegen waren die Atmungsgrößenwerte der Haut von narkotisierten Fröschen erheblich niedriger (— 0,46) als normalerweise. Börnstein und Klee sind der Meinung, daß der Unterschied in der Atmungsgröße von Froschlarven, bzw. der Haut junger und ausgewachsener Frösche, durch den stärkeren Bindegewebegehalt der letzteren bedingt sein soll. Die höheren Werte der Kulturen gegenüber der ungezüchteten Haut stimmen mit den von Erdmann und Schmerl erhaltenen Ergebnissen überein.

Die Wirkung der Kohlendioxyde auf die Kultur wurde von Bauer untersucht. In diesen Kulturen wurden subcutane Bindegewebe in Locke-Lewislösung gezüchtet und aus Bomben ihnen das in destilliertem Wasser gewaschene, auf 36—40° erwärmte und mit Wasserdampf gesättigte Kohlendioxyd zugeleitet. Die Kulturen waren in Kammern eingeschlossen, welche Ein- und Ausströmungsöffnungen für das Gas enthielten. Wurde eine größere Quantität von Gas verwendet, so wurde das Protoplasma der Zellen trüber, weniger transparent, die Kernmembran und Nucleolen sichtbarer. Diese Erscheinungen treten bei kleineren Mengen von Gas weniger hervor. Bei Färbungen mit Neutralrot zeigte sich ein von der p_H abhängiger Unterschied: bei einem p_H-Wert von 6,6 bis 7,0 haben die Granula eine gelblichrote Farbe angenommen, bei $p_H = 7,6$ wurden sie gelblich. Wurden sie der Kohlendioxydwirkung ausgesetzt, so nahmen die Granula eine rote Farbe an, ohne Zufuhr von CO_2 sind sie rötlichgelb geworden. CO_2 hemmt die Bewegungen der Mitochondrien, verzögert die Zellteilungen in der Prophase, dagegen nicht in der Telophase. Unter CO_2-Wirkung treten gewisse Unregelmäßigkeiten der Zellteilung auf, jedoch nie die Bildung zweikerniger Zellen.

Kohlendioxyd wirkte auf die Funktion pulsierender Herzfragmente hemmend, und es trat oft ein Stillstand der Kontraktionen ein, die beim Aussetzen wieder einsetzen. Bauer ist der Meinung, daß CO_2-Wirkung und Wirkung von Sauerstoffmangel, wobei Vakuolen und Granula im Zellplasma auftreten, nicht gleichzustellen sind, da dieses Phänomen durch Behandlung mit CO_2 nicht gesteigert wird. Die Giftigkeit des Kohlendioxyds für die Kulturen stieg parallel mit seiner Menge und Wirkungsdauer.

Die früheren Versuche, den Medien N-haltige und nicht-N-haltige Substanzen zuzusetzen, haben gezeigt, daß die Zellen diese nicht immer assimilieren können. Die anorganischen Salzlösungen von Lewis können nicht in echtem Sinne Kulturmedien genannt werden.

In ähnlicher Weise wurde die Utilisierbarkeit von verschiedenen Zuckern auch von Suzuki untersucht. Er setzte zum Kulturmedium 2 vH Galaktose, Raffinose, Maltose, Inulin, Dextrose, Lävulose oder Saccharose usw. Saccharose und Laktose hatten eine hemmende Wirkung auf die Zellentwicklung, sonst wurde bei den anderen Zuckerarten nie ein günstiger Einfluß beobachtet. Von der Voraussetzung ausgehend, daß sowohl im Tierkörper, als auch in der Kultur der Zucker verwendet wird, ja sogar unentbehrlich sein muß, wurde Dextrose verschiedener Konzentration, von 0,002 bis 10 vH, den Medien zugeführt. Es stellte sich heraus, daß die Konzentrationen von 0,02—0,05 vH überhaupt keine das Wachstum fördernde Wirkung haben, bei 0,1—0,5 vH ist diese Wirkung ausgesprochen, und nur die höheren Konzentrationen hemmen das Zellwachstum und verursachen frühzeitige Degeneration der Elemente.

M. Lewis hat zeigen können, daß Fragmente die durch Nahrungsmangel, durch Bakterieneinfluß usw. verursachte Degeneration auch in indifferenten Medien ohne Zusatz von Embryonalextrakten regenerieren können. Die Dextrose macht auch die sonst ungünstigen Medien, welche z. B. Eieralbumin, Allantoisflüssigkeit enthalten, brauchbar. Die Anwesenheit von Proteinen im Medium führt das Fragment rasch zum Tode; in dextrosehaltigen Medien wird sein Leben verlängert. In dextrosehaltigen Medien werden die Vakuolenbildung und überhaupt die Degenerationserscheinungen verzögert. Werden größere Dextrosekonzentrationen (2—5 vH) angewendet, so tritt eine Ansäuerung der Kulturen, wahrscheinlich durch Zerfall der Dextrose, ein, die von Zelldegeneration begleitet wird. Kuczynski, Tenenbaum und Werthemann suchten die Schädlichkeit des hohen Kohlehydratgehaltes der Nährmischung (enthaltend Pepton, Glykogen, Normosal und Plasma), in welcher das Explantat 0—30 Tage lang leben konnte, durch Zusatz von Insulin zu beseitigen. In diesem Medium zeigten die Epithelien ein sehr üppiges Wachstum. Es scheint, daß die Methode der Gewebezüchtungen in vitro den Wirkungsmechanismus verschiedener Substanzen, wie den des Insulins bei der Zuckerumsetzung, an der Zelle direkt studieren läßt.

Über den Kohlehydratstoffwechsel des Gewebes, der aber nicht an Kulturen, sondern an überlebenden Fragmenten studiert worden ist, haben wir sehr wichtige Daten aus der Schule Warburgs erhalten. Die Versuchsergebnisse dieser Autoren, deren Arbeiten meistens den Stoffwechsel des Krebsgewebes behandeln, werden durch folgende Gesetze ausgedrückt: Zucker kann in den Geweben nicht nur oxydiert, sondern auch unter Bildung von Milchsäure gespalten werden. Das Überwiegen der anaeroben Glykolyse ist für Neoplasmagewebe charakteristisch. In jedem Falle aber „ohne Glykolyse kein Wachstum". Dieses Gesetz Warburgs wurde an Gewebekulturen in vitro zuerst von Krontowski nachuntersucht.

Man müßte also glauben, daß die Explantationselemente ihren Energiebedarf in erster Linie mit Kohlehydraten decken. Krontowski und Bronstein haben versucht, mit den entsprechenden mikrochemischen Methoden den Zuckerverbrauch von Gewebefragmenten in der Kultur nachzuweisen und quantitativ zu bestimmen. Es ist klar, daß diese Versuche große technische Schwierigkeiten bereiteten, da man in Betracht ziehen muß, daß die Fragmente von 0,5—0,8 mm Durchmesser etwa 0,00006—0,00013 g ausmachen.

Die Fragmente von Milz (Bindegewebe) und Niere (Epithel) von Kaninchen und Mäusen wurden in Nährböden gebracht, deren Zuckergehalt mikrochemisch bestimmt war: Kaninchengewebe wurden in unverdünntem Kaninchenplasma, in Plasma und Tyrodelösung (1:1) oder in Kaninchenplasma und Kaninchenmilzextrakt (1:1), dagegen Mäusegewebe in einer kombinierten Mischung gezüchtet. Eine Zeit nach der Explantation wurde der Zuckergehalt mit der mikrochemischen Methode von Hagedorn-Jensen bestimmt. Es wurden 758 Kulturen von Nieren- und Milzgewebe angefertigt.

Diese Untersuchungen zeigten, daß in den Gewebekulturen ein energischer Zuckerverbrauch stattfindet. Während in den rasch wachsenden Explantaten nach 2 tägiger Wachstumsdauer der Zuckergehalt 0,02 vH ausmachte, war in der Kontrollkultur (durch Erwärmen getötetes Gewebestückchen) 0,14 vH Zuckergehalt nachgewiesen. Es wurde also gezeigt, daß im Laufe der ersten

2 Tage von den gut wachsenden Geweben mehr als 80 vH des
Zuckergehaltes verbraucht wurde. Die verbrauchte Zuckermenge
konnte auch in Zahlen ausgedrückt werden: 1 mg (als Einheit) des
explantierten Gewebes (in gut wachsenden Kulturen) hat im Laufe
von 48 Stunden nicht weniger als 0,08 mg Zucker verzehrt, d. h., auf
Trockengewicht des Gewebes berechnet, verbraucht das explantierte Gewebe innerhalb 2 Tagen die Hälfte der Zuckermenge, die
das Gewebe selbst ausmacht. In den rasch wachsenden Kulturen
wird die gesamte Zuckermenge innerhalb 4—5 Tagen vollkommen
verzehrt, und es bleibt keine Spur von Zucker übrig. Die mit Krebszellen vorgenommenen Versuche zeigten, daß bei diesen ein noch
stärkerer Zuckerverbrauch stattfindet, als bei Normalzellen. Diese
Versuchsergebnisse von Krontowski und Bronstein geben den
von Warburg erhaltenen Resultaten eine gute Stütze.

Im folgenden wurde von Krontowski die Stoffwechselanalyse,
d. h. die Bestimmung der biochemischen Prozesse, die Änderung
der H-Ionenkonzentration als physikalisch-chemisches Kriterium,
einbezogen. Er ging von der Voraussetzung aus, daß die dem
Kulturmedium zugesetzten Substanzen unter Einfluß des Zellmetabolismus zerlegt werden müssen (saure Produkte des Zuckers),
und damit die Reaktion des Mediums verändert werde. Es sollen
also die p_H-Werte des Mediums vor der Explantation und nach
einer Zeiteinheit gemessen werden. Damit glaubt Krontowski
den biologischen Lebensprozeß der Kulturen qualitativ werten
zu können, den Stillstand oder die Änderungen dieses Prozesses
nachzuweisen.

In seinen Versuchen hat Krontowski die H-Ionenkonzentration mittels der Indikatoren nach Clark und Lubbs gemessen.
Es wurden Milzfragmente 2 Tage alter Kaninchen in Gabritschewskischalen gezüchtet in homogenem Plasma ohne (Kontrolle) oder mit Zusatz von verschiedenen Substanzen. Messungen
wurden nach 48stündiger Vegetation vorgenommen: In den Kontrollkulturen war der $p_H = 7{,}1—7{,}0$, während mit 1 vH Glukose-
gehalt 6,1 und 6,0 (Versäuerung der Kultur), mit 1 vH Maltose
5,3—6,4, dagegen mit Mannit 7,0, also keine Abweichung vom p_H-
Wert der Kontrollkulturen.

Die Brauchbarkeit dieser Methode, d. h. die Tatsache, daß
diese p_H-Wertunterschiede durch direkte vitale Aktion der Zellelemente zustande kommen, war dadurch erwiesen, daß anstatt

lebenstüchtiger Fragmente aseptisch autolysierte tote Gewebestückchen in das Medium gesetzt wurden, wo also Fermente reichlich vorhanden waren: In diesen Kulturen war der charakteristische Unterschied nicht wahrzunehmen. Ja überhaupt, wo nicht ausgesprochenes Wachstum und Versäuerung des Mediums stattfand, war keine Änderung der p_H-Werte zu beobachten. Auch Farbenindikatoren, die das Wachstum der Kultur nicht hemmten, konnten angewandt werden: Neutralrot oder Lackmustinktur, die dem Kulturmedium zugesetzt wurden. Mit Lackmus blieben die Kontrollkulturen blau, dagegen sind die Versuchskulturen rot geworden. Es wird sowohl das Medium als auch das Gewebe rot. In Mannitkulturen, wo kein Unterschied im p_H-Wert zu beobachten war, und die Kulturen nicht nach der sauren Seite hin verschoben worden sind, entstand keine rote Verfärbung. In ähnlicher Weise kann dem Medium auch Chinin zugesetzt werden. Wird Chininum bimuriaticum 1:1000 den Kontrollkulturen (ohne Zucker oder ohne Fragment) zugegeben, bleiben sie blau, die Versuchskulturen werden rot. Eine größere Empfindlichkeit wird mit 1:10000 Chinin erreicht, in welchem auch die Kontrollkulturen rötlich werden.

Hauptsächlich die erstere Methode, dem Medium Lackmustinktur 1 oder 2:10 beizufügen, ist eine so einfache, so sichere und verläßliche Methode, daß sie eine weitere Beachtung sicherlich verdient.

O. Swetzy setzte zu Ringerlösung Eieralbumin, Burrows und Neymann Kohlehydrate, Fette, Peptone und x-Aminosäuren, aber immer erfolglos.

Diese Tatsachen konnten auch von Schazillo schon frühzeitig nachgewiesen werden. Er zeigte, daß die dem Kulturmedium zugesetzten Nährstoffe Globulin, Albumin und Myosin selbst in dünnen Konzentrationen Strukturveränderungen des Chondriosomenapparates der Zelle und andere Veränderungen im Wachstum hervorrufen. Casein soll das Wachstum nicht hemmen, und die Peptonlösungen fördern es. Von den Lipoiden wirkt Cholesterin hemmend, Lecithin in gleicher Konzentration fördernd auf die Entwicklung isolierter Gewebe. Andere Nährstoffe, wie Eiweißkörper, Kohlehydrate, Lipoide wurden in Übereinstimmung mit anderen Autoren als das Wachstum deprimierende Substanzen gefunden, was sich aus dem Zerfall der Chondrioconten manifestiert. Es stellte sich heraus, daß die Explantationselemente die Eiweißkörper am wenigsten utilisieren und gegenüber diesen Substanzen sehr empfindlich sind. Weniger charakteristisch ist die Erscheinung Kohlehydraten und Lipoiden gegenüber.

In ähnlicher Weise haben Carrel und Ebeling die Wirkung von Eieralbumin, Eigelb und Bouillon untersucht. Sie fanden auch, daß in diesen Medien das Explantat überleben kann, aber von einer echten Kultur nicht die Rede ist, da die Zellelemente die im Medium gelösten Substanzen nicht zur Synthese von neuem Protoplasma verwenden können. Die absolute Menge des Explantats wird trotz einer anfänglichen Proliferation immer geringer.

Schon die Versuche Burrows' haben diese Tatsache für die Aminosäuren erwiesen und sogar beobachtet, daß diese Substanzen in höherer Konzentration im Kulturmedium auf das Explantat toxisch wirken. Carrel und Ebeling haben diese toxische Wirkung bei einer langen Reihe von Aminosäuren (Glycin, Lysin, Leucin, Phenolalanin, Asparagin, Histidin, Prolin, Oxyprolin usw.) zeigen können. Von Carrel wurden verschiedene Peptone in ähnlichem Sinne untersucht. Er fand, daß nur das Wittepepton das Wachstum weitgehend begünstigen kann. Das Pepton von Parke-Davis aktiviert sehr wenig zur Proliferation, während die Peptone Fairshild und Armour toxisch wirken. Da das Wittepepton aus Proteasen zusammengesetzt ist, wird es sehr wahrscheinlich, daß die ersten Abbauprodukte der Proteinmolekel das assimilierbare N darstellen, das zur Proliferation der Explantationselemente notwendig ist. Carrel nimmt auch an, daß die Proteine des embryonalen Gewebebreies sich von den Proteinen des Serums darin unterscheiden, daß die ersteren sich leichter von den Zellfermenten angreifen lassen und damit das assimilierbare Nährmittel der proliferierenden bindegewebigen oder epithelialen Elemente darstellen.

Schon Carrel hat die Behauptung aufgestellt, daß in den Embryonalextrakten außer den nutritiven Substanzen auch andere Bestandteile hormonaler Natur vorhanden sein können. Man kann mit Recht voraussetzen, daß Gewebe, wie Schilddrüse, Nebenniere, Testis, Ovarium und die anderen endokrinen Drüsen, Hormone produzieren. Auch wurde angenommen und nachgewiesen, daß in gewissen Geweben, wie Leber, Niere, Herz usw., vitaminhaltige Bestandteile seien, umso eher, als die Vitamine, wenn auch in sehr minimaler Quantität, ganz wichtige Anhängsel der Nährsubstanzen sind. Hopkins, Osborne und Mendel haben die Beziehungen zwischen Körperwachstum und A-Vitaminen klar zeigen können. Eine eben solche Beziehung zu dem Faktor B ist nicht klar nachgewiesen worden, doch ist seine regulierende Wirkung auf wichtige vitale Funktionen unzweifelhaft.

Bisceglie suchte die Wirkung vitaminhaltiger Substanzen direkt am Explantat zu bestimmen. Es wurden die Faktoren A und

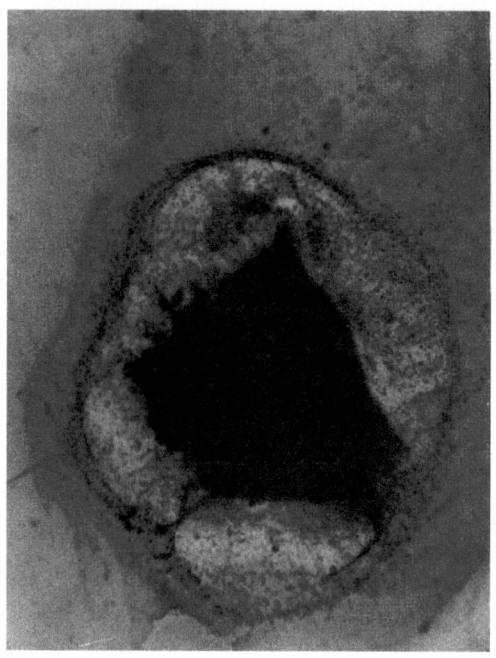

Abb. 48. Entwicklung der in homogenem Erwachsenenplasma unter Wirkung von A-Vitamin gezüchteten Meerschweinchenmilzkultur in der 18. Lebensstunde. (Nach Bisceglie.)

B an Leber- und Milzfragmenten neugeborener Meerschweinchen in homologen und heterologen Kulturmedien untersucht. Ein Zusatz von A-Vitaminen in die in homogenem Plasma gezüchtete Leberkultur verleiht einen Proliferationsreiz, der vorzugsweise epithelialer Natur ist. Die Kulturen blieben 2—3 Tage länger am Leben erhalten, als die Kontrollkulturen. Der Faktor B besaß eine geringere Wirkung. Setzt man einer degenerierenden Kultur A-Vitamin zu, bekommen die Zellen innerhalb 24 Stunden eine neue Wachstumspotenz, und ihr Leben wird für weitere 2—3 Tage verlängert. Das B-Vitamin ist zu einer ähnlichen Wirkung nicht fähig. In heterogenem Plasma bekommen die Leberkulturen unter Wirkung der A-Vitamine einen ausgesprochenen Wachstumsimpuls, jedoch bleibt das Wachstum immer schwächer, als das der Kulturen in homogenem Plasma. In diesen Kulturen ist die Proliferation vorzugsweise bindegewebiger Natur. Die Ergebnisse der Milzkulturen waren ganz ähnliche. Es wurde also gezeigt, daß die Vitamine, und zwar hauptsächlich der Faktor A, beim Wachstum

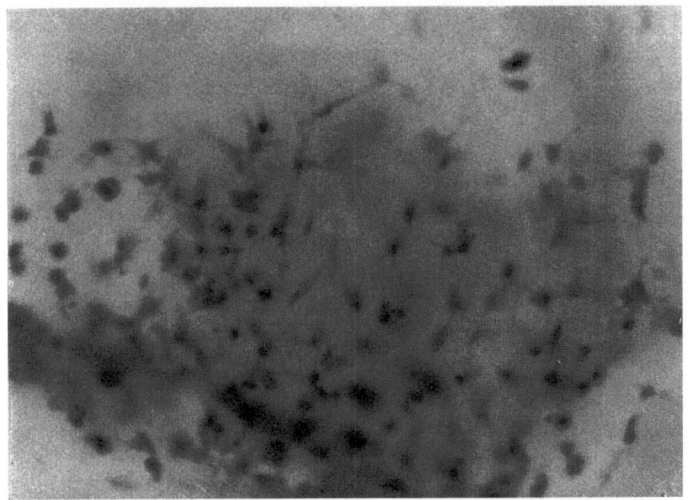

Abb. 49. Der periphere Teil der Invasionszone einer Milzkultur am 7. Lebenstage, deren Vitalität infolge Zusatz von A-Vitamin am 5. Tage zurückgekehrt ist. (Nach Bisceglie.)

in vitro eine wichtige Rolle spielen, indem sie die Assimilierungsprozesse begünstigen und die Zellen zur Proliferation reizen.

Heaton untersuchte die Wirkung von Hefeextrakten, die Substanzen enthalten, welche große Ähnlichkeit mit dem Vitaminfaktor B und nahe Beziehungen zur „antineuritischen Substanz" des Vitamins von Kimerley und Peters besitzen. Die Wirkung der Hefe bzw. der Hefeextrakte wurde durch Autolyse bzw. Erhitzen auf 145° nicht gestört. Diese Hefeextrakte zeigen eine große Ähnlichkeit mit den Leberextrakten Heatons, sie besitzen einen das Wachstum der Fibroblasten hemmenden thermolabilen, in höchstens 75proz. Alkohol löslichen und einen das Epithelwachstum fördernden, noch in 97proz. Alkohol löslichen Faktor.

Haben wir einem embryonalen Gewebefragment günstige Lebensbedingungen gesichert, wobei als wichtigste Bedingung die Versorgung des ungehinderten und fortlaufenden Zellmetabolismus ist (Entfernen der anabolischen Produkte durch Waschen der Kulturen und Verabreichen assimilierbarer Substanzen, um den Katabolismus zu erhalten), so können wir diesen Kulturen ein unbegrenztes Leben sichern. So wurde von Carrel im Jahre 1911 ein Stamm von Fibroblasten eines embryonalen Herzgewebes gewonnen, der seit dieser Zeit in aufeinanderfolgenden Subkulturen weitergezüchtet wurde; diese Kultur wird 48stündlich in ihrer Menge verdoppelt und nichts läßt daran denken, daß ein Veralten dieses Zellstammes zu erwarten wäre. Solche Zellstämme als Reinkulturen haben für die physiologische Forschung mittels Kulturen in vitro eine sehr große Bedeutung bekommen. Diese Reinkulturen kann man aus allen Gewebearten gewinnen; manche ließen sich Monate, andere Jahre hindurch züchten. Außer dem von Carrel gezüchteten Fibroblastenstamm wird noch ein anderer in Kopenhagen von Fischer gepflegt; er ist schon fast 5 Jahre alt. Beide Stämme dienten als physiologisches Reagens für viele Versuche, die sehr wichtige Fragen der Biologie zu lösen suchten.

Auf Grund all dieser Versuche ist es klar, daß die Zelle nicht ein vorausbestimmtes Ende haben muß, sondern sie stirbt aus Ursachen, die außerhalb ihres innersten Wesens liegen. Während für die höher organisierten Zellgruppen, wie es bei tierischen Organismen der Fall ist, die sogenannte Veraltung existiert oder wenigstens vorgetäuscht wird, fehlt diese Todesursache, wenn die Zelle vom Organismus getrennt gezüchtet wird. Diese Zellen werden potentiell unsterblich.

g) Studien zur Muskelphysiologie.

Während über die Histogenese und Morphologie des Muskels viele Arbeiten existieren (Heidenhain, Meves, Duesberg, Renant usw.), sind es sehr wenige, die auf die Beziehungen zwischen diesen und der Physiologie Licht gebracht hätten. Unter den ersten diesbezüglichen Arbeiten müssen jene von Bottazzi genannt werden. Er war der Meinung, daß das Protoplasma schon im frühesten Entwicklungsstadium, wo aus dem Chondriom noch keine echten Myofibrillen entstanden sind, die Eigenschaft der Kontraktilität besitzt. Um diese Beziehung der morphologischen Differenzierung zur funktionellen Evolution zu erläutern, wurden sehr früh von Engelmann und Weiss Versuche gemacht, später von Hooker und Vlés, und zuletzt von Levi die Frage wiederum behandelt; diese letzteren Autoren waren der Meinung, daß die Kontraktilität nur nach vollbrachter Differenzierung die Zelle charakterisiert.

Die Einführung der Gewebekulturen als technisches Hilfsmittel ermöglichte es, dieses Problem erstens im frühesten Entwicklungsstadium des embryonalen Herzens zu studieren, dann aber, das Phänomen der Kontraktionen auf lange Zeit unter dem Mikroskop zu verfolgen. Die erste Beobachtung der Herzmuskelkontraktionen in vitro wurde von Burrows gemacht. Die rhythmischen Kontraktionen wurden nicht nur an Zellsyncytien, sondern auch an isolierten Einzelzellen beobachtet, wobei zwischen Pulsation der Einzelzelle und Syncytium kein Synchronismus herrschte. Die Zellen verkürzten sich um ein Fünftel ihrer Länge rhythmisch in kurzen Intervallen. Burrows hat diese rhythmischen Kontraktionen 30 Tage lang in vitro verfolgen können; in den Explantationsversuchen Carrels waren sie 104 Tage lang zu beobachten. Diese rhythmische Formänderung wurde wohl auch von M. Lewis beobachtet, der pro Minute 115 Kontraktionen zählte. In diesen Fällen ging eben aus dem Phänomen der Pulsation mit Sicherheit hervor, daß die Proliferationselemente tatsächlich muskulärer Natur sind.

Auf die Frage Antwort zu geben, in welchem Moment der embryonalen Entwicklung und gleichzeitig damit, in welcher Höhe der morphologischen Differenzierung die Zellen funktionstüchtig werden, wurde von mehreren Seiten versucht.

Die schönsten Arbeiten in dieser Richtung sind Olivo und Krontowski zu verdanken. Es zeigte sich jedenfalls, daß die Fähigkeit der Kontraktilität desto größer ist, von je jüngeren Embryonen das Herzmuskelfragment herstammt; die 2—3 Tage lang bebrüteten Embryonen sind für diese Versuche am besten zu verwenden. In diesen ist jeder Teil des Herzens durch sehr ausgesprochene Selbständigkeit ausgezeichnet. Die Kontraktionskapazität bleibt bis zum 7.—8. Inkubationstag in derselben Höhe, von hier ab nimmt sie täglich ab. Der Automatismus und die Sensibilität steigt gradmäßig abwärts, und nach dem 10.—12. Inkubationstag sind die spontanen Kontraktionen schwer zu erkennen; nach dem 15. Tag hören der Automatismus und die Sensibilität ganz auf.

Die Dauer und Intensität dieses Phänomens hängt von den mehr oder weniger günstigen Lebensbedingungen ab, welche dem Explantat geboten werden. In einem echten Nährmedium (Plasma und Embryonalgewebeextrakt) sind die spontanen Kontraktionen bis zum 15. Tag der Explantation zu beobachten. In indifferentem Medium (Plasma und physiologische Kochsalzlösung) ist dieses Phänomen nicht so lange wahrzunehmen. Eine Ansammlung von katabolischen Stoffwechselprodukten wirkt hemmend auf die Sensibilität, da eine Waschung des Fragmentes mit Ringerlösung die nachgelassene Kontraktionsintensität wiederbelebt.

Olivo ist der Meinung, daß das Aufhören der Pulsationsfähigkeit in einer morphologischen Entdifferenzierung der Explantationselemente des Herzmuskels durch die Embryonalgewebeextrakte bedingt sei. Je älter die Embryonen sind (also auch bei 1—6 Tage alten Hühnchen), desto mehr ähnelt die Struktur der Fasern denen der Erwachsenenherzen und desto schneller verschwinden die Myofibrillen, jedoch bleiben die Myoblasten durch manche histologischen Charaktere erkennbar; erst später gehen alle Unterschiede verloren. Ohne Zusatz von Embryonalgewebeextrakt in das Medium können die Herzfragmente eines 17 Tage lang bebrüteten Hühnerembryos einen Entdifferenzierungsgrad bekommen und werden pulsationsfähig; dagegen besitzen die Fragmente neugeborener Kaninchen diese Fähigkeit ohne Nährsubstanzen nicht, da — wie Olivo meint — die Fasern degenerieren, bevor noch ein entsprechender Entdifferenzierungsgrad der Muskelelemente erreicht ist. Nur die morphologische Entdifferenzierung kann den Muskelzellen die Fähigkeit des Automatismus zurückgeben, d. h. wenn die Fasern einen negativen Entwicklungsprozeß durchmachen, indem ihre Zellen indifferente Elemente werden. Es wird also auch verständlich, daß die Funktionstüchtigkeit der Herzmuskelzellen von ihrem Entdifferenzierungsgrad abhängt.

Die ersten Kontraktionen der Herzanlage traten bei Olivo während der Differenzierung des neunten Paares der Urwirbel auf. Zuerst waren sie nur auf ein kleines Gebiet beschränkt, das sich langsam auf die ganze Herzwand ausbreitet. Die Kontraktionen sind immer rhythmischer, immer häufiger und kräftiger. Von den ersten Kontraktionen erfolgen nur 4—5 pro Minute; sie treten im mittleren Abschnitt der Herzanlage auf. Hier sind noch keine Myofibrillen zu beobachten, und es sollen deshalb die ersten Kontraktionen gar nicht sarkoplasmatischer Natur sein. Es erschienen andere nicht gleichartig pulsierende Anteile, die aber bald konfluieren, und es wird unter den Kontraktionen der verschiedenen Herzgebiete ein vollkommener Synchronismus herrschen. Man muß annehmen, daß die Kontraktionsreize durch alle Zellen diffundieren. Erst nach dem Erscheinen der Myofibrillen kann die Herzwand mit $CaCl_2$ zur dissoziierten Kontraktion gereizt werden, die dann selbständig fortdauern kann: Olivo erklärt diese Erscheinung durch eine Dissoziation der fibrillären und sarkoplasmatischen Kontraktionen. Die Kontraktilität kann durch elektrische Reize erhöht werden, sie beschleunigen den Rhythmus. Bei Extrakontraktionen folgen keine Kompensationspausen.

Bei Myotomen wird die Kontraktilität auf Induktionsschläge nach 60—65stündiger Bebrütung auftreten. Die Reizbarkeit ist am Anfang sehr klein; die Kontraktionen (Verkürzung und Ausdehnung) sind sehr gering, doch kann man durch fortgesetzte Reizung tetanisierend einwirken. Die Charaktere der Kontraktionen sind denen der glatten Muskeln ähnlich. Die Myotome zeigen keine spontanen Kontraktionen und werden durch Reize auch bald erschöpft. Wenn sie ermüdet sind, dehnen sie sich langsam. Sie sind elektrischen Reizen und Temperaturschwankungen gegenüber sehr empfindlich.

Die Funktionsfähigkeit ist vor dem Erscheinen der Myofibrillen eingetreten, und Olivo weist darauf hin, daß sowohl in den Anlagen der Skelettmuskulatur, als auch der Herzanlage die Kontraktionen rein sarkoplasmatisch sind.

Es wurde schon von Fischer gezeigt, daß zwei affrontierte Herzfragmente, die anfänglich einen ungleichen Kontraktionsrhythmus hatten, nach 24—72stündiger Züchtung eine vollständige funktionelle Einheit zeigen, d. h. ein Synchronismus beherrscht sie. Fischer nahm einen Austausch von artspezifischen Substanzen zwischen den Zellen beider Fragmente an, da es ihm nicht gelang, zwischen heterogenen Herzfragmenten einen Synchronismus hervorzurufen. Diese Tatsache wurde aber von Olivo widerlegt, indem er Herzfragmente von Hühner- und Taubenembryonen affrontierte; die entstandene anastomotische Einheit hat auch den Synchronismus der Pulsationen bedingt. Diese Ergebnisse sind deshalb auch schon von Wichtigkeit, da sie Licht auf die Frage der Beziehungen heterogener Gewebe und praktisch auf die Frage der Heterotransplantation werfen kann.

Die zwei heterogenen Herzfragmente Olivos wurden in Hühnerplasma gezüchtet; sie erlaubten Emigration und Wachstum beider Fragmente. Ihre Kontraktionen dauerten einige Tage lang. Durch das Zusammenwachsen beider Fragmente entstand ein synchroner Kontraktionsrhythmus, welcher aber verloren ging, als die zwei Fragmente durch einen Schnitt getrennt wurden.

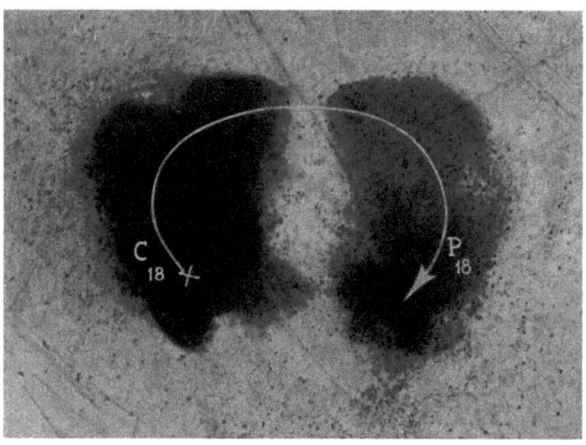

Abb. 50. Links Explantat vom Taubenherz (*C*), rechts Explantat vom Hühnerherz (*P*). Die Kontraktionen sind synchron. Die Kontraktionen des Taubenherzens eilten erst denen des Hühnerherzens voraus. Die Kontraktionswellen folgen der Richtung des Zeichens. Die Zahlen 18 bezeichnen die Zahl der Kontraktionen pro Minute. (Nach Olivo.)

Auch an isolierten Elementen der Herzfragmente (M. Lewis) konnten rhythmische Kontraktionen beobachtet werden.

Krontowski unternahm vergleichende Versuche, in welchen der Kontraktionsrhythmus durch verschiedene Markiermethoden registriert worden ist. Durch diese Methode wurden von Krontowski physikalische (Temperatur-) Einflüsse auf das explantierte Herzfragment untersucht. Er setzte zwei verschieden große Fragmente desselben Herzgewebes einander gegenüber; die beiden Stückchen waren durch eine Zellbrücke miteinander verbunden, doch trotz ihrer anastomotischen Einheit war der Pulsationsrhythmus beider Fragmente bei 39° von verschiedener Geschwindigkeit:

das kleinere Stückchen machte pro Minute 136 Kontraktionen, das größere 104. Beim Erhöhen der Temperatur wurden die Kontraktionen unregelmäßig und seltener; als die Temperatur wieder herabgesetzt und bei 39,5° belassen wurde, zeigte das kleinere Stückchen 124, das größere 64 Kontraktionen. Bei Temperaturerniedrigung blieb das kleinere Herzstückchen länger am Leben erhalten und zeigte noch deutliche Kontraktionen, als das größere schon abgestorben war.

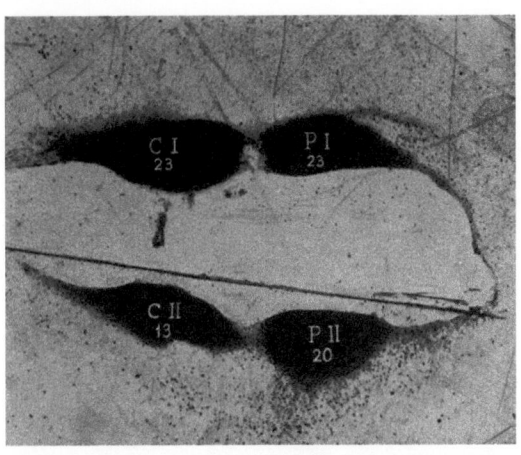

Abb. 51. Die Kultur ist dieselbe wie auf der vorhergehenden Abbildung. Die Explantate vom Taubenherz und vom Hühnerherz sind zerschnitten worden und man hat je zwei Taubenherzen und zwei Hühnerherzen erhalten. Die Kontraktionen der zwei Teile des ersten Paares sind synchron, die zwei Teile des zweiten Paares sind von verschiedenem Rhythmus, sowohl unter sich als auch dem ersten Paar gegenüber. (Nach Olivo.)

Über die Resistenz der Explantate Temperaturschwankungen gegenüber wurde auch von Lambert und Hanes berichtet. Diese Autoren haben Herz- und Darmfragmente von Hühnerembryonen untersucht, und sie sahen, daß zwischen den Grenzen von 26° und 44° einerseits rhythmische Kontraktionen, andererseits peristaltische Bewegungen zu beobachten sind. Zwischen 22° und 24° C zeigten die Herzexplantate immer noch 11—20 Kontraktionen pro Minute und hörten erst unter 22° auf zu pulsieren. Bei längerer Einwirkung von 40° traten Rhythmusstörungen auf, bei welchen das größere Fragment sich als das empfindlichere erwies (Allorhythmie, Bigeminie bei 39,5°); die Ursache dieser Erscheinung konnte nicht mit Sicherheit festgestellt werden.

234　Die physiologischen Forschungsprobleme.

h) Das Pigment.

Über den Ursprung der Pigmentkörnchen existieren viele Meinungen, es herrscht aber darin absolut keine Übereinstimmung. Das Studium mittels der Gewebekultur brachte nur einzelne und wenig zusammenhängende Ergebnisse über dieses Problem.

Scilj hat im Jahre 1911 angenommen, daß die Pigmentkörnchen vom Kern abstammen, der oft degenerativen Prozessen entgegenschreitet. Smith hat diese Frage sowohl in vivo als auch in

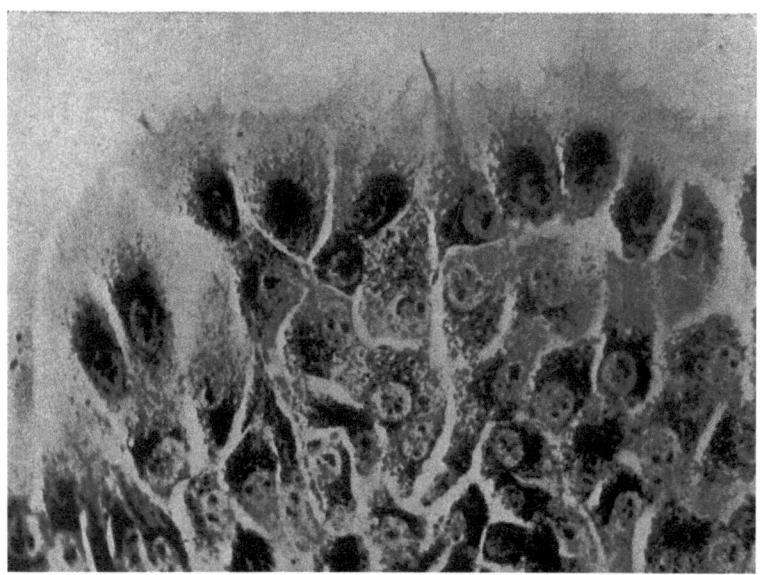

Abb. 52. 72 Stunden alte Kultur der Pigmentschicht der Retina von einem 8 Tage alten Hühnerembryo. In den meisten Zellen sind die Pigmentkörnchen um die Zentrosphäre an der einen Seite des Kerns angeordnet. (Nach Smith.)

vitro studiert und behauptet, daß der Ursprung aus dem Zellkern wenigstens beim Huhn nicht bewiesen ist. Es wurde auch die Hypothese aufgestellt, daß die Pigmentkörnchen aus den Mitochondrien herstammen, jedoch Luna z. B., der diese Frage an Explantaten studiert hat, hat eine derartige Umwandlung der Mitochondrien in Pigmentkörnchen nie beobachtet. Aber auch Smith selbst ist gegen diese Hypothese, da in den in vivo beobachteten Zellen die farblosen Körnchen weniger lichtbrechend sind, als die Mitochondrien, und da unter dem Mikroskop nie eine Umwandlung der Mitochondrien in Pigmentkörnchen beobachtet werden konnte. Sonst erinnern die Bewegungen der Pigmentkörnchen kaum an die der Mitochondrien, und während die Pigmentkörnchen mit Neutralrot sich färben, werden die Mitochondrien mit Janusgrün gefärbt. Es scheint also, daß die Pigmentkörnchen weder aus dem Kern entstehen, noch durch Umwandlung der Mitochondrien gebildet werden; sie haben aller Wahrscheinlichkeit nach nichts mit dem Fettstoffwechsel zu tun. Zuletzt hat Smith bemerkt, daß in lebendigen Zellen die Pigmentkörnchen zwischen Zentrosphäre und der Peripherie sich lebhaft bewegen. Die ersten Zeichen der Pigmentbildung zeigen sich 48 Stunden nach der Explantation. Die Pigmentbildung wird durch zwei Stadien charakterisiert: 1. Bildung von Chromogen; 2. Bildung des Pigmentes, wahrscheinlich durch Aktion enzymatischer Faktoren.

Die physiologischerweise vorkommenden Pigmente der Epithelzellen der Froschhaut sind epithelialer oder bindegewebiger Herkunft. Zu den letzteren gehören die morphologisch und mikrochemisch wohlcharakterisierten großen Melanophoren und die Lipophoren. Mit den Lipophoren zusammen sollen oft die weniger bekannten Guanophoren vorkommen.

Mitsuhashi ist der Meinung, daß in kleinen Melanophoren das Melanin nicht im Epithel, wo es aufgespeichert wird, entstanden ist, sondern im Bindegewebe. Jedoch erscheinen bei der Explantation im Epithel frühzeitig graugrüne, an das Guanin erinnernde Körnchen, deren Herkunft und Natur von Mitsuda in seinen Versuchen festgestellt werden sollte. Dabei ergab sich die Frage, ob dieses Fragment nur in vitro oder auch in vivo vorkommt.

Die angesetzten Froschhautkulturen gaben bemerkenswerte Resultate. Bei Umsetzung der Kulturen wurde das Bindegewebe vom Epithel abgetrennt, die Guanophoren fanden sich zwischen beiden Schichten und blieben am Bindegewebe haften. Sie waren grüngelb, von unregelmäßiger Form und wechselnder Menge. Im polarisierten Licht zeigten sie Doppelbrechung, mit Carmin-Fettfärbung und bei Eisennachweis bleiben sie unverändert. In den ungeteilten Epithelzellen werden von „Guanin"-Körnchen vollgefüllte Zellen gefunden; sie sehen grüngelb bis graugrün aus, sind rundlich, unregelmäßig oder von fadenförmiger Gestalt. Das „Guanin" ist nicht doppelbrechend, gegen Säuren und Alkalien ist es ziemlich beständig und mit Fettfarbstoffen nicht färbbar. Mitsuhashi will wegen dieser Eigenschaften das „Guanin" ebenso wie das Melanin von den fetthaltigen Pigmenten trennen und sie in eine Gruppe der „proteinogenen" Pigmente einreihen.

Die neuentstandenen Epithelien enthalten lichtbrechende Vakuolen und Pigmente mit einem hellbraunen oder graugrünen Farbton. Die Vakuolen sitzen im Ekto- und Endoplasma. Die in diesen Zellen gefundenen Körnchen zeigen nach ihren färberischen Eigenschaften, Form und Lokalisation andere Charaktere als das „Guanin". Der Autor ist der Meinung, daß echtes Guanin in vitro überhaupt nicht gebildet wird. Dagegen erscheinen 1—2 Tage nach der Explantation in den ausgewachsenen Epithelgeweben und auch im Medium, ganz dicht an den Epithelzellen, kleine Fetttröpfchen, die sich dann vermehren. Sie könnten vielleicht Stoffwechsel- und Zerfallsprodukte des Gewebes selber sein.

Luna hat seine Versuche an den pigmentierten Zellen der Chorioidea nach der Methode Levis ausgeführt. Er benutzte Hühnerembryonen von 8—18 tägiger Inkubation; die Chorioideafragmente wurden entweder isoliert oder mit anderen Membranen des Auges zusammen in einer dünnen Plasmaschicht gezüchtet. Die Pigmentzellen zeigten in diesen Kulturen aktive Bewegungen, wanderten in das Koagulum gleichzeitig mit den mesenchymalen Zellen, d. h. 2 oder 3 Stunden nach der Explantation, während die Zellen des pigmentierten Epithels erst nach 5—6 Stunden zu wandern anfangen. Die Wanderung der Chorioideazellen ist sehr langsam und sie erreichen erst etwa am 2.—3. Tag die distale Grenze der Invasionszone, die von mesenchymalen Zellen gebildet ist und auch epitheliale Elemente der Retina enthält. Luna glaubt, daß diese Erscheinung vielleicht durch die große Quantität von Pigment verursacht wird, die diese Zellen mit sich schleppen. Man muß auch in Betracht ziehen, daß die Emigrationsgeschwindigkeit mit dem Inhibitionsgrad direkt proportional ist. Das Alter des Embryos hat wenig Einfluß auf die Emigrationsgeschwindigkeit. Die Pigmentzellen der Chorioidea wandern in Reihen, wobei untereinander anastomotische Verbindungen bestehen; doch sind auch einzelne Elemente in größerer Zahl anzutreffen. Während die mesenchymalen Zellen ihre Form ändern, bewahren diese Zellen ihre ursprüngliche Form, und da nach Levi die Formänderung Ausdruck der Lokomotionsaktivität der Zellen ist, würde man die langsamen Bewegungen und Formänderungen aufeinander beziehen können.

Die Pigmentzellen können verschiedene Metamorphosen erfahren, hauptsächlich in älteren Kulturen, was wahrscheinlich Ausdruck des alterierten Metabolismus ist. Die Pigmentkörnchen können anschwellen und sich in lichtbrechende Tropfen umwandeln; diese Tropfen lassen sich in der Retina mit Sudan III färben, während die der Chorioidea mit derselben Farbe ungefärbt bleiben; dagegen färben sie sich intensiv mit Eisenhämatoxylin: zwischen beiden Pigmentarten müssen also chemisch bedingte Unterschiede vorhanden sein. Wird das Pigment der Zellen entfärbt, so bleiben kleine Körnchen zurück, die sich nach Altmann-Kull mit Eisenhämatoxylin rotblau färben; nach Luna stellen diese Körnchen die Chondriosomen der Zellen dar, in welchen das Pigment aufgespeichert wird. Er will sich Busaccas und anderer Autoren Meinung anschließen, daß sich nämlich Chondriosomen in Pigment umwandeln. Die mit Eisenhämatoxylin färbbaren und in der Kultur angetroffenen großen Körnchen sollen nach ihm durch Alteration der Chondriosomen entstanden sein, wie auch Levi solche Alterationen (Schwellung, Kugeligwerden, stark Lichtbrechend- und stark Färbbarwerden) der Chondriosomen in der Kultur beobachtet hat.

Die Pigmentkörnchen der Hornhaut bewegen sich nur sehr langsam, doch konnte die Natur dieser Mobilität nicht geklärt werden.

Takashima hat in seinen Studien über die Genese von Melaninpigment die Wirkung des Tyrosins auf die Chorioidea in vitro untersucht. Es wurden zu den Versuchen, wie bei anderen Autoren, Hühnerembryonen verwendet und dem Kulturmedium Tyrosin zugesetzt. Wenn die Embryonen aus der frühesten Embryonalzeit herstammten, folgte eine bedeutende Schwärzung des Gewebes schon innerhalb 1 oder 2 Tagen. Bei Temperatursteigerung kommt auch bei Anwesenheit von Tyrosin keine Pigmentvermehrung im Gewebe zustande. Tyrosinmelaninbildung konnte durch chemische Reize, Säuren und Alkalien, auch gehemmt werden. Nach dem Autor soll es sich hier um fermentative Prozesse handeln, wobei das entstandene Tyrosinmelanin keinen Unterschied dem echten natürlichen Melanin gegenüber aufweist, da beide in verschiedenen chemischen Reaktionen dasselbe Verhalten zeigen; jedenfalls scheint die Tyrosinase bei der Melaninpigmentbildung eine wichtige Rolle zu spielen. Diese Versuche Takashimas geben über das Wesen der Melaninpigmentbildung der Chorioidea experimentell bewiesene Anhaltspunkte, die noch dadurch verstärkt werden konnten, daß im Pigmentgewebe der Hühnerembryonen ebenfalls durch die Hoffmannschen oder Millonschen Reaktionen direkt nachweisbare Tyrosinsubstanz zu finden ist.

Eine andere Frage, die der Herkunft des braunen Pigments in den Leberzellen, wurde von Mitsuda behandelt. Schon Lubarsch hat sich in dem Sinne geäußert, daß das Problem betreffend Herkunft und Alter des Pigments der Leberzellen durch diese Methode ein entsprechendes Investigationsmittel gefunden hat. Mitsuda hat seine Versuche auf zweierlei Weise vorgenommen: zuerst mit der Methode der Transplantation, dann mit der Explantation. Diese Doppelführung der Versuche läßt die Ergebnisse zweifellos sehr gut kontrollieren, und, wie z. B. in diesen Fällen, wenn beide Ergebnisse übereinstimmen, eine entsprechend größere Sicherheit gewinnen. Es wurden sowohl Leberzellen als auch Gallengangepithelien explantiert. Es zeigte sich die eigentümliche Erscheinung, daß, während im Explantat selber noch nach 13 Tagen stark mit Pigment beladene Zellen zu finden waren, die in das Koagulum ausgewanderten Zellen kein Pigment enthielten. Das graubräunliche Pigment in den Leberzellen schien nicht dadurch entstanden zu sein, daß durch Absterben vieler Zellen Pigment frei geworden ist, das nun von den anderen Zellen aufgenommen und gespeichert wurde, da in den zerfallenden Zellen selber eine höhere Pigmentspeicherung vorzufinden war, als in den Explantationselementen. Es scheint also, daß Pigment durch diese Zellelemente selbst erzeugt werden kann. Die größte Menge von Pigment wurde in den älteren, noch gut erhaltenen Zellen am Rande des Fragmentes gespeichert, dagegen fehlte es in den jungen Zellen fast ganz. Die jungen Bindegewebszellen und die Elemente des Gallengangepithels waren ebenfalls pigmentfrei. Durch mikrochemische Reaktionen konnte der Autor nachweisen, daß dieses Pigment dem Abnutzungspigment der menschlichen Leber ähnlich oder vielleicht identisch ist.

Alle diese Erscheinungen, aber in erster Reihe die Tatsache, daß die neugebildeten Leberzellen, welche außerhalb ihres Organzusammenhanges entstanden sind, kein Pigment enthalten oder neubilden, konnten durch die Methode der Transplantation auch bestätigt werden. Damit wird gezeigt, daß die pigmentspeichernden

Zellen der Leber, von ihrem Organ entfernt, die Eigenschaft, Pigment aufzunehmen oder zu bilden, nicht verlieren, daß aber die neugebildeten Zellen diese Fähigkeit nicht mehr besitzen. Es wurden nur in sehr spärlicher Zahl Versuche über die Genese der verschiedenen organischen Pigmente vorgenommen. Doch scheinen die eingeschlagenen Wege die Hoffnung zu erwecken, daß mit dieser Methode noch viele Fragen der Biologie des Pigments gelöst werden können.

i) Versuche über Nervenelemente „in vitro".

Unter den experimentellen Studien an Nervenelementen steht die Frage der Nervenfasern im Vordergrund; dabei wurden hauptsächlich von Levi verschiedene Faktoren untersucht, die die morphologisch-physiologischen Charaktere der Nervenelemente beeinflussen. Die erste Frage wurde zuerst an Froschlarven und später durch die Einführung der Gewebezüchtungen an Kalt- und Warmblütermaterialien beantwortet. Im Jahre 1907 hat Harrison gezeigt, daß die Ganglienzellen 24 Stunden nach der Explantation plasmatische Fortsätze bekommen, welche sich immer mehr verlängern und deren Ende in unregelmäßigen Pseudopodien auslaufen. Die Endbäumchen oder Plakoden bewegen sich amöboid, mit deren Hilfe kann die Nervenzelle sich bewegen oder umgekehrt, das Plasma wird vorgeschoben; in einer Minute wird so 1 μ zurückgelegt, wobei die Faser fixer Zellen stark gestreckt wird. Diese Befunde wurden von mehreren Forschern, unter diesen von Braus, bestätigt. Ähnliche Ergebnisse wurden mit dem Rhombencephalon der Hühnerembryonen erhalten (Levi). Aus dem Rhombencephalon wuchsen dicke Fasern heraus, die schon in 5 Stunden eine beträchtliche Länge erreichten; aus den Endbäumchen entstanden fächerförmige Gebilde, aus welchen wiederum neue Fasern herauswachsen können.

Über die Eigenschaften der Nervenfasern, hauptsächlich über ihre Regenerationsfähigkeit, wurden von Perroncito, Mönckeberg und Bethe Untersuchungen gemacht, wobei gezeigt werden konnte, daß die regressiven Veränderungen der Zylinderachsen nicht mit dem Phänomen embryonaler oder junger Neuriten identisch sind. Diese letzteren wurden hauptsächlich von Ingebrigtsen an Kleinhirn und Ganglien junger Hühner oder Säuger vorgenommen. Die ausgewachsenen Neuriten, die nicht anastomosieren, wurden abgeschnitten; nach etwa 20 Stunden erscheinen rasch die regressiven Veränderungen, die etwa 2 Tage hindurch fortschreiten. In der ersten Zeit stellen sich am zentralen Stumpf Regenerationserscheinungen ein: die abgeschnittenen Fasern fangen an in die Länge sprossend zuzunehmen und wachsen in das Koagulum hinein. Es gibt also eine Regenerationsfähigkeit der Nervenelemente, da sie sich bei der Explantation in vitro zu regenerieren vermochten; dann aber waren die differenzierten Nervenelemente fähig, sich bei Amputation der reifen Fasern wiederum zu regenerieren.

Zuletzt untersuchte Levi die Resistenz und Regenerationsfähigkeit der Neuriten und Neuroblasten in lebenden Kulturen in vitro. Es wurden bei diesen Versuchen Fragmente des Mesencephalon und des Telencephalon der 6—7 Tage lang bebrüteten Hühnerembryonen verwendet, die in homogenem Plasma und Lockelösung gezüchtet worden sind. Die vorgenommenen Operationen wurden mittels des Mikromanopulators unter dem Mikroskop ausgeführt, wobei die Fasern mit feinen Nadeln glatt durchschnitten werden konnten, ohne Verletzungen an den Nervenelementen hervorzurufen.

Wurden die reifen Fasern mit Hilfe einer Nadel ausgezogen, ohne sie abzureißen, so zeigten sie regelmäßige Ondulationen, deren Zahl und Länge vom Ausdehnungsgrad abhängt. In einigen Minuten gewinnen die Fasern ihre ursprüngliche Länge zurück. Regressionsphänomene traten nur dann auf, wenn die Ausdehnung allzu stark war und auch Verletzungen verursacht hatte.

Man hat an den Neuriten Läsionen gesetzt, ohne die Kontinuität zu trennen. An der Stelle des Traumas treten verschiedene Veränderungen auf: Wird der Neurit mit der Nadel bloß berührt, so entsteht eine sphärische, opake und homogene Schwellung. Oft entstehen auch weit ab von der geschädigten Stelle Schwellungen, kurze, feine amöboide Fäden, oder der Faserstamm kann in ein Netz von Elementarfäden, die ihn bilden, zerfallen, die dann wiederum zusammentreten. Bei so entstandenen Schwellungen läßt sich die neurofibrilläre Substanz durch mechanische Reize präcipitieren. Doch scheint es trotz so großer Veränderung der Neuronsubstanz, als ob die dicke Gelsubstanz der Neurofibrillen eine sehr labile Konstitution hat, da der Neuron leicht seine Struktur modifiziert. Auch distal von den Verletzungen können perlschnurartige

Anschwellungen und Fäden erscheinen. Diese Erscheinungen sind flüchtig, doch an Phänomene erinnernd, die beim normalen Wachstum auch vorkommen, mit dem Unterschied, daß hier — wahrscheinlich durch die Verletzungen — diese Prozesse beschleunigt werden. Diese Erscheinungen dauern aber nur einige Minuten und verschwinden vollkommen.

Die Neuriten haben eine große Resistenz Traumen gegenüber und sind zu einer vollkommenen Restitutio ad integrum fähig. Wird eine Nervenfaser angeschnitten, so strömt aus den beiden Stümpfen eine kleinere Quantität von Substanzen heraus, die von neurofibrillärer Natur zu sein scheinen. Diese Substanz wandelt sich gleich in körnigen Detritus um. Schon während der Operation oder nachher schwellen die Stumpfenden zu Köpfen an. Die so entstandene Substanz zwischen beiden Stümpfen ist von der Dicke und den physikalischen Eigenschaften des Koagulums abhängig und kann von fast 0 bis 20—30 μ gehen.

Am abgetrennten und überlebenden Faserstumpf sind sehr interessante Erscheinungen zu beobachten. Sie zeigen eine Zeitlang die Lebensphänomene der normalen unverletzten Fasern; die regressiven Erscheinungen treten nach Ablauf verschiedener Zeitperioden ein, manchmal schon nach 4—5 Stunden, ein andermal erst nach 23—30 Stunden. An Stelle der Verletzung erscheinen die schon beschriebenen Schwellungen und werden nadelförmige amöboide Fortsätze ausgesandt, die in einigen Minuten verschwinden. In 2—3 Minuten wird der isolierte Faserstumpf wiederum scheinbar normal, zeigt Wachstumsphänomene, die durch amöboide Bewegungen des Endbäumchens vor sich gehen. Das Wachstum kann in 15 Minuten etwa 7 μ, im Mittel pro Stunde etwa 20 μ zurücklegen, und diese Wachstumsgeschwindigkeit scheint nicht geringer als die der normalen Faser zu sein. Die Wachstumsintensität und auch die Dauer des Überlebens scheint von der Länge des abgetrennten Stumpfes ganz unabhängig zu sein. Auch 15 μ lange Stücke wuchsen stundenlang. Am proximalen Ende des Stumpfes können die vitalen Erscheinungen ganz fehlen, oder es erscheinen sphärische oder unregelmäßige Schwellungen; auch können dünne, blasse Fasern ausgeschickt werden, die sich in amöboide Äste aufteilen. Allem Anschein nach nehmen die Neuritstücke, um unabhängig von den Neuroblasten wachsen zu können, vom Nährmedium Substanzen auf und vermehren die absolute Quantität des Materials. Die trophische Wirkung der Neuroblasten kann letzten Endes doch nicht entbehrt werden, da die isolierten Neuriten in einigen Stunden dem sicheren Tod entgegengehen.

Wenn die Distanz zwischen den beiden zentralen und sphärischen Faserstümpfen (in weichem und dünnem Koagulum) so klein ist, daß die Stumpfenden einander berühren, so kann sich die Kontinuität wieder herstellen. An den Stumpfenden erscheinen im allgemeinen sphärische Schwellungen, die sich vereinigen, und nach einiger Zeit ist die Stelle der Durchtrennung nicht mehr zu erkennen. Es ist hier nur zu fragen, ob nicht die Trennung nur vorgetäuscht war, und ob die Wiederherstellung der Kontinuität durchtrennter Fasern überhaupt möglich ist? Einige Versuche scheinen diese Zweifel ganz widerlegen zu können. Ja selbst wenn die beiden Stümpfe etwas entfernt sind, kann nach längerer Zeit selbst der zentrale Stumpf mit amöboiden Bewegungen den peripherischen, abgetrennten Stumpf erreichen; dies kann auch dann noch geschehen, wenn der peripherische Stumpf keine amöboiden Bewegungen mehr zeigt. Es ist interessant, daß sich ein zentraler Stumpf auch mit einem nicht ihm gehörigen peripherischen Stumpf vereinigen kann.

Schon Harrison und später Ingebrigtsen haben gezeigt, daß die Neuroblasten im Koagulum aktiv emigrieren. Nach Olivo sollen diese Bewegungen durch sehr kleine sphärische Bildungen oder mit Hilfe ihrer Neuriten geschehen; die Neuroblasten emigrieren nur, wenn der Neurit schon entstanden ist, mit dem er sich an das Fibrinnetz anhängen kann. Mit dem Explantat bleibt der Neuroblast nur durch eine oder zwei Verlängerungen verbunden, die bei Emigration der Zelle sehr angespannt werden.

Levi hat auch an den Neuroblasten Operationen ausgeführt. Wenn die Feinnadel bis zum Kern eingestochen wurde, so verwandelte sich der Neuroblast gleich in körnigen Detritus und der Neurit verschwand spurlos. War dagegen die Wunde nicht so tief und der Kern nicht angegriffen, so erschienen im Cytoplasma lichtbrechende Körnchen, doch scheinen die Zellen keine großen Schäden davongetragen zu haben, da sich auch ihre Form nicht ändert. Auch Druckverletzungen verursachen beim Neurit gröbere Granulationen im Cytoplasma des Neuroblasten.

Es ist durch diese Versuche gezeigt worden, daß beim Wachstum embryonaler Neuriten die distalen Endfasern die Hauptrolle spielen; die trophische Funktion der Neuroblasten kann, wenigstens für einige Zeit, entbehrt werden. Die amöboiden Bewegungen der Faserenden sind autonom und sind sicherlich nicht durch Einflüsse bedingt, welche die Faser von ihrer Zelle bekommt, deren Natur nur wenig bekannt ist. Eben diejenige Aktivität der Faser, deren Abhängigkeit vom Neuron vorausgesetzt worden war, scheint eigentlich noch am unabhängigsten zu sein: die amöboiden Bewegungen und das Wachstum hören, solange die Faser überlebt, trotz der Abtrennung von den Mutterzellen nicht auf. Daß gewisse Anhängsel der Strukturelemente, vom Kern oder dem Cytoplasma unabhängig, auch aktiv werden, wurde schon oft erwiesen, z. B. an den Intestinalzellen der Anodonta, an den Schwänzen der Spermatozoen usw. Die Autonomie der Nervenfasern wird aber zuerst durch diese Versuche erwiesen, doch wäre erwünscht, daß auch umgekehrt die Abhängigkeit vom Neuroblast, die Einflüsse, welche sie von der Nervenzelle bekommen, analysiert würden. Levi ist überzeugt, daß die abgetrennten Fasern vom Nährmedium Substanzen aufnehmen, d. h. es geht nicht etwa ein rein physikalisches Phänomen vor sich, sondern es handelt sich um Assimilation. Ein ähnliches Beispiel, wo abgetrennte Plasmateile autonom anwachsen können, ist in der Metazoenwelt kaum bekannt, es wird also nicht ohne Interesse sein, die trotzdem vorhandenen, auch trophischen Beziehungen zwischen Neuroblast und Neuriten zu erforschen.

Levi versucht jedenfalls, die autonome Massenzunahme der Neuriten zu erklären. Das Vorherrschen der anabolischen Prozesse über die katabolischen soll auf den Neuroblast beschränkt sein; in diesem Falle würde der Neuron den Neurit mit neuem Material versehen, oder aber diese anabolischen Prozesse gehen sowohl im Neuroblast, als auch im Neurit vor sich, und der letztere ist fähig — wie diese Versuche zeigen —, von der Nährflüssigkeit Substanzen aufzunehmen, die im Neurit selber in lebendige Substanz umgewandelt werden.

Daß diese Eigenschaften des Neuriten nur bei embryonalen Elementen vorkommen, ist eine wohlbekannte Tatsache. In ähnlichem Sinne an peripherischen Nerven erwachsener Säugetiere vorgenommene Versuche von Ingebrigtsen gaben stets negative Resultate. Dagegen wurde die erst von Ingebrigtsen erwiesene

Tatsache, daß der embryonale Neuritenstumpf auch in vitro durch amöboide Aktivität des zentralen Stumpfes reagieren kann, von Levi bestätigt und unsere Kenntnisse über die vitalen Eigenschaften und die Autonomie des Neurons bereichert.

IX. Die pathologischen Forschungsprobleme der Gewebezüchtungen „in vitro".

a) Entzündungen.

Das Studium der Entzündungsprozesse findet in der Methode der Gewebezüchtungen entsprechende Forschungsmittel, und wenn auch bisher Untersuchungen nur in spärlicher Zahl vorgenommen worden sind, zeigen die Ergebnisse jetzt schon, daß sich auf diesem Investigationsfeld neue Möglichkeiten eröffnen. Die Literatur über Entzündungen im allgemeinen ist unglaublich groß, doch gibt es noch mehrere Probleme, die einer Lösung bedürfen. So z. B. die Frage der Lymphocyten, die entweder auf hämatogenem oder auf histogenem Wege entstehen. Mehrere Autoren (Arnold, Senator, Schridde, Baumgarten, Orth usw.) nehmen eine Abstammung vom Blutwege her an, nach anderen hingegen sollen sie von Gewebsverbänden hergeleitet sein. Nach Ribbert entstehen die Lymphocyten der Entzündungsexsudate durch schnelle Vermehrung der präexistierenden Lymphocyten des normalen Gewebes.

Einen ganz neuen Weg hat die Grawitzsche Schule im Entzündungsproblem eingeschlagen mit einer Lehre, die schon vor etwa 30 Jahren entstand und jetzt durch die Methode der Gewebezüchtungen gestützt werden sollte. Trotzdem diese Lehre viele Gegner gefunden hat, ist sie sehr beachtenswert. Im Mittelpunkt dieser Lehre steht die Behauptung, daß im Entzündungsgewebe die Rundzellen durch Umwandlung der lokalen Gewebselemente entstehen und nicht, wie sonst angenommen wird, hämatogenen Ursprungs seien. Diese seit drei Jahrzehnten angefochtene Lehre wurde von Grawitz seit 1914 wiederum aufgenommen und in einer Reihe von Kulturversuchen zu unterstützen gesucht. In diesen Arbeiten wurden Herzklappenfragmente gezüchtet und nachgewiesen, daß beim Abbau des Bindegewebes in der Kultur Rundzellen erscheinen. Dies noch nicht gut erklärbare Erscheinen der Rundzellen wurde auch anderererseits beschrieben; bei Transplantationen (von Fettgewebe in einen Gehirndefekt nach Marchand), in den Regenerationserscheinungen, überhaupt bei Wundheilung und in erster Linie in den Entzündungen. In den Kulturen von Herzklappen wurden von Grawitz, Schlähe und Uhliz in diesem Umwandlungsphänomen des Gewebes drei Zelltypen beschrieben: ein myxomatöser Typ, ein Körnchenzellentyp und ein Infiltrationszellentyp. Die Rundzellen erscheinen in der letzteren, dem Infiltrationsgewebe ähnlichen Formation, wo früher die Bindegewebsfibrillen lagen. Die Frage der Rundzellen ist interessant. Es wurde nämlich verschiedentlich schon behauptet, daß die Säugerherzklappen keine Gefäßversorgung haben, wenn auch Ausnahmen gefunden worden sind; nach Rappe können z. B. aus unbekannten Gründen, meistens in der Mitralis, Gefäße erscheinen. Aber in der Kultur muß eine hämatogene Ursache mit aller Wahrscheinlichkeit ausgeschlossen werden; hier könnten die Formationen nur durch Abbau des Bindegewebes entstehen. Nach Grawitz geschieht diese Umwandlung in der Weise, daß nach dem Abspielen des Ablagerungsprozesses sich im Medium die in feinste Körnchen verteilten Chromatinstäbchen sammeln; sie verdichten sich zu neuen Kernen, welche sich einen neuen Plasmahof gewinnen. Das Eigentümlichste in dieser Lehre ist die Behauptung, daß neue Kerne ohne Teilung aus anderen entstehen können, und eben diese neue Auffassung hat die meisten Gegner gefunden.

Die Grawitzschen Arbeiten wurden von Rhoda Erdmann nachuntersucht. Sie züchtete in üblicher Weise Herzklappen von Reptilien und Mammaliern (Ringelnatter, Ratte, Katze) und suchte hauptsächlich das Entstehen der Kerne zu erforschen. Sie glaubt, die Grawitzschen Ansichten mit den ihrigen in manchen Punkten vereinbaren zu können, und bestätigt auch den Abbau der fibrillären Strukturen. Der Abbau der Bindegewebsfibrillen geschieht in der Weise, wie das schon von Grawitz und Hannemann selbst beschrieben worden ist. In der Mitte der Fibrillen, an deren zwei Polen die fibrilläre Struktur gut zu erkennen ist, befindet sich ein Kern, der nach Hannemann auch dort entstanden ist. Hannemann denkt an ein Kernbildungszentrum, in welchem der Kern entsteht. Dagegen stellt Erdmann fest, daß die ausgewachsene Herzklappe viel mehr Kerne enthält, als das von der Grawitzschen Schule angenommen wird; dabei entstehen in der Kultur neue Kerne nur durch direkte Teilung schon präexistierender Kerne. Der Abbau wird durch eine Verflüssigung der Interzellularsubstanz eingeleitet, womit eine Auswanderung von Rundzellen ihren Anfang nimmt. Beim Aufbau des neuen Gewebesystems wird ein Entstehen von Bindegewebsfibrillen nicht beobachtet, dagegen eine Fragmentation alter Kerne, welche Kollagen und Elastin enthalten. Es entstehen elastische Fäserchen, die in das freie Medium hineinwachsen. Mit diesen Arbeiten wurde klar erwiesen, daß der von Grawitz nachgewiesene Abbau des Herzklappengewebes ein sehr beachtenswertes Phänomen ist, daß aber die Neubildung des Gewebes nicht, wie er es annahm, durch Neuentstehen von Kernen zustande kommt, sondern präexistierende Elemente in Anspruch nimmt. Diese Versuche werfen Licht auf die im Körper verlaufenden Abbauphänomene des Gewebes, an dessen Stelle neues Gewebe tritt. In der Kultur spielt beim Abbau und bei der Neubildung die Milieuanpassung der Elemente eine große Rolle, und Erdmann will bei diesem Kulturneubildungsphänomen gegenüber der Champyschen ,,dedifférenciation'' der Zelle eher über ,,rédifférenciation'' sprechen, d. h. über eine Neudifferenzierung des fibroblastischen Gewebes.

Marchand nimmt einen multiplen Ursprung (vasalen und histogenen) der Polyblasten an. Er behauptet also, daß die Polyblasten sowohl aus Blutzellen als auch aus Gewebszellen entstehen, und damit ist ein multipler Ursprung, ein hämatogener und histogener, gegeben.

Unter der ,,Gefäßwandzelle'' von Marchand müssen verschiedene Zelltypen verstanden werden. Marchand und Herzog schreiben den adventitiellen Klasmatocyten die größte Bedeutung zu.

Dagegen vertritt Maximow seit 1902 einen andern Standpunkt in bezug auf die Histogenese der Entzündungsgewebe. Er unterscheidet drei Zelltypen im Entzündungsfeld: erstens die Granulocyten (polymorphkernige, körnige Leukocyten), die von den Gefäßen hinauswandern, aber nie definiertes Gewebe bilden; sie degenerieren rasch und verschwinden bald; zweitens Fibroblasten, das sind die lokalen gewöhnlichen Bindegewebselemente, die auf den Entzündungsreiz mit einer ausgesprochenen mitotischen Proliferation antworten und die Grundlage der Granulationsgewebe bilden; drittens die Polyblasten, die amöboiden mononucleären Phagocyten des Entzündungsexsudats, welche in verschiedenen Formen erscheinen können: als die eigentlichen mononucleären Makrophagen (von Metschnikoff), polynukleären Riesenzellen usw. Sie sollen teils durch Mobilisation der lokalen Klasmatocyten des Bindegewebes, teils aus wandernden Lymphocyten und Monocyten des Blutes entstehen; sie wandern in das Gewebe hinein, hypertrophieren und erfahren die charakteristische Umwandlung. Die Mitbeteiligung des Vasalendothels bei Entzündungen oder mehr in der Form von Polyblasten ist weniger klar; so viel steht aber fest, daß sie sich nie in amöboide Elemente umwandeln. Tschaschin, Lang und andere haben die Ergebnisse von Maximow bestätigt.

Was die Plasmazellen anbetrifft, könnten diese ebenfalls histogenen (Unna, Borst, Whilfield, de Buck usw.) oder hämatogenen Ursprungs sein, d. h. sie sind einfach modifizierte Lymphocyten (Marschalko, Schottländer, Krompecher, Dominici, Weidenreich usw.).

Für das Studium der Infektion wurde die Methode der Gewebezüchtungen in vitro in größem Umfang betreffs der Tuberkuloseinfektion angewendet, da eben die Tuberkuloseinfektion charakteristische Läsionen, den Tuberkel, hervorruft, in welchem die Histogenese der eigenartigen Formation, die noch nicht genügend klar erfaßt wurde, leicht zu studieren ist. Die Reaktion des Gewebes bei der spezifischen Tuberkuloseinfektion, die im Organismus in charakteristischen Entzündungsneubildungen sich manifestiert und von einer langen Reihe von Forschern studiert worden ist (Kostenitsch, Wolkow, Klebs, Metschnikoff usw. usw.), gab gute Gelegenheit, der Explantationstechnik ein neues Investigationsfeld zu eröffnen. Es haben sich in diesem Sinne Smith', Veratti, Timofejewsky und Benewolenskaja, Lewis, Maximow, Lang und Bisceglie Verdienste erworben.

Wenn man einer Gewebekultur Tuberkelbazillen zusetzt, findet in der Kultur eine Proliferation und Auswanderung von Zellelementen statt, welche die Bakterienhaufen umgeben, etwa im Sinne des positiven Chemotropismus herangelockt; diese Zellen sind mit phagocytären Eigenschaften versehen, sie nehmen in ihrem Protoplasma die Bakterien in großer Zahl auf.

Unter diesen Zellen hat das Auftreten von Riesenzellen eine außerordentlich rege Diskussion schon seit langer Zeit erweckt und ihr Erscheinen in den Kulturen wiederum zu Studien Gelegenheit gegeben. Leo Loeb hat in Hodenkulturen Riesenzellen gefunden; Lambert, später Weil, haben sie künstlich in Kulturen von embryonaler Milz durch Zusatz von Fremdkörpern (Lycopodiumsporen) hervorgerufen und behaupten, daß an ihrer Bildung die mononucleären oder die retikulären Zellen oder die Zellen der Milzpulpa teilnehmen, während die Fibroblasten keine Riesenzellen bilden können. Lewis und Webster behaupten, daß die typischen Riesenzellen in mit Tuberkelbazillen infizierten Kulturen durch Verschmelzen von großen wandernden mononucleären Zellen oder durch mitotische Teilung des Kernes eines dieser Elemente zustande kommen, wobei das Protoplasma nicht der Teilung des Kernes folgen kann. Maximow fand in ähnlichen mit Tuberkelbazillen infizierten Kulturen Riesenzellen, welche nach ihm durch Fusion der retikulären Zellen entstehen. M. und W. Lewis sahen in Kulturen von Monocyten Riesenzellen durch Amitose entstehen. In ähnlicher Weise schreibt Veratti die Entstehung der Riesenzellen der Amitose zu, während Smith sie durch Fusion entstehen läßt. Nach Timofejewsky und Benewolenskaja sind beide Entstehungsmechanismen möglich. Bisceglie sieht die Langhansschen Riesenzellen durch Fusion entstehen, doch will er die andere Möglichkeit auch nicht ausschließen.

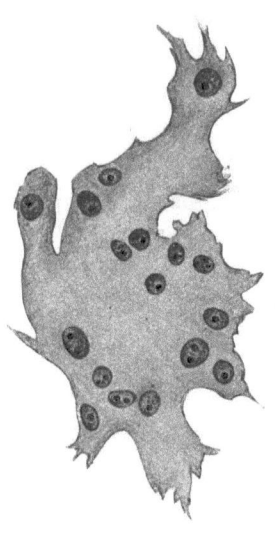

Abb. 53. An der Invasionszone frei gefundene Riesenzelle einer mit Tuberkulose infizierten Milzkultur. (Nach Bisceglie.)

Eine andere sehr wichtige Frage ist, wie erwähnt, die Histogenese des Tuberkels. Die Beschreibung der Gewebsumwandlungen, d. h. das Erscheinen von großen runden oder polygonalen, mit homogenem Protoplasma versehenen epitheloiden Zellen stimmen allgemein überein. Über die Genese dieser Zellen gehen die Meinungen auseinander, und zwar ist hauptsächlich die Frage der epitheloiden Zellen noch ziemlich unklar. Die Literatur über diese Fragen ist allzu groß und uns interessieren nur die Ergebnisse der Gewebezüchtungen.

Nach von Veratti an Lebergewebe von Kaninchen gemachten Kulturversuchen sollen die Elemente des die Tuberkelbazillen umgebenden Tuberkels nicht, wie Smith behauptet, lymphocytärer Natur sein, sondern sie sind Histiocyten (Makrophagen). Die Riesenzellen stammen meistens von diesen Elementen ab.

Maximow untersuchte den Reaktionsmechanismus des Lymphoidgewebes des Omentum und auch des losen Bindegewebes bei der Tuberkuloseinfektion in vitro. Ihm lag bei diesen Versuchen daran, die Frage der Histogenese des Entzündungsgewebes im allgemeinen — wobei die Frage des Ursprungs der mononucleären Exsudatzellen selbstredend auch herangezogen werden mußte — zu lösen. Die aktiven Elemente in diesen infizierten Kulturen von Lymphoidgewebe waren die retikulären Zellen, welche sich stark vergrößerten, mitotisch vermehrten und, in große epitheloide Polyblasten umgewandelt, mobilisiert wurden. Sie hatten die sehr ausgesprochene Fähigkeit der Phagocytose. Durch lokale Ansammlung dieser Zellen um Bakterienhaufen herum stellten sie Formationen dar, welche den Tuberkeln des mit Tuberkelbazillen infizierten Organismus sehr ähnlich waren. In diesen Formationen war dann eine zentrale Verkäsung zu beobachten. Die Endothelzellen nehmen an der Bildung der tuberkelähnlichen Formation nicht teil und bilden auch keine Riesenzellen. Es scheint also, daß die Tuberkelbazillen auf die Histiocyten im Sinne eines Wachstumsreizes wirken; sie sind für diesen Reiz empfindlicher, als die Lymphocyten.

In den Arbeiten von Timofejewsky und Benewolenskaja wurde Milz- und Lungengewebe von Kaninchen in Nährmedien gezüchtet, wobei den Kulturen Tuberkelbazillen des humanen Typus zugesetzt wurden, um die Reaktion der Kulturelemente in Gegenwart der Bazillen zu beobachten. In diesen Kulturen fand eine Hemmung auf das Wachstum der Fibroblasten statt, dagegen hat die Gegenwart der Tuberkelbazillen eine erhöhte Bildung großer Wanderzellen mit dem Charakter der Polyblasten hervorgerufen. Als Zeichen der starken Phagocytose waren in ihrem Protoplasma Tuberkelbazillen in großer Zahl eingeschlossen. Diese Zellen werden von den Bazillen chemotaktisch herangelockt, sie sammeln sich um diese in großer Zahl an und bilden Formationen, die ihrem Bau und Bestand nach den im Organismus entstehenden epitheloiden Tuberkeln sehr ähnlich sind. Unter den Elementen von epitheloidem Charakter werden manchmal auch vielkernige Riesenzellen beobachtet; im Zentrum dieser Bildungen, wo die Tuberkelbazillen angehäuft sind, geht in der Folge Nekrose vor sich.

In den Kulturen von Lungengeweben sind an der Bildung hauptsächlich Alveolarepithelzellen, in der Milz die retikulären Zellen und die mononucleären unkörnigen Leukocyten beteiligt. Im Protoplasma dieser Zellen findet in protoplasmatischen Vakuolen eine Verdauung der Tuberkelbazillen statt, die ihre Säurefestigkeit langsam verlieren und in feine Körnchen zerfallen.

Dann haben die beiden russischen Forscher Kulturversuche an weißen Blutkörperchen in autogenem Plasma mit Zusatz von Tuberkelbazillen angestellt. Die Leukocytenmembran wurde in Tyrodelösung in kleine Stückchen zerschnitten, die mit einer Platinöse in eine Suspension von humanen Tuberkelbazillen getaucht und endlich in einen Tropfen Tyrodelösung übertragen und mit Plasma bedeckt wurden. Die Tuberkelbazillen stammten von einer 1 Monat alten Glycerin-Kartoffelkultur und waren in ihrer Virulenz abgeschwächt, wiesen aber noch einen beträchtlichen Toxingehalt auf. In der Kultur zeigten die weißen Blutkörperchen sofort amöboide Bewegungen; um das Fragment der Leukocytenmembran erschien bald ein weißlicher Kreis von Leukocyten, die in das Koagulum ausgewandert waren. Nach 2—3 Tagen ist dieser Hof schon voll entwickelt. Die gekörnten Leukocyten gehen in der Kultur bald zugrunde, dagegen nehmen die ungekörnten Lymphocyten, Leukocyten und Monocyten an Größe zu, haben runde, ovale oder auch unregelmäßige Kerne, die verhältnismäßig recht chromatinarm sind und einen oder mehrere Kernkörperchen aufweisen. Ihr Protoplasma ist basophil, enthält Fetttröpfchen und der Kern wird gegen die Peripherie gedrückt. Diese Zellen verflüssigen allmählich das Fibrin, und es bildet sich im Zentrum ein helles Feld. Die Kultur besteht fast ausschließlich aus diesen phagocytierenden, sich amöboid bewegenden Zellen. Sie ergreifen die zerfallenden Zellen, rote Blutkörperchen und andere Fremdkörperchen in der Kultur und bilden aus dem Hämoglobin der Erythrocyten ein gelbliches Pigment. Sie können sich in großen Syncytien mit vielen Kernen vereinigen und dadurch entstehen mit bloßem Auge sichtbare Riesenzellen.

Bei Anwesenheit von Tuberkelbazillen werden die Bakterien bald von leukocytären Ansammlungen umgeben. Sie wandern in die dichtesten Stellen der Bakterienhäufchen ein. Scheinbar üben die Tuberkelbazillen keine besonders schädliche Wirkung auf die amöboide Bewegung der Zellen und ihre Lebensdauer aus. Die Zellen können durch Vereinigung einzelner Zellen zu Riesenzellen werden; diese Bildung ist auch manchmal in lebenden Kulturen zu beobachten. Der Kampf zwischen den Tuberkelbazillen und den körnigen Zellen wird allgemein mit dem Siege der ersteren beendigt: die Zellen gehen zugrunde und zerfallen. Sie sind diesen Bazillen gegenüber allzu schwach und haben in der Abwehraktion gegen die Tuberkuloseinfektion fast keine Bedeutung. Dagegen besitzen die nichtkörnigen Zellen, d. h. die Lymphocyten und Monocyten, eine größere Resistenz, sie sind am 2. Tage immer noch um die Tuberkelbazillenhaufen gesammelt. Die ganze Zellansammlung bekommt einen lymphoidalen Charakter. Die nichtkörnigen Leukocyten fangen jetzt erst an, ein ausgesprochenes Wachstum zu zeigen, und dadurch wandelt sich langsam der lymphoidale Typ in einen epitheloidalen um, wenn auch eine solche Verschiebung des Zelltyps nicht immer zustande kommt. In 3—4tägigen Kulturen sieht man fast nur solche großen amöboiden Zellen, die sich aus nichtgekörnten Leukocyten entwickeln. In einigen sind mehrere phagocytierte Bakterien vorhanden; durch Vordringen der phagocytierenden Zellen werden die Bakterien in kleinere Haufen zerteilt. Die Zellen, welche die Bakterien umgeben, zeigen keine deutlichen Degenerationszeichen. Am 11. Tage sind die großen Phagocyten in der Kultur regelmäßig verteilt, ihr Protoplasma enthält große Mengen von Tuberkelbazillen, welche frei überhaupt nicht mehr vorkommen.

Die Autoren sind auf Grund dieser Beobachtungen der Meinung, daß die epitheloiden Zellen des Tuberkels hämatogenen Ursprungs sein könnten; die nichtkörnigen Leukocyten in der Kultur würden sich in Phagocyten umwandeln, welche nach ihrer Morphologie und Funktion den epitheloiden Zellen des Tuberkels ähneln. Diese Versuche zeigen aber auch, daß die nichtkörnigen Leukocyten durch ihre Resistenz Tuberkelbazillen gegenüber und durch ihr Vermögen, diese Bakterien (wenigstens in der Kultur) zu zerstören, im Kampf des Organismus gegen eine Tuberkuloseinfektion eine große Rolle spielen müssen.

Bisceglie züchtete Leber- und Milzgewebe embryonaler Kaninchen in homogenem Plasma unter Zusatz von Tuberkelbazillen des humanen Typus. In den Leberkulturen sieht er längliche oder sternförmige, mit Fortsätzen versehene Zellen auswandern, die untereinander anastomotisch verbunden sind. Diese Fibroblasten isolieren sich bald und wandern in das Koagulum, um sich um den Bakterienhaufen herum anzusammeln. Man sieht also, daß die Kochbazillen zwar die Proliferationsfähigkeit der Kultur unterdrücken, aber dennoch auf die Proliferationselemente einen positiv chemotropischen Reiz ausüben. Es wird eine, wenn auch nicht sehr intensive Phagocytose beobachtet. Langsam erscheinen andere Zellelemente, die sich an die ersten konzentrisch anreihen und die tuberkelähnliche Formation bilden. Riesenzellen waren meistens an der Peripherie dieser Bildungen zu sehen. Epitheliale Elemente waren an der Bildung der tuberkelähnlichen Formationen nie beteiligt. Es wäre also nach Bisceglie den die Tuberkel bildenden Epitheloidzellen eine rein histogene Natur zuzuschreiben; sie entstehen, wenigstens in den Leberkulturen, aus Fibroblasten; ob auch die Kupfferzellen an der Bildung dieser Zellen teilnehmen, konnte nicht sichergestellt werden.

Abb. 54. Mit phagocytierten Kochbazillen beladene aus der embryonalen Kaninchenleberkultur ausgewanderte Fibroblasten. (Nach Bisceglie.)

An Milzkulturen war zuerst eine histiocytäre Reaktion auf die Tuberkuloseinfektion wahrzunehmen, sekundär waren auch die Fibroblasten beteiligt, doch war ihre phagocytäre Fähigkeit weitaus geringer als die der ersteren und die regressiven Erscheinungen traten in ihnen auch früher auf.

Von allen Geweben hat betreffs der Tuberkuloseinfektion das Lungengewebe die größte Bedeutung. Hier spielen die Alveolarphagocyten, — runde oder polygonal unregelmäßige Zellen, welche in verschiedenen Formen auftreten, so als Staubzellen bei Selbstreinigung der Lunge, als große Exsudatzellen bei Entzündungen, als Herzfehlerzellen bei Stauungsprozessen usw., — als Abwehrorgane eine außerordentlich wichtige Rolle.

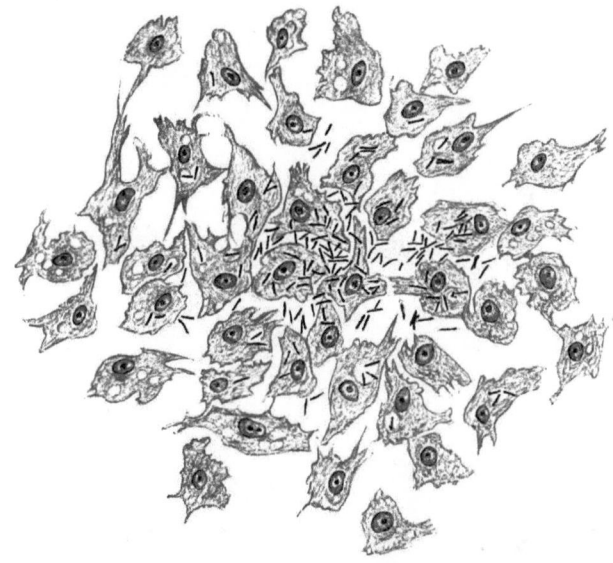

Abb. 55. Ausgewanderte histiocytäre Zellen einer embryonalen Kaninchenmilzkultur, die sich um einen Bazillenhaufen sammelten und eine tuberkelähnliche Formation bildeten. (Nach Bisceglie.)

Es herrschen sehr verschiedene Auffassungen über die Abstammung dieser Elemente. Nach einigen Autoren (Arnold, Schaffer usw.) sind die Alveolarphagocyten freigewordene Epithelzellen der Alveolarwand, denen auch Elemente anderen Ursprungs, wie Leukocyten und Bluthistiocyten, beigemischt sein dürften. Nach anderen Autoren (Aschoff und Kiyono) könnten die phagocytären Elemente aus anderen Organen (Leber, Milz, Knochenmark) durch Loslösung aus ihrem Verbande von retikulären Histiocyten herstammen. Einige Autoren betrachten die Endothelien der Lungencapillaren als die Quelle dieser phagocytären Elemente. So viel steht jedenfalls fest, daß die Abstammung der Alveolarphagocyten im allgemeinen überhaupt nicht geklärt ist.

Lang suchte die Frage durch Züchtung von Lungengewebe von Kaninchen in homogenem Plasma und Embryonalextrakt zu lösen. Nach ihren morphologischen und funktionellen Eigenschaften sollten nach Lang die Zellen bindegewebige und

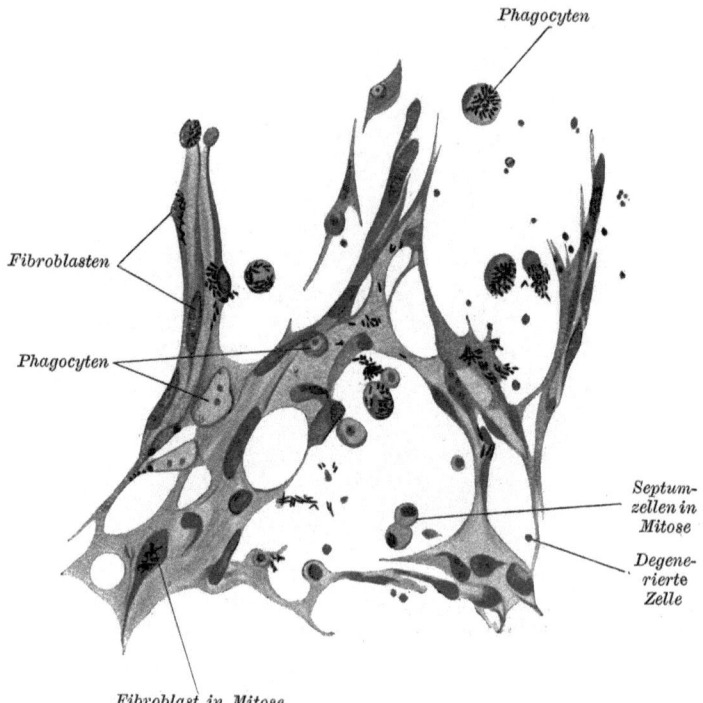

Abb. 56. 6 Tage alte Kultur. Aus dem explantierten Fragment hervorgegangene Fibroblasten, die teilweise Bazillen enthalten. (Nach Lang.)

histiocytäre Zellelemente mit amöboiden und phagocytierenden und speichernden Fähigkeiten sein. Diese Zellen entsprechen den Makrophagen Metschnikoffs (oder den Polyblasten von Maximow) im Entzündungsgewebe oder den mobilisierten Reticulumzellen der Lymphdrüsenkulturen. Die Auffassung, welche den epithelialen Ursprung der Alveolarphagocyten aus „körnigen" kernhaltigen Epithelzellen der Alveolen in Abrede stellt, scheint viel Berechtigung zu haben.

Als Quelle der amöboiden Phagocyten und Makrophagen müssen die Septumzellen betrachtet werden. Diese Zellen liegen in den Septen und scheinen epitheliale Elemente zu sein; sie sind es aber nicht (das zeigt auch schon ihr Sitz drinnen in den Septen), sondern im Rahmen des retikuloendothelialen Systems gelegene, bindegewebige Zellelemente mit embryonalen Entwicklungsfähigkeiten. Sie schwellen an und wandeln sich progressiv in phagocytierende Zellen um, wie das in der Lungenkultur von Lang

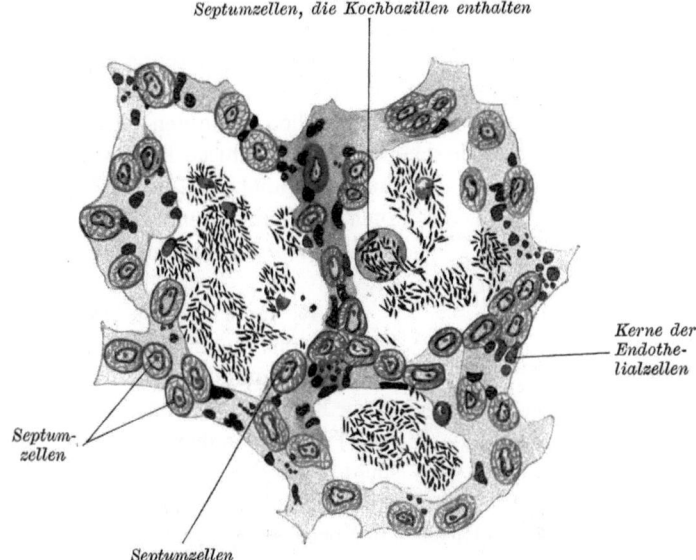

Abb. 57. Das Bild ist dem der verkästen Pneumonie ähnlich; große Bazillen enthaltende Zellen in den Alveolarräumen; die Septumzellen sind mobilisiert, teils in das Lumen gelangt; das Capillarendothelium ist von den Septumzellen durch den Nucleus zu unterscheiden. (Nach Lang.)

zu verfolgen war. Das interstitielle Lungenparenchym gehört also dem mesenchymalen System des Organismus an, aus welchem die histiocytären Elemente entstehen. Die aktiv amöboiden, speichernden Makrophagen oder Alveolarphagocyten sind mobilisierte Septumzellen. Neben diesen histogenen Histiocyten spielen die Bluthistiocyten nur eine untergeordnete Rolle (Lang), während dem Endothel der Lungencapillaren und des Bronchialsystems kaum irgendeine Bedeutung als Quelle der Alveolarphagocyten zuzuschreiben ist.

Lang züchtete mit Tuberkelbazillen infizierte Lungengewebe. In diesen Kulturversuchen wurde die Bildung von tuberkelähnlichen Strukturen ebenso wie in den anderen Kulturen beobachtet. Was die Histogenese dieser Formation anbetrifft, meinte Lang, daß dem Capillarendothel (im Gegensatz zu Foot, der seine Beteiligung an der Bildung der Epitheloidzellen des Tuberkels und des Entzündungsexsudates annimmt) überhaupt keine Bedeutung zuzuschreiben ist. Das respiratorische Epithel kommt auch nicht in Betracht. Allein die Septumzellen sind aktive Elemente; sie werden als Alveolarphagocyten — mobilisierte Histiocyten — in amöboide und phagocytierende große Endotheloidzellen umgewandelt. Es wurden in der Kultur des Lungengewebes keine typischen Riesenzellen gefunden, die jedoch in echten Tuberkeln wahrscheinlich eine wichtige Rolle spielen; man muß also annehmen, daß im Organismus auch die hämatogenen Zellen in diesen Reaktionsprozessen eine wichtige Rolle spielen.

a   b

Abb. 58. a Die Tuberkelbazillen zeigen Proliferation im Protoplasma einer amöboiden, epitheloiden Zelle. b Epitheloide Riesenzelle mit Tuberkelbazillen. (Nach Lang.)

M. R. Lewis hat verschiedene Kulturversuche an weißen Blutkörperchen vorgenommen und das Verhalten dieser Kulturen verschiedenen Körpern und Tuberkelbazillen gegenüber untersucht. In diesen Kulturen war eine Umwandlung der weißen Blutkörperchen in Makrophagen, Epitheloidzellen und in Riesenzellen beobachtet worden. Die Kulturen waren ungefähr 2—4 Wochen am Leben zu erhalten. Die Zellelemente hatten sich die Fremdkörper einverleibt und oft verdaut, sie wurden hypertrophisch; diese Elemente wurden nicht nur ihrem Aussehen, sondern auch ihrem funktionellen Verhalten nach den Makrophagen der sonstigen Gewebe sehr ähnlich.

In einer Kohlensuspension, in welcher die Partikelchen etwa $1\,\mu$ Durchmesser hatten, war zwar das Wachstum der Kultur nicht unmöglich gemacht; sie zeigte aber das charakteristische Auftreten von Clasmatocyten, Epitheloidzellen und Riesenzellen. Alle Zelltypen verhielten sich der Kohlensuspension gegenüber anders. Die größte Quantität von Kohlepartikelchen war in den Clasmatocyten angehäuft, die Epitheloidzellen waren nur wenig beladen, die Riesenzellen dagegen sehr beladen, so daß der Kern wie ein kleiner, klarer Raum auf einem dunkeln Hintergrund wirkte.

Die Phagocytose der Tuberkelbazillen zeigte ganz ähnliche Phänomene. In den mit Tuberkelbazillen infizierten Kulturen waren die polymorphkernigen Zellen schon nach 48 Stunden abgestorben und das größte der Zellelemente bestand aus mononukleären Zellen. Die Tuberkelbazillen waren in Vakuolen eingeschlossen. Das Schicksal der Zellen ist auch schon von anderen Forschern beschrieben worden. Die Riesenzellen dieser Kulturen waren mehr oder weniger unregelmäßig, in ihnen befanden sich Tuberkelbazillen in verschiedenen Stadien der Verdauung. Unter den 2000 angelegten Kulturen fanden sich in jeder eine oder mehrere Riesenzellen des Langhansschen Typus.

Bei den Entzündungsprozessen des Nervengewebes war eine der interessantesten Fragen die der Herkunft und Natur der Glugezellen. Es hat sich Veratti mittels Gewebezüchtungen mit dieser Frage beschäftigt und hat erwähnenswerte Erfahrungen gesammelt. Dieser Forscher züchtete Hirngewebe erwachsener Kaninchen und sah unter den Residuen der der Nekrose anheimgefallenen Nervenelementen viele rundliche Zellen mit kleinem Kern und fein granuliertem Protoplasma erscheinen, die gegen die Peripherie wanderten und sich um das Explantat herum sammelten. Diese Zellelemente stammen von den adventitiellen Zellen her, welche nach und nach in runde Elemente sich umwandelten und den Glugezellen ähnlich wurden. Der Autor meint, auf diese Weise die so komplizierte Frage der Herkunft der Glugezellen gelöst zu haben.

Loeb, Moor und Fleisher haben den Einfluß der Saccharomyceten auf die Kultur von Nierengewebe untersucht. Sie injizierten die Mikroorganismen den Versuchstieren intravenös und dann wurde das Gewebe entnommen. Sie wollen ein durch die Saccharomyceten beschleunigtes Wachstum dieser Nierenkulturen beobachtet haben.

M. Lewis hat den Einfluß der Typhusbazillen auf die Kulturelemente untersucht. Sie züchtete Darmfragmente von Hühnerembryonen unter Zutat von Typhusbazillen. Die Zellen erweichen und innerhalb der mit Neutralrot färbbaren Vakuolen sieht man die Typhusbazillen. Die Bazillen werden nicht aktiv phagocytiert, sondern sie dringen in die Zellen ein, wenn die Vakuolen schon gebildet sind. Im Kern erscheinen dagegen keine Vakuolen. Der Autor hat auch den Einschluß von Bazillen in Bindegewebszellen des Mesothels und in Klasmatocyten beobachtet.

Wir sehen also, daß für die Entzündungslehre mittels der Kulturmethode viele wichtige Daten zusammengetragen worden sind; jedoch die großen und fast unüberbrückbaren Gegensätze zeigen, daß diese Forschungsrichtung nur die ersten Schritte zurückgelegt hat. Aber eben die Vielfältigkeit der Ergebnisse läßt schon jetzt einen Reichtum von Möglichkeiten vermuten; deshalb darf man den außerordentlichen Wert des Forschungsmittels auf diesem Gebiete der allgemeinen Pathologie nicht übersehen.

b) Immunität.

Die Explantationsmethode fand bei mehreren Autoren zur Erörterung verschiedener Fragen der Immunitätslehre Verwendung. Unter den ersten dieser Autoren (Carrel und Ingebrigtsen, Levaditi und Mutermilch, Przygode, Hadda und Rosenthal) sind Lambert und Hanes zu nennen, die eben für das Studium der Cytotoxinlehre durch ihre Arbeiten den Weg geöffnet haben. Sie haben im Plasma von Meerschweinchen und Ratten mittels Immunisierung mit Ratten- oder Mäusesarkomzellen die Bildung von Cytotoxinen hervorgerufen und züchteten in diesem cytotoxischen Plasma Zellen der entsprechenden Geschwülste. Sie erhielten entweder gar kein oder nur beschränktes Wachstum, etwa Auswanderung einiger Zellelemente. Die Tatsache der Cytotoxinbildung wurde dann von Foot an mit Hühnerknochenmark immunisiertem Kaninchenplasma und von Walton durch Gewebezüchtung im Plasma von gegen Kaninchenleber oder Kaninchenhoden immunisierten Kaninchen bestätigt.

Im folgenden suchten die beiden Autoren Lambert und Hanes die Spezifizität der Cytotoxine in der Kultur nachzuweisen. Sie zeigten, daß Cytotoxine gegen Rattensarkomzellen nicht nur durch die entsprechenden Zellelemente selbst, sondern auch durch Immunisierung mittels defibrinierten Rattenblutes zu erzielen sind. Die Hämolysine sind im Plasma gut nachzuweisen. Auch durch Einspritzen von Hautbrei von Rattenembryonen konnte Lambert Cytotoxine erhalten. Mit Rattenblut waren Cytotoxine gegen Rattensarkomzellen zu gewinnen. Die von Lambert und Hanes mit Gewebebrei vom Herzen oder Darm der Hühnerembryonen erzeugten Cytotoxine erwiesen sich als nicht streng spezifisch.

Die beiden Autoren haben auch mehrere Untersuchungen über die Frage der Geschwulstimmunität vorgenommen. Sie haben in immunen Tieren Fragmente virulenter Rattensarkome gezüchtet. Die Ratten waren entweder künstlich immunisiert oder sie wiesen eine Panimmunität gegen Carcinom und Sarkom auf. Andere zeigten nur einen größeren Widerstand; denn die eingepflanzten Geschwülste gediehen bei diesen Tieren nur in einer kleinen Prozentzahl. Diese Versuche fielen ganz negativ aus, da zwischen Kulturen im Plasma normaler und immuner Tiere kein Unterschied zu beobachten war; das Explantat wurde im immunen Plasma gar nicht abgeschwächt und das Zurückimpfen in gesunde Tiere gab dieselbe Prozentzahl des Gedeihens, wie das der Kontrollkulturen. Damit wurde klar erwiesen, daß eine Geschwulstimmunität nicht durch die Anwesenheit von Cytotoxinen bedingt ist, daß also keine humorale Geschwulstimmunität existiert.

Über die Spezifizität der Toxine haben auch Hadda und Rosenthal, in demselben Sinne, wie vor ihnen Lambert, Versuche vorgenommen. Sie konnten den Nachweis erbringen, daß sowohl die normalerweise vorkommenden, als auch die immunen Hämolysine in heterogenem Plasma und auch die Isohämolysine des Hühnerplasmas das Wachstum der Knorpel und Hautgewebe von Hühnerembryonen in vitro deutlich hemmen. Walton hat ebenfalls nachweisen können, daß Cytotoxine gegen Leber- und Hodenzellen von Kaninchen keine enge Spezifizität aufweisen. Walton erhielt durch Immunisierung mit Hühnerknochenmark bei Kaninchen Cytotoxine, welche das Wachstum der Knochenmarkfragmente anderer Gattungen zu hemmen vermochten. Das Fehlen einer engen Spezifizität der Cytotoxine wird man vielleicht besser verstehen, wenn man die Spezifizität der Zellbausteine nur im Sinne von Abderhalden voraussetzt.

Carrel und Ingebrigtsen züchteten Knochenmark- und Lymphdrüsenfragmente von Meerschweinchen in Anwesenheit von Ziegenerythrocyten. In solchen Kulturen sind innerhalb 4 Tagen spezifische Hämolysine erschienen, deren Menge am 5. Tage noch zugenommen hat. Die Menge der erzeugten Hämolysine war beträchtlich: 2 Vol. Extrakt von Massenkulturen in Gabritschewskischalen erzeugten vollständige Hämolysine in 1 Vol. der 5proz. Erythrocytensuspension in physiologischer Kochsalzlösung. Die Hämolyse ging ohne Zusatz von Komplement vor sich, doch war diese Fähigkeit bei Erwärmen auf 58° verloren gegangen; nach Zusatz von frischem Meerschweinchenserum wurde sie wieder hergestellt.

Diese Versuche wurden unlängst von Kuczynski, Tenenbaum und Werthemann an Milzstückchen von Kaninchen wiederholt. Vor Anlegen dieser Kulturen wurden den Tieren Hammelblutkörperchen intravenös injiziert, andererseits wurden den Kulturen auch Hammelbluterythrocyten zugesetzt. Diese Versuche gaben durchweg negative Ergebnisse. Die Ursache dieser den Erfahrungen von Carrel und Ingebrigtsen widersprechenden Ergebnisse soll in der verschiedenen Methodik gesucht werden.

Lüdke züchtete Milz- und Knochenmarkgewebe von gegen Typhus immunisierten Kaninchen in Kaninchen- oder Meerschweinchenserum. Nach 24—36—48 Stunden wurde die Milz extrahiert und der Extrakt auf Antistoffe untersucht. In ähnlicher Weise hat Lüdke Immunisierungsversuche mit Hammel- und Rinderblutkörperchen vorgenommen und es gelang ihm, spezifische Amboceptoren mit Rinderbluterythrocyten zu gewinnen. Nebenbei entstanden auch Partialamboceptoren für Hammelblutkörperchen.

Reiter untersuchte die von Wassermann, Pfeiffer, Deutsch usw. in vivo nachgewiesene Bildungsstätte der Antikörper, und zwar die hämopoietischen Organe. Es handelte sich in diesen Versuchen um Neubildung, Aufspeicherung und Aussendung von Antikörpern. Es ist aber sicher, daß es sich bei diesen Versuchen meistens um ein Überleben und keine Kultur handelte, da der Autor von Beginn darauf ausging, „möglichst ganze Organe zur Kultur zu verwenden", wenn er sich auch dabei bewußt war, daß auf diese Weise mit einer „relativ beschränkten Lebensmöglichkeit" der Kultur" zu rechnen war. Ob die geringeren Ausschläge dieser Versuche, die Präcipitationen betreffend, nur darauf zurückzuführen sind, daß diese, wie nach Kraus, Levaditi, Schiffmann u. a., innerhalb der Blutbahn gebildet werden, ist wohl fraglich. Umgekehrt war bei Agglutininen fast unmittelbar nach der Antigeneinverleibung eine deutliche Antikörperbildung zu erzielen. Auch unter diesen ungünstigen Lebensbedingungen war die Abwehrfunktion der Zellelemente sehr ausgesprochen. Es wurde vom Autor selbst festgestellt, daß der Ausschlag der Antikörperproduktion mit der im Tier beobachteten verschieden starken Fähigkeit der Zellen parallel geht, da in der ersten Phase die Antikörperproduktion wenig ausgesprochen ist; nach der Latenzzeit in der zweiten Phase wird sie beinahe explosionsartig; während der Akme sind die Antikörper reichlich vorhanden und ihre Menge läßt in der dritten Phase nach. Außer den hämopoietischen Organen konnte auch die Niere die Fähigkeit der Antikörperbildung aufweisen. Die in vitro und in vivo vorgenommenen Untersuchungen stimmten überein.

Die Bildung von Agglutinin in der Kultur wurde von Przygode an Gewebekulturen von Milz erwiesen. Diese Kulturen wurden von Geweben angelegt, die aus mit Typhusbazillen infizierten Kaninchen gewonnen wurden. Der Autor legte auch Kulturen von normalem Milzgewebe an, welche zuerst 5—6 Stunden lang in einer Typhusbazillensuspension verweilt hatten. In 9 bis 12 Tagen konnte man in beiden Fällen aus den Explantaten Agglutininmengen gewinnen, deren Titer bei der ersten Versuchsreihe 1:800 bis 1:1600, bei der letzteren 1:200 bis 1:400 war. Dieser Forscher explantierte auch Milzgewebe eines Kaninchens, das kurz vorher normales Pferdeserum intravenös eingespritzt erhielt. Er stellte auch in diesen Versuchen die Bildung von spezifischen Präcipitinen fest.

Eine lange Reihe von Versuchen über Immunitätsprobleme wurde von Levaditi und Mutermilch vorgenommen. Sie haben die Wirkung der Bakteriengifte, Toxalbumine und anderer Gifte auf die lebenden Zellelemente der Kultur untersucht. Zu der ersten Versuchsreihe wurden Diphtherietoxine verwendet und die Autoren haben von den in der Kultur sich abspielenden Phänomenen unter Mitarbeit von Comandon mikrokinematographische Aufnahmen gemacht. Es zeigte sich, daß in den Herz-, Nieren- und Rückenmarkkulturen das Erscheinen der spindelförmigen Zellen durch Diphtherietoxine gehemmt wird. Diese hemmende Wirkung der Toxine zeigt sich erst nach Ablauf einer Inkubationsperiode von 24 Stunden; während dieser Zeit findet noch eine Auswanderung der Spindelzellen statt. Bei Erwärmen auf 100° wird das Toxin für das lebende Tier unschädlich gemacht, für die Kulturelemente wird seine Wirkung nur abgeschwächt.

Das Antidiphtherieserum neutralisiert, im Gegensatz zum Normalserum, die Giftwirkung des Toxins. Es ist dagegen interessant, daß die Diphtherietoxine nicht das Wachstum der hämopoietischen Organe hemmen. Was die Kontraktion der Hühnerherzfragmente anbetrifft, konnte es klar nachgewiesen werden, daß zwischen Kontraktilität und Erscheinen der spindelförmigen Zellen kein Parallelismus existiert, und daß beide Phänomene voneinander ganz unabhängig sind. Ähnliche Ergebnisse zeigten die Versuche über Ricinwirkung auf das Explantat. Sie haben nachgewiesen, daß auch diese Substanz die Proliferation der spindeligen Zellen im Herz- und Nierenfragment hemmen. Die hämopoietischen Organfragmente bilden hier keine Ausnahme. Durch Erwärmen bis 100° während 5 Minuten gibt es keine hemmende Wirkung mehr. Aus einer Ricinlösung wird die toxische Substanz sehr schnell von den Zellen fixiert; die Zeit, in welcher die Fixation zustande kommt, ist mit der Konzentration der Lösung umgekehrt proportional. Die durch Ricinwirkung hervorgerufenen Zellveränderungen sind unabänderlich, da bei Überführung der Kulturen in reines Plasma die giftige Ricinwirkung bestehen bleibt.

Sich auf diese Ergebnisse stützend, haben Leva diti und Mutermilch Versuche über kurative und präventive Behandlung mittels antidiphtherischen Serums an Herzfragmenten vorgenommen. Es stellte sich folgendes heraus: wird ein Herzfragment mit Diphtherietoxin vergiftet, so kann es nachher durch Behandlung mit Antitoxinen geheilt werden. Wird ein Herzfragment dagegen erst in Antitoxin gebracht und dann gewaschen, so gewinnt das Herzfragment eine Resistenz gegenüber dem Diphtheriegift. Durch Fixierung des Antitoxins wird in den Zellelementen eine gewisse passive Immunität entstehen. Durch eine nachherige Behandlung der mit Diphtherietoxin vergifteten Zellen mittels Antitoxinen war eine vollständige Heilung dann zu erzielen, wenn die Giftwirkung nicht länger als 5 Minuten dauerte: in diesem Falle setzte in der Kultur ein normales Zellwachstum ein. Wenn dagegen das Fragment der Toxinwirkung 20 Minuten ausgesetzt worden war, so war nur eine partielle Heilung zu erzielen. Die Zeit aber, in welcher die Giftwirkung noch rückgängig zu machen ist, hängt von der Toxinkonzentration ab. Die mit Diphtherieantitoxinen vorbehandelten Kulturen zeigten auch, daß die Antitoxine in den Zellen gebunden werden; es handelt sich nicht um ein einfaches Persistieren der Antikörper in der Flüssigkeit, ja, es scheint sogar, daß die Zellen refraktär werden, was von der Anwesenheit der Antitoxine in der Zirkulation wahrscheinlich unabhängig ist.

Ähnliche Versuche wurden von beiden Autoren mit Kobragift durchgeführt. Dieses Gift unterdrückt das Wachstum sowohl des embryonalen Herzfragmentes als auch der Milz. Unter Kobragiftwirkung ergaben diese Kulturen keine Proliferationszonen. Dabei hängt der Hemmungsgrad von der Konzentration des Giftes ab: eine 10000000fache Verdünnung wird nur eine Verspätung des Wachstumsphänomens hervorrufen, durch 1000fache wird eine vollkommene Giftwirkung verursacht. Das auf 100° erwärmte Kobragift verliert seine Aktivität nicht. Die Fixation des Giftes in den Zellen geht ziemlich schnell vor sich. Es wurde auch untersucht, ob nicht das durch Kobragift geschädigte Herzfragment durch eine Behandlung zu heilen wäre. Kommt das Gewebe 10—20 Minuten nach der Giftbehandlung mit Antigiftserum in Berührung, so wird die Wirkung aufgehoben. Hier zeigten sich ähnliche Verhältnisse wie bei den Untersuchungen mit Diphtherietoxinen. Die Frage, ob eine vorherige Behandlung des Gewebes mit Antigiftserum diesem eine gewisse Resistenz gegen das Kobragift verleiht, konnte auch beantwortet werden. Selbst noch nach einstündigem Kontakt des Gewebes mit Antigiftserum bleiben die Elemente dem Gift gegenüber empfindlich. Es scheint also, daß die Antiseren für Diphtherie- und Kobragift nicht gleich seien, was aber im Unterschied zwischen beiden Giften begründet ist.

Man sieht also, daß eine Behandlung mit Antitoxin das Gewebe vor der Toxinwirkung schützt. Im Mechanismus dieses Phänomens liegt aber etwas Bemerkenswertes. Man stellte sich allgemein folgendes vor: die Antitoxine des Organismus sind im Zirkulationssystem anwesend; indem sie sich mit den erscheinenden Toxinen verbinden, neutralisieren sie diese letzteren und verhüten ihre Giftwirkung auf den Organismus. Wenn wir aber ein Gewebefragment mit Diphtherieantitoxin behandeln und es mehrere Male waschen, bleibt das Gewebe gegen Diphtherietoxin refraktär. Die lebende Bindegewebszelle bindet also die Antitoxine, die in den Zellen einen immunitären Zustand hervorrufen.

Es war noch die Frage zu lösen, ob der Immunitätszustand vererbbar ist, d. h. ob die Resistenz der immunisierten Mutterzelle auf die Tochterzellen zu übertragen ist. Diese Frage konnte ebenfalls bejaht werden. Es wurde von den Autoren die Vererbbarkeit der antitoxischen Diphtherieimmunität in vitro erwiesen. Es wird auch die Meinung geäußert, daß die Antikörper die Zellen überempfindlich machen. Bei der passiven Anaphylaxie ist der anaphylaktische Antikörper an die Zellen gebunden und es werden auch die Antigene herangezogen. Der anaphylaktische Schok wäre eine brüske Vereinigung der gebundenen Antikörper und der eingeführten Antigene. Also das Phänomen der Immunität und der Anaphylaxie wären mit dem gleichen Mechanismus zu erklären.

Schilf züchtete in Anwesenheit von Choleravibrionen Milzfragmente von Meerschweinchen und erhielt in diesen Kulturen ebenfalls spezifische Bakteriolysine.

Was die biologischen Eigenschaften des filtrierbaren Fleckfiebervirus anbetrifft, haben Krontowski und Hach nachgewiesen, daß diese Krankheitserreger unter den Bedingungen der Explantation trotz der Abwesenheit der wachsenden lebenden Zellen außerhalb des Organismus (bei Körpertemperatur) virulent zu erhalten sind. Dabei haben auch diese Untersuchungen wie die von Wolbach und Schlesinger, Kuczynski zeigen können, daß die Methode der Gewebezüchtungen ein sehr brauchbares Mittel zur Erforschung sowohl der Biologie des Virus als auch verschiedener Fragen der Infektions- und Immunitätslehre beim Fleckfieber darstellt. Krontowski und Hach haben mittels Gewebekulturen aus der virulenten Milz eines fleckfieberkranken Meerschweinchens nach 24 Stunden bis 8 Tage langer Explantation in Medien, welche das Plasma oder Serum eines von Fleckfieber genesenen Meerschweinchens enthalten, bei gesunden Meerschweinchen wiederum die Krankheit erzeugen können. Damit wird eben gezeigt, daß die humoralen Immunstoffe nicht das Fleckfiebervirus abtöten. Auch Milzextrakte immuner Meerschweinchen konnten in Kulturen, in welchen das virulente Milzstückchen mit einigen Milzstückchen immuner Tiere zusammengezüchtet war, zu keinem positiven Ergebnis führen. Diese Kulturen blieben ebenso wie die anderen infektiös. Nur wenn eine kleine Anzahl von Gewebekulturen (40—45) eingeimpft wurden, war die Erkrankung deutlich abgeschwächt; war diese Anzahl größer, so war die Erkrankung ebenso stark wie in den Kontrollkulturen.

Diese Versuche zeigen klar, daß das Wesen der Immunität beim Fleckfieber nicht durch die humoralen Faktoren allein erklärt werden kann. Schon die früheren Versuche, gewisse Fragen der Immunitätslehre mittels der Gewebezüchtungen zu klären, haben auf neue Tatsachen hingewiesen, welche in der Immunitätsforschung immer größere Bedeutung zu erlangen scheinen, nämlich die Gewebsimmunität. Es haben in erster Linie die sehr bedeutenden Erfahrungen von Besredka und Neufeld und ihrer Mitarbeiter darauf hingewiesen, daß außer der humoralen Immunität noch eine örtliche Immunität der Zellen bei dem Abwehrprozeß des Organismus eine wichtige Rolle spielt, ja daß sogar die verschiedenen Mikroben zu den Derivaten bestimmter Keimblätter, d. h. zu gewissen Geweben, eine elektive Affinität besitzen. Und eben die Methode der Gewebezüchtungen in vitro scheint ein entsprechendes Investigationsmittel zu Forschungen darzustellen, welche die Rolle der Gewebeelemente bei Immunitätsphänomenen und die Beziehungen dieser Rolle zur humoralen Immunität aufzudecken vermögen.

X. Versuche der Kultur des filtrablen Virus.

Trotzdem sowohl die bakteriologische, als auch die mikroskopische Technik die Züchtung und die Sichtbarmachung des größten Teils der pathogenen Mikroorganismen ermöglichte, haben sich diese Methoden trotz sorgfältiger Ausführung oft als unzulänglich erwiesen. Um nur ein sehr charakteristisches Beispiel zu erwähnen, ist die Züchtung des Leprabacillus mit der heutigen bakteriologischen Technik noch nicht gelungen; ebenso wenig ist das Problem der Rickettsien gelöst worden. Noch weniger hat sich die übliche bakteriologische Technik in der Forschung der Gruppe invisibler Virusarten bewährt, da sie auf einfachen künstlichen Nährmedien nicht zu züchten waren. Und hauptsächlich bei dieser Gruppe der pathogenen Krankheitserreger würde eine systematische Erforschung der biologischen Eigenschaften des Virus einerseits und sein Verhalten unter verschiedenen Lebensbedingungen andererseits vorläufig ausreichend sein. Eben eine solche Erforschung ihrer Lebensbedingungen könnte vielleicht dazu führen, daß ein Milieu gefunden wird, das teils auf möglichst einfache Basis reduziert wird, teils aber vielleicht auch das Virus selbst an solche einfacheren Lebensbedingungen gewöhnen kann. Morphologische Untersuchungen, die in diesem Falle von nur sekundärem Interesse sein könnten, würden auch erleichtert werden.

Es war berechtigt, die Methode der Gewebezüchtungen in vitro zu solch biologischer Erforschung vieler problematischer Krankheitserreger zu wählen, da eben die Gewebekultur den Mikroorganismen ein dem Organismus ähnliches Milieu bietet, in welchem gewisse, noch nicht bekannte Faktoren zu erforschen oder auch willkürlich zu bestimmen sind. Es scheint, daß auch gewissen Problemen der Immunität mit dieser Methode näher zu kommen ist. Die bis jetzt vorgenommenen Versuche — wenn sie auch wertvolle Ergebnisse gebracht haben — haben noch bei weitem nicht alle Möglichkeiten dieser Forschungsrichtung erschöpft.

Im Jahre 1912 wurde von Zinser und Carey versucht, Mikroorganismen, deren Züchtung mit den bekannten Methoden der Bakteriologie noch nicht gelungen war, im lebenden explantierten Gewebe am Leben zu erhalten. Diese Forscher wendeten ihre Aufmerksamkeit auf die Leprabazillen und suchten im Milzgewebe junger Ratten die dem menschlichen Bacillus ähnliche Rattenlepra zu züchten. Die Bazillen vermehrten sich in der Kultur nicht und waren in 7—10 Tagen ganz aufgelöst.

Das Verhalten des Negrischen Körperchens wurde von Steinhardt und Lambert studiert, indem sie Hirngewebe von Kaninchen und Meerschweinchen in Plasma züchteten. Es wurden zu diesem Zwecke entweder Meerschweinchen intracerebral infiziert und zwecks Anlegen der Kultur getötet, oder es wurde das Hirngewebe von an Wut eingegangenen Meerschweinchen oder Kaninchen gewonnen. Mit van Gieson-Färbung waren rote Körperchen festzustellen, welche den Negrischen Körperchen gleich waren, die sich aber weder in der Kultur entwickelten, noch sich vermehrten.

Die typischen morphologischen Befunde von Prowazek, Volpino, Casagrandi usw. haben unsere Kenntnisse über den Pockenerreger nicht viel weiter gebracht, und durch die gewöhnliche bakteriologische Technik eine Reinkultur von Vaccinen zu gewinnen, ist trotz der Arbeiten verschiedener Autoren, Hornet, Plotz usw., mehr als fraglich. Ja sogar über das Wesen und die Entstehung der Pockenimmunität herrscht noch keine Meinungsübereinstimmung (Prowazek und Yamamoto, Sato).

Die ersten Versuche, bei Forschungen über den Pockenerreger die Methodik der Gewebezüchtungen anzuwenden, d. h. sein Verhalten in der Kultur zu untersuchen, stammen von Steinhardt und seinen Mitarbeitern (Israeli, Grund und Lambert). Diese drei Autoren haben normale Gewebestückchen scheinbar nicht ganz steriler Hornhaut von Kaninchen und Meerschweinchen in vitro gezüchtet; sie wurden in eine gewöhnliche im Handel befindliche Impflymphe getaucht und so mit dem Vaccinevirus beladen in homologes Plasma gebracht. Die ungenügende Sterilität dieser Versuche schloß die Möglichkeit, vollkommene Ergebnisse zu bekommen, schon im voraus aus, wenn auch diese ersten Versuche neuer Forschung den Weg geöffnet haben. Es gelang den Autoren, diese Kulturen drei Generationen hindurch 34 Tage lang zu züchten, wobei die Vaccine ihre Virulenz nicht verlor. Die Virulenz des Erregers konnte durch die gewöhnliche Impfmethode nach Calmette und Guérin an der Haut von Kaninchen geprüft werden, es fehlte aber die dann von Gins vorgenommene Impfung in die Hornhaut mit gleichzeitigem Nachweis der Guarnierischen Körperchen. Diese Impfungen sollen stets positiv ausgefallen sein. Die Autoren haben ähnliche Versuche auch mit anderen Organen (Leber, Herzmuskel und Nierengewebe) durchgeführt, diese fielen aber alle negativ aus. Aus den positiven, an der Hornhaut durchgeführten Versuchen glaubten die Autoren den Schluß ziehen zu dürfen, daß das Vaccinevirus außerhalb des Organismus in Gewebekulturen (von Hornhaut) wenigstens einige Wochen lang am Leben zu erhalten ist; während dieser Zeit vermehrt sich der Erreger aktiv und verliert nicht seine Virulenz.

Gins setzte sozusagen die angefangene Versuchsreihe fort, hatte aber das Verdienst, mehrere Fehlerquellen, wie nichtsterile Arbeitsbedingungen und Unterlassen der Hornhautimpfung, auszuschließen. Um die Hornhaut steril in die Kulturen zu bringen, wusch Gins sie mehrere Male in Ringerlösung. Es gelang ihm auf diese Weise, in mehreren Fällen sterile Kulturen zu gewinnen; der größere Teil der Kulturen war jedoch mit banalen Keimen verunreinigt. Die Hornhautfragmente wurden bei 30—31° Temperatur bebrütet. Diese Kulturen hielten sich 7 Tage lang in gutem Zustande; nach 11 Tagen waren sie aber fast vollkommen verschwunden. Solange die Zellelemente der Kulturen erhalten waren (7 Tage), ließ sich auch das Vaccinevirus gut konservieren und der Forscher dachte an die Möglichkeit der Vermehrung des Virus außerhalb des Organismus; diese letztere Hypothese soll durch die Feststellung von Zelleinschlüssen in den neugebildeten Hornhautzellen, die ohne weiteres als Vaccinekörperchen angesprochen wurden, bekräftigt sein. Versuche mit Hautstückchen fielen stets negativ aus.

Es ist einleuchtend, daß auch die von Gins angewandte Methode keine ausreichende Beweisführung gebracht hat. Nun suchte Hach eine Methodik auszuarbeiten, welche mit genügender Sicherheit auch schwierigere Fragen lösen kann. Er setzte als Grundbedingung voraus, daß einerseits die Kulturen vor Verunreinigung mit banalen Bakterien absolut verschont bleiben, andererseits daß das Testobjekt von einem schon im Körper infizierten Organ herstammt und nach Möglichkeit immer ungefähr gleiche Mengen des spezifischen Virus enthält. Es wurde also Kaninchen reines Passagevaccinevirus in die Hoden nach Noguchi eingeimpft, und deren von Verunreinigungen freie Organe für Kulturzwecke verwendet. Das Ausgangsmaterial zur Infizierung wurde vom Autor selbst gereinigt und seine Virulenz im Verlaufe von Passagen gesteigert. Die mit diesem Virusstamm infizierten Kaninchen starben an generalisierter Infektion; in den inneren Organen und im Gehirn dieser Tiere konnte das Vaccinevirus nachgewiesen werden. Die Organe, Hoden und Milz, der so infizierten Tiere wurden 5—6 Tage nach der Impfung steril herausgenommen und Fragmente in Gabritschewskischalen in einem Medium aus Ringerlösung und Blutplasma bei 37—38° gezüchtet. Oft wurde dem Explantat ein Stückchen Milz- oder Nierengewebe hinzugefügt, da ein solches Verfahren nach den Erfahrungen von Steinhardt und Lambert die Kulturen günstig beeinflusst. Die Kulturen zeigten allgemein ein gutes Wachstum; schon am 3. Tage war eine breite Wachstumszone aus teils hypertrophischen wandernden Elementen (Lymphocyten und retikuläre Zellen) und eine große Anzahl junger Fibroblasten entstanden. Dagegen wiesen die Hodenstückchen seltener ein gutes Wachstum auf.

Nach 5—12 tägiger Bebrütung wurden die proliferierenden Kulturen in Mengen von 2—19 auf 19—25 qcm frischrasierter Haut nach Calmette und Guérin, oder in Mengen von 2—5 auf die Hornhaut geimpft. Als Kontrolle wurden mit nicht gezüchteten virulenten Organstückchen (von Organen, aus welchen die Kulturfragmente gewonnen wurden) in ähnlicher Weise Kaninchen geimpft. Bei der Einimpfung der Explantate entstanden bei Kaninchen in allen Fällen konfluierende oder fast konfluierende hämorrhagische Eruptionen auf der Haut, dabei auch eine spezifische Keratitis, in welcher die typischen Guarnierischen Körperchen immer 48 Stunden nach der Impfung in großer Anzahl nachzuweisen waren. Ein Unterschied in den Ergebnissen der Impfung mit Milz- oder Hodenexplantaten, die gutes Wachstum aufwiesen, wurde nicht bemerkt. In der Zeit der Explantationsperiode war eine bedeutendere Virulenzabschwächung des Vaccinevirus nicht zu beobachten. Es wurde in diesen Versuchen klar festgestellt, daß das Vaccinevirus in virulenten Organen bei 37—38° am Leben zu erhalten ist, ohne daß es während 12 Tagen eine Virulenzabschwächung erfahren hätte.

Parker jr. und Neye züchteten Hodengewebe, das erst kurz vor Anlegen der Kultur infiziert wurde. Sie stellten zu diesem Zwecke eine Infektionssuspension aus glycerinierten Hoden dar, die erst 71 Tage lang im Eisschrank verweilte; innerhalb dieser Zeit rechnete man mit dem Absterben der Zellen. Das zum Explantationsversuch verwendete Hodenfragment wurde in diese Suspension 5 Minuten eingetaucht und in einem Medium von Plasma und Ringerlösung 5 Tage lang bebrütet; mit diesem Material wurden neue Hodenstücke infiziert. Die Hodenstückchen konnten durch viele Passagen weiter gezüchtet werden und waren nach 132 Tagen immer noch infektionsfähig; dagegen war nach 198 Tagen das Virus im Impfversuch nicht mehr nachzuweisen, konnte aber scheinbar in den Kaninchen eine Hautimmunität hervorrufen. Mit einem Filtrationsverfahren konnten die beiden Forscher nachweisen, daß das Virus sich in den Kulturen vermehrt habe, da in der 11. Generation einer Kultur 51000 mal soviel Virus vorhanden war als in der Ausgangskultur. Die Lebensweise des Virus (ob intra- oder extracellulär) konnte nicht erforscht werden.

Über die Frage des Pockenerregers wurden Versuche von Craciun und Oppenheimer durchgeführt. Die beiden Forscher suchten die im Dunkelfeld als Granula nachweisbaren und nach dem Verfahren von McCallum und Craciun durch Zentrifugieren isolierbaren, mit bakteriologischen Methoden nicht züchtbaren, angeblich aktiven Faktoren der Pocken in Gewebekultur zu züchten. Das bei der Zentrifugierung gewonnene Material wurde in Lockelösung gewaschen, von neuem zentrifugiert und der Kultur zugesetzt. In Abständen von etwa 8 Tagen wurde die Virulenz der alle 3—5 Tage verjüngten Kulturen durch Einimpfen auf die Kaninchencornea geprüft. Es zeigte sich, daß die Virulenz des Pockenvirus in der Kultur überhaupt nicht geschwächt wurde, ja sie scheint im Laufe von 24 Tagen sogar zuzunehmen.

In den ersten Versuchen über das Poliomyelitisvirus von Flexner und Lewis konnte das virulente Filtrat im bakteriologischen Medium lange erhalten bleiben. Später versuchten Flexner und Noguchi dieses Virus in Medien zu züchten, welchen Organstückchen zugesetzt wurden (eine Methode, die schon von Tarozzi beschrieben worden ist).

Levaditi ging von den Erfahrungen von Marinesco und Minea aus, die nachgewiesen haben, daß dieses Virus in den Spinalganglien von Vertebraten längere Zeit lang am Leben erhalten bleibt. Es lag also auf der Hand, das Virus in Kulturen von Ganglien zu züchten. Er verwendete für diesen Zweck Spinalganglien poliomyelitiskranker Affen, die im Plasma gesunder Affen gezüchtet wurden. Das Virus war in diesen Kulturen mehrere Tage lang zu erhalten und seine Virulenz blieb nach einigen Passagen ungeschwächt. Das erste Phänomen, das sich bei diesen Kulturen zeigt, ist das Erscheinen mehrkerniger Leukocyten um das Fragment herum. Diese Leukocyten stammen von Entzündungsherden, die vom Virus im interstitiellen Gewebe der Ganglien hervorgerufen worden sind. Bei den mehrmaligen Passagen sieht man mitotische Zellteilungen der Bindegewebskapsel und es erscheinen spindelförmige Zellen. Bei jeder Passage konnte ein Teil des Ganglienfragmentes intracerebral oder intraperitoneal eingeimpft werden, der auch 21 Tage nach dem Anlegen der ersten Kultur immer noch das Virus in ursprünglicher Virulenz enthielt. Es ist in diesen Versuchen nachgewiesen worden, daß das Poliomyelitisvirus außerhalb des Organismus sich in Kulturen bei Anwesenheit von lebendigen Zellen in vitro mehrere Tage hindurch erhalten und vermehren läßt. Es scheint, daß zwischen Mikrobe und Zelle eine Symbiose herrscht; da aber in diesen Kulturen die nervösen Elemente langsam abstarben, dagegen die Bindegewebselemente der Kapsel erhalten blieben, meint Levaditi, daß die Symbiose nicht die Nervenzelle, sondern die bindegewebigen Elemente betrifft.

In ähnlicher Weise wie bei den Versuchen über das Poliomyelitisvirus hat Levaditi Versuche an syphilitischem Material durchgeführt. Er infizierte intratestikulär Kaninchen mit Spirochäten eines dermotropen Stammes, der regelmäßig durch viele Passagen gezüchtet wurde. Fragmente des so infizierten Hodens wurden in Gabritschewskischalen kultiviert; Passagen wurden 4—5tägig vorgenommen, zu welchen auch neue gesunde Hodenstückchen hinzugesetzt wurden. Es fand in diesen Kulturen ein üppiges Wachstum statt. Die Spirochäten waren in den Kulturen anfangs sehr beweglich, nach der zweiten Passage waren schon in großer Zahl unbewegliche Spirochäten zu sehen. Nach der dritten Passage wuchsen die Kulturelemente noch immer kräftig, doch Spirochäten waren nicht mehr zu finden. Die jetzt intraoculär (in die vordere Augenkammer) oder extratestikulär geimpften Kulturen riefen in gesunden Kaninchen nicht die syphilitische Erkrankung hervor.

Diese Versuche zeigen also, daß, im Gegensatz zu dem Poliomyelitisvirus in einer Kultur, die das Leben und Wachstum der Zellelemente erlaubt, die Spirochaeta pallida sich nicht vermehren kann, sondern umgekehrt rasch ihre Vitalität verliert und nach einigen Passagen ganz abstirbt.

Eine vorläufige Mitteilung von Steinhardt hat auch über Kulturen der mit Spirochaeta pallida infizierten Kaninchenhodenfragmente berichtet, wo sich die Spirochaeta angeblich vermehrt hätte.

Auch über den Wuterreger hat Levaditi Versuche vorgenommen. Er wendete dabei die schon bei den Versuchen über das Poliomyelitisvirus beschriebene Technik an. Der Forscher züchtete Spinalganglienfragmente infizierter Affen in Affenplasma mehrere 5—6 tägige Passagen hindurch. Bei diesen Bedingungen war die Virulenz des Virus für Kaninchen, wenigstens für einen Monat, ohne Abweichung erhalten geblieben. Die nach 5 Passagen verimpften Kulturen haben bei Kaninchen die typische Erkrankung hervorgerufen. Auch nach Impfung mit infizierten Kleinhirnkulturen entstand die Krankheit nach 10—11 tägiger Inkubationszeit.

Rh. Erdmann führte zuerst in Deutschland, dann in Amerika systematische Versuche an der Hühnerpest in der Weise fort, daß sie Knochenmarkstückchen in hochvirulentem Pestserum züchtete. Die Virulenz dieses Serums wurde in der Kultur so weit abgeschwächt, daß es, gesunden Hühnern eingeimpft, selten Krankheitserscheinungen hervorrief. Es zeigte sich also, daß nicht nur keine Vermehrung des Hühnerpestvirus in der Kultur stattfand, wie das von mehreren Autoren für andere unbekannte Virusarten beobachtet wurde, sondern umgekehrt, die Wirkung sank allmählich, und zwar ging der Virulenzverlust schneller vor sich, als beim Aufbewahren auf Eis oder bei Erwärmung. Die Kulturen haben jedoch auch manchmal tödliche Krankheitserscheinungen hervorgerufen; am resistentesten zeigten sich die Hühner, welche vorher teilweise schon immunisiert worden waren; in diesen Hühnern hatte sich die Inkubationszeit, die gewöhnlich 3—5 Tage ausmacht, auf 12 Tage verlängert. Diese Beobachtung zeigt klar, daß das Pestvirus in den Kulturen nicht abgestorben ist, sondern sich nur seine Virulenz änderte. Im weißen Knochenmark war die Virulenz des Erregers bald und vollkommen abgeschwächt, im roten Knochenmark blieb sie länger erhalten, aber auch hier kam eine bedeutende Abschwächung in 6 Tagen zustande. In ähnlicher Weise konnte eine Virulenzabschwächung des Hühnerpestvirus durch Züchten des infizierten Gehirngewebes im Plasmamedium erzielt werden. Durch Impfung mit abgeschwächtem Serum oder Gehirnkulturen war in Hühnern ein ausgesprochener Immunitätszustand hervorgerufen worden: Die so immunisierten Hühner vertragen sonst tödliche Dosen von virulentem Gehirn; mit ihrem Serum konnte man wiederum eine passive Immunität erzielen, die etwa 4 Wochen lang anhielt und mit aktiver Immunisierung weiter gestärkt werden konnte.

Krontowski und Hach hatten sich der Frage der Ätiologie des Fleckfiebers angenommen, die trotz der vielen Forschungsarbeiten und der Mikrobenkulturen, man könnte sagen, noch verwickelter geworden war. Es ist also klar, daß diese Autoren die Ergebnisse der experimentellen Forschung des Virus mit keinerlei morphologischen Feststellungen, mit keinem bestimmten Mikroorganismus in Zusammenhang bringen wollten. Vielleicht ist diese Einstellung auch dadurch verständlicher, daß ihnen die Kuczynskischen Arbeiten noch nicht bekannt sein konnten. Zuerst wollten sie die Aufgabe erfüllen, eine Reinkultur des Fleckfiebererregers darzustellen, um erst dann die Erforschung des Erregers selber auch vom morphologischen Standpunkte aus anzugreifen.

Die Versuche wurden an Organen fleckfieberkranker Meerschweinchen durchgeführt, an welchen das Fleckfiebervirus auf zweierlei Weise studiert werden konnte: 1. durch aseptische Aufbewahrung in Ringerscher Lösung bei Körpertemperatur, wobei das Gewebe allmählich abstirbt, oder 2. durch Züchtungen der gleichen Organe in vitro.

Was die erstere Methode anbetrifft, haben die Erfahrungen gezeigt, daß bei aseptischer Aufbewahrung bei Körpertemperatur die Virulenz des Fleckfiebervirus rasch abgeschwächt wird und in einigen Tagen völlig verloren geht. Die aseptischen Aufschwemmungen von Gehirnsubstanz blieben in den Versuchen von Otto und Chou nur etwa 24 Stunden lang virulent, und nur bei Olitzki blieb diese Virulenz 3—5 Tage lang bei aerober, 1—2 Tage lang bei anaerober Aufbewahrung bestehen. Mit diesen Ergebnissen stimmten auch die von Krontowski und Hach überein. Die Virulenz des Fleckfiebervirus nimmt innerhalb 24 Stunden merklich ab und die Verimpfungen der 3—5 Tage lang aufbewahrten Milzstückchen gaben ein völlig negatives Resultat.

Da die Virulenz des Fleckfiebererregers mit dem Absterben des Gewebes parallel ging, so konnte man a priori daran denken, daß in der Gewebekultur der Erreger sich mit den proliferierenden Elementen zusammen vermehren wird. Zu diesem Zweck wurden Gewebsstückchen fleckfieberkranker Meerschweinchen gezüchtet und die Kultur in gesunde Meerschweinchen eingeimpft. Während das als Kontrolle benutzte aseptisch aufbewahrte Gewebsstückchen, dem Meerschweinchen eingeimpft, eine normale Temperaturkurve ergab, war die Einimpfung der Kultur von einer typischen Fleckfieber-Temperaturkurve begleitet. Die pathologisch-histologischen Veränderungen der Organe entsprachen dieser Krankheit. Es ist also gezeigt worden, daß das Fleckfiebervirus in Gewebekulturen virulent am Leben erhalten bleibt.

Die Autoren wollten aber auch nachweisen, wie weit die Lebensfähigkeit des Fleckfiebererregers vom Wachstum des Gewebes abhängt, d. h. wie weit ein Parallelismus zwischen der Vitalität der beiden vorhanden ist und ob es nicht möglich ist, eine von den beiden Ingredienzien auszuschließen, d. h. entweder das Virus zu vernichten, ohne das Leben des Gewebes zu beeinträchtigen, oder das Gewebe zu töten, ohne das Virus zu schädigen. Es wurde eine Art biologischer Einwirkung angewendet, da aller Wahrscheinlichkeit nach physikalische oder chemische Wirkungen nicht zum Ziele geführt hätten. Um den ersten Zweck, die Tötung des Virus, zu erzielen, wurde das Milzfragment eines kranken Tieres im Plasma eines Meerschweinchens, das Fleckfieber überstanden hatte, gezüchtet, vorausgesetzt, daß im Serum bakterizide bzw. virulizide Faktoren anwesend sind. Diese Versuchsreihe ist vorläufig noch nicht beendigt.

In einer anderen Versuchsreihe suchten die beiden Forscher das Explantat derartig zu beeinflussen, daß das Virus dabei nicht geschädigt wird: Sie züchteten das Milzgewebe in cytotoxischem Serum oder Plasma immunisierter Kaninchen, welche an jedem fünften Tag Injektionen (insgesamt 3—5 Injektionen) von Milzaufschwemmung normaler Meerschweinen erhielten. In diesen gegen Milzzellen spezifisch cytotoxischen Medien wuchs die Kultur überhaupt nicht oder nur ganz unbedeutend. Durch intraperitoneale Injektion dieser Kultur konnte bei Meerschweinchen das Fleckfieber hervorgerufen werden. Die so entstandene Krankheit verlief in typischer Weise, verursachte eine 10 Tage lang dauernde typische Fieberphase und das Blut dieser kranken Meerschweinchen konnte die Krankheit bei intraperitonealer Einführung übertragen. Die anatomisch-pathologischen Veränderungen aller erkrankten Tiere (Gehirn, Leber und andere Organe) zeigten typische Fleckfieberknötchen. Nun zeigen diese Ergebnisse, daß für das Leben des Fleckfiebervirus außerhalb des Organismus die Proliferation der Kulturelemente nicht unbedingt notwendig ist. Ein Parallelismus zwischen der Lebenstüchtigkeit beider Ingredienzien (Gewebezellen und Fleckfiebervirus) ist nicht vorhanden, da der Krankheitserreger seine Virulenz auch nicht verliert, wenn das Wachstum des Gewebes mit Cytotoxinen gehemmt wird.

Es ist bekannt, daß gewisse Mikroorganismen zuweilen sich schwer vom Organismus in Kulturmedien überführen lassen; bei diesen liegt Angewöhnung vor. Es wäre begreiflich, daß sich die Erreger des Fleckfiebers an einfachere Medien, als es Gewebekulturen sind, gewöhnen müssen. Die Wachstumshemmung der Kulturen durch Cytotoxine, die den Erreger nicht schädigen können, könnte die Vereinfachung der Lebensbedingungen einleiten, um die Erreger später auf tote Medien zu gewöhnen.

Sehr intensiv hat sich mit der Frage des Fleckfiebererregers auch Kuczynski beschäftigt; nach ihm sind diese Virusstämme Proteusstämme und in bezug auf ihr antigenes Verhalten stehen sie den X-Stämmen sehr nahe. Es soll eigentlich nicht eine Rickettsia-Gattung geben, sondern sie sei bloß eine unter besonderen biologischen Verhältnissen sich bildende Form von Proteusbazillen, daher soll dieses Virus „Proteus Rickettsia Prowazeki" genannt werden. In seinen Versuchen mittels Gewebekulturen wurde das Zitratplasma vom Menschen oder Meerschweinchen als Nährmedium verwendet, mit Verdauungsprodukten des menschlischen Blutes, die durch hydrolytische Erschließung mit Schwefelsäure gewonnen waren, verdünnt. Dieses lymphadaptierte Plasma soll den Verhältnissen der Lymphe, aber noch mehr des Läusedarms, nahe stehen. Diese Plasmanährsubstanz wurde mit Hirnbrei der an Fleckfieber erkrankten Meerschweinchen vermischt und in kleine Kollodiumsäckchen gefüllt, die dann mittels Laparotomie in die Bauchhöhle gesunder Meerschweinchen gebracht wurden. Nach 3—10 Tagen wurden die Kollodiumsäckchen herausgeholt und teils mikroskopisch, teils biologisch untersucht. In den nach Giemsa gefärbten Präparaten waren überall zahlreiche azurrote Pünktchen zu sehen, die der Rickettsia Prowazeki der Kleiderläuse gleich waren. Bei Einimpfen dieser Kulturen in gesunde Meerschweinchen entstand das Krankheitsbild wiederum und vom erkrankten Tier waren wiederum neue Kulturen zu gewinnen.

Otto und Winkler haben die ersten Versuche von Kuczynski mit den in die Bauchhöhle der Kaninchen gebrachten Kollodiumsäckchen wiederholt, sie hatten aber nur negative Ergebnisse. Kuczynski ist der Meinung, daß diese Mißerfolge auf die Anwendung von Zitratplasma zurückzuführen sind.

In einer nächsten Versuchsreihe wurden die Versuchsbedingungen geändert. Er verwendete jetzt außer Gehirn auch Milzgewebe infizierter Tiere, das entweder in reines Meerschweinchenplasma oder in ein Gemisch von Meerschweinchenserum und Kaninchenplasma versetzt worden war, ohne Zitratzusatz, da diesem gegenüber das Virus empfindlich zu sein scheint. Die in Uhrschalen oder in besonderen Glaskammern angesetzten Kulturen waren nach 4—19 Tagen mit positivem Erfolg verimpft worden. Im folgenden hat Kuczynski das Virus auch auf künstlichen Nährmedien zu gewinnen versucht, ohne Mitbeteiligung des lebenden Gewebes, wobei eine neutrale Mediumreaktion, die Anwesenheit von Blutplasma und Aminosäuren zur Zucht notwendig waren. Die früher als Grundbedingung angenommene Anaerobiose hat sich, wie auch bei den Gewebezüchtungen, als irrig erwiesen. Auf Nähragar aus $^2/_3$ Aminosäureagar und $^1/_3$ Serum wurde das Virus serienweise fortgezüchtet. Unter den in diesen Kulturen nach van Gieson gefärbten typischen Rickettsia-Formen wurden auch andere Formen beobachtet. Sonst haben auch Barykin und Kritsch aus Reinkulturen auf Hirn- oder Milznährboden Präparate dargestellt, in welchen an die violetten Kugeln der Kuczynskiviruszellen erinnernde Körperchen zu sehen waren. Das mit virulenter Kultur hergestellte Kaninchenserum agglutiniert dieses Virus stärker als den X 19, dabei war in der Steigerung des Titers für X 19 und Virus kein Parallelismus wahrzunehmen.

Von Wichtigkeit ist bei diesen Versuchen, was auch von Krontowski bestätigt wird, daß es durch die Forschungen vielleicht möglich wird, einerseits das Virus zu einfacheren Lebensbedingungen, als die Gewebekulturen sie darstellen, zu gewöhnen, andererseits zur Weiterzüchtung des Virus das entsprechende tote Nährmedium zusammenzustellen.

Bei den Kulturversuchen mit dem Virus des Rocky Mountains spotted fever kamen Wolbach und Schlesinger teils zu anderen Ergebnissen als Kuczynski, Krontowski und Hach. Diese Autoren züchteten infizierte Hodenfragmente in normalem homogenem Plasma. Den Kulturen wurden Gehirnstückchen kranker Meerschweinchen zugesetzt. Die Kulturen wurden nach Waschen in Ringerlösung durch Passagen in frischem Plasma weitergezüchtet, und die Infektiosität der Subkulturen durch Impfung in gesunde Meerschweinchen bestimmt. Die Impfungen fielen nach 8—14 tägiger Züchtung positiv aus, die Rocky Mountains spotted fever-Kulturen waren nach 2—3 Passagen 28 Tage lang virulent. In den Hodenkulturen wurden die der Rickettsia Prowazeki gleichenden Mikroorganismen in phagocytierenden amöboiden Zellen endothelialen Ursprungs intracellulär nachgewiesen. Da aber das Virus nur so lange am Leben erhalten bleibt wie die Gewebekultur selbst, waren die Autoren der Meinung, daß zur Vermehrung des Virus ein lebendes Gewebe notwendig ist.

Parker und Neye haben auch Versuche über die Frage des

Herpesvirus durchgeführt. Sie züchteten das Gehirn intracerebral infizierter und im Krampfstadium getöteter Kaninchen. Bei der Passage wurde das Plasma der Kulturen mit frischem normalem Plasma vertauscht und ein Stückchen frischen Kaninchenhodens zugesetzt. In ähnlicher Weise wurden Kulturen mit Hodengewebe als Ausgangsmaterial angelegt, die mit virulenter Hirnemulsion behandelt waren. Diese Kulturen lebten 10 Passagen hindurch, etwa 50 Tage lang. Über die Frage der Vermehrung des Virus konnte nichts ausgesagt werden, doch ergab sich bei Virulenzprüfungen der Kulturen mittels Überimpfung positives Ergebnis, während der Impfversuch mit Plasma allein, in welchem das Virus 14 Tage lang bei 37,5° aufbewahrt wurde, negativ ausfiel.

Welcher Wert diesen Ergebnissen zuzuschreiben ist, kann man heute kaum bestimmen. Es ist klar, daß der eingeschlagene Weg gut gewählt und vielversprechend ist, da die bis jetzt erhaltenen Ergebnisse viele Fragen, insbesondere betreffend biologische Eigenschaften und Verhalten der filtrablen Virusarten dem Gewebe und der Zelle gegenüber, beleuchtet haben, und die Hoffnung, andere kompliziertere Probleme der Mikrobiologie auch lösen zu können, erwecken.

XI. Die Geschwülste.

Von den vielen Problemen, die mit der Methode der Gewebezüchtungen „in vitro" erforscht werden, erweckte die Tumorfrage das meiste Interesse der Forscher. Ja, man könnte sogar fast behaupten, daß alle Arbeiten auf diesem Gebiete ein wenig Licht auf das Problem der Geschwülste geworfen haben, auch dann, wenn diese die Lösung anderer Fragen bezweckt haben. Als Beispiel könnte hier die Frage der Entdifferenzierung der Gewebe in den Explantaten erwähnt werden, die zu so vielen Diskussionen Gelegenheit gab, und deren Beziehungen zur Geschwulstgenese von dem bedeutendsten Erforscher dieser Frage (Champy) klar vor Augen geführt wurde. Andererseits gab das Suchen nach den Faktoren des organischen Wachstums Gelegenheit zur Aufklärung der Tumorfrage.

Die ersten Versuche, Tumorgewebe in vitro zu züchten, stammen von Volpino, der Mäusekrebsfragmente in halbfestes Pferdeserum versetzte; es gelang ihm, die Fragmente bei einer Temperatur von 37° 30—40 Tage lang am Leben zu erhalten. Daß das

Leben in diesen Kulturen nicht erloschen war, wurde eben dadurch bewiesen, daß beim Wiedereinpflanzen des Fragmentes in Mäuse eine mit dem Primärtumor identische Geschwulst entstand. Jedoch konnte man bei diesen Versuchen kaum Zweifel hegen, daß es sich hier eher um ein Überleben als eine Kultur handele, wenngleich Volpino selber behauptete, daß am 70. Lebenstage der Kulturen immer noch karyokinetische Zellfiguren zu treffen waren.

Eine große Zahl von Arbeiten über Geschwulstexplantationen erschienen in den Jahren von 1910 bis 1915, die meisten durch den Fleiß amerikanischer Autoren.

Carrel und Burrows gelang es im Jahre 1910, Roussarkom und ein menschliches Sarkom der Fibula zu verpflanzen, und sie konnten in der Kultur des ersten eine außerordentlich lebhafte Proliferation beobachten, die einer Neubildung von spindeligen und polygonalen Zellen Platz gab, welche große lichtbrechende Körnchen enthielten. Sie erhielten auch Kulturen von menschlichem Sarkom, was aber wegen der fibrinolytischen Eigenschaft dieser Geschwulst schwer gelang. Die Kultur des Roussarkoms erreichte eine Lebensdauer von 24 Überpflanzungen innerhalb etwa 40 Tagen. Carrel und Burrows versuchten mit Erfolg auch die Züchtung von transplantablem Mäuse- und Rattensarkom, einer Geschwulst der Brustdrüse der Hündin, einem Riesenzellensarkom, einem Fibrosarkom, einem Lippen- und einem Brustkrebs.

R. A. Lambert und F. Hanes beschäftigten sich in einer langen Reihe von Versuchen mit Ratten- und Mäusesarkomen und -carcinomen; sie untersuchten histologisch die färbbaren Granulationen, die in den Kulturzellen erscheinenden Fetttröpfchen und das Erscheinen eigenartiger vielkerniger Elemente, die an die durch Fremdkörper entstandenen Riesenzellen erinnern; dann machten sie auch Untersuchungen, vom immunitären Standpunkt aus die Probleme betrachtend, über das Verhalten der Explantate in natürlich immunem oder künstlich immunisiertem Plasma. Lambert konnte auf diese Weise zeigen, daß zwar einerseits die Geschwulstkultur in den ersten Passagen intensiv wächst, daß aber später das Wachstum immer langsamer wird, während die Aktivität des Bindegewebes zunimmt; andererseits sind die Mitosen atypisch und brauchen zu ihrem Ablauf längere Zeit als sonst üblich. Sowohl Carrel und Burrows, als auch Lambert und Hanes haben eine

Wanderung der Sarkomzellen in das Koagulum durch aktive Bewegungen beobachtet. Die direkte mikroskopische Untersuchung dieser Mobilität läßt annehmen, daß die aktiven Bewegungen unabhängig von dem passiven Transport durch die Blut- und Lymphwege erfolgen, und daß die Geschwulstzellen durch diese Beweglichkeit im ganzen Organismus zerstreut werden. Nach den Berechnungen dieser Autoren kann eine Tumorzelle in 4 Wochen den Weg zurücklegen, der das Zentrum mit der Achselhöhle verbindet.

Die Beobachtungen von A. Fischer und Policard haben diese lebhafte Beweglichkeit der Sarkomzellen völlig bestätigt und gezeigt, daß die Bewegung durch Ausstrecken pseudopodien- und cilienartiger Fortsätze geschieht. Die Beweglichkeit der gewöhnlichen Histiocyten, mit diesen verglichen, soll viel geringer sein (Policard).

Lambert und Hanes haben auch die Wirkung von Immunseren auf Geschwulstkulturen studiert; die Ergebnisse werden im folgenden besprochen.

Doyen, Lytchkowsky, Browns und Smirnow (1913) züchteten Tumorfragmente, Loose und Ebeling (1914) ein menschliches Sarkom, und alle erhielten entsprechende Ergebnisse. Maccabruni (1914) züchtete mit positivem Ergebnis Fragmente von menschlichem Gebärmutterkrebs, wobei er die Proliferation sowohl von Krebszellen, als auch von Bindegewebselementen beobachtete. Eine Schwierigkeit, die auch von anderen Autoren angetroffen wurde, die Verflüssigung von Kulturplasma, d. h. der Verlust des Fibrins, das hier als Stützsubstanz diente, machte ein längeres Leben der Kultur unmöglich. Doch ist es M. gelungen, diese Schwierigkeit durch das Benutzen von Blutserum schwangerer Frauen zu beseitigen. D. und J. S. Thomson (1914) züchteten Papillomfragmente von menschlichen Ovarien, Hayami und Fujnawa Fragmente von Roussarkom, wobei hauptsächlich der Einfluß der Gewebeextrakte auf das Wachstum studiert wurde.

Albrecht und Joannovics (1918) berichteten über Kulturversuche mit menschlichen Tumoren, Veratti (1919) mit einem Adenocarcinom der Brustdrüse eines Hundes. Der letztere Autor benutzte das Plasma desselben Hundes; er sah epitheliale Elemente proliferieren, die ausgesprochenere atypische Charaktere aufwiesen, als das eigentliche Neoplasma. Auch dieser Autor bestätigte die Verflüssigung des Plasmas.

Neben den Beobachtungen Verattis über das Erscheinen ausgesprochen atypischer Tumorelemente in der Kultur müssen auch die Versuche von Champy und Coca erwähnt werden. Diese Autoren behaupteten, daß ein Fragment von einer gutartigen, adenomatösen Geschwulst in der Kultur weitgreifende Entdifferenzierung erfährt, so daß sich die adenomatöse Primärgeschwulst in eine krebsige umwandelt. Nun sucht Champy, sich auf die von ihm bewiesene Entdifferenzierung der „in vitro" gezüchteten Zellen berufend, die Tumorgenese zu enthüllen. Nach ihm zeigt die Krebszelle das gleiche Verhalten wie die normale Zelle, vom Organismus isoliert, in vitro gezüchtet. Die Entdifferenzierung kommt durch Mitosen zustande, die bei den Normalzellen in vitro entstehen und Ausdruck einer hochgradigen biologischen Unabhängigkeit sind, wie auch das unbegrenzte Wachstum und die atypischen Charaktere des Neoplasmas Zeichen einer funktionellen Unabhängigkeit dieses Gewebes sind. Auf dem gleichen Gewebe entstehen verschiedene Tumoren; das ist abhängig vom Differenzierungsgrad, den das Gewebe erreicht hat. Dagegen erleidet ein sehr wenig differenzierter Tumor kaum einige Umwandlungen in der Kultur, während ein in vitro gezüchtetes Neoplasma, das höhere Differenzierungsgrade aufweist, zum niedrigsten Typ der morphogenetischen Reihe herabsinkt.

Wir haben an anderer Stelle die Meinungen verschiedener Autoren über Champys Probleme der Entdifferenzierung und über die ganz entgegengesetzten Ergebnisse hauptsächlich amerikanischer Autoren schon erwähnt. Man kann beim heutigen Stand der Sachlage annehmen, daß die Entdifferenzierung, weil sie wohl kein konstantes Phänomen ist, anderweitig Platz für Entdifferenzierungsphänomene, wie z. B. bei den Züchtungen der Nervenelemente, macht. Wenn man andererseits bedenkt, daß die Zusammensetzung des Kulturmediums einen wichtigen Einfluß nicht nur auf die Proliferationskapazität der Zellen, sondern auch auf die Charaktere der Zellen an der Invasionszone besitzt, wird man leicht verstehen, daß die Entdifferenzierung großenteils von der Qualität des Kulturmediums und nicht vom Fehlen funktioneller Reize, wie das Champy behauptet, abhängt.

Das Zurückkehren enes Gewebes in ein undifferenziertes Stadium beweist sicherlich noch nicht seine onkogene Umwandlung; die Frage der Cancerisierung eines Gewebes ist im Grunde ein biochemisches Problem; im innersten Zellbau geht still das Werk vor sich, die morphologischen Veränderungen sind eher nur Effekt und nicht Ursache der onkogenen Umwandlung.

Das schließt aber noch nicht aus, daß die Kultur in vitro in den Zellelementen Veränderungen verursacht, durch welche sie onkogenen Reizen gegenüber empfindlicher werden. Die Versuche von A. Fischer und A. Juhász-Schäffer suchen das zu beweisen. Fischer züchtete Gewebestückchen mit Teerpulver und mit Arsen, und nach mehreren Passagen sah die Kultur aus, als ob sie Tumorzellen enthielte, zeigte Verflüssigung des Plasmas usw. Dieselben Ergebnisse erhielt Juhász-Schäffer, der dem Medium einer Kultur von Embryonalzellen Teerextrakt zusetzte. Auf diese Weise entstand innerhalb kurzer Zeit in den normalen Zellen eine Umwandlung in Tumorzellen, obwohl es bekannt ist, daß die Krebsbildung durch Wirkung dieser Substanzen sonst längere Zeit, Monate oder auch Jahre, in Anspruch nimmt. Nun konnte man also sagen, daß die Zellen durch das Leben und die Vermehrung außerhalb des Organismus, von allen die Entwicklung regulierenden Einflüssen des Organismus isoliert, in einen für onkogene Reize prädisponierten Zustand versetzt werden; der Zustand ist mit den präcancerösen Läsionen zu vergleichen.

Dieser Versuchsreihe (1910—1920) folgten in den letzten Jahren (1920—1926) eine neue Reihe interessanter Versuche, die hauptsächlich von Carrel, Fischer, Rh. Erdmann, Drew usw. stammen, und deren Ergebnisse sehr originelle Standpunkte über die Geschwulstgenese vertreten.

Die als Versuchsobjekt verwendeten Geschwülste waren Mäusekrebs und -sarkom, Flexner-Joblingscher Tumor, doch vor allem das Roussarkom.

a) Wachstumstypen der Geschwülste.

In Gewebestückchen von Geschwülsten entstehen Proliferationen, die je nach der verpflanzten Tumorart wechseln. Doch sind zwei Grundtypen der Proliferation hervorzuheben: die epitheliale bei epithelialen Geschwülsten und die bindegewebige bei sarkomatöser Geschwulst. Das erste, was bei der Kultur von Tumorzellen beobachtet wird und bei allen Geschwulstgeweben vorkommt, ist das Auftreten von im Kulturplasma isolierten Zellen, die dann in der weiter entwickelten Kultur meistens an der Peripherie der

Invasionszone einander begegnen. Bei den epithelialen Tumoren wird dann die Invasionszone von einer Epithelschicht besetzt, die aus runden, polygonalen Zellen besteht; oder aber es entstehen Säulen aus neugebildeten Zellen, welche als Zäpfchen von der Grenze des Fragmentes in das Koagulum hineinwachsen. Manch-

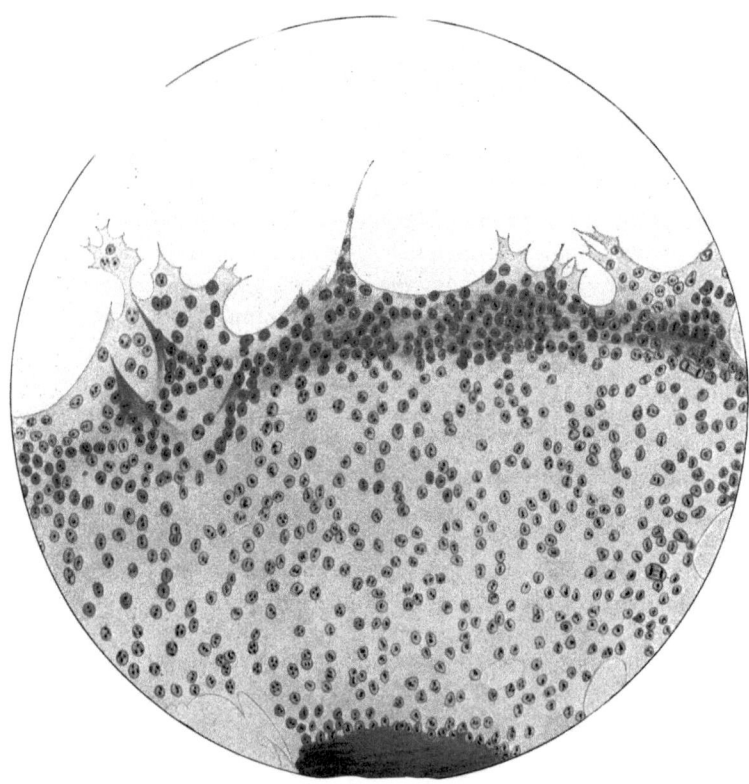

Abb. 59. In vitro 4 Tage lang gezüchtetes Mäusekrebsgewebe. Man sieht einen schmalen Rand des ursprünglichen Gewebestückes mit der charakteristischen, geschichteten Anordnung der Zellen, die nach außen vordringen. (Nach Lambert und Hanes.)

mal können epitheliale Zellsprossen, in Form von Tuben oder aus Zellen gebildeten Säulen, die an Formationen erinnern, welche in den Kulturen der Schilddrüse angetroffen werden, sich vom Mutterfragment losreißen. In den Kulturen von Sarkomgewebe wird die Invasionszone von amöboiden Zellen und von einer Art Retikulumgewebe besetzt, das aus spindeligen oder sternförmigen

Zellen (Fibroblasten) besteht. W. Lewis und O. Gey haben in der Kultur von Mäusesarkom das Vorhandensein von Klasmatocyten beobachtet, die nach diesen Autoren innerhalb der ersten zwei Stunden erscheinen; sie sind sehr beweglich, unregelmäßig, mit chromatischen Kernen versehen, ihr Cytoplasma ist reich an Mitochondrien, Fetttropfen, Vakuolen und Granulationen.

Versuche an Roussarkom wurden in erster Linie von Carrel, Fischer und Borrel vorgenommen. In diesen Kulturen wird das Entstehen von zwei Zelltypen beobachtet: Rundzellen (Carrelsche Makrophagen) und Spindelzellen (Fibroblasten). In der Kultur proliferieren beide Zellarten, sowohl die Makrophagen, als auch die Fibroblasten, sehr aktiv, um, wie Borrel sagt, ein wahres Sarkomgewebe zu bilden. Die Makrophagen sind mit einem oder mehreren Kernen und granuliertem Arkoplasma versehen, das eine kleinere oder größere Zahl von Fetttropfen oder ein Geflecht von Stäbchen oder mitochondriale Filamente enthält.

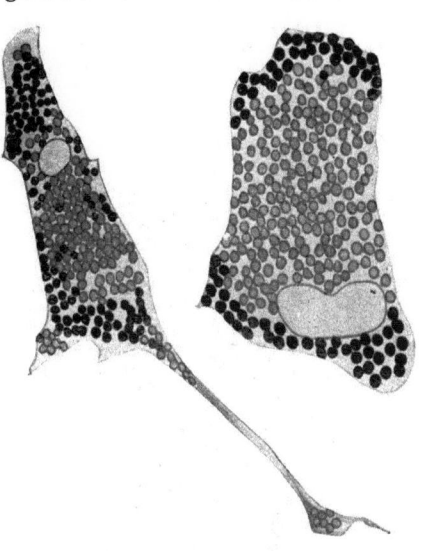

Abb. 60. Zwei Mäusesarkomzellen mit Protoplasmakörnchen und Fett. Die Protoplasmakörnchen sind zentral gelagert und schwach mit Fuchsin, die Fettkörnchen mit Osmiumsäure gefärbt. (Nach Lambert und Hanes.)

Es wurden Riesenmakrophagen angetroffen (Borrel). Die Fibroblasten sind in ähnlicher Weise mit einem einzigen Kern versehen, ihr Protoplasma ist mit Fetttröpfchen vollgepfropft und das Arkoplasma enthält ein an Mitochondrien reiches System. Sowohl in den Makrophagen, als auch in den Fibroblasten gelingt es durch Färbung mit May-Grünwald das Vorhandensein von eosinophilen Substanzen zu demonstrieren, die als für das Roussarkom charakteristische Gebilde betrachtet werden (Borrel). Diese beiden Zelltypen sind nach 2 jähriger Züchtung in der Kultur immer noch nachzuweisen (Fischer).

Die 2 Jahre lang von Fischer in vitro gezüchteten Roussarkomzellen zeigen sehr erweichte Protoplasmakörper. Der Kern bzw. die Kerne sind von einer Zone nicht erweichten und nicht granulierten Plasmas umgeben. Die Amöboidzellen oder Makrophagen bilden kein Gewebe, zeigen die Fähigkeit, das Kulturplasma zu verflüssigen und besitzen phagocytären Charakter. Es wurde auch die Möglichkeit der Amöboidzellen, sich in Fibroblasten

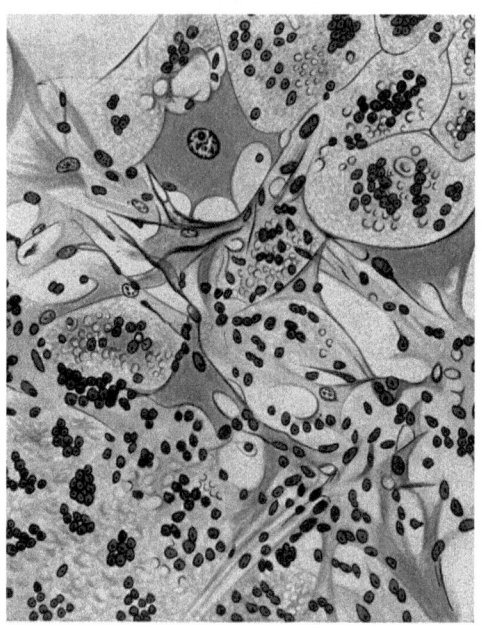

Abb. 61. Fibroblasten und Riesenmakrophagen in einer Kultur von Roussarkom.
(Nach Borrel.)

umzuwandeln, gezeigt (Fischer), und diese Umwandlung der Makrophagen in Fibroblasten konnte von Carrel und Ebeling auch bestätigt werden. Es ist Fischer gelungen, aus einer einzigen Amöboidzelle in der Kultur Elemente zu bekommen, die sehr an Bindegewebselemente erinnerten, doch Fischer selbst will sich der Annahme nicht verschließen, daß es sich hier um eine Mischkultur handelte.

Bei der Beobachtung der Zellteilungen von Sarkomzellen hat Fischer konstatiert, daß die Zelle des Roussarkoms in vitro sich oft in mehrere Teile teilt und daß oft zwei Zellen verschmelzen; die Verschmelzung zweier Zellen kann wiederum Teilungen hervorrufen. Mitosen wurden aber nicht beobachtet.

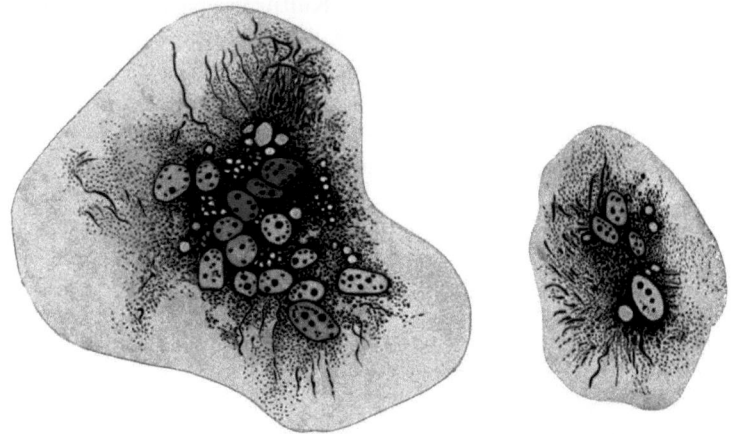

Abb. 62 a, b. Makrophagen des Roussarkoms mit zahlreichen Mitochondrien. (Nach Borrel.)

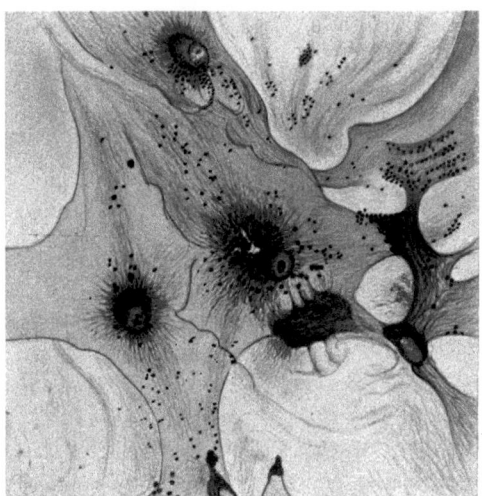

Abb. 63. Fibroblasten aus Roussarkom mit mitochondrialen Filamenten. (Nach Borrel.)

Eine wichtige Eigenschaft der Neoplasmakulturen ist die Fähigkeit, sich zu entwickeln, auch wenn nur eine einzige Zelle verpflanzt wird, während Normalgewebe eine bestimmte Zahl von in Kolonie zusammenhängenden Zellen braucht, um in vitro proliferieren zu können. Die Neoplasmazellen besitzen, in Gegensatz zu den Normalzellen, auch die Fähigkeit, das Kulturplasma zu verflüssigen und können sowohl das Blutplasma, als auch das Gewebeplasma verwenden (Fischer). Das Phänomen der Plasmaverflüssigung wurde, wenn auch in verschiedenem Grade, von vielen Forschern konstatiert, und eben wegen dieser Erscheinung ist die Beobachtung und ein längeres Studium dieser Kulturen schwer, manchmal

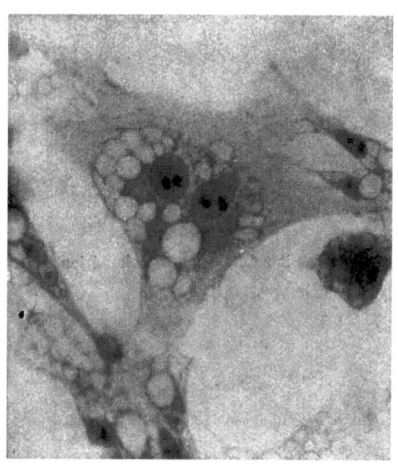 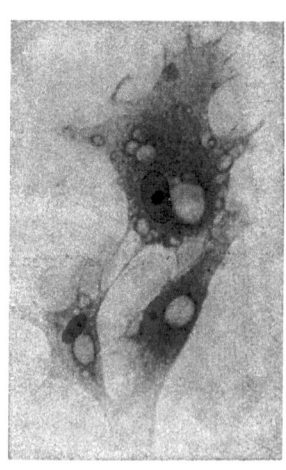

a b
Abb. 64a, b. Sarkomatöse Zellen nach 67—69 Passagen. (Nach A. Fischer.)

sogar ganz unmöglich, wenn auch mit der Methode Fischers die Schwierigkeiten zum Teil beseitigt wurden.

A. Fischer führte in den letzten Jahren eine neue Züchtungsmethode ein, mit der er seit zwei Jahren die Zellen eines Roussarkoms am Leben erhalten kann. Er ging von der Idee aus, daß vielleicht die Fähigkeit des Tumors in vivo, das Nachbargewebe anzugreifen, auch in vitro manifest bleibt und er setzte Roussarkomfragmente in die Nähe von Fragmenten normaler Muskelgewebe, so daß sie sich berührten. Das letztere von einem Hühnertumor stammende Fragment wurde, von Bindegewebe und Sehnen befreit und in Ringerlösung getaucht, im Eisschrank aufbewahrt. In der Kultur wurde dieses Fragment ganz nahe an das

Sarkomfragment gebracht; die Neoplasmazellen überfielen langsam das ganze Muskelgewebe. Die wichtigste Aufgabe des Muskelgewebes bestand darin, den Sarkomzellen als festes Nährmaterial zu dienen, das nicht wie das Blutplasma verflüssigt wird. Die Zerstörung des Muskelgewebes wird durch seine immer aus-

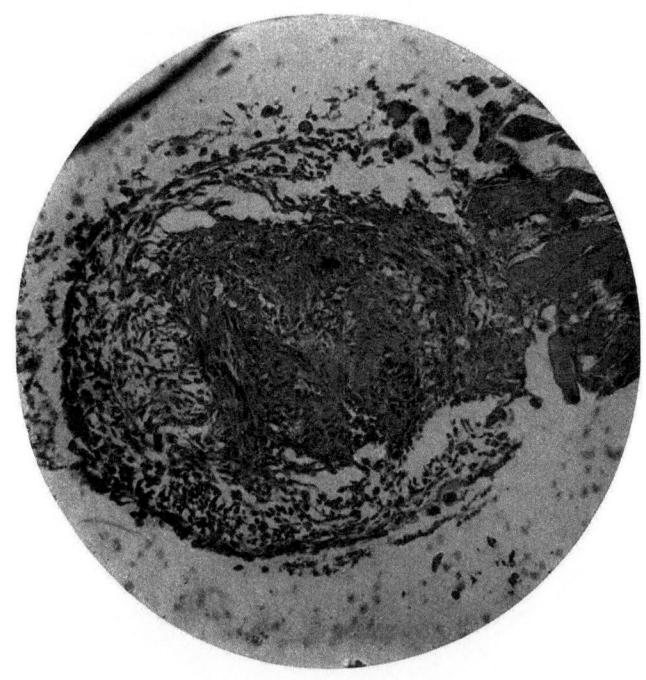

Abb. 65. Nach der Methode von A. Fischer gezüchtete Roussarkomfragmente. Die sarkomatösen Zellen haben das Muskelfragment angegriffen. (Nach A. Fischer.)

gesprochener werdende Durchsichtigkeit, durch den muskulären Detritus und durch den Kranz von Sarkomzellen, der es umgibt, charakterisiert.

Die Aktivität des Sarkoms war so groß, daß die Kultur nicht nur sofort und unter allen Umständen entstand, sondern daß eine einzige Sarkomzelle genügte, um das Muskelgewebe zu durchwuchern.

b) Wachstum der Geschwulstgewebe unter verschiedenen Einflüssen.

1. Die Wirkung von homologem und heterogenem Plasma.

Bis zu den ersten Versuchen von Carrel und Burrows glaubte man allgemein, daß autogenes Blutplasma das entsprechende Kulturmedium sei. Die folgenden Versuche konnten aber beweisen, daß das Wachstum von Tumorfragmenten auch in homogenem und oft auch in heterogenem Plasma möglich ist.

Abb. 66. Rattensarkomkultur in Taubenplasma nach 2 Tagen. Der strahlenförmige Wachstumtyp ist charakteristisch. (Nach Lambert und Hanes.)

Lambert und Hanes haben in ihren Arbeiten am Rattensarkom und Mäusekrebs sowohl autogenes Plasma verwendet, als auch Blutplasma von Meerschweinchen, Kaninchen, Hund, Ziege, Taube und vom Menschen, und sie fanden, daß auch manches heterogene Plasma die Kulturentwicklung erhalten kann. Bisceglie züchtete Mäuseadenocarcinom in Kaninchenplasma.

Andere Autoren (Lumsden) erhielten gleichfalls Proliferationen von Tumorfragmenten in heterogenem Plasma. Bei der

Untersuchung der Toxizität einer langen Reihe von Plasmen haben Lambert und Hanes gezeigt, daß das Plasma von Mäusen und Meerschweinchen für Kulturen von Rattensarkom gut zu verwenden ist, daß dagegen Plasma von der Ziege das Wachstum so weit hindert, als seien toxische Substanzen enthalten. Die andersartige Wirkung verschiedener Plasmen betrifft einerseits den Anfang und die Dauer des Wachstums, andererseits die Überpflanzbarkeit und Struktur der Zellen. Die besten Resultate gibt jedenfalls, wie von mehreren Seiten bestätigt wurde, das homogene Plasma.

Die Versuche über größere oder geringere Wachstumshemmung der Tumoren durch heterogene Plasmen haben insbesondere vom Standpunkt der natürlichen Immunität ein besonderes Interesse. Die Autoren, die mit Problemen der künstlichen Immunisierung gegenüber Tumoren sich befaßt haben, zeigten in den Seren entsprechend behandelter Tiere das Vorhandensein von Antikörpern gegen den Tumor. Lambert und Hanes immunisierten Ratten mit Mäusesarkom und verflanzten diese Geschwulst in das Immunplasma und sahen, daß ihr Wachstum hinter dem der Kontrollkulturen weit zurückbleibt. Die Autoren erhielten entsprechende Ergebnisse durch Immunisierung von Meerschweinchen mit Sarkom, Leber oder defibriniertem Rattenblut.

Lumsden immunisierte Ratten mit Mäusekrebsemulsion und verwendete das Plasma dieser immunisierten Tiere für die Züchtung des Krebsgewebes. Nun sah er, daß die Zellen innerhalb 24 Stunden abstarben. Sogar als er Mischkulturen aus normalen und Krebszellen machte, starben die Krebszellen gleichfalls in 24 Stunden ab, während die Normalzellen regelmäßig ihre Vermehrung fortsetzten; der Autor zieht aus diesen Ergebnissen die Folgerung, daß bei diesem Phänomen die Bildung von Antikörpern anzunehmen ist, die sich gegen die Geschwulst mehr oder weniger spezifisch verhalten.

Andererseits ist das Vorhandensein von wachstumsfördernden Substanzen im Plasma tumortragender Tiere durch Policard und Boucharlat bewiesen worden; sie konnten zeigen, daß das Nierengewebe neugeborener Ratten nicht im Erwachsenplasma, wohl aber in solchem von Tumorträgern wächst. Policard und Boucharlat nahmen an, daß sich im Plasma dieser Tiere autolytische Produkte befinden, welche diejenigen Substanzen ersetzen können, die der Kultur im allgemeinen mit dem Embryonalextrakt oder mit den Leukocyten zugesetzt werden. Diesen Versuchen stehen diejenigen von Körbler gegenüber, der mit menschlichen Materialien (Lymphdrüsen, Bindegewebe und Krebsgewebe, im Plasma von gesunden und normalen Tumorträgern gezüchtet) experimentierte: er fand, daß das Tumorträgerplasma hemmende Wirkung auf das Wachstum ausübt.

Man suchte durch diesen Weg auch die Faktoren der natürlichen Resistenz Tumoren gegenüber zu erforschen, insbesondere beim Roussarkom. Diese Versuche wurden in erster Linie von Fischer und Carrel durchgeführt.

Fischer fand unter 50 Hühnern verschiedener Rassen eines, das sich gegenüber isoliertem Roussarkom vollkommen refraktär verhielt und versuchte im Plasma dieses Tieres unter Zusatz von Muskelfragment desselben Ursprunges mit seiner eigenen Methode Roussarkom zu züchten. Obwohl es ihm gelang, 2 Monate hindurch das Sarkom im beschriebenen Kulturmedium zu züchten, konnten in seinen Zellen überhaupt keine Veränderungen erkannt werden. Wir wissen jedoch nicht, ob die Tumorzellen, die wie sonst proliferierten, auch ihre Malignität bewahrt hatten. Die Versuche Carrels hatten den Zweck, zu erforschen, ob das Serum der Hühner, die dem Roussarkom gegenüber eine natürliche Immunität aufweisen, nicht die Fähigkeit des Filtrates, den Tumor zu erzeugen, vernichten kann. Und tatsächlich konnten einige unter den verschiedenen Hühnerserien das Virus des Roussarkoms zerstören. Junge Hühner sind im allgemeinen empfindlicher als alte.

Nach allen diesen Versuchen scheint die natürliche und mehr noch die erworbene Immunität dadurch ausgezeichnet zu sein, daß sie nicht von spezifischen Antikörpern des Blutserums bedingt ist. Das Blutserum könnte vielleicht über den Resistenzgrad des Organismus dem Tumor gegenüber etwas aussagen; doch enthält es keine Substanzen, die als Antikörper fungieren und das Wachstum des Tumors hindern könnten. Die Resistenz ist eine histogene und humorale Synthese sensu latiori.

2. Die Wirkung von Extrakten und Filtraten normaler und neoplastischer Gewebe.

Seit den ersten Zeiten der Einführung der Gewebezüchtungen in vitro suchte man dem Kulturmedium Extrakte embryonaler

Gewebe oder Gewebe junger oder erwachsener Tiere zuzusetzen, um damit der Kultur leichtere und bessere Lebensbedingungen zu bieten. Wir haben über die Versuchsresultate der Züchtungen von Neoplasmageweben schon berichtet, und es ist jetzt noch die Wirkung der dem Kulturmedium zugesetzten Extrakte von embryonalem Gewebe, von Knochenmark und den Leukocyten, die die Vermehrung der Geschwulstzellen in der Kultur beschleunigen (Carrel, Burrows, Erdmann usw.), zu erwähnen.

Es wurde auch die Wirkung von Extrakten und Filtraten verschiedener Geschwülste (Roussarkom, Mäusecarcinom, Rattensarkom) auf das Wachstum des Tumors selber und auf normale Gewebe von mehreren Autoren untersucht. Diese Versuche sollen die Anwesenheit wachstumfördernder Substanzen in der Kultur beweisen, die das unbegrenzte Wachstum der Tumoren bis zu einem bestimmten Grade erklärlich machen könnten. Carrel und Burrows haben die Wirkung des Roussarkomfiltrates auf das Wachstum desselben Tumors in vitro untersucht und fanden, daß der letztere von den Filtraten einen energischen Wachstumsstimulus bekommt. Carrel setzte dann auch in die Kultur von Fibroblasten Roussarkomextrakte und bekam auf diese Weise eine lebhaftere Proliferation. Stammte jedoch das Extrakt von teilweise nekrotischen Sarkomen her oder von einem Sarkom, das von Kachexie begleitet war, wurde das Wachstum langsamer oder blieb völlig aus. Diese hemmende Wirkung der nekrotisch werdenden oder zu Kachexie führenden Tumoren ist höchstwahrscheinlich durch die Anwesenheit von autolytischen und anderen zellulären Zerfallsprodukten in diesen Extrakten bedingt, die, wie durch Versuche in vivo mittels autolysierender Mittel gezeigt wurde (Blumenthal, Fichera), dem Organismus eine größere Resistenz gegenüber Tumoren verleihen.

Drew hat die Wirkung von Filtraten normaler und neoplastischer Gewebe (Mäusesarkom und -carcinom) auf das Kulturwachstum untersucht. Es ist bekannt, daß die Gewebe junger und erwachsener Tiere einer spärlichen Proliferation Platz geben, die nach einem längeren oder kürzeren Brutschrankaufenthalt manifest wird. Drew sah, daß Herz- und Nierenfragmente der Ratte, die in gewöhnlichen Kulturmedien in einem Stadium der „Schläfrigkeit", wie er sich ausdrückte, verharren, in einem Kulturmedium, das Filtrat autolysierter Niere enthält, gleich anfangen zu

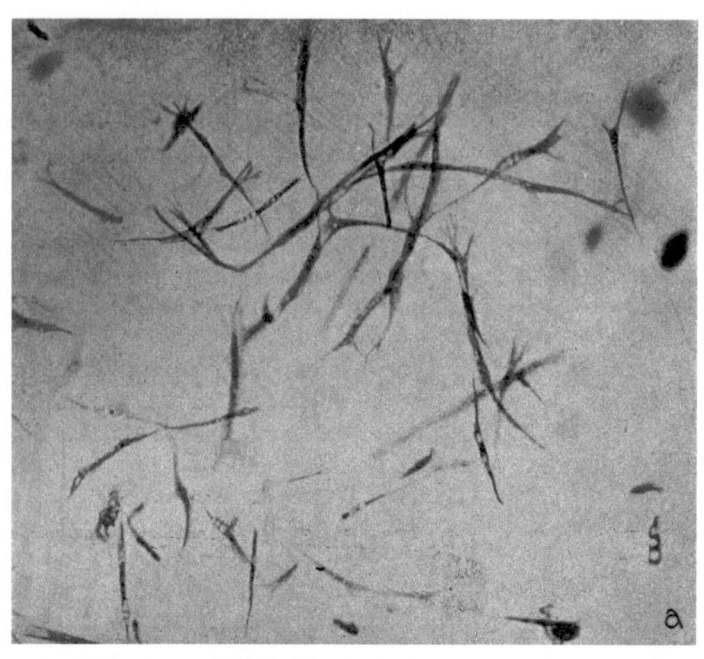
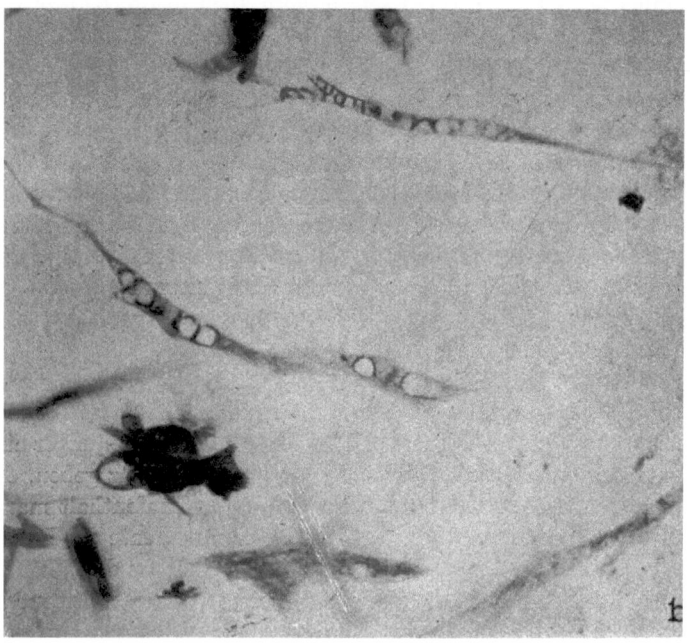

Abb. 67 a, b.

proliferieren; in 48 Stunden ist die Invasionszone von einer Zellschicht besetzt, deren Elemente mehrere Mitosen aufweisen. Wenn dagegen das Nierenfiltrat in der Kälte bei 0° hergestellt war, zeigte sich keine wachstumfördernde Wirkung. Andererseits besaß ein in der Kälte hergestelltes Sarkom- oder Krebsfiltrat diese Wirkung. Aus diesen Versuchen Drews ist leicht ersichtlich, daß die Neoplasmazellen kontinuierlich wachstumfördernde Substanzen produzieren.

Untersuchungen über die Wirkung von Extrakten und Filtraten neoplastischer Gewebe (Mäusekrebs) auf das Wachstum normaler und neoplastischer Zellen in der Kultur wurden von Bisceglie mittels gegenübergesetzter Gewebestückchen vorgenommen.

Aus der Gesamtheit seiner Versuche ergibt sich, daß das Neoplasmaextrakt nicht nur eine einzige Wirkung auf das Wachstum der normalen Gewebe ausübt. Während manche Gewebe (z. B. die Milz und die Schilddrüse) einen starken Wachstumsstimulus erhalten, werden andere in ihrem Wachstum gehemmt. In diesem Falle ist es klar, daß hier die verschiedene Empfindlichkeit der verschiedenen Zellarten dem Extrakt gegenüber ausschlaggebend ist. Gewebestückchen vom Mäusekrebs scheinen dagegen die Wirkung ihres eigenen Extraktes, wenn er in einer bestimmten Konzentration gereicht wird, vorteilhaft verwenden zu können. In diesen Kulturen konnte beobachtet werden, daß von den ersten Stunden des Kulturaufenthaltes an eine ausgesprochene Zellwanderung gegen das mit Krebsfiltrat gefüllte Capillarrohr stattfindet. Diese Zellwanderung ist von einer Phase der Zellproliferation begleitet; es bilden sich zungen- oder pinselförmige Zellformen, welche sich gegen die gegenüberliegende Öffnung des Capillarrohres hin orientieren. Die Proliferation an der affrontierten Seite ist immer lebhaft und hier fängt sie auch früher an, als an den übrigen Stellen des Fragmentes.

Diese Versuche führen letzten Endes zu den gleichen Ergebnissen, wie diejenigen von Drew, doch wird in ihnen die vertretene Idee klarer gezeigt, und Bisceglie fand, daß die Tumorfiltrate elektiv die Neoplasmazelle zur Proliferation reizen.

Erklärung zur nebenstehenden Abb. 67a, b.
Abb. 67. In einer mit Roussarkomfiltrat behandelten Monocytenkultur beobachtete Fibroblasten. a Fibroblasten mit Fortsätzen. b Fettkörnchen enthaltende Fibroblasten.
(Nach Carrel und Ebeling.)

Nun glauben wir die Hypothese Murrays akzeptieren zu dürfen, daß nämlich die bösartigen Tumoren ständig und spontan Reizsubstanzen bilden, die nur von alterierten Normalzellen erzeugt werden, und daß der biochemische Mechanismus der unendlichen Wachstumsfähigkeit des Tumors, wenigstens teilweise, durch diese Reizsubstanzen geleitet wird.

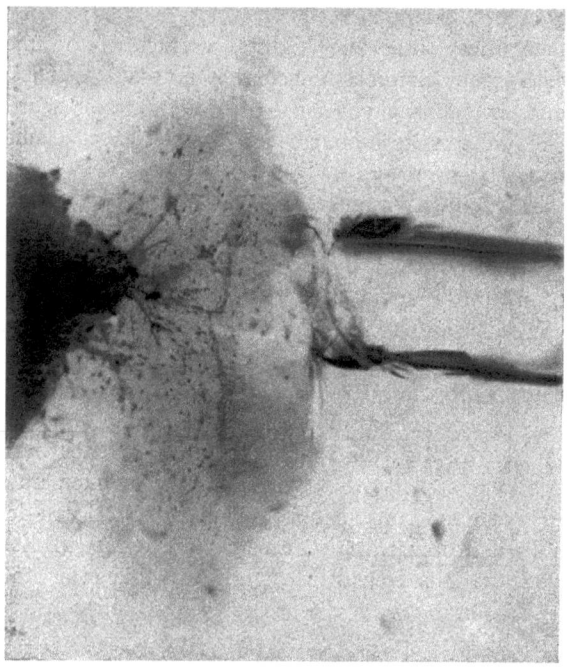

Abb. 68. Kultur eines Adenocarcinomfragmentes, dem ein mit Krebsextrakt gefülltes Kapillarröhrchen gegenübergesetzt ist. Man sieht die lebhafte Proliferation an der dem Kapillarröhrchen gegenüberliegenden Seite des Fragmentes. (Nach Bisceglie.)

Auch Mottram hat die Beobachtung gemacht, daß der Flexner-Jobling-Tumorextrakt das Wachstum normaler Gewebe in vitro beschleunigt, während der Extrakt aus der Niere erwachsener Tiere hemmt. Er konnte jedoch zeigen, daß die im Extrakt enthaltene hemmende Substanz erwachsener Gewebe durch Radiumemanation gestört wird. Diese bestrahlten Erwachsenengewebeextrakte begünstigen das Wachstum und die Zellteilungen. Diese

Ergebnisse fanden in denjenigen von J. und M. Rouffart ihre Bestätigung.

Was die Geschwülste anbetrifft, ist Mottram der Meinung, daß man nicht so sehr an die Faktoren der Wachstumförderung denken solle als eher an das Verschwinden eines das Wachstum hindernden Faktors, da eben die Zellen eine natürliche Tendenz zu unbegrenztem Wachstum zeigen.

Betreffs der Anwesenheit wachstumfördernder Substanzen in der Kultur hat Burrows mit seinen Mitarbeitern eine Versuchsreihe vorgenommen, deren Zweck es war, zu bestimmen, ob das Wachstum der Zellen in der Kultur durch Ansammlung eines von der Zelle selbst durch ihren normalen Stoffwechsel erzeugten Produktes befördert wird, das die erzeugende Zelle zur Proliferation reizt. Burrows entfernte von einer Kultur durch Waschungen diesen Wachstumsstoff und damit entstand eine Wachstumsverlangsamung. Das Wachstum ist nach Burrows nicht die Eigenschaft junger Zellen, sondern eine Reaktion der unbeweglichen, in Geweben nebeneinander gelagerten Zellen, zwischen denen sich durch die herabgesetzte Zirkulation der Wachstumsstoff dann ansammelt. Die Embryonalgewebe, die eine starke Vermehrungstendenz aufweisen, sind eben durch solche zusammengedrängten Zellen und durch Mangel an Gefäßversorgung charakterisiert. Der Krebs zeigt in dieser Beziehung ähnliche Eigenschaften. Burrows nimmt also mit Fischer an, daß die isolierten Zellen sich nicht vermehren können, da die von ihnen selbst erzeugten Reizsubstanzen oder ,,Archusia" nur in sehr spärlicher Konzentration entstehen, so daß sie nicht fähig sind, die Zelle zur Teilung anzuregen. Es ist notwendig, daß sich die Reizsubstanz, um wirken zu können, in einem mittleren Konzentrationsgrad befindet; denn auch die allzu starke Konzentration zerstört die Zelle durch Autodigestion. Burrows führt also den Ursprung des Krebses auf eine Ansammlung dieser Substanzen innerhalb enger Zellzwischenräume mit spärlicher Blutversorgung zurück; dort erreichen die Wuchsstoffe eine so hohe Konzentration, daß ihre Wirkung manifest wird. Auf diese Weise sucht Burrows die Genese der durch chemische Substanzen oder Bakterien hervorgerufenen Tumoren zu erklären. Das schädigende Agens verursacht zuerst ein Zusammendrängen der Zellen, das dann zur Ansammlung der Archusia führt.

Die Hypothese Burrows wurde von anderen Autoren nicht akzeptiert, obwohl auch sie bestätigen, daß die stärkste Zellvermehrung sich innerhalb eines sehr engen Raumes abspielt. Um die Hypothese Burrows über die Tumorgenese zu klären, gingen einige Autoren von den Ergebnissen Warburgs aus, die bewiesen haben, daß überhaupt Zellvermehrung ohne Glykolyse nicht möglich ist, und daß die Neoplasmazelle ein teils anaerobes Leben führt. Diese Autoren äußerten sich dahin, daß durch die ungenügende Sauerstoffzufuhr in den sehr zusammengedrängten Zellen die intraorganische Oxydation herabgesetzt wird, und die relative Anaerobiose die entsprechenderen und widerstandsfähigeren Zellen zur Glykolyse anregt. Dieses Phänomen, das anfangs gelegentlich oder forciert entsteht, wenn der Reiz bestehen bleibt, kann als vererbter Charakter in die nachfolgenden Zellgenerationen übergehen, d. h. er wird obligat. Die so endgültig in bezug auf ihren Metabolismus veränderten Zellen würden die bösartigen Elemente darstellen, die nicht mehr das Sauerstoffdefizit verspüren.

Eine andere Ursache, welche die in engem Raum zusammengedrängten Zellen zur Proliferation anregt, stellen neben der ungenügenden Blutversorgung und der Gedrängtheit der Zellen die aus den abgestorbenen Zellen entstandenen, zur Proliferation anreizenden Substanzen dar. Diese Substanzen könnten wohl Katalysatoren oder Wachstumsstoffe oder auch echte Bausteine des Protoplasmas sein, wie das von manchen Autoren behauptet wurde.

In jedem Fall läßt die Gesamtheit dieser Versuche die Tatsache bestehen, daß in der Neoplasmazelle oder in ihren perizellulären Flüssigkeiten wachstumerregende Substanzen vorhanden sind. Höchstwahrscheinlich sind diese Substanzen die primären oder sekundären Ursachen des unbegrenzten Wachstums. Der einmal im Organismus entstandene Tumor erfreut sich einer Selbständigkeit höchsten Grades, auch was seine innere Organisation anbetrifft, da die Reizfaktoren ihn restlos zur Vermehrung anspornen. Diese Reizfaktoren müssen als Autokatalysatoren betrachtet werden, die, während sie kontinuierlich morphogenetische Phänomene hervorrufen, durch diese rastlos wieder erzeugt werden.

3. Chemische und physikalische Einflüsse.

Es ist bekannt, daß die Ionenkonzentration des Mediums einen gewaltigen Einfluß auf das Wachstum und die Entwicklung der

Zelle ausübt. Wir haben an anderer Stelle über die Versuche und über die Wichtigkeit der Kaliumionen in der Biochemie der Gewebe berichtet.

Hier soll nur auf die Arbeiten von Zwaardemaker hingewiesen werden, die in ihren Grundzügen denjenigen von Campel und Wood gleichen, welche zeigen, daß die Wirkung des K durch Emanation von β-Strahlen bedingt ist. Gurwitsch machte später auf die Bedeutung der sogenannten mitogenen Strahlungen beim Wachstum aufmerksam, über die im Kapitel VIII schon berichtet wurde.

Roffo verglich die Wirkung des Magnesiums mit der des Calciums auf normale und neoplastische Gewebe und stellte fest, daß allgemein beide das Wachstum dieses Gewebes hemmen, daß aber bei beiden Geweben verschiedene Konzentrationen notwendig sind, um gleiche Wirkungen hervorzurufen. Und in der Tat, während CO_2Ca in einer Verdünnung von 1:500 das Wachstum von Herzfragmenten erlaubt, ist eine Konzentration von 1:1000 erforderlich, um bei Neoplasmazellen Wachstum zu erhalten. Auch das Eosin hemmt nach Roffo und Villanueva das Wachstum in vitro. Die mineralischen Kompositionen des Selens mit K- und Rb-Ionen wirken gleichmäßig hemmend auf das Wachstum der normalen und neoplastischen Kulturen, wenn auch beide Gewebe verschiedene Empfindlichkeit diesen Substanzen gegenüber aufweisen. Während z. B. das selenige Kalium in einer Verdünnung von 1:10000 das Wachstum von Normalgeweben ermöglicht, ist für das Wachstum neoplastischer Gewebe eine Konzentration von 1:100000 notwendig.

Die Frage der Ionenkonzentration des Mediums hat so, wie es auch von Boebe, Clowes und Frisbie, Clowes und Waterman gezeigt wurde, eine große Bedeutung für die Entwicklung der Kultur, da die Krebsgewebe sich von den normalen eben durch dieses Vorherrschen des K über das C unterscheiden lassen, und der K/C Koeffizient mit der Bösartigkeit wächst oder fällt.

Von dieser Voraussetzung ausgehend, machte Mendéléef Versuche über die Wirkung von Calcium- und anderen Metallionen auf das Wachstum der Explantate.

Es wurde auch der Einfluß innerer Sekrete auf das Wachstum der Tumoren in vitro untersucht; die Zahl dieser Versuche ist jedoch beschränkt.

Carra verwendet in seinen Versuchen über die Wirkung innersekretorischer Drüsen auf das Wachstum des Mäuseadenocarcinoms Fragmente von Milz, Niere, Schilddrüse, Testikel, Leber und sah, daß diese Gewebe verschiedene Wirkungen auf die Entwicklung der Gewebe ausüben. Die Milz und die Niere wirkten

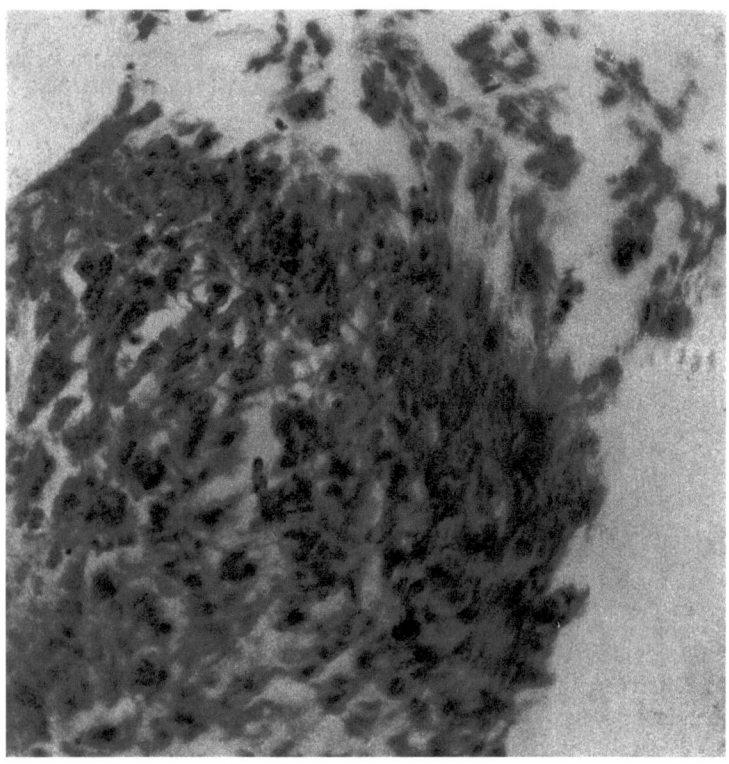

Abb. 69. Schnitt durch eine mittels Sauerstoffbehandlung getötete, mit Hämatoxylin gefärbte Sarkomkultur. Der Farbkontrast zwischen Zellkernen und Protoplasma scheint hier geringer zu sein, als bei einer gewöhnlichen Sarkomkultur; das Protoplasma hat anscheinend den Farbstoff in stärkerem Grade als gewöhnlich aufgenommen.
(Nach A. Fischer und Buch-Andersen.)

stets ausgesprochen hemmend auf das Wachstum des Neoplasmas, so sehr, daß die Entwicklung in manchen Kulturen an allen Seiten des Fragmentes aufhörte und manchmal an der gegenüberliegenden Seite auch Autolyse stattfand. Die Schilddrüse und der Testikel dagegen begünstigten das Wachstum, so daß sich an der gegenüberliegenden Seite eine sehr aktive Proliferation zeigte; die Leber dagegen übte keine Wirkung auf das Geschwulstgewebe aus. Diese Versuche bestätigen mit einer feineren und empfindlicheren Methode das, was schon Brancati, Apolant, Fichera, Korentschewsky, Serafini, Sisto, Biach und Weltmann usw. einst nachgewiesen haben, nämlich die größere oder kleinere Rezeptivität der verschiedenen Organe.

A. Fischer züchtete mit seiner eigenen Methode Gewebestückchen aus Roussarkom und fand, daß am autoklavierten Muskelfragment die Sarkomzellen besser gedeihen, als am nicht behandelten Muskelgewebe. In letzterem Falle, wie Fischer erklärt, konnten die Sarkomzellen nicht in die Muskeln eindringen, und dadurch war ihr Wachstum gehindert. Homologe und heterologe Milzgewebe, Fragmente von Schilddrüse oder Thymus stellen ausgezeichnete Nährsubstanzen dar. Die Meinung also, daß die Milz eine hemmende Wirkung auf die Tumorenentwicklung ausübt, konnte, wenigstens beim Roussarkom, nicht bestätigt werden (A. Fischer).

A. Fischer und Buch-Andersen haben in ähnlicher Weise die Wirkung des Sauerstoffdruckes auf das Wachstum der normalen und bösartigen Zellen studiert und sind von der Voraussetzung ausgegangen, daß man durch Wechsel des Sauerstoffdruckes auch die Reaktionsgeschwindigkeit im Stoffwechsel ändern könnte. Die Autoren haben konstatieren können, daß der erhöhte Druck eine andere Wirkung auf die normale als auf die sarkomatöse Zelle ausübt, insofern diese letztere innerhalb kurzer Zeit zerstört wird, während die Bindegewebszellen am Leben bleiben. Die Autoren konnten sonst mit dem Sauerstoffdruck eine gemischte Kultur von Fibroblasten und Sarkomzellen in eine reine Kultur von Bindegeweben umwandeln.

c) Der Stoffwechsel der in vitro gezüchteten Tumorzellen.

Ein anderes Forschungsgebiet, das sich gut durch die Gewebezüchtungen in vitro bearbeiten läßt, ist die Frage des Stoffwechsels. Bis jetzt ist die Zahl der vorgenommenen Versuche ziemlich gering; die meisten beschäftigen sich mit der Frage des Zuckerstoffwechsels. Die so wichtigen Ergebnisse Warburgs können hier höchstens gestreift werden, da sie nicht die in vitro proliferierenden, sondern nur überlebende Gewebe des Neoplasmas betreffen.

Warburg und seine Mitarbeiter (Minami, Negelein und Posener usw.) haben aus Tumorgeweben Schnitte gemacht, die in Anwesenheit von Glucose bedeutender Bildung von Milchsäure Platz gaben, was sich in Versäuerung des Mediums äußert und auch mittels Zinklaktat gemessen werden kann. Die Tumorschnitte leben auch in Abwesenheit von Sauerstoff, wenn nur das Kulturmedium Zucker enthält. Doch müssen die Tumorzellen wegen ihres Energiebedürfnisses die glykolytischen Phänomene in Anspruch nehmen. Von der Neoplasmazelle wird die Glykolyse vorgezogen, da sie auch bei Anwesenheit von Sauerstoff die oxydativen Prozesse kaum in Anspruch nimmt. Auch die Embryonalzellen erzeugen in zuckerhaltigen Kulturmedien glykolytische Phänomene, jedoch nur, wenn nicht Sauerstoff vorhanden ist, da bei dessen Anwesenheit die Embryonalzellen nur den oxydativen Prozessen Platz machen.

Wind züchtete in Carrelschen Glasschalen in einem Kulturmedium von Plasma- und Embryonalextrakt, dem eine Gasmischung verschiedener Konzentration zugeführt wurde, Roussarkomfragmente und sah, daß diese in Anwesenheit eines Gasgemisches von Sauerstoff und 5 vH Kohlensäure Milchsäure im Verhältnis von 3 vH des Gewebegewichtes produziert haben. Auch unter anaeroben Bedingungen konnte Wind das Wachstum des Tumors nachweisen.

Zuletzt haben Krontowski und Bronstein für gleiche Zwecke die Methode der Gewebezüchtungen in vitro verwendet und zeigten, daß die schnell wachsenden Gewebe eine große Quantität von Zucker verbrauchen. Die Kultur von Normalgewebe verbraucht innerhalb 2 Tagen 80 vH des am Anfang des Versuches in der Nährlösung anwesenden Zuckers und endlich am 4.—5. Versuchstag ist mit der Methode Hagedorn-Jensen keine nachweisbare Spur von Zucker mehr vorhanden.

Die Kultur von Tumorfragmenten (Mäusecarcinom) zeigt dagegen, daß die von den Neoplasmen verbrauchte Zuckermenge viel größer ist; sie ist schon am 2.—3. Tag aus dem Medium vollkommen verschwunden. Diese Ergebnisse entsprechen einander insofern, als die rasch wachsenden Gewebe (embryonale und neoplastische), die zu ihren intensiveren Vitalprozessen notwendige Energie aus einem erhöhten Zuckerverbrauch gewinnen.

d) Die Zurückpflanzung der Tumorkulturen in Tiere.

Die Züchtung von Tumorfragmenten in vitro und die Möglichkeit, Reinkulturen von den einzelnen Elementen des neoplastischen Gewebes zu gewinnen, hat mit sich gebracht, daß durch Zurückpflanzungen dieser Reinkulturen die Frage weiter behandelt werden konnte, welche Elemente des Transplantats den Tumor erzeugen. Und damit wäre gleichzeitig auch das Problem gelöst, welche Zellen eigentlich die Träger der neoplastischen Bösartigkeit seien.

Schon in ihren ersten Versuchen konnten Carrel und Burrows, Lambert und Hanes die Möglichkeit einer Zurückpflanzung in Tiere von in vitro gezüchteten Tumorfragmenten (Mäusesarkom und -carcinom), die dann wieder den Primärtumor erzeugen, nachweisen. Roffo injizierte Tumorexplantate in Ratten und erhielt histologisch ganz reine Metastasen, ohne die nekrotische Zone und mit sehr hoher Proliferationsaktivität; damit wurde bewiesen, daß die Tumorzellen in vitro auch mehrere Generationen hindurch ihre Aktivität und ihre spezifischen Eigenschaften bewahren.

Ähnliche positive Ergebnisse wurden von Drew erhalten, der Kulturen von Mäusesarkom in Mäuse zurückinjizierte; dieser Autor behauptet aber, daß das Sarkom in der Kultur rasch degeneriere (schon nach 48 Stunden), und daß es nicht mehr den Tumor erzeugen könne, wenn es nicht bald zurückgepflanzt würde.

Sehr wichtige Ergebnisse wurden von Rh. Erdmann mit Kulturen von Mäusekrebs und -sarkom und mit dem Flexner-Joblingschen Tumor erhalten; der Zweck ihrer Versuche war, die Bedingungen, unter welchen die Kultur mit Erfolg zurückgepflanzt werden kann und die Elemente des Tumorgewebes, denen die Bösartigkeit zuzuschreiben ist, zu bestimmen. Der Autor züchtete Sarkomfragmente von Säugetieren mehrere Wochen hindurch in Tumorträgerplasma und erhielt nach Reimplantation der Kultur einen Primärtumor. In bezug auf den Krebs wurde gefunden, daß die im Tumorplasma gezüchteten Kulturen, in welchen eine gleichzeitige Proliferation von Stromazellen und von Krebszellen stattfand, die Fähigkeit besaßen, von sich aus den Tumor zu bilden; nur durften sie nicht allzu lange in vitro gehalten werden. Waren dagegen die Tumorzellen in Normalplasma gezüchtet, so wandelten sich diese in Elemente um, die sich nach Reimplantation wie Normalzellen verhielten. Daraus folgt, daß die neoplastischen Zellen Elemente von verändertem Metabolismus darstellen, die mit einem, vorläufig unbekannten, Charakter versehen sind, welcher in dem seiner Entwicklung nicht entsprechenden Kulturmedium verloren geht.

Die Versuche Erdmanns am Flexner-Joblingschen Krebs suchten die Beantwortung der Frage, welche Elemente des Tumorgewebes die Träger der Bösartigkeit sind, d. h. an welche Elemente das Virus, gleich ob lebendiges oder chemisches, gebunden ist. Er fand, daß Reinkulturen der krebsigen Zellen des Flexner-

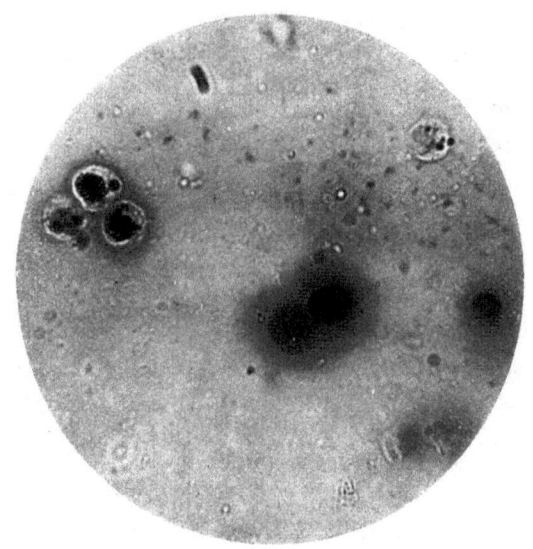

Abb. 70. Freie Krebszellen in Leberplasma gezüchtet. (Nach Rh. Erdmann.)

Joblingschen Tumors nicht die Fähigkeit besitzen, bei Zurückpflanzung in das Tier den Tumor zu erzeugen. Andererseits haben auch die Stromazellen desselben Tumors in Reinkultur die Fähigkeit, den Tumor bei Reimplantation zu erzeugen, verloren. Die Geschwulstbildung bleibt ebenfalls aus, wenn man Reinkulturen von Krebszellen und Stromazellen gleichzeitig injiziert. Die Geschwulst entsteht ausschließlich nur dann, wenn in derselben Kultur sowohl die krebsigen, als auch die stromalen Zellelemente gleichzeitig proliferierend vorhanden sind. Es wurde also gezeigt, daß in Reinkulturen die onkogenen Faktoren, die Erdmann als

X-Stoffe bezeichnet hat, verloren gehen. Die Frage, an welche Zellelemente aber dieses Virus (in breitestem Sinne) des Tumors gebunden ist, oder ob es von den Zellen selbst erzeugt wird oder in diesen mit enthalten ist, ist nicht gelöst.

Es scheint aus den letzten Versuchen Erdmanns hervorzugehen, daß das Virus des Flexner-Joblingschen Krebses den Endothelzellen gegenüber eine strenge Affinität besitzt. Wird normale Milz in Medien gezüchtet, welche Tumorplasma enthalten,

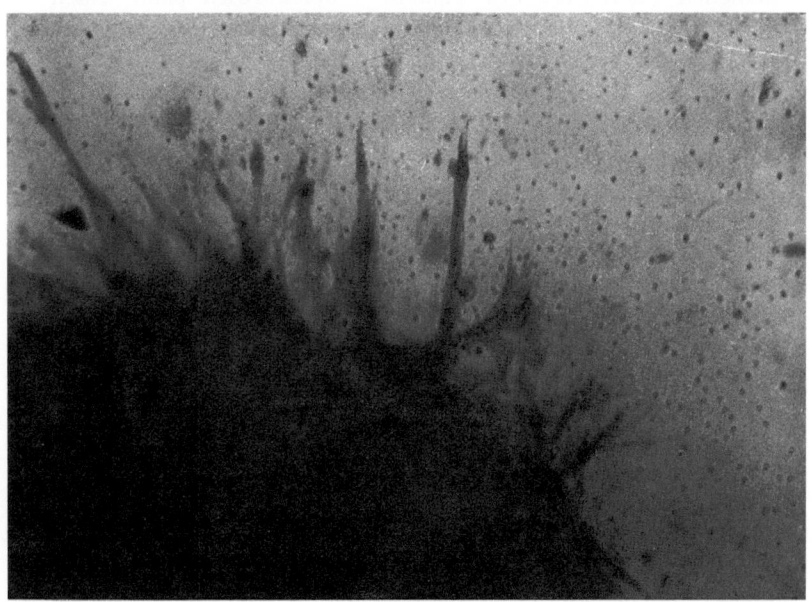

Abb. 71. Stromazellen einer Flexner-Jobling-Krebskultur in Leberplasma gezüchtet. (Nach Rh. Erdmann.)

so sieht man Endothelzellen in das Koagulum hineinwandern und diese Wanderung setzt um so frühzeitiger ein, je konzentrierter in der Kultur die vom Tumor stammenden Substanzen vorhanden sind. Wird andererseits das Tier mit Substanzen (Chinatusche), die das retikuloendotheliale System reizen, behandelt, so erscheint die Geschwulst gleich nach Einführung des Flexner-Joblingschen Krebsfiltrates. Erdmann ist also der Meinung, daß die Endothelzellen nähere Beziehung zu dem Virus des Flexner-Joblingschen Tumors besitzen.

Zu diesen, an nicht filtrablen Mäuse- und Rattentumoren (Sarkome und Krebse) durchgeführten Versuchen gesellen sich die an filtrierbaren Hühnersarkomen gemachten Versuche Carrels. Dieser Forscher hat eine große Anzahl von sehr interessanten Versuchen auf dem Gebiete der Tumorfrage durchgeführt, die die Onkologie mit großen Schritten vorwärts gebracht haben. Eines dieser Probleme ist die auch von anderen behandelte Frage, welche Zellelemente des Sarkomgewebes im Roussarkom für die malignen Charaktere des Tumors verantwortlich sind. Nach der allgemeinen Meinung bilden die Fibroblasten das bösartige Element des Sarkoms. Nun suchte Carrel Reinkulturen von diesen Elementen zu erhalten; solche Fibroblasten, in Hühner injiziert, verlieren nach 7—8tägiger Kulturvegetation die Fähigkeit, die Geschwulst wieder zu erzeugen. Nur die Inokulation von jungen Zellen (nach 3--4 Tagen) kann Tumor erzeugen. Diese Tatsache will Verfasser mit der Anwesenheit von anderen Zellelementen oder von bösartigen Fibroblasten erklären, die aber rasch verschwinden.

Ähnliche Versuche wurden auch an Teersarkomgewebe durchgeführt und ergaben die gleichen Resultate. Daraus folgt, daß, wenigstens bei den von Carrel untersuchten Geschwulsttypen, die Fibroblasten nicht die Träger der Bösartigkeit seien; werden sie in Hühner überpflanzt, lassen sie eine neoplastische Proliferation nicht zu. Man muß also annehmen, wie das Carrel durch ein Paradoxon ausdrücken wollte, daß „l'element malin des sarcoms à cellules fusiformes n'est pas le fibroblast".

Die Versuche des amerikanischen Forschers sollten auch beweisen, daß der Fibroblast der Wirkung des Roussarkoms gegenüber unempfindlich ist und dadurch dieses nicht in eine bösartige Zelle umwandelt. Wenn man tatsächlich dem Nährmedium einer normalen Fibroblastenkultur filtrierten oder nicht filtrierten Roussarkomextrakt zusetzt und diese Kultur durch eine kürzere oder längere Zeit züchtet (von 2 Wochen bis zu mehreren Monaten), so erhalten die Fibroblasten nicht bösartige Charaktere, da die Implantationsversuche mit diesen Kulturen durch subcutane Einspritzung in Hühner stets negativ ausfallen.

Da die Versuche Carrels an Fibroblasten ergebnislos waren, wandte er sich gegen den ähnlichen Zelltyp, der in den Kulturen von Tumorfragmenten erscheint. Es ist bekannt, daß in der Kultur von bösartigen Geschwülsten die zuerst im Koagulum massenhaft erscheinenden Zellen monocytenähnliche amöboide Elemente sind. Carrel suchte also diesen Zelltyp in Reinkultur zu erhalten. Nach mehreren Überpflanzungen, die 10—30 Tage lang dauerten, wurden die Kulturen in Hühner eingespritzt. In allen Fällen bildeten sich rasch Tumoren, die das Tier durch Lungenmetastasen bald getötet hatten. Wurde nur die Kulturflüssigkeit allein eingespritzt, so bildeten die Geschwülste sich gleichmäßig aus. Auch Makrophagenkultur von Sarkom chemischen Ursprungs gab dieselben Ergebnisse. Nun zeigte sich also, daß die Bösartigkeit der Roussarkome chemischen Ursprungs an die Makrophagen gebunden ist; nur wenn die Makrophagen zurückinjiziert werden, entsteht wiederum die gleiche Geschwulst.

Da aber zwischen den Makrophagen des Gewebes und den Leukocyten des Blutes eine gewisse Übereinstimmung besteht, wurde die Möglichkeit angenommen, daß, nach Carrels Hypothese, diese letzteren dem Virus gegenüber empfindlich sind und daher die Fähigkeit besitzen, sich in bösartige Elemente umzuwandeln. Diese Hypothese konnte andererseits durch die Versuche von Peyton Rous bestätigt werden, die beweisen, daß das Blut der tumortragenden Hühner die Krankheit übertragen kann. Die Versuche von Pentimalli und Burger zeigen, daß zum Übertragen der Krankheit Serum allein nicht genügt, es sind dazu die corpusculären Elemente unerläßlich. Diese Versuche erhalten wiederum von Carrel ihre Bestätigung. Werden normale Leukocyten des Blutes oder Reinkulturen von normalen Blutmakrophagen mit Roussarkomfiltrat zusammengebracht und in vitro gezüchtet, so wandeln sich die Makrophagen nach einiger Zeit (20—21 Tage) in sarkomatöse Zellen um, die, in Tiere inokuliert, die Krankheit entstehen lassen; doch bekommen sie schon in der Kultur ein typisch sarkomatöses Aussehen. Die gleiche Umwandlung erfahren die Leukocyten bei Anwesenheit der Filtrate von Teer- oder Arsensarkom. Diese Versuche beweisen, daß die Blutzellen und die Gewebemakrophagen gewöhnlich die Träger der Bösartigkeit bei Hühnersarkomen sind.

e) Die Frage der Geschwulstgenese.

Wenn auch bis jetzt dieses große Problem, das so viele Forscher beschäftigt hat und noch beschäftigen wird, nicht ganz gelöst ist, muß man doch anerkennen, daß durch die Gewebezüchtungen in vitro große Fortschritte, wenigstens was die Genese der Sarkome anbelangt, gemacht worden sind. Carrel, dem die meisten und wichtigsten Versuche am Roussarkom zu verdanken sind, suchte den filtrierbaren Faktor in vitro experimentell herzustellen und damit die Natur dieses Prinzips zu erforschen.

Seit den Versuchen von Rous und Pentimalli ist bekannt, daß das filtrierbare Prinzip des Hühner-Roussarkoms schädigenden Wirkungen gegenüber wenig resistent ist. Es verliert seine Virulenz innerhalb 24 Stunden in Kochsalzlösung bei 38° C (Rous) sehr schnell unter Wirkung von Chloroform, Kalilauge, Aceton, Sublimat, Formalin oder Jod (Pentimalli). Dagegen gelang es Carrel, dieses Prinzip länger aktiv zu erhalten, indem er seiner Serum- oder Tyrodelösung Muskelfragmente oder Leukocyten zusetzt.

In gleicher Weise bewies Carrel, daß das Prinzip des Roussarkoms sich in einer Kultur von Monocyten stark vermehrt. Er meint, daß das Virus sich entweder an der Oberfläche oder im Innern der Monocyten reproduziert. Diese Versuche wurden auch mit Leukocyten, mit Fragmenten von Milz, Embryonalgewebebrei und mit leerer Kultur wiederholt und gefunden, daß sich das Virus in jedem Falle bei Anwesenheit von lebendigen Geweben stark vermehrt, während es ohne Gewebestücke seine Aktivität rasch verliert. Es handelte sich nun darum, nachzuweisen, welche Rolle die Gewebe bei dieser Vermehrung des Prinzips haben, und zwar 1. ob das lebendige Gewebe allein dem Virus nur die notwendigen Lebensbedingungen zu seiner spontanen Vermehrung bietet, 2. ob das Virus von den lebendigen Zellen gebildet wird, oder 3. ob nicht das in einem inaktiven Zustande in der Kultur vorkommende Virus von den Zellen Substanzen erhält, die es aktiv machen. Die Versuche Carrels, die hier einzeln aufzuzählen nicht möglich ist, zeigten in ihrer Gesamtheit, daß das filtrierbare Agens sich nicht in zwei Teile teilt, in einen inaktiven und in einen aus der Zelle entstandenen aktivierenden Teil. Es vermehrt sich mit seiner Aktivität im Innern der Zelle oder wird vielleicht von der Zelle selbst erzeugt. Der amerikanische Forscher wies aber auch nach, daß die Vermehrung des Prinzips der Roussarkome direkt von der Quantität, Aktivität und Natur der im Kulturmedium anwesenden Zellen abhängig ist. Festzustellen ist: wird Roussarkomfiltrat einer Reinkultur von Fibroblasten und einer Kultur von Leukocyten zugesetzt, so verschwindet in der ersteren das Prinzip, in der zweiten wird es vermehrt. Wird andererseits die Aktivität eines Gewebes durch Sauerstoffmangel oder durch Koagulation zerstört und wird es dann mit Roussarkomfiltrat in vitro gezüchtet, so vermehrt sich das letztere nicht. Die Abhängigkeit der Wirkung von der Quantität des Gewebes wurde von Carrel auch bewiesen. Die Geschwülste entstanden nur dann, wenn mit dem Roussarkomfiltrat eine größere Quantität von Embryonalgewebebrei inokuliert wurde, wogegen das Ergebnis bei Versuchen mit wenig Gewebebrei negativ ausfiel.

Diese Versuche führen also zu dem Schluß, daß das Prinzip der Roussarkome sich wie ein ultravisibler Organismus verhält, der die Fähigkeit, sich zu vermehren, aufweist. Ist aber dieses Virus ein ultravisibler Organismus, so ist es auch ein lebendiges Wesen. Seine Fähigkeit zur Vermehrung kann und darf zwar diese Annahme nicht unterstützen; denn Vermehrung ist nicht immer ein Beweis von Leben. Ostwald hat bei autokatalytischen Phänomenen, wo während der Reaktion und durch sie das Prinzip, das die chemische Reaktion bewirkt, vermehrt wird, Beispiele dafür gegeben. Twort zeigte, daß das Virus auch ein Enzym sein könne, das sich vermehrt, oder Protoplasma, das sich nicht zu einer Zelle organisiert hat.

Centanni zog den Begriff des Autokatalysators schon im Jahre 1904 für die Erklärung der Natur des filtrablen Virus heran. Er meinte, daß das Virus letzten Endes nichts anderes ist, als ein Modifikator der biologischen Reaktionen, der unter günstigen Bedingungen fähig ist, sich selbst zu erzeugen. Er ist aller Wahrscheinlichkeit nach ein Zwillingsbruder der Modifikatoren anderer gewöhnlicher chemischer Reaktionen, die von Ostwald als Autokatalysatoren bezeichnet worden sind, d. h. der Prinzipien, die chemische Vorgänge beschleunigen oder vermutlich hemmen und selbst während der Reaktion entstehen. Nun stellt sich Centanni folgende Frage: wenn in der anorganischen Welt die Existenz solcher Prinzipien bewiesen wird, kann darüber noch Zweifel bestehen, daß auch in der organischen Welt, die so viel komplizierter ist, solche Organisationen entstehen, die ihren eigenen Stimulator erzeugen? Nach seiner Anschauung wird das filtrierbare Virus sich allein nicht vermehren können, sondern nur im Zusammenhange mit einer histiologischen Zellfunktion, in welcher das den Zellstoffwechsel störende Gift spontan entsteht.

Zu der Hypothese eines solchen von der Zelle selbst erzeugten chemischen Virus brachte zuletzt Carrel einen wertvollen Beitrag. Er wollte untersuchen, ob die durch chemische Substanzen entstandenen Geschwülste fähig seien, durch ihr Ultrafiltrat wieder Neoplasmen zu erzeugen; in diesem Falle würde an der Existenz eines ultravisiblen Mikroorganismus gezweifelt werden müssen. Carrel hat zu diesem Zweck Teer, Arsen, Indol verwendet, die zusammen mit dem Embryonalgewebebrei in kleinen Dosen Hühnern injiziert wurden. Er bekam bei einigen Hühnern nicht nur das baldige Entstehen der Geschwulst, sondern mit dem Filtrate dieser auf chemischem Wege entstandenen Tumoren konnte er wiederum bösartige Neoplasmen erzeugen, die Metastasen bildeten und bald zum Tod des Tieres führten.

Der Zusatz von Filtraten der Arsen- oder Teertumoren gab den Kulturen von Makrophagen (Carrel) oder Leukocyten (Ebeling) das typische Aussehen der Sarkomkulturen (Verdauung des Fibrins, Reproduktion des tumorerregenden Prinzips); in Hühner inokuliert, bilden sich Tumoren. Nur das Filtrat von Indolsarkomen wies diese Fähigkeit in den Monocytenkulturen nicht auf. Aus den Versuchen Carrels, die zwar bis jetzt von Murphy und Landsteiner noch nicht bestätigt worden sind, scheint hervorzugehen, daß Arsen, Indol und Teer die Fähigkeit besitzen, Geschwülste zu erzeugen, die durch ihre Filtrate zu übertragen sind. Von einer spezifischen chemischen Substanz ausgehend, gelangt man zur Produktion einer Substanz, die dem Virus ähnlich ist und die sich unbegrenzt immer wieder bilden kann. Wenn auch diese Versuche nicht die endgültige Lösung der Frage, ob das Prinzip der Tumoren chemischer oder belebter Natur sei, gebracht haben, was auch Carrel anerkennt, weist es doch schon darauf hin, daß das ultravisible Virus der filtrierbaren, chemisch entstandenen Tumoren ein in den Normalzellen der Hühner oder in den Hühnerembryonen vorhandener Mikroorganismus ist, der aber nur bei Anwesenheit gewisser chemischer Substanzen zur Tumorbildung schreitet. Diese Hypothese findet aber keine entsprechende experimentelle Grundlage, während die Hypothese der chemischen Natur des Virus eher den Ergebnissen dieser Forscher entspricht.

Diese so hochinteressanten Ergebnisse, die zwar nur die Genese des Sarkoms betreffen, können wohl auch allgemein für die Erklärung der Geschwulstgenese überhaupt und für die des Krebses insbesondere herangezogen werden.

Aus dem heutigen Stande unserer Kenntnisse eine endgültige Antwort auf diese Frage zu geben, wäre kaum möglich. Doch die vielseitige Beweisführung mittels der an epithelialen und bindegewebigen Geschwülsten erhaltenen Ergebnisse, deren Entstehen auf chemischem, physikalischem, parasitischem oder mikrobischem Wege zweifellos ist, lassen daran denken, daß alle Agentien die gleiche Wirkung haben. Sie alle rufen die bösartige Umwandlung wohl nicht direkt, sondern nur indirekt hervor dadurch, daß sie zuerst eine Störung im Zellmetabolismus verursachen, die weiterhin zum Entstehen der onkogenen Substanz führt. Diese Substanz besitzt dann endgültig die Fähigkeit, die Normalzellen in bösartige umzuwandeln.

Wenn man in Betracht zieht, daß die epithelialen und bindegewebigen Geschwülste durch physikalische, chemische, parasitische Mittel zu erzeugen sind, die sowohl bei den folgenden Transplantationen des Tumors, als auch in den Metastasen nicht mehr angetroffen werden und scheinbar auch nicht mehr notwendig sind, liegt der Gedanke nahe, daß an die Stelle der äußeren Reize, welche zuerst die onkogenen Veränderungen hervorgerufen haben, innere Reize treten, die von den Zellen selbst erzeugt werden.

Wir können heute nur unsere Vermutung äußern, daß die neoplastische Umwandlung der Normalzelle eine Antwort auf die durch sie selbst bei gestörtem Biochemismus erzeugten Produkte ist, wobei die Störung primär durch einen Stimulus, sensu latiori, verursacht wurde.

Literaturverzeichnis.

Akamatsu, N.: Über Gewebekulturen von Lebergewebe. Virchows Arch. f. pathol. Anat. u. Physiol. Bd. 240, S. 308. 1922.

Albrecht und Joannovics: Beiträge zur künstlichen Kultur menschlicher Tumoren. Wien. klin. Wochenschr. 1913.

Amato, A.: Azione delle sostanze radioattive sull'accrescimento dei tessuti coltivati in vitro. Ann. di clin. med. Bd. 10, S. 107. 1920.

Anson, M. L. and Mirsky, A. E.: The growth of tissue in vitro. Students' rep. dept. anat., coll. phys. a. surg. N. Y. 1923. S. 41.

Aschoff, L.: Über die Bedeutung von Gewebekulturen. Berlin. klin. Wochenschr. Jg. 51, S. 337. 1914.

Awrorow, P. P. und Timofejewsky, A. D.: Kultivierungsversuche von leukämischem Blute. Virchows Arch. f. pathol. Anat. u. Physiol. Bd. 216, S. 184. 1914.

Baitsell, G. A.: The origin and structure of a fibrous tissue which appears in living cultures of adult frog tissues. Journ. of exp. med. Bd. 21, S. 455. 1915. — Ders.: The origin and structure of a fibrous tissue formed in wound healing. Ebenda Bd. 23, S. 739. 1916. — Ders.: A study of the clotting of the plasma of frogs blood and the transformation of the clot into a fibrous tissue. Americ. journ. of physiol. Bd. 44, S. 109. 1917. — Ders.: The development of connective tissue in the amphibian embryo. Proc. of the nat. acad. of sciences (U. S. A.) Bd. 6, S. 77. 1920. — Ders.: Study of the development of connective tissue in the amphibia. Americ. journ. of anat. Bd. 28, S. 447. 1921. — Ders.: Observations on the cellular activity in a culture of amphibian liver tissue. Proc. of the soc. f. exp. biol. a. med. Bd. 21, S. 434. 1924.

Baitsell, G. and Sherwood, M.: A new culture medium for tissue grown in vitro. Proc. of the soc. f. exp. biol. a. med. Bd. 23, S. 96. 1925.

Baker, L. et Carrel, A.: Effect de la fraction protéique du suc embryonnaire sur la multiplication des fibroblastes. Cpt. rend. des séances de la soc. de biol. Bd. 95, S. 157. 1926. — Dies.: Action des lipoides du serum sur la multiplication cellulaire. Ebenda Bd. 93, S. 79. 1925. — Dies.: Effect of the amino-acids and dialyzable constituens of embryonic tissue juice on the growth of fibroblasts. Journ. exp. Med. Bd. 44, S. 397. 1926. — Dies.: Au sujet du pouvoir inhibiteur du serum pendant la vieillesse. C. R. Soc. de Biol Bd. 95, S. 958. 1926. — Dies.: Le cause de l'augmentation du pouvoir inhibiteur du serum pendant le vieillesse. Ebenda Bd. 95. S. 1014. 1926.

Barnard: Cultures from single cells. Brit. journ. of exp. pathol. Bd. 6, S. 37. 1925.

Barta, E.: Experimental histological studies. 1. Some factors regulating the morphology of tissue (ureter in vitro). Anat. record Bd. 29. 1924. — Ders.: Über eine leichte Methode der Gewebezüchtung. Die Blutsaft-, Blutserum- oder Plasmaserummethode. Zeitschr. f. wiss. Mikroskopie Bd. 40, S. 178. 1923. — Ders.: Deficient oxidation as a cause of giant cell formation in tissue cultures of lymph nodes. Arch. f. exp. Zellforsch. Bd. 2, S. 6. 1925. — Ders.: Les cellules géant dans les cultures de tissu en rapport avec l'oxydation cellulaire et la formation de graisse intracellulaire. Cpt. rend. des séances de la soc. de biol. Bd. 94, S. 1182. 1926. — Ders.: Transformation de l'épithelium et du tissu conjonctif dans les cultures. Ebenda Bd. 94, S. 1125. 1926.

Bauer, J. T.: The effect of pyrogallic acid upon connective-tissue cells of the chick embryo in tissue cultures. Bull. of Johns Hopkins hosp. Bd. 34, S. 422. 1923. — Ders.: The effect of carbon-dioxide on cells in tissue cultures. Ebenda Bd. 37, S. 420. 1925.

Bergami: Influenza dei trefoni embrionali sulla cicatrizzazione delle ferite. Atti d. Reale accad. dei Lincei, rendiconto Bd. 2, S. 140. 1925.

Bergel, S.: Zur Morphologie und Funktion der Lymphocyten. Arch. f. exp. Zellforsch. Bd. 3, S. 23. 1927.

Bermann, G.: Über die Infektion von Knochenmarkskulturen jugendlicher und ausgewachsener Meerschweinchen mit Staphylococcus pyogenes aureus. Arch. f. exp. Zellforsch. Bd. 1, S. 392. 1925.

Bianchini, G.: L'action du plasma d'animaux empoisonnés sur la vie des cellules cultivées in vitro. Arch. ital. de biol. Bd. 71, S. 227. 1922. — Ders.: L'azione del plasma di animali avvelenati sulla vita delle cellule coltivate in vitro. Atti d. R. accad. dei fisiocrit. di Siena Bd. 14, S. 393. 1923.

Bianchini et Evangelisti: Les tissus de foetus coltivés in vitro à distance variable de la mort. Arch. ital. de biol. Bd. 71, S. 207. 1922.

Binet et Champy, Ch.: Sur les cultures des poumons in vitro. C. R. Soc. de Biol. Bd. 94, S. 1133. 1926.

Biondi: Trapianti, sopravivenza in vitro ed autolisi dei nervi periferici. Riv. ital. neuropatol. Bd. 6, S. 531.

Bisceglie, V.: Lo sviluppo e la polarità d'accrescimento dei tessuti coltivati in vitro, sotto l'influenza degli estratti neoplastici. Arch. f. exp. Zellforsch. Bd. 2, S. 43. 1925. — Ders.: Der Einfluß des Krebsfiltrates auf die Entwicklung des in vivo und in vitro verpflanzten Mäuseadenocarcinoms. Zeitschr. f. Krebsforsch. Bd. 23, S. 340. 1926. — Ders.: Die Faktoren der organischen Entwicklung. 1. Mitt.: Wirkung der Vitamine auf die Entwicklung der Gewebeexplantate in vitro. W. Roux' Arch. f. Entwicklungsmech. d. Organismen Bd. 108, S. 708. 1926. — Ders.: Über Implantationen der mit Tumorfiltrat behandelten Embryonalgewebe und die Genese der Neoplasmen Bd. 23, S. 463. 1926. — Ders.: La questione del virus vivo, o del virus chimico quali fattori della trasformazione oncogena della cellula. Riv. di biol. Bd. 8, H. 1. 1926.

Bobilioff - Preißer, W.: Beobachtungen an isolierten Palisaden- und Schwammparenchymzellen. Beih. z. Botan. Zentralbl. Bd. 33, S. 248. 1917.

Bompiani, G.: Esperienze e resultati ottenuti della cultura dei tessuti in vitro. Riv. di biol. Bd. 2, S. 76. 1920.

Börger, H.: Über die Kultur von isolierten Zellen und Gewebsfragmenten. Arch. f. exp. Zellforsch. Bd. 2, S. 123. 1926.

Börnstein, K. und Klee, E. E.: Über die Sauerstoffatmung ungezüchteter und gezüchteter Haut von jungen Fröschen und Froschlarven. Arch. f. exp. Zellforsch. Bd. 3, S. 395. 1927.

Borrel, A.: Cultures cellulaires étalés dans un plan unique en couche mince sur paroi de verre. Cpt. rend. des séances de la soc. de biol. Bd. 94, S. 364. 1926. — Ders.: Cytologie du sarcome de Peyton Rous et substance spécifique. Ebenda Bd. 94, S. 500. 1926. — Ders.: Technique simple pour la culture des tissus normeaux ou des cellules cancereus. Ebenda Bd. 95, S. 964. 1925.

Bosio, C. e Midana, A.: Le trasformazioni di espianti di cuore di embrione di pollo studiati col metodo delle sezioni seriali. Giorn. d. R. accad. di med. di Torino Bd. 86, S. 221. 1923.

Blanchard: The preserving effect of alkali on the blood cells of Limulus. Proc. of the soc. f. exp. biol. a. med. Bd. 21, S. 243. 1924.

Brachet, A.: Développement in vitro des blastodermes des jeunes embryons de mammifère. Cpt. rend. des séances de la soc. de biol. Bd. 55, S. 119. 1912. — Ders.: Recherches sur le déterminisme héréditaire de l'œuf des mammifères. Développement in vitro de jeunes vésicules blastodermiques de lapin. Arch. de biol. Bd. 28. 1913.

Braus, H.: Mikro-Kinoprojektionen von in vitro gezüchteten Organanlagen. Verhandl. d. Ges. dtsch. Naturforsch. u. Ärzte, Karlsruhe 1911, Nr. 44, S. 2809. — Ders.: Die Entstehung der Nervenbahnen. Ebenda Bd. 1, S. 37. 1911. — Ders.: Demonstration und Erläuterung von Deckglaskulturen lebender Embryonalzellen und Organe. Naturhist. Ver. zu Heidelberg. Münch. med. Wochenschr. 1911. — Ders.: Methoden der Explantation. Abderhalden: Handbuch der biologischen Arbeitsmethoden 1922, S. 518.

Brugnatelli: Sulla natura delle cellule interstiziali e delle cellule luteiniche dell'ovaio. Boll. d. soc. med.-chirurg. di Pavia 1919.

Brüman: Ein Beitrag zur Methode der Gewebekultur. Zeitschr. f. wiss. Mikroskopie Bd. 40, S. 374. 1924.

Bucciante, L.: La vitesse de la mitose de cellule cultivée in vitro en function de la température. C. R. Soc. des Anat. 117. 1926.

Bulliard: Recherches sur les cultures de tissue. La corticale surrénale. Arch. de zool. exp. et gén. Bd. 61, S. 553. 1923.

Bullock: Notes on the growth of tissue under experimental conditions. Studies in cancer. Crocker research. fund. Bd. 3, S. 59. 1913.

Burrows, M. T.: The cultivation of tissues of the chick embryo outside the body. Journ. of the Americ. med. assoc. Bd. 15, S. 2057. 1910. — Ders.: The growth of tissue of the chicken embryo outside the animal body with special reference to the nervous system. Journ. of exp. zool.

Bd. 10. 1911. — Ders.: A method of fournishing a continuous supply or new medium to a tissue culture in vitro. Anat. record Bd. 6, S. 141. 1912. — Ders.: Rhythmische Kontraktionen der isolierten Herzmuskelzelle außerhalb des Organismus. Münch. med. Wochenschr. Jg. 59, S. 1473. 1912. — Ders.: The association of a nuclear substance with the formation of amoeboid processes during the division of the heart muscle cell in vitro. Americ. assoc. of anatomists, 30. sess., Ohio, 27. Jan. 1913. — Ders.: Tissue culture as a physiological method. Publ. of Can. univ. med. coll., dept. of anat. Bd. 4. 1913. — Ders.: The growth of human malignant tumor in vitro. Ass. am. p. l'étude du cancer 1914. — Ders.: Some factors regulating growth. Proc. of the Americ. anat., sess. 33, in Anat. record Bd. 11. 1917. — Ders.: The oxygen pressure necessary for tissue activity. Americ. journ. of physiol. Bd. 43, S. 13. 1917. — Ders.: The reserve energy of actively growing embryonic tissues. Proc. of the soc. f. exp. biol. a. med. Bd. 18, S. 133. 1921. — Ders.: Studies on cancer. 1. The effect of circulation on the functional activity, migration and growth of tissue cells. Ebenda Bd. 21, S. 97. 1923. — Ders.: 2. The significance of the effect of circulation on the growth cells: Bd. 21, S. 97. 1923. — Ders.: 3, Cellular growth and degeneration in the organism. Ebenda Bd. 21, S. 102. 1923. — Ders.: 4. Factors regulating the production of cancer in the organism. Ebenda Bd. 21, S. 106. 1923. — Ders.: Studies on the etiology of cancer. Tansact. of sect. on pathol. a. physiol. of the Americ. med. assoc. 1923. — Ders.: Further studies on the etiology of cancer. Weekly bull. of the St. Louis med. soc., Dec. 1923. — Ders.: Factors regulating cellular growth and their importance in the explantation of cancer. Journ. south. med. assoc. of Birmingham Bd. 17, S. 233. 1924. — Ders.: Some new lines of progress in cancer research. Journ. of the Americ. med. assoc. Bd. 82, S. 323. 1924. — Ders.: Relation of oxigen to the growth of tissue cells. Americ. journ. of physiol. Bd. 68, S. 110. 1924. — Ders.: Die Bewegung des Epithels der Haut. Arch. f. exp. Zellforsch. Bd. 1, S. 378. 1925. — Ders.: Energic production and transformation in protoplasmas seen through a study of the mechanism of migration and growth of body cells. Americ. journ. of anat. Bd. 37, S. 289. 1926.

Burrows, M. T. and Johnston, Ch. G.: The action of oils in the production of tumors. With a definition of the cause of cancer. Arch. of internal med. Bd. 36, S. 293. 1925.

Burrows, M. T. and Neymann, C.: Studies on the metabolism of cells in vitro. Journ. of exp. med. Bd. 25, S. 93. 1917.

Busse, O.: Zum 70. Geburtstag von Paul Grawitz. Dtsch. med. Wochenschr. 1920. S. 1120. — Ders.: Auftreten und Bedeutung der Rundzellen bei Gewebekulturen. Virchows Arch. f. pathol. Anat. u. Physiol. Bd. 229, S. 1. 1920. — Ders.: Über die Grawitzschen Schummerzellen. Dtsch. med. Wochenschr. Jg. 47, S. 63. 1921. — Ders.: Welcher Art sind die Rundzellen, die bei Gewebskulturen auftreten. Virchows Arch. f. pathol. Anat. u. Physiol. Bd. 239, S. 475. 1922. — Ders.: Die Bedeutung der Plasmakulturen für die wissenschaftliche Medizin.

Zeitschr. f. d. ges. exp. Med. Bd. 36, S. 479. 1923. — Ders.: Züchtungsversuche tierischer Gewebe. Verhandl. d. dtsch. pathol. Ges. Bd. 17, S. 140.
Busse, P.: Weitere Mitteilungen über die Gewebskulturen. Schweiz. med. Wochenschr. Bd. 52, S. 701. 1922.
Bütschli: Über die Struktur des Protoplasmas. Verhandl. d. naturhist.-med. Ver. zu Heidelberg Bd. 4. 1889.
Carleton, H. M.: Tissue culture: A critical summary. Brit. journ. of biol. Bd. 1, S. 131. 1923. — Ders.: Growth phagocytosis and other phenomena in tissue cultures of foetal and adult lung. Philos. Trans. R. S. London 3. Bd. 213, S. 365. 1925.
Carra, J.: La tecnica delle culture dei tessuti in vitro. Biochim. e terap. sperim. Jg. 2, S. 385. 1922. — Ders.: Neoformazione di vasi in vitro. Pathologica, 15. ottobre 1923. — Ders.: Cultures affrontées de tumeus, et d'organes à sécrétion interne. Les néoplasmes 1924. — Ders.: Culture affrontate di organi a secrezione interna. Boll. d. soc. med.-chirurg. di Modena. 1924.
Carrel, A.: Cultures pures de fibroblastes provenant de sarcomes fusocellulaires. Cpt. rend. des séances de la soc. de biol. Bd. 90, S. 1380. — Ders.: Latent life of arteries. Journ. of exp. med. Bd. 12, S. 260. 1910. — Ders.: Die Kultur der Gewebe außerhalb des Organismus. Berlin. klin. Wochenschr. Bd. 48, S. 1664. 1911. — Ders.: Regeneration of cultures of tissues. Journ. of the Americ. med. assoc. Bd. 57, S. 1611. 1911. — Ders.: Neue Methoden zum Studium des Weiterlebens von Geweben in vitro. Abderhalden: Handbuch der biochemischen Arbeitsmethoden. Berlin 1912. — Ders.: Neue Fortschritte in der Kultur der Gewebe außerhalb des Organismus. Berlin. klin. Wochenschr. Bd. 49, S. 533. 1912. — Ders.: The preservation of tissue and its application in surgery. Journ. of the Americ. med. assoc. Bd. 59, S. 523. 1912. — Ders.: Visceral organism. Ebenda Bd. 59, S. 2105. 1912. — Ders.: Pure culture of cells. Journ. of exp. med. Bd. 16, S. 165. 1912. — Ders.: La vie manifeste des tissus in vitro; technique nouvelle et leurs résultats. Presse méd. Bd. 20, S. 693. 1912. — Ders.: Technique for cultivating a large quantity of tissue. Journ. of exp. med. Bd. 15, S. 393. 1912. — Ders.: On the permanent life of tissues outside of the organism. Ebenda Bd. 15, S. 516. 1912. — Ders.: Contributions to the study of the mechanism of the growth of connective tissue. Ebenda Bd. 18, S. 288. 1913. — Ders.: Artificial activation of the growth in vitro of connective tissue. Ebenda Bd. 17, S. 14. 1913. — Ders.: Neue Untersuchungen über das selbständige Leben der Gewebe und Organe. Berlin. klin. Wochenschr. Jg. 50, S. 1097. 1913. — Ders.: Concerning visceral organism. Journ. of exp. med. Bd. 18, S. 155. 1923. — Ders.: Present condition of a strain of connective tissue twenty-eight monthy old. Ebenda Bd. 20, S. 1. 1914. — Ders.: Present condition of a two years old strain of connective tissue. Berlin. klin. Wochsenschr. Bd. 51, S. 509. 1914. — Ders.: Growth-promoting function of leucocytes. Journ. of exp. med. Bd. 36, S. 385. 1922. — Ders.: An adress on the method of tissue culture and its bearing on pathological problems. Brit.

med. journ. Nr. 3317, S. 140. 1922. — Ders.: Nouvelle technique pour la culture de tissus. Cpt. rend. des séances de la soc. de biol. Bd. 89, S. 1017. 1923. — Ders.: Les cultures pures de cellules en physiologie. Ebenda Bd. 89, S. 32. 1923. — Ders.: A method for the physiological study of tissues in vitro. Journ. of exp. med. Bd. 38, S. 407. 1923. — Ders.: Measurement of the inherent growth energy of tissues. Ebenda Bd. 38, S. 521. 1923. — Ders.: Leucocytic secretions. Proc. of the nat. acad. of sciences (U. S. A.) Bd. 9, S. 54. 1923. — Ders.: Leucocytic trephones. Journ. of the Americ. med. assoc. Bd. 82, S. 255. 1924. — Ders.: Energie intrinsèque et énergie résiduelle des tissus. Cpt. rend. des séances de la soc. de biol. Bd. 90, S. 66. 1924. — Ders.: Effect d'un abcès à distance sur la cicatrisation d'une plaie aseptique. Ebenda Bd. 90, S. 333. 1924. — Ders.: Rôle des tréphones leucocytaires. Ebenda Bd. 90, S. 29. 1924. — Ders.: Diminution artificielle de la concentration des protéines du plasma pendant la veillesse. Ebenda Bd. 90, S. 1005. 1924. — Ders.: Tissue culture and cell physiology. Physiol. review Bd. 4, S. 1. 1924. — Ders.: Action de l'extrait filtré du sarcome de Rous sur les macrophages du sang. Cpt. rend. des séances de la soc. de biol. Bd. 91, S. 1069. 1924. — Ders.: La malignité des cultures pures de monocyte du sarcome de Rous. Ebenda Bd. 91, S. 1067. 1924. — Ders.: Cultures pures de fibroblastes provenant du sarcome fusocellulaire. Ebenda Bd. 90, S. 1380. 1924. — Ders.: Effets de l'extrait des sarcomes fusocellulaires sur les cultures pures des fibroblastes. Ebenda Bd. 92, S. 477. 1925. — Ders.: Comparaison des macrophages normaux et des macrophages transformés en cellules malignes. Ebenda Bd. 92, S. 584. 1925. — Ders.: La génèse des sarcomes. Ebenda Bd. 92, S. 1491. 1925. — Ders.: La résistence de l'organisme et la formation des sarcomes. Ebenda Bd. 93, S. 10. 1925. — Ders.: Mésure de la susceptibilité de l'organisme à la substance de Rous. Ebenda Bd. 93, S. 12. 1925. — Ders.: Serum sanguin et résistance à la substance de Rous. Ebenda Bd. 93, S. 85. 1925. — Ders.: Le principe filtrant des sarcomes de la poule produits par l'arsenic. Ebenda Bd. 93, S. 1083. 1925. — Ders.: Principe filtrant d'un sarcome du goudron sur les cultures de rate. Ebenda Bd. 93, S. 1083. 1925. — Ders.: Sarcomes fusocellulaires produits par l'indol et transmissible par un agent filtrant. Ebenda Bd. 93, S. 1278. 1925. — Ders.: Sarcome de la poule par l'arsenic et principe filtrant. Ebenda Bd. 93, S. 1089. 1925. — Ders.: La génèse des tumeurs. Ebenda Bd. 93, S. 1491. 1925. — Ders.: Des facteurs nécessaires à la génèse d'un tumeur. Ebenda Bd. 93, S. 1493. 1925. — Ders.: Mechanism of the formation and growth of malignant tumors. Ann. of surg. Bd. 82, S. 1. 1925. — Ders.: Essential characteristics of a malignant cell. Journ. of the Americ. med. assoc. Bd. 84, S. 157. 1925. — Ders.: Un sarcome du goudron de faible malignité et transmissible par son extrait filtré Cpt. rend. des séances de la soc. de biol. Bd. 94, S. 397. 1926. — Ders.: Au sujet de la nutrition des fibroblastes et des cellules épithéliales. Ebenda Bd. 94, S. 1060. 1926. — Ders.: Au sujet de la technique de la culture des tissus. Ebenda

Bd. 96, S. 601. 1927. — Ders.: Les milieux nutritifs et leur mode d'emploi dans la culture des tissus. Ebenda Bd. 96, S. 603. 1927.
Carrel, A. and Burrows, M. T.: Cultivation of adult tissues and organs outside the body. Journ. of the Americ. med. assoc. Bd. 55, S. 1379. 1910. — Dies.: Culture de moelle osseuse et de rate. Cpt. rend. des séances de la soc. de biol. Bd. 69, S. 299. 1910. — Dies.: Culture de sarcome en dehors de l'organisme. Ebenda Bd. 69, S. 332. 1910. — Dies.: Cultivation of sarcome outside of the body. Journ. of the Americ. med. assoc. Bd. 4 , S. 1554. 1910. — Dies.: Human sarcoma cultivated outside of the body. Ebenda Bd. 55, S. 1732. 1910. — Dies.: Seconde génération de cellules thyroïdiennes. Cpt. rend. des séances de la soc. de biol. Bd. 69, S. 365. 1910. — Dies.: La culture des tissus adultes en dehors de l'organisme. Ebenda Bd. 69, S. 293. 1910. — Dies.: Manifested life of tissues outside of the organism. The Smithsonian report for 1910, S. 573. — Dies.: Culture de substance rénale en dehors de l'organisme. Cpt. rend. des séances de la soc. de biol. Bd. 69, S. 298. 1910. — Dies.: Cultures primaires, secondaires et tertiaires de glande thyroïde et culture de péritoine. Ebenda Bd. 69, S. 328. 1910. — Dies.: Culture in vitro d'un sarcome humain. Ebenda Bd. 69, S. 365. 1910. — Dies.: Artificial stimulation and inhibition of the growth of normal and sarcomatous tissues. Journ. of the Americ. med. assoc. Bd. 56, S. 32. 1911. — Dies.: On the physico-chemical regulation of the growth of tissues, the effects of the dilution of the medium of the growth of the spleen. Journ. of exp. med. Bd. 13, S. 562. 1911. — Dies.: An addition to the technique of the cultivation of tissues in vitro. Ebenda Bd. 14, S. 244. 1911. — Dies.: Cultivation in vitro of the thyroid gland. Ebenda Bd. 13, S. 415. 1911. — Dies.: Cultivation of tissues in vitro and its technique. Ebenda Bd. 13, S. 387. 1911. — Dies.: Cultivation in vitro of malignant tumors. Journ. of the Americ. med. assoc. Bd. 13, S. 571. 1911. — Dies.: A propos des cultures in vitro des tissus des mammifères. Cpt. rend. des séances de la soc. de biol. Bd. 70, S. 3. 1911. — Dies.: Die Technik der Gewebskultur in vitro. Abderhalden: Handbuch der biochemimischen Arbeitsmethoden Bd. 5, S. 838. 1913.
Carrel, A. and Ebeling, A. H.: Age and multiplication of fibroblasts. Journ. of exp. med. Bd. 34, S. 599. 1921. — Dies.: The multiplication of fibroblasts in vitro. Ebenda Bd. 34, S. 317. 1921. — Dies.: Heterogenic serum, age, and multiplication of fibroblasts. Ebenda Bd. 35, S. 17. 1922. — Dies.: Heat and growth inhibiting action of serum. Ebenda Bd. 35, S. 647. 1922. — Dies.: Action of shaken serum on homologous fibroblasts. Ebenda Bd. 36, S. 399. 1922. — Dies.: Pure cultures of large mononuclear leucocytes. Ebenda Bd. 36, S. 365. 1922. — Dies.: Leucocytic secretions. Ebenda Bd. 36, S. 645. 1922. — Dies.: Antagonistic growth-activating and growth-inhibiting principles in serum. Ebenda Bd. 37, S. 653. 1923. — Dies.: Action of serum on fibroblasts in vitro. Ebenda Bd. 37, S. 759. 1923. — Dies.: Antagonistic growth principles of serum and their relation to old age. Ebenda Bd. 38, S. 419. 1923. — Dies.: Survival and growth

of fibroblasts in vitro. Ebenda Bd. 38, S. 487. 1923. — Dies.: Action on fibroblasts of extracts of homologous and heterologous tissues. Ebenda Bd. 38, S. 499. 1923. — Dies.: Action of serum on lymphocytes in vitro. Ebenda Bd. 38, S. 513. 1923. — Dies.: Tréphones embryonnaires. Cpt. rend. des séances de la soc. de biol. Bd. 89, S. 1142. 1923. — Dies.: Survie et croissance des tissus in vitro. Ebenda Bd. 89, S. 1144. 1923. — Dies.: Tréphones leucocytaires et leur origine. Ebenda Bd. 89, S. 1266. 1923. — Dies.: Action du sérum sanguin sur les lymphocytes. Ebenda Bd. 89, S. 1261. 1923. — Dies.: Indice de croissance du sérum sanguin. Ebenda Bd. 90, S. 170. 1924. — Dies.: Mécanisme de l'àction du sérum sur les fibroblasts pendant la vieeillesse. Ebenda Bd. 90, S. 172. 1924. — Dies.: Au sujet d'une famille de fibroblasts se multipliant in vitro depuis douze ans. Ebenda Bd. 90, S. 410. 1924. — Dies.: Energie intrinsèque et énergie residuelle des tissus. Ebenda Bd. 90, S. 66. 1922. — Dies.: Diminution artificielle de la concentration des protéines du plasma pendant la viellesse. Ebenda Bd. 90, S. 1005. 1924. — Dies.: Tissue culture and cells' physiology. Physiol. review Bd. 4, S. 1. 1924. — Dies.: Action de l'extrait filtré du sarcome de Rous sur les macrophages du sang. Cpt. rend. des séances de la soc. de biol. Bd. 91, S. 1069. 1924. — Dies.: The method of tissue culture and its bearing on pathological problems. Brit. med. journ. Nr. 3317, S. 140. 1924. — Dies.: La malignité des cultures pures de monocytes du sarcome de Rous. Cpt. rend. des séances de la soc. de biol. Bd. 91, S. 1067. 1924.

Carrel, A. et Ingebrigtsen, R.: Production d'anticorps par des tissus vivant en dehors de l'organisme. Cpt. rend. des séances de la soc. de biol. Bd. 72, S. 220. 1912. — Dies.: The production of antibodies by tissues living outside the organisme. Journ. of exp. Med. Bd. 15, S. 287. 1912.

Cash, J. R.: Reaction of cells in tissue culture to ether. Anat. record Bd. 21, S. 146. 1919.

Centanni, E.: Sulle culture affrontate dei tessuti in vitro nello studio della polarità di accrescimento. Pathologica Bd. 4, S. 305. 1913. — Ders.: La cultura dei tessuti in vitro. Monogr. di biol. chim. 1914.

Centanni, E. ed Ugurgieri: Il metodo delle culture affrontate dei tessuti per lo studio della polarità d'accrescimento. Atti d. R. accad. dei fisiocrit. in Siena.

Cervello e Levi, G.: L'azione dell'iodio e dell'adrenalina studiata su cellule viventi fuori dell'organismo. Arch. di fisiol. Bd. 15. 1917.

Chambers, R.: Microdissection studies on the germ cell. Science. N. S. Bd. 41. 1915. — Ders.: The micro-vivisection method. Biol. bull. of the marine biol. laborat. Bd. 34, S. 121. 1918. — Ders.: Dissection and injection studies on amœba. Proc. of the soc. f. exp. biol. a. med. Bd. 18, S. 66. 1920. — Ders.: A simple apparatus for micro-manipulation under the highest magnifications of the microscope. Science. N. S. Bd. 54, S. 411. 1921. — Ders.: The effect of experimentally induced changes in consistency on protoplasmic movement. Proc. of the soc. of exp. med. a. biol. Bd. 19, S. 87. 1921. — Ders.: A simple micro-injection appartus made of steel. Science Bd. 54, S. 55 1921.

Chambers, W. H.: Cultures of plant cells. Proc. Soc. Exp. Biol. a. Med. Bd. 21, S. 71. 1923.

Chambers: Tissue cultures of plants. Journ. of the Missouri State med. assoc. Bd. 21, S. 52. 1924.

Champy, C.: Sur les phénomènes cytologiques qui s'observent dans les tissus épithéliaux et glandulaires. Note préliminaire. Cpt. rend. des séances de la soc. de biol. Bd. 72, S. 987. 1912. — Ders.: Sur les phénomènes cytologiques qui s'observent dans les tissus cultivés en dehors de l'organisme. Tissus épithéliaux et glandulaires. Ebenda Bd. 72. 1912. — Ders.: La différentiation des tissus cultivés en dehors de l'organisme. Ebenda Bd. 33, S. 184; Bibliogr. anat. 1911. — Ders.: Prolifération atypique des tissus cultivés en dehors des l'organisme Ebenda Bd. 5, S. 532. 1913. — Ders.: Nouvelles observations sur la réapparition de la prolifération dans les tissus d'animaux adultes cultivés en dehors de l'organisme. Note préliminaire. Ebenda Bd. 75, S. 676. 1913. — Ders.: La présence d'un tissu antagoniste maintient la différentiation d'un tissu cultivé en dehors de l'organisme. Ebenda Bd. 75, S. 676. 1913. — Ders.: Quelques résultats de la méthode de culture des tissus généralisés. 2. Le muscle lisse. Note préliminaire. Arch. de zool. exp. et gén. Bd. 53, S. 42. 1913. — Ders.: Quelques résultats de la méthode de culture des tissus. 3. La rétine. Ebenda Bd. 53, S. 5. 1914. — Ders.: Quelques résultats de la méthode de culture des tissus. Le rein. Ebenda Bd. 54, S. 307. 1914. — Ders.: La présence d'un tissu antagoniste maintient la différenciation d'un tissu cultivé en dehors de l'organisme. Cpt. rend. des séances de la soc. de biol. Bd. 76. 1914. — Ders.: Résultats des cultures des tissus en dehors de l'organisme. Presse méd. Bd. 22, S. 87. 1914. — Ders.: Quelques nouveaux résultats de la méthode des cultures des tissus. Rev. scient. Bd. 1, S. 328. 1914. — Ders.: Quelques résultats de la méthode des cultures des tissus. 5. La glande thyroïde. Arch. de zool. exp. et gén. Bd. 55, S. 61. 1915. — Ders.: Perte de la sécrétion spécifique des cellules cultivées in vitro. Cpt. rend. des séances de la soc. de biol. Bd. 83, S. 842. 1920. — Ders.: Note de biologie cytologique. Quelques résultats de la méthode de culture des tissus. 6. Le testicule. Arch. de zool. exp. et gén. Bd. 60, S. 462. 1920. — Ders.: Cultures des tissus et tumeurs. Bull. de l'assoc. p. l'étude du cancer Bd. 10, S. 11. 1921. — Ders.: Réapparition d'une prolifération active dans des tissus différenciés d'animaux adultes cultivés en dehors de l'organisme. Ebenda Bd. 75, S. 532. 1913. — Ders.: Sur les cultures de testicule. Cpt. rend. des seances de la soc. de biol. Bd. 96, S. 597. 1927.

Champy, C. et Coca, F.: Sur les cultures de cancer in vitro. Cpt. rend. des séances de la soc. de biol. Bd. 74, S. 152. 1914. — Dies.: Sur les cultures de tissu en plasma étranger. Ebenda Bd. 77, S. 238. 1914. — Dies.: Sur les cultures de cancer in vitro. Réinoculation des éléments cultivés. Ebenda Bd. 77 S. 152. 1914. — Dies.: Pathogénie du cancer et cultures des tissus. Journ. de physiol. et de pathol. gén. Bd. 18. 1919.

Champy et Kritch: Sur la sorte des éléments du sang séparés de l'organisme. Cpt. rend. des séances de la soc. de biol. Bd. 77, S. 282. 1914.
Chlôpin, N.: Über in-vitro-Kulturen der embryonalen Gewebe der Säugetiere. Arch. f. mikroskop. Anat. Bd. 96, S. 235. 1922. — Ders.: Investigations on in vitro cultures of tissue of the Axolotl. Proc. of the 1. russ. congr. of anat., zool. a. hist. 1923. — Ders.: Über in-vitro-Kulturen von Geweben der Säugetiere, mit besonderer Berücksichtigung des Epithels. I. Kulturen der Submaxillaris. Virchows Arch. f. pathol. Anat. u. Physiol. Bd. 243, S. 373. 1923. — Ders.: Über in-vitro-Kulturen von Geweben der Säugetiere, mit besonderer Berücksichtigung des Epithels. II. Kulturen der Harnblasenschleimhaut. Ebenda Bd. 252, S. 748. 1924. — Ders.: Einige Betrachtungen über das Bindegewebe und das Blut. Ebenda Bd. 252, S. 25. 1924. — Ders.: Studien über Gewebskulturen in artfremdem Blutplasma. I. Allgemeines. II. Das Bindegewebe der Wirbeltiere. Zeitschr. f. mikroskop.-anat. Forsch. Bd. 2, S. 324. 1925.
Chlôpin, N. und Chlôpin, Anne L.: Studien über Gewebskulturen im artfremden Blutplasma. Arch. f. exp. Zellforsch. Bd. 1, S. 193. 1925.
Ciaccio, G.: Ricerche sulle culture dei tessuti in vitro. Pathologica Bd. 4, S. 223. 1912.
Clark, C. L.: A method for maintaining a constant volume of nutrient solutions. Science Bd. 44, S. 868. 1916.
Clark, C. L. and Gross: The action of blood on soluted tissues. Arch. internat. de pharmaco-dyn. et de thérapie Bd. 38, S. 243. 1923.
Comandon, J., Levaditi, C. et Mutermilch, S.: Etude de la croissance des cellules in vitro à l'aide de l'enregistrement cinématographique. Cpt. rend. des séances de la soc. de biol. Bd. 73, S. 464. 1912. — Dies.: Etude de la vie et de la croissance des cellules in vitro à l'aide d'un enregistrement cinématographique. Ebenda Bd. 74. 1913.
Congdon, E. D.: The identification of tissues in artificial cultures. Anat. record Bd. 9, S. 343. 1915.
Correns, C.: Untersuchungen über die Vermehrung der Laubmoose durch Brutorgane und Stecklinge 1899.
Coutière: Cultures de tissus. Biol. med. Nr. 11, S. 1. 1925/26.
Craciun: Stock-plasma for tissue cultures. Bull. of Johns Hopkins hosp. Bd. 37, S. 428. 1925. — Ders.: Plasmas stabilisés pour cultures de tissus. Cpt. rend. des séances de la soc. de biol. Bd. 96, S. 614. 1927.
Craciun and Oppenheimer: Vaccinia virus in tissue cultures. Bull. of Johns Hopkins hosp. Bd. 37, S. 428. 1925.
Czech, H.: Kultur von pflanzlichen Gewebszellen. Arch. f. exp. Zellforsch. Bd. 3, S. 176. 1927.
Dederer, P. H.: The behavior of cells in tissue cultures of Fundulus heteroclitus with special reference to the ectoderm. Biol. bull. of the marine biol. laborat. Bd. 41, S. 221. 1921.
De Garis, C. F.: Notes on some interrelations of fibroblasts in tissue culture. Bull. of Johns Hopkins hosp. Bd. 35, S. 90. 1924.

Dilger, A.: Über Gewebskulturen in vitro unter besonderer Berücksichtigung der Gewebe erwachsener Tiere. Dtsch. Zeitschr. f. Chirurg. Bd. 120, S. 243. 1913.
Dobrowolsky, N. A.: Sur la culture de tissus des poissons et d'autres animaux inférieurs. Cpt. rend. des séances de la soc. de biol. Bd. 79, S. 637. 1916.
Dogliotti, G. C.: L'indice nucleo- plasmatico nelle cellule coltivate in vitro. Arch. f. exp. Zellforsch. Bd. 3, S. 242. 1927.
Doyen, Lytchkowsky et Browns: La survie des tissus séparés de l'organisme et les greffes d'organes. Cpt. rend. des séances de la soc. de biol. Bd. 74, S. 273. 1913.
Doyen, Lytchkowsky, Browns et Smirnow: Culture de tissus normaux et de tumeurs dans le plasma d'un autre animal. Ebenda Bd. 74, S. 1331. 1913.
Drew, A. H.: On the culture in vitro of some tissues of the adult frog. Journ. of pathol. a. bacteriol. Bd. 17, S. 581. 1913. — Ders.: A comparative study of normal and malignant tissues growth in artificial culture. Brit. journ. of exp. pathol. Bd. 3, S. 20. 1922. — Ders.: Cultivation of tissues and tumors in vitro. Lancet, 1. lecture, Bd. 204, S. 785. 1923. — Ders.: Growth and differentiation in tissue cultures. Brit. journ. of exp. pathol. Bd. 4, S. 46. 1923. — Ders.: Cultivation of tissues and tumors in vitro. Lancet, 2. lecture, Bd. 204, S. 833. 1923. — Ders.: Cultivation of tissues and tumors in vitro. Ebenda, 3. lecture, Bd. 204, S. 834. 1923.
Dustin: A propos des tréphocytes de Carrel et Ebeling. Cpt. rend. des séances de la soc. de biol. Bd. 90, S. 371. 1924.
Ebeling, A. H.: The permanent life of connective tissue outside of the organism. Journ. of exp. med. Bd. 17, S. 273. 1913. — Ders.: The effect of the variation in the osmotic tension of the dilution of culture media on the cell proliferation of connective tissue. Ebenda Bd. 20, S. 130. 1914. — Ders.: A strain of connective tissue seven years old. Ebenda Bd. 30, S. 531. 1919. — Ders.: Fibrin and serum as a culture medium. Ebenda Bd. 33, S. 641. 1921. — Ders.: Measurement of the growth of tissues in vitro. Ebenda Bd. 34, S. 231. 1921. — Ders.: A ten years old strain of fibroblasts. Ebenda Bd. 35, S. 755. 1922. — Ders.: Cultures pures d'épithélium proliférant in vitro depuis dixhuit mois. Cpt. rend. des séances de la soc. de biol. Bd. 90, S. 562. 1924. — Ders.: Action des acides aminés sur la croissance des fibroblastes. Ebenda Bd. 90, S. 31. 1924. — Ders.: Action de l'épithélium thyroïdien en culture pure sur la croissance des fibroblastes. Ebenda Bd. 90, S. 1449. 1924. — Ders.: A pure strain of thyroid cells and its characteristics. Journ. of exp. med. Bd. 41, S. 337. 1925.
Ebeling, A. H. and Fischer, A.: Mixed cultures of pure strains of fibroblasts and epithelial cells. Journ. of exp. med. Bd. 36, S. 285. 1922.
Emberger: Les mitochondries sont-elles des catalysateurs? Bull. d'histol. Bd. 2, S. 369. 1925.

Literaturverzeichnis.

Ekman, G.: Experimentelle Beiträge zur Entwicklung des Bombinator-Herzens. Ofversigt af Finska vetenskaps-societetens forhandl. Bd. 63. 1921. — Ders.: Neue experimentelle Beiträge zur frühesten Entwicklung des Amphibienherzens. Soc. scient. Finn. com. biol. Bd. 1, S. 1. 1924. — Ders.: Über Explantation von Herzanhängen der Amphibien. Ann. soc. zool.-botan. fennicae Vanamo Bd. 2. 1924.

Erdmann, Rh.: A new culture medium for protozoa. Proc. of the soc. f. exp. biol. a. med. Bd. 12, S. 57. 1914. — Dies.: Formveränderungen des Trypanosoma brucei im Plasmamedium. Berlin. med. Ges. Bd. 31, S. 1. 1915. — Dies.: The life cycle of Trypanosoma brucei in the rat and in the rat plasma. Proc. of the nat. acad. of sciences (U. S. A.) Bd. 1, S. 504. 1915. — Dies.: Cytological observations on the behaviour of chicken bone narrow in plasma medium. Americ. journ. of anat. Bd. 32, S. 73. 1917. — Dies.: Attenuation of the living agents of Cyanolophia. Proc. of the soc. f. exp. biol. a. med. Bd. 13, S. 109. 1917. — Dies.: Some observations concerning chicken bone marrow in living cultures. Ebenda Bd. 14, S. 109. 1907. — Dies.: Immunisation against Cyanolophia. Ebenda Bd. 14, S. 151. 1917. — Dies.: Production of transplantable growth. Ebenda Bd. 15, S. 96. 1918. — Dies.: Die Bedeutung der Gewebezüchtung für die Biologie. Dtsch. med. Wochenschr. 1920. H. 48, S. 1327. — Dies.: Immunisierung gegen Hühnerpest. Arch. f. Protistenk. Bd. 17, S. 571. 1921. — Dies.: Einige grundlegende Ergebnisse der Gewebezüchtung aus den Jahren 1914—1920. Zeitschr. f. d. ges. Anat., Abt. 3: Ergebn. d. Anat. u. Entwicklungsgesch. Bd. 23, S. 420. 1921/22. — Dies.: Praktikum der Gewebepflege oder Explantation, besonders der Gewebezüchtung. Berlin: Julius Springer 1922. — Dies.: Homoplastische Transplantation von Explantaten aus erwachsener Froschhaut. Dtsch. med. Wochenschr. 1922. Nr. 35, S. 1. — Dies.: Explantation und Verwandtschaft. Verhandl. d. dtsch. zool. Ges. Bd. 27, S. 102. 1922. — Dies.: Züchtung reinliniger Zellrassen. Klin. Wochenschr. Jg. 2, S. 362. 1923. — Dies.: Einige Gedanken über Zellwucherungen in weitestem Sinne nach experimentellen Erfahrungen der in-vitro-Kultur. Med. Klinik 1923. Nr. 30, S. 1. — Dies.: Explantation und Verwandtschaft. Zeitschr. f. indukt. Abstammungs- u. Vererbungslehre Bd. 30, S. 301. 1923. — Dies.: Die biologischen Eigenschaften der Krebszellen nach Erfahrungen der Implantation, Explantation und Reimplantation. Zeitschr. f. Krebsforsch. Bd. 20, S. 322. 1923. — Dies.: Einige Gedanken über das Individual-Differential. Studia Mendeliana. Brünn: Typos-Verlag 1923. S. 301. — Dies.: Die biologischen Eigenschaften der Tumorzellen nach Erfahrungen der Einpflanzung, Auspflanzung und Wiedereinpflanzung. Strahlentherapie Bd. 15, S. 822. 1923. — Dies.: Die Beziehungen der Zellen und Körpersäfte zueinander nach Erfahrungen der in-vitro-Kultur. Dtsch. med. Wochenschr. 1924. Nr. 33, S. 1108. — Dies.: Züchtung von Säugetiergewebe in vitro. Verhandl. d. anat. Ges.. Anat. Anz. Bd. 58, S. 247. 1924. — Dies.: Die Eigenschaften in vitro gezüchteter Stromazellen des Flexner-Jobling-Carcinoms. Zentralbl. f. Bakteriol., Parasitenk. u. Infektionskrankh.,

Abt. 1, Orig. Bd. 93, S. 194. 1924. — Dies.: Die Eigenschaften des Grundgewebes (Bindegewebes im weiteren Sinne) nach seinem Verhalten in der in-vitro-Kultur. Naturwissenschaften Bd. 12, S. 627. 1924. — Dies.: Carcinomstudien II. Zeitschr. f. Krebsforsch. Bd. 9, S. 83. 1924. — Dies.: Ergebnisse der Forschungen über die Züchtungen von Krebsgeweben in vitro. Zentralbl. f. Bakteriol., Parasitenk. u. Infektionskrankh. Bd. 79, S. 379. 1925. — Dies.: Beziehung von Endothel und Krebsvirus. Zentralbl. f. Bakteriol., Parasitenk. u. Infektionskrankh., Abt. I, Orig. Bd. 97, S. 205. 1926. — Dies.: Ist der Krebs eine Stoffwechselerscheinung? Ebenda, Referate Bd. 84, S. 329. 1926. — Dies.: Wie kann man die Entstehung von Impf-, Spontan- und auf experimentellem Wege erzeugten Tumoren durch die gleichen Annahmen erklären? Arch. f. exp. Zellforsch. Bd. 3, S. 368. 1927.

Erdmann, Rh., Eisner, Hilde und Laser, Hans: Das Verhalten der fötalen, postfötalen und ausgewachsenen Rattenmilz unter verschiedenen Bedingungen in vitro. I. Die Histiocyten. Arch. f. exp. Zellforsch. Bd. 2, S. 361. 1925/26.

Erdmann, Rh. und Ishida, K.: Eine leichte Methode der Blutplasmagewinnung beim Huhn für die Zwecke der Gewebezüchtung. Arch. f. exp. Zellforsch. Bd. 3, S. 212. 1927.

Erdmann, Rh. und Schmerl, E.: Über die Atmung ungezüchteter und gezüchteter Froschhaut. Arch. f. exp. Zellforsch. Bd. 2, S. 280. 1926.

Evans, H. M. and Scott, K. J.: On the differential reaction to vital dyes of the two great groups of connective-tissue cells. Carnegie inst. of Washington publ. 1920. Nr. 273.

Fauré - Fremiet, E.: La cinétique du développement. Multiplication cellulaire et croissance (Les problèmes biologiques.) Pres. univ. de France. Paris 1925.

Fauré - Fremiet et Wallich, R.: Un facteur physique de mouvement cellulaire pendant la culture des tissue in vitro. Cpt. rend. hebdom. des séances de l'acad. des sciences Bd. 181, S. 1096. 1925.

Fazzari, J.: Culture di milza in vitro. Boll. d. soc. d. scienze nat. ed ec. di Palermo 1924. Nr. 3, S. 1. — Ders.: Differenze nella morfologia e nelle connessioni di elementi mesenchimali di organi diversi di uno stesso embrione nelle culture di tessuti in vitro. Arch. ital. di anat. e di embriol. Bd. 21, S. 451. 1924. — Ders.: Culture in vitro di milza. Haematologica Bd. 6. 1925. — Ders.: Culture in vitro di milza embrionale ed adulta. Arch. f. exp. Zellforsch. Bd. 2, S. 307. 1926. — Ders.: Lo stato delle nostre conoscenze sui tessuti coltivati in vitro in rapporto alle scienze biologiche. Rivist. di Biol. Vol. 3, H. 1. 1926.

Felton, L. D.: A colorimetric method for determining the hydrogen ion concentration of small amounts of fluid. Journ. of biol. chem. Bd. 46, S. 299. 1921.

Fici, S.: Sulla presenza ed identificazione delle sostanze grasse nelle cellule dei tessuti coltivati in vitro. Monit. zool. ital. Bd. 31. 1920.

Fiori, A.: Lo stimolo neoformativo dei prodotti batterici nelle culture dei tessuti in vitro. Est. del vol. in omaggio Prof. Poggi. 1914.

Fischer, A.: Growth of fibroblasts and hydrogenion concentration of the medium. Journ. of exp. med. Bd. 34, S. 447. 1921. — Ders.: Om Dyrkning af Vaev udenfor Organismen. Nordisk hygiejnisk tidsskr. 1921. S. 123. — Ders.: A three months old strain of epithelium. Journ. of exp. med. Bd. 35, S. 367. 1922. — Ders.: Action of antigen on fibroblasts in vitro. Ebenda Bd. 35, S. 661. 1922. — Ders.: A pure strain of cartilage cells in vitro. Ebenda Bd. 36, S. 379. 1922. — Ders.: Cultures of organized tissues. Ebenda Bd. 36, S. 393. 1922. — Ders.: Action of antigen on fibroblasts in vitro. II. Ebenda Bd. 36, S. 535. 1922. — Ders.: Die Gewebekultur und ihre Bedeutung in der experimentellen Medizin und Biologie. Acta med. scandinav. Bd. 57, S. 1. 1922. — Ders.: A strain of epithelial cells in pure culture. Proc. of the Americ. assoc. of anat., Dec. 28—30. Anat. record S. 23, 19. Jan. 1922. — Ders.: Contributions to the biology of tissue cells. I. The relation of cells crowding to tissue growth in vitro. Journ. of exp. med. Bd. 38, S. 667. 1923. — Ders.: En Metode til Dyrkning af ondartede Svulstceller ubegrœnset udenfor Organismen. Hospitalstidende Bd. 67, S. 169. 1922. — Ders.: Om Dyrkning af Epithel in vitro. Ebenda Bd. 67, S. 113. 1924. — Ders.: Bidrag til de maligne Svulstcellers Biologi. Ebenda Bd. 67, S. 761. 1924. — Ders.: Beitrag zur Biologie der malignen Geschwulstzellen. Ebenda Bd. 67, S. 761. 1924. — Ders.: The interaction of two fragments of pulsating heard tissue. Journ. of exp. med. Bd. 29, S. 577. 1924. — Ders.: The differentiation and keratinization of epithelium in vitro. Ebenda Bd. 39, S. 585. 1922. — Ders.: Sur la culture indéfiniment prolongée, en dehors de l'organisme, de cellules provenant de tumeurs malignes. Cpt. rend. des séances de la soc. de biol. Bd. 90, S. 1181. 1924. — Ders.: Ein Stamm bösartiger Sarkomzellen in vitro, 6 Monate alt. Klin. Wochenschr. Jg. 3. 1924. — Ders.: Beitrag zur Biologie der bösartigen Geschwulstzellen. Zeitschr. f. Krebsforsch. Bd. 21, S. 261. 1921. — Ders.: Beitrag zur Biologie der Gewebezellen. Eine vergleichendbiologische Studie der normalen und malignen Gewebezellen in vitro. Arch. f. Entwicklungsmech. d. Organismen Bd. 104, S. 210. 1925. — Ders.: The cultivation of malignant tumor cells indefinitely outside the body. Journ. of cancer research Bd. 9, S. 62. 1925. — Ders.: Observations on the cell division of sarcoma cells in vitro. Ebenda. — Ders.: Beitrag zur Biologie der Gewebezellen. Eine vergleichendbiologische Studie der normalen und malignen Gewebezellen in vitro 1925. S. 104. — Ders.: Tissue culture. Copenhagen: Levin and Munksgaard Publishers 1925. — Ders.: Sur les principes humorales et solidaires de la croissance-tréphones et desmones. Acta pathol. et microbiol. scandinav. Bd. 2, S. 7. 1925. — Ders.: Studies on sarcoma cell in vitro. II. Relation to various tissues. Arch. f. exp. Zellforsch. Bd. 1, S. 355. 1925. — Ders.: Studies etc. III. On the factors causing natural resistence. Ebenda Bd. 1, S. 361. 1925. — Ders.: Studies etc. IV. Morphology. Ebenda Bd. 1, S. 501. 1925. — Ders.: A simple apparatus for making extracts of parenchymatous tissue. Ebenda Bd. 1, S. 122. 1925. — Ders.: Cellules sarcomateuses et macrophages. Cpt. rend. des séances de la soc. de biol. Bd. 12, S. 322. 1925. — Ders.: Observations on the divisions of sarcoma cells in vitro. Ebenda Bd. 9, S. 71. 1925. — Ders.: The growth of tissue cells from warmblooded animals at lower temperature. Arch. f. exp. Zellforsch. Bd. 2, S. 303. 1926. — Ders.: Umwandlung von Fibroblasten zu Makrophagen in vitro. Ebenda Bd. 3, S. 345. 1927. — Ders.: Sarkomzellen und Tuberkelbazillen in vitro. Ebenda Bd. 3, S. 389. 1927. — Ders.: Sur la transformation in vitro des leucocytes mononucléaires en fibroblastes. Cpt. rend. des séances de la soc. de biol. Bd. 92, S. 109. 1925.

Fischer, A. et Buch-Andersen: L'action de l'oxygène comprimé sur la croissance des cultures de cellules tissulaires normales et malignes in vitro. Cpt. rend. des séances de la soc. de biol. Bd. 33, S. 1677. 1925. — Dies.: Über das Wachstum von normalen und bösartigen Gewebezellen unter erhöhtem Sauerstoffdruck. Zeitschr. f. Krebsforsch. Bd. 23, S. 12. 1926.

Fischer, A. und Laser, H.: Studien über Sarkomzellen in vitro. V. Über Phagocytose von Zellen des Rous-Sarkoms und von Fibroblasten in vitro. Arch. f. exp. Zellforsch. Bd. 3, S. 363. 1924.

Fleig, C.: Sur la survie d'éléments et des systèmes cellulaires en particulier des vaisseaux après conservation prolongée dehors de l'organisme. Cpt. rend. des séances de la soc. de biol. Bd. 69, S. 504. 1910.

Fleisher, M. S. and Loeb, L.: The relative importance of stroma and parenchyma in the growth of certain organs in the culture media. Proc. of the soc. f. exp. biol. a. med. Bd. 8, S. 133. 1910.

Foot, N. C.: Über das Verhalten des Hühnerknochenmarks gegen Immunplasma in den Zellkulturen nach Carrel. Zentralbl. f. allg. Pathol. u. pathol. Anat. Bd. 23, S. 578. 1912. — Ders.: Über das Wachstum von Knochenmark in vitro. Zieglers Beitr. z. pathol. Anat. u. z. allg. Pathol. Bd. 53, S. 446. 1912. — Ders.: The growth of chicken bone narrow in vitro and its bearing on hœmatogenes in adult life. Journ. of exp. med. Bd. 17, S. 23. 1913. — Ders.: Use of citrated plasma in tissue cultures. Journ. of the Americ. med. assoc. Bd. 157, S. 675. 1916.

Fornero, A.: Culture placentari in vitro. Sulle culture pure di cellule neoformate, sulle leggi di blastotropismo generalizzato. Pathologica Bd. 6, S. 346. 1915. — Ders.: Appunti di biologia placentare. Ginecologia 1913. — Ders.: Leggi blastotropiche nei punti affrontati di un medesimo tessuto. Ebenda 1913.

Fry, H. J.: Cell dissection by hant. Anat. record Bd. 28. 1922. — Ders.: Zelloperationen ohne Mikrosektionsapparat. Arch. f. exp. Zellforsch. Bd. 2, S. 402. 1926.

Gandolfo, S.: I fenomeni di sopravvivenza nei tessuti del cadavere. Communicazione fatta alla R. accad. dei fisiocrit. in Siena. Adunata del 29 Dicembre 1922. — Ders.: I tessuti di animali adulti coltivati in vitro a varia distanza dalla morte. Arch. ital. di ematol. e sierol. Bd. 5, S. 1. 1924.

Gargano, C.: Esperimenti di culture in vitro di tessuti dei Selacei. Boll.
nat. Naples Bd. 34, S. 2. 1922. — Ders.: Coltivazione in vitro di epi-
teliomi umani. Ann. ital. di chirurg. Jg. 2, S. 184. 1923. — Ders.:
Considerazioni sulla morfologia delle cellule coltivate in vitro, rispetto
a quella di elementi normalmente liberi in tessuti patologici. Boll.
d. soc. dei naturalisti in Napoli Bd. 35, S. 221. 1923. — Ders.: La
cultura in vitro dei tessuti dei Selacei. Pubbl. d. staz. di Napoli
Bd. 34. 1923. — Ders.: La cultura dei tessuti in vitro. Monit. zool.
ital. Jg. 35. 1924.
Gassul, R.: Homoplastische Transplantation von Explantaten aus erwachsener Froschhaut. Dtsch. med. Wochenschr. Bd. 28, S. 1163.
1922. — Ders.: Experimentelle Studien über Ausflanzung und Regeneration von Explantaten aus erwachsener Froschhaut. Arch. f.
Entwicklungsmech. d. Organismen Bd. 52, S. 400. 1923. — Ders.:
Über einige Modifikationen der Explantationstechnik. Arch. f. exp.
Zellforsch. Bd. 1, S. 170. 1925. — Ders.: Über Tageslichtwirkung auf
lebende Zellen in vitro. Ebenda Bd. 3, S. 92. 1926.
Gironi, U.: Ricerche sulla proliferazione in vitro di alcuni tessuti di
animale in cloronarcosi. Pathologica Bd. 6, S. 237. 1913.
Goldschmidt, R.: Some experiments on spermatogenesis in vitro.
Proc. of the nat. acad. of sciences (U. S. A.) Bd. 1, S. 220. 1915. —
Ders.: Notiz über einige bemerkenswerte Erscheinungen in Gewebe-
kulturen von Insekten. Biol. Zentralbl. Bd. 36, S. 160. 1916. —
Ders.: Versuche zur Spermatogenese in vitro. Arch. f. Zellforsch.
Bd. 14, S. 421. 1917.
Golyaniski, J. A.: Experiments with tissue cultures. Med. obozr.
Bd. 77, S. 1084. 1912. — Ders.: Methods and results of the study of
tissue cultures. Wo pressy nautchnei med. Bd. 1, S. 14. 1913. —
Ders.: Versuche mit überlebendem Gewebe. Ebenda Bd. 1. 1923.
Goodrich, H. B.: Cell behavior in tissue cultures. Biol. bull. of the
marine biol. laborat. Bd. 46, S. 252. 1924.
Goodrich and Scott, J. A.: The effect of light on tissue cultures. Anat.
record Bd. 24. 1923.
Grantcourt, G.: The immortality of tissues its bearing on the study of
old age. Scient. am. Bd. 107, S. 844. 1912.
Grawitz, P.: Wanderzellenbildung in der Hornhaut. Dtsch. med.
Wochenschr. Bd. 28, S. 1345. 1913. — Ders.: Erklärung der Photo-
gramme über zellige Umwandlung von fibroblastischem Gewebe.
Greifswald: Adler 1914. — Ders.: Abbau und Entzündung des Herz-
klappengewebes. Berlin: Schötz 1914. S. 1. — Ders.: Die Binde-
gewebsveränderungen in Plasmakulturen. Dtsch. Ak. d. Naturforsch.
Bd. 1, S. 102. 1915. — Ders.: Die Lösung der Keratitisfrage unter
Anwendung der Plasmakultur. Nova acta. Acad. Ca. Leopold. Car.
Germ. naturae curiosorum, Abh. d. Leopold. Car. Dtsch. Ak. d. Na-
turforsch. Bd. 106, S. 305. 1920. — Ders.: Die wissenschaftlichen
Grundlagen der Entzündungslehre. Med. Klinik 1924. Nr. 47, S. 1.
Grawitz, P., Schlafke, Fl., Uhlig, F.: Über Zellenbildung in Cornea
und Herzklappen. Greifswald: Adler 1915. S. 1.

Großman: Das Verhalten des Meerschweinchenrückenmarks in vitro. Zieglers Beitr. z. pathol. Anat. u. z. allg. Pathol. 1912.
Großmann, W.: Über Knochenmark in vitro. Zieglers Beitr. z. pathol. Anat. u. z. allg. Pathol. Bd. 72, S. 165. 1923.
Guerino, G.: Un metodo facile e rapido per la valutazione in vitro del grado di vitalià di un tessuto. Atti d. soc. lomb. die accod. med. e biot. Bd. 2, S. 403. 1912.
Guggisberg und Neuweiler: Über Züchtungsversuche der menschlichen Placenta in vitro. Zentralbl. f. Gynäkol. Jg. 50, S. 14. 1926.
Gurwitsch, A.: Les mitoses de croissance exigent-elles une stimulation extracellulaire? Cpt. rend. des séances de la soc. de biol. 1920, S. 1552. — Ders.: Über Ursachen der Zellteilung. Arch. f. Entwicklungsmech. d. Organismen Bd. 52, S. 173. 1922. — Ders.: Sur le rayonnement mitogénétique des tissues animaux. Compt. rend. des séances de la soc. de Biol. Bd. 91, S. 87. 1922. — Ders.: Untersuchungen über mitogenetische Strahlen. Arch. f. mikroskop. Anat. u. Entwicklungsmech. Bd. 103, S. 483. 1924. — Ders.: Physikalisches über mitogenetische Strahlen. Ebenda Bd. 103, S. 490. 1924. — Ders.: Das Problem der Zellteilung physiologisch betrachtet. Berlin: Julius Springer 1926.
Haagen, E.: Die Bedeutung der Ionen im Kulturmedium für die explantierte Zelle. Arch. f. exp. Zellforsch. Bd. 3, S. 353. 1927.
Haan: Die Züchtung von Gewebe außerhalb des Körpers mittels einer Durchströmungsmethode. Nederlandsch tijdschr. v. geneesk. Jg. 68, S. 2108. 1922. — Ders.: Die Umwandlung von Wanderzellen in Fibroblasten bei der Gewebezüchtung in vitro. Arch. f. exp. Zellf. Bd. 3. S. 219. 1926.
Haberlandt, G.: Zur Physiologie der Zellteilung. Sitzungsber. d. preuß. Akad. d. Wiss. 1913. S. 318. — Ders.: Zur Physiologie der Zellteilung. Ebenda Bd. 1, S. 322. 1919. — Ders.: Wundhormone als Erreger von Zellteilungen. Beitr. z. allg. Botanik Bd. 2, S. 1. 1921. — Ders.: Über experimentelle Erzeugung von Adventivembryonen bei Oenothera Lamarckiana. Sitzungsber. d. preuß. Akad. d. Wiss. Bd. 40, S. 695. 1921. — Ders.: VI. Mitteilung: Über Auslösung von Zellteilungen durch Wundhormone. Ebenda Bd. 8, S. 221. 1921. — Ders.: Über Zellteilungshormone und ihre Beziehungen zur Wundheilung, Befruchtung, Parthenogenesis und Adventivembryonie. Biol. Zentralbl. Bd. 42, S. 145. 1922.
Hach: Gewebekulturen als Methode zum Studium des Vaccinevirus. Zentralbl. f. Bakteriol., Parasitenk. u. Infektionskrankh., Abt. I, Orig. Bd. 94 S. 270. 1925.
Hadda, S.: Die Kultur lebender Körperzellen. Berlin. klin. Wochenschr. Jg. 49, S. 11. 1912.
Hadda, S. und Rosenthal, F.: Studien über den Einfluß der Hämolysine auf die Kultur lebender Gewebe außerhalb des Organismus. Zeitschr. f. Immunitätsforsch. u. exp. Therapie Bd. 16 S. 524. 1913.
Hanes und Lambert: Amöboide Bewegungen von Krebszellen als ein Faktor des invasiven und metastatischen Wachstums maligner Tumoren. Virchows Arch. f. pathol. Anat. u. Physiol. Bd. 209, S. 1. 1912.

Hannemann, F.: Über die Bildung von Zellen aus dem fibroblastischen Gewebe bei Entzündung. Virchows Arch. Beih. z. Bd. 226 S. 123. 1919. — Ders.: Keratitis bei aleukocytären Tieren, ergänzende Bemerkungen zu der Arbeit von Bruckner und Lippmann. Zeitschr. f. exp. Pathol. u. Therapie Bd. 16 S. 524. 1920.

Harrison, R. G.: Observations on the living developing nerve fiber. Proc. of the soc. f. exp. biol. a. med. Bd. 4, S. 140. 1907. — Ders.: Embryonic transplantation and development of the nervous system. Anat. record Bd. 2. 1908. — Ders.: Experiments upon embryonic tissue isolated in clotted lymph. Journ. of exp. zool. Bd. 9, S. 799. 1910. — Ders.: The development of peripheral nerve fibers in altered surroundings. Arch. f. Entwicklungsmech. d. Organismen Bd. 30, S. 15. 1910. — Ders.: The outgrowth of the nerve fiber as a mode of protoplasmic movement. Journ. of exp. zool. Bd. 9, S. 787. 1911. — Ders.: The cultivation of tissues in extraneous media as a method of morphogenetic. Anat. record Bd. 6, S. 181. 1912. — Ders.: The life of tissues outside the organism from the embryological standpoint. Transact. of the congr. of Americ. phys. a. surg. Bd. 63. 1913. — Ders.: The reaction of embryonic cells to solid structures. Journ. of exp. zool. Bd. 17, S. 521. 1914.

Hauce: Demonstration of tissue cultures, with remarks on technic. Proc. of the pathol. soc. of Philadelphia Bd. 23 (new ser.), S. 41. 1921.

Heaton, N. B.: The nutritive requirements of growth cells. Journ. of pathol. a. bacteriol. Bd. 29, S. 293. 1926.

Hedo, E.: Les tapes des recherches physiologiques sur la survie des cellules et des tissus en dehors de l'organisme. Presse méd. Bd. 21, S. 1. 1913.

Henneguy: Survie des ganglions spinaux des mammifères conservés in vitro de l'orgainsme. Bull. de l'acad. de méd. Bd. 68, S. 119. 1912.

Hertwig, O.: Methoden und Versuche zur Erforschung der vita propria abgetrennter Gewebs- und Organstückchen von Wirbeltieren. Arch. f. mikroskop. Anat. Bd. 109, S. 113. 1912.

Herwerden, M. A.: Cultures de moelle osseuse en dehors de l'organisme. Arch. néerland. de physiol. de l'homme et des anim. Bd. 8, S. 592. 1923. — Ders.: Reversible Gelbildung in Epithelzellen der Froschlarve und ihre Anwendung zur Prüfung auf Permeabilitätsunterschiede in der lebenden Zelle. Arch. f. exp. Zellforsch. Bd. 1, S. 145. 1925.

Hofmann, P.: Die vitale Färbung embryonaler Zellen in Gewebskulturen. Fol. haematol. Bd. 18, S. 136. 1914.

Hogue, M. J.: The effects of hypotonic and hypertonic solutions on fibroblasts of the embryonic chicken heart in vitro. Journ. of exp. med. Bd. 30, S. 617. 1919. — Ders.: A comparison of an amoeba, Vahlkampfia patuxent. with tissue-culture cells. Ebenda Bd. 35, S. 1. 1922.

Holmes, S. J.: Developmental changes of pieces of frog embryos cultivated in lymph. Bull. of the marine biol. laborat. of Woods-Hall Bd. 25, S. 204. 1913. — Ders.: A culture medium for the tissues of amphibians. Science 1914. — Ders.: The behavior of the epidermis of amphibians when cultivated outside the body. Ebenda Bd. 17, S. 281. 1914. — Ders.: The cultivation of tissues from the frog. Science Bd. 39, S. 107. 1914.

Hooker, D.: The development of stellate pigment cells in plasma cultures of frog epidermis. Anat. record Bd. 8, S. 103. 1914.

Huxley, J.: Further studies on restitution bodies and free tissue cultures in Sycon. Quart. journ. of microscop. science Bd. 65, S. 293. 1921.

Huzella, T.: Einfache Mikrooperationsvorrichtung. Arch. f. exp. Zellforsch. Bd. 1, S. 424. 1925.

Imamuru, A.: Über die Kulturen des Lyssavirus in vitro. Mitt. a. d. med. Fak. zu Tokio. Bd. 29 u. 30. 1923.

Ingebrigtsen, R.: Different culture media and their influence of tissue outside the organism. Journ. of exp. med. Bd. 16, S. 421. 1912. — Ders.: Studies upon the characteristics of different culture media and their influence upon the growth of tissue outside of the organism. Ebenda Bd. 16, S. 421. 1912. — Ders.: The influence of heat on different sera as culture media for growing tissues. Ebenda Bd. 15, S. 397. 1912. — Ders.: Regeneration of axis cylinders in vitro. Ebenda Bd. 17, S. 182 u. Bd. 18, S. 412. 1913. — Ders.: Studies of the degeneration and regeneration of the axis cylinders in vitro. Ebenda Bd. 17, S. 182. 1913.

Ingvar, S.: Reaction of cells to the galvanic current in tissue cultures. Proc. of the soc. f. exp. biol. a. med. Bd. 17. 1920.

Isaacs, R.: The structure and mechanics of developing connective tissue. Anat. record Bd. 17, S. 243. 1919/20.

Ishibashi und Ktsumi Takashima: Funktionelle Wechselbeziehungen zwischen den Organen bei Gewebskulturen in vitro. II. Mitt. Transact. of the Japan pathol. soc. Bd. 14, S. 73. 1924.

Ishikawa, S.: Über die Artspezifität der Epithelien. Arch. f. exp. Zellforsch. Bd. 3, S. 277. 1927.

Ishikawa, Shin-Shi und Shiro Shimonura: Über die Phagocytose und Bewegung der Epithelien der Harnblase, der Gallenblase und der Zunge des Frosches in vitro. Arch. f. exp. Zellforsch. Bd. 2, S. 1. 1925.

Johnson, J. C.: The cultivation of tissue from amphibians. Univ. of California publ. in zool. Bd. 16, S. 55. 1915.

Jolly, J.: Sur la survie de cellules en dehors de l'organisme. Cpt. rend. des séances de la soc. de biol. Bd. 69, S. 86. 1910. — Ders.: A propos des communications de A. Carrel et M. C. Burrows sur la culture des tissus. Ebenda Bd. 70, S. 4. 1910. — Ders.: A propos des cultures in vitro des tissus des mammifères. Ebenda Bd. 71, S. 4. 1911.

Jolly, J. et Ferroux: L'action nocive des rayons X sur les tissus vivants est-elle une action directe ou une action indirecte?. Cpt. rend. des séances de la soc. de biol. Bd. 92, S. 67. 1925. — Dies.: L'action des rayons X sur les tissus. Diminution de la réaction d'un organe sensible à moyen de l'adrénaline. Ebenda Bd. 92, S. 125. 1925.

Jones, F. S. and Rous: The phagocytic power of connective tissue cells. Journ. of exp. med. Bd. 25, S. 189. 1917.

Jorgensen, A. and Madsen, T.: Festskrift ved Indvielsen af Statens Serum Institut, Copenhagen 1902. S. 12.

Jorstad: A study of the behaviour of ceal tar on the tissus. Proc. of the soc. f. exp. biol. a. med. Bd. 21, S. 67. 1923.

Juhász-Schäffer, A.: Teerwirkung auf Explantate in vitro. Arch. f. exp. Zellforsch. Bd. 3, S. 335. 1926. — Ders.: La vita autonoma delle cellule vegetali. Atti d. soc. dei nat. e mat. di Modena 1927. — Ders.: Versuchsergebnisse über Wachstumpolarität bei Gewebezüchtungen in vitro. Biologia gen. 1927.

Kalenscher, H.: Über die Regeneration der Uterusmuskulatur bei der Explantation. Arch. f. Gynäkol. Bd. 119, S. 320. 1923.

Kapel, O.: Sur la culture in vitro du tissu hépatique et pancreatique. C. R. Soc. de Biol. Bd. 95. S. 1108. 1926.

Karczag, L. und Németh, L.: Die Methoden der Elektropie und die Probleme der künstlichen Gewebszüchtung. Arch. f. exp. Zellforsch. Bd. 3, S. 428. 1927.

Karioshi Kimura: The effect of X ray irradiation of living carcinoma and sarcoma cells in tissues cultures in vitro. Journ. of cancer research 1919.

Katsuma, H.: Über den Einfluß des Thymus resp. dessen Extraktes auf das Knochenwachstum studiert sowohl durch Gewebskulturen als auch durch Explantationsversuch. Mitt. d. med. Fak. Tokio Bd. 29. 1921.

Katzenstein: Studien über die Allantois und ihre Kultur in vitro. Arch. f. exp. Zellforsch. Bd. 1, S. 173. 1925.

Kauffmann: Über Züchtung menschlichen Gewebes. Zentralbl. f. allg. Pathol. u. pathol. Anat. Bd. 35, S. 491. 1925.

Kiaer, S.: Cultures of adult tissues in homologous and heterologous medium. Arch. f. exp. Zellforsch. Bd. 1, S. 115. 1925. — Ders.: A biological method of measuring using leucocytes as indicator. Ebenda Bd. 1, S. 289. 1925. — Ders.: Action de la lumière ultraviolette sur les cultures tissulaires in vitro. Cpt. rend. des séances de la soc. de biol. Bd. 93, S. 1389. 1925. — Ders.: Action de la lumière ultraviolette sur les fragments de cœur contractiles in vitro. Ebenda Bd. 93, S. 1391. 1925.

Klebs, G.: Beiträge zur Physiologie der Pflanzenzelle.

Körbler, G.: Versuche über die Wirkung des Serums und des Plasmas eines Krebskranken auf das Gewebe im Explantat. Arch. f. klin. Chirurg. Bd. 132, S. 69. 1924. — Ders.: Sur la possibilité de la culture in vitro de tissu conjonctif d'adult dans du plasma hémologène sans extrait d'embryon. Cpt. rend. des séances de la soc. de biol. Bd. 91, S. 1421. 1924.

Kotte, W.: Kulturversuche mit isolierten Wurzelspitzen. Beitr. z. allg. Botanik Bd. 2, S. 413. 1922.

Kreibisch, C.: Zellteilungen in kultivierter Haut und Cornea. Arch. f. Dermatol. u. Syphilis Bd. 120, S. 925. 1914. — Ders.: Zur Frage der Natur der Blutzellengranula und des Keratohyalins, sowie der Zellteilung in kultivierter Haut und Kornea. Wien. klin. Wochenschr. Bd. 31, S. 360. 1918.

Krontowski, A.: Über die Kultivierung der Gewebe außerhalb des Organismus bei Anwendung der kombinierten Medien. Virchows Arch. f. pathol. Anat. u. Physiol. Bd. 241, S. 488. 1923. — Ders.: Pathologisch-physiologische Beobachtungen über Herzexplantate. Arch. f. exp. Zellforsch. Bd. 1, S. 58. 1925. — Ders.: Zur Analyse der Röntgenstrahlenwirkung auf den Embryo und die embryonalen Gewebe. Strahlentherapie Bd. 21, S. 12. 1925. — Ders.: Zur Frage der biologischen Wirkung der Röntgenstrahlen und deren Erforschung mittels der Explantation. Klin. Wochenschr. Nr. 41. 1925. — Ders.: Zur Frage der Erforschung biochemischer Äußerungen der Lebenstätigkeit in Gewebskulturen. Münch. Med. Wochenschr. Nr. 34. 1926.

Krontowski, A. und Bronstein, J. A.: Stoffwechselstudien an Gewebskulturen. Mikrochemische Untersuchungen des Zuckerverbrauchs durch Explantate aus normalen Geweben und durch Krebsexplantate. Arch. f. exp. Zellforsch. Bd. 3, S. 32. 1926.

Krontowski, A. und Hach: Über die Anwendung der Methode der Gewebskultur zum Studium des Flecktyphusvirus. Zur Frage der Kultivierung des Flecktyphusvirus. Kiew 1922. — Dies.: Die Anwendung der Methode der Gewebskulturen zum Studium des Fleckfiebervirus. II. Versuche über die Absonderung des Fleckfiebervirus von dem außerhalb des Organismus wachsenden Gewebe. Klin. Wochenschr. Jg. 3, S. 1625. 1924. — Dies.: Versuche zum Studium der Immunität beim Fleckfieber unter Anwendung der Gewebskulturmethode. Arch. f. exp. Zellforsch. Bd. 3, S. 297. 1926.

Krontowski, A. and Poleff, L.: Experiments with tissue cultures. Wratschebnaja Gaseta Bd. 20, S. 963, 989, 1014. 1913. — Dies.: Über das Auftreten von lipoiden Substanzen in den Gewebskulturen bei Autolyse der entsprechenden Gewebe. Zieglers Beitr. z. pathol. Anat. u. z. allg. Pathol. Bd. 58. 1914.

Krontowski, A. and Radzimovska: The influence of temporary changes of reaction of the medium. Journ. of physiol. Bd. 56, S. 275. 1922.

Krontowski, A. und Rumianzew: Zur Technik der Gewebskulturen von Kaltblütern in vitro. Pflügers Arch. f. d. ges. Physiol. 1922. S. 291.

Kuczynski, M.: Die Kultur der Rickettsia Prowazeki aus dem fleckfieberkranken Meerschwein. Med. Klinik. 1920. Nr. 27, I. S. 706; II. S. 733; III. S. 759. — Ders.: Studien zur Ätiologie und Pathogenese des Fleckfiebers. Virchows Arch. f. pathol. Anat. u. Physiol. Bd. 242, S. 355. 1923.

Kuczynski, M., Brandt, E. und Maschbitsch, J.: Omsker Untersuchungen zur Ätiologie des Fleckfiebers. Klin. Wochenschr. Jg. 3, S. 1429. 1924.

Kuczynski, M., Tenenbaum und Werthemann: Untersuchungen über Ernährung und Wachstum der Zellen erwachsener Säugetiere in Plasma unter Verwendung wohlcharakterisierter Zusätze an Stelle von Gewebsauszügen. (Nebst einem Anhang über den Nachweis der Immunkörperbildung seitens sprossender retikulärer Zellen in der

Gewebskultur.) Virchows Arch. f. pathol. Anat. u. Physiol. Bd. 258, S. 687. 1925.
Kunkel, W.: Über die Kultur von Perianthgeweben. Arch. f. exp. Zellforsch. Bd. 3, S. 405. 1927.
Küster, E.: Aufgaben und Ergebnisse der entwicklungsmechanischen Pflanzenanatomie. Progr. rei botanicae Bd. 2, S. 455. 1908.
Lake, N. C.: Observations upon the growth ot tissues in vitro. Journ. of physiol. Bd. 50, S. 364. 1916.
Lambert, R. A.: The production of foreign body giant cells in vitro. Journ. of exp. med. Bd. 15, S. 510. 1912. — Ders.: Variations in the character of growth in tissue cultures. Anat. record Bd. 6, S. 91. 1912. — Ders.: Demonstration of the greater susceptibility to heat of sarcoma cells. Journ. of the Americ. med. assoc. Bd. 59, S. 2147. 1912. — Ders.: The life of tissues outside the organism from the pathological standpoint. Transact. of the congr. of Americ. phys. and surg. 1913. S. 91. — Ders.: Influence of temperature and fluid medium on the duration of life of tissues removed from the animal body. Proc. of the New York pathol. soc. Bd. 13, S. 77. 1913. — Ders.: The influence of temperature and fluid medium on the survival of embryonic tissues in vitro. Journ. of exp. med. Bd. 18, S. 406. 1913. — Ders.: Comparative studies upon cancer cells and normal cells. 2. The character of growth in vitro with special reference to cell divisions. Ebenda Bd. 17, S. 499. 1913. — Ders.: A note on the specificity of cytotoxins. Ebenda Bd. 19, S. 277. 1914. — Ders.: The effect of dilution of plasma medium on the growth and accumulation of cells in tissue cultures. Ebenda Bd. 19, S. 398. 1914. — Ders.: Fat metabolism in tissue cultures. Proc. of the New York pathol. soc. Bd. 14, S. 194. 1914. — Ders.: Amöboide Bewegungen von Krebszellen als ein Faktor des invasiven und metastatischen Wachstums maligner Tumoren. Virchows Arch. f. pathol. Anat. u. Physiol. Bd. 209, S. 1. 1914. Siehe auch Journ. of the Americ. med. assoc. Bd. 56, S. 701. 1914. — Ders.: Technique of cultivating human tissues in vitro. Proc. of the soc. f. exp. biol. a. med. Bd. 13, S. 100. 1916. Auch in Journ. of exp. med. Bd. 24, S. 367. 1916. — Ders.: On the question of the transformation into fibrous tissue in tissue culture preparations. Proc. of the soc. f. exp. biol. a. med. Bd. 14, S. 5. 1916. — Ders.: The comparative resistance of bacteria and human tissue cells to certain common antiseptics. Journ. of exp. med. Bd. 24, S. 683. 1916. — Ders.: Tissue cultures in the investigation of cancer. Journ. of cancer research 1916.
Lambert, R. A. and Hanes, F. M.: The cultivation of tissues in plasma from alien species. Proc. of the soc. f. exp. biol. a. med. Bd. 8, S. 123. 1910. — Dies.: The cultivation of tissues in plasma from alien species. Journ. of exp. med. Bd. 14. 1911. — Dies.: On the phagocytic inclusion of carmin particles by sarcoma cells growing in vitro with consequent staining of the cell granules. Proc. of the soc. f. exp. biol. a. med. Bd. 8, S. 113. 1911. — Dies.: Growth in vitro of the transplantable sarcoma of rats and mice. Journ. of the Americ. med. assoc. Bd. 56,

S. 33. 1911. — Dies.: Migration by ameboid movement of sarcoma cells in vitro and its bearing on the problem of the spread of malignant growth in the body. Ebenda Bd. 6, S. 791. 1911. — Dies.: A comparison of the growth of sarcoma and carcinoma cultivated in vitro. Proc. of the soc. f. exp. biol. a. med. Bd. 8, S. 59. 1911. — Dies.: A study of cancer immunity by the method of cultivating tissues outside of the body. Journ. of exp. med. Bd. 13, S. 395. 1911. — Dies.: Characteristics of growth of sarcoma and carcinoma in vitro. Ebenda Bd. 13, S. 495. 1911. — Dies.: The cultivation of tissues as method for the study of cytotoxin. Ebenda Bd. 14, S. 129. 1911. — Dies.: Comparative studies upon cancer cells and normal cells. Ebenda Bd. 17, S. 500. 1913. — Dies.: Beobachtungen an Gewebskulturen in vitro. Virchows Arch. f. pathol. Anat. u. Physiol. Bd. 211, S. 89. 1913. — Dies.: The cultivation of sarcoma and carcinoma in vitro studies on immunity. Americ. assoc. f. cancer research 1915.

Lamprecht, W.: Über die Kultur und Transplantation kleiner Blattstückchen. Beitr. z. allg. Botanik Bd. 1, S. 353. 1918. — Ders.: Über die Züchtung pflanzlicher Gewebe. Arch. f. exp. Zellforsch. Bd. 1, S. 412. 1925.

Lang, F. J.: Über Gewebskulturen der Lunge. Arch. f. exp. Zellforsch. Bd. 2, S. 93. 1926. — Ders.: The reaction of lung tissue to tuberculous infection in vitro. Journ. of infect. disease. Bd. 37, N. 30. 1925. — Ders.: Rôle of endothelium in the production of polyblasts (mononuclear wandering cells) in inflammation. Ext. from the Departement of Anat. Univ. of Chicago, S. 1. 1925.

Laser, H.: Über Zellverbindungen in vitro als Vorbedingung für Zellwachstum. Ext. from the Departement of Anat. Univ. of Chicago, Bd. 1, S. 125. 1925.

Legendre, R.: Les recherches récentes sur la survie des tissus et des organes de l'organism. Biologica Bd. 1, S. 357. 1911. — Ders.: La survie des cellules et des organes. Rev. scient. Bd. 2, S. 105. 1913.

Legendre, R. et Minot, H.: Formation de nouveaux prolongements par certaines cellules nerveuses des ganglions spinaux conservés dehors de l'organisme. Anat. Anz. Bd. 38, S. 554. 1911.

Lemmel, A. und Löwenstädt, H.: Das Verhalten blockierter Zellen in Milzexplantaten nach vitaler Tuschespeicherung. Arch. f. exp. Zellforsch. Bd. 3, S. 10. 1927. — Dies.: Die bisherigen Ergebnisse der Züchtung menschlicher Zellen in vitro und ihre Bedeutung für die medizinische Forschung. Klin. Wochenschr. Jg. 6, S. 126. 1927. — Dies.: Zur Frage der toxischen Einwirkung artfremden Plasmas auf Kulturen embryonaler menschlicher Zellen. Arch. f. exp. Path. u. Pharmakol. 1926.

Lemmel, A., Löwenstädt, H. und Schößler, M.: Mikrokinematographie von Zellkulturen mit einfachen Hilfsmitteln. Arch. f. exp. Zellforsch. Bd. 3, S. 341. 1927.

Levaditi, C.: Symbiose entre le virus de la poliomyelite et des cellules des ganglions spinaux à l'état de vie prolongée in vitro. Cpt. rend. des séances de la soc. de biol. Bd. 74, S. 1179. 1913.

Levaditi, C. et Gabriek, F.: Sur la vie et la multiplication in vitro des cellules préablement colorées. Cpt. rend. des séances de la soc. de biol. Bd. 75, S. 217. 1914.

Levaditi, C. et Mutermilch, S.: La sérothérapie antidiphtérique préventive et curative des éléments cellulaires à l'état de vie prolongée in vitro. Cpt. rend. des séances de la soc. de biol. Bd. 74, S. 614. 1913. — Dies.: Contractilité des fragments de cœur d'embryon de poulet in vitro. Ebenda Bd. 74, S. 462. 1913. — Dies.: Mode d'action des rayons sur la vie et la multiplication des cellules in vitro. Ebenda Bd. 74, S. 1180. 1913. — Dies.: Action de la toxine diphtérique sur la survie des cellules in vitro. Ebenda Bd. 74, S. 379. 1913. — Dies.: Action du venin de cobra sur la vie et la multiplication des cellules in vitro. Sérothérapie antivenineuse sur des cellules en état de vie prolongée et de multiplication in vitro. Virus de la poliomyélite et culture des cellules in vitro. Ebenda Bd. 74, S. 1305 u. 1379; Bd. 75, S. 202. 1913. — Dies.: L'immunité antitoxique active des cellules cultivés in vitro. Ebenda Bd. 76, S. 277. 1914.

Levaditi, C., Mutermilch, S. et Comandon: Etude de la vie et de la croissance des cellules in vitro à l'aide d'un enregistrement cinématographique. Cpt. rend. des séances de la soc. de biol. Bd. 74. 1913.

Levi, G.: La costituzione del protoplasma studiata su cellule vivente coltivate in vitro. Arch. di fisiol. Bd. 14, S. 101. 1915. — Ders.: Il ritmo e la modalità della mitosi nelle cellule viventi coltivate in vitro. Arch. ital. di anat. e di embriol. Bd. 15. 1916. — Ders.: Dimostrazione della natura condriosomica degli organuli cellulari colorabili col Bleu Pirrolo. Atti d. Reale accad. dei Lincei, rendiconto Bd. 25. 1916. — Ders.: Differenziazione in vitro di fibre da cellule mesenchimali e loro accrescimento per movimento ameboide. Monit. zool. ital. Bd. 27, S. 3. 1916. — Ders.: Migrazione di elementi specifici differenziati in culture di miocardio e di muscoli scheletrici. Arch. d. scien. med. Bd. 40. 1916. — Ders.: Sull'origine delle reti nervose nelle culture di tessuti. Atti d. Reale accad. dei Lincei, rendiconti Bd. 25. 1916, Ser. 9, 1. Sem. — Ders.: Connessione e struttura degli elementi nervosi sviluppati fuori dell'organismo. Mem. d. Reale accad. dei Lincei Bd. 12, S. 141. 1917. — Ders.: L'individualità delle cellule persiste nei sincizi. Monit. zool. ital. Bd. 29. 1918. — Ders.: La vita degli elementi isolati dall'organismo. Scientia Bd. 24, S. 21. 1919. — Ders.: Nuovi studi su cellule coltivate in vitro. Arch. ital. di anat. e di embriol. 1919. S. 16. — Ders.: Sulla persistenza dei caratteri specifici nelle cellule coltivate in vitro. Monit. zool. ital. Nr. 31, S. 96. 1920. — Ders.: Comparsa tumultuaria di divisioni mitotiche ed arresto delle medesime in colture di tessuti. Atti d. Reale accad. dei Lincei, rendiconto, 2. Sem., Bd. 31, S. 173. 1922. — Ders.: La reale esistenza delle miofibrille nel cuore dell'embrione di pollo. Osservazioni sul cuore vivente e su elementi coltivati in vitro. Ebenda, 2. Sem., Bd. 31, S. 425. 1922. — Ders.: Vita autonoma di parti dell'organismo. La coltivazione dei tessuti. Bologna: N. Zanichelli 1922. S. 1. — Ders.: Osservazioni sulla struttura della cellula epatica vivente coltivate in vitro. Giorn.

d. R. accad. di med. di Torino Bd. 85. 1922. — Ders.: Le condizioni che regolano l'accrescimento dei tessuti in vitro secondo recenti ricerche. Riv. di biol. Bd. 5, H. 2, S. 1. 1922. — Ders.: Sopravivenza e coltivazione di organi e tessuti. Giorn. di biol. e med. sperim. Bd. 1, S. 1. 1923. — Ders.: Struttura e proprietà degli endoteli vascolari. Ricerche su culture in vitro. Ebenda H. 1, S. 1. 1923. — Ders.: Sulla natura degli elementi coltivati da espianti di cuore di embrioni di pollo dal 3. al 10. giorno d'incubazione. Atti d. Reale accad. dei Lincei, rendiconto Bd. 32, S. 59. 1923. — Ders.: Processi regressivi reversibili nelle cellule coltivate in vitro. Dei limiti di alterazione cellulare compartibili con la vita. Ebenda Bd. 32, S. 131. 1923. — Ders.: I fattori che regolano la migrazione e la moltiplicazione delle cellule coltivate in vitro. Arch. di fisiol. Bd. 21, S. 283. 1923. — Ders.: Differenze dei caratteri dei fibroblasti nelle colture in vitro in relazione al grado di differenziazione del tessuto espiantato. Arch. ital. di anat. e di embriol. Bd. 20, S. 511. 1923. — Ders.: Trasformazioni delle fibre dei muscoli scheletrici di embrione di pollo nelle culture in vitro. Giorn. d. R. accad. di med. di Torino Bd. 86. 1923. — Ders.: Esiste una continuità protoplasmatica fra individualità cellulari distinte nelle colture in vitro? Atti d. Reale accad. dei Lincei, rendiconto Bd. 32, S. 59. 1923. — Ders.: Culture di tessuti. Monit. zool. ital. Jg. 34, S. 170. 1923. — Ders.: L'instabilità di forma del condrioma nelle cellule viventi. Ebenda Jg. 35, S. 33. 1924. — Ders.: Quelques résultats acquis en histologie par la méthode de la culture des tissus. Bull. d'histol. Bd. 1, S. 1. 1924. — Ders.: Caractères morphologiques spécifiques et propriétés biologiques de différents tissus dans les cultures in vitro. Cpt. rend. de l'assoc. des anat., 19. réunion 1924. — Ders.: A proposito di coltura dei tessuti in vitro. Replica al Prof. Gargano. Monit. zool. ital. Jg. 35. 1924. — Ders.: Conservazione e perdita dell'indipendenza delle cellule dei tessuti. Arch. f. exp. Zellforsch. Bd. 1, S. 1. 1925. — Ders.: Ricerche sperimentali sovra elementi nervosi sviluppati in vitro. Ebenda Bd. 2, S. 244. 1926. — Ders.: Accrescimento autonomo per movimento ameboide di frammenti di neuriti separati dal centro trofico. Rend. R. Acc. dei Lincei Bd. 21. 1926. — Ders.: La structure du citoplasma des cellules des metazoaries. C. R. Assoc. Anat. Turin. 1925.

Lewis, M. R.: Rhythmical contraction of the skeletal muscle tissue observed in tissue cultures. Americ. journ. of physiol. Bd. 38, S. 152. 1915. — Ders.: Sea water as a medium for tissue cultures. Anat. record Bd. 10, S. 287. 1916. — Ders.: The duration of the various phases of mitosis in mesenchyme cells of tissue cultures. Ebenda Bd. 13. 1917. — Ders.: Development of connective tissue fibres in tissue cultures of chicken embryos. Contrib. to embryol. Nr. 17, extracted from Publ.226 of the Carnegie inst. of Washington 1917. — Ders.: The formation of the fat droplets in the cells of tissue cultures. Science. N. S. Bd. 48, S. 398. 1918. — Ders.: The development of cross-striations in the heart muscle of the chicken embryo. Bull. of Johns Hopkins hosp. Bd. 30, S. 176. 1919. — Ders.: Proc. of the Americ. assoc. of anat.

Bd. 16, S. 154. 1919. — Ders.: Formation of vacuoles due to Bac. typhosus in cells of tissue cultures of intestines of chicken embryos. Journ. of exp. med. Bd. 31, S. 293. 1920. — Ders.: Anat. record Bd. 18, S. 239. 1920. — Ders.: Muscular contraction in tissue cultures. Carnegie inst. of Washington ex. publ. 1920. S. 191. — Ders.: The presence of glycogen in the cells of embryos of Fundulus heteroclitus studied in tissue cultures. Biol. bull. of the marine biol. laborat. Bd. 41, S. 241. 1921. — Ders.: Granules in the cells of chicken embryos produced by egg albumin in the medium of tissue cultures. Journ. of exp. med. Bd. 33, S. 485. 1921. — Ders.: The formation of vacuoles in the cells of tissue cultures owing to the lack of dextrose in the media. Proc. of the Americ. assoc. of anat. rec. Bd. 21, S. 71. 1921. — Ders.: The importance of the medium of tissue cultures. Journ. of exp. med. Bd. 35 S. 317. 1922. — Ders.: The destruction of bacillus radicicola by the connective tissue cells of the chick embryo in vitro. Bull. of Johns Hopkins hosp. Bd. 34, S. 223. 1923. — Ders.: Reversible gelation in living cells. Ebenda Bd. 34, S. 373. 1923. — Ders.: The ingestion of chlorophyll by animal cells. Americ. naturalist Bd. 57, S. 566. 1923. — Ders.: The formations of macrophages, epithelioid cells and giant cells from leucocytes in incubated blood. Americ. journ. of pathol. Bd. 1, S. 91. 1925. — Ders.: A study of the mononuclears of the frog's blood in vitro. Arch. of exp. Zellforsch. Bd. 2, S. 228. 1926. — Ders.: The resemblance between the Kupffer cells and the mononuclear leucocyte of the frog study in vitro. Anat. Rec. Bd. 29, S. 390. 1925. — Ders.: Origin of the phagocytic cells of the frog. Johns Hopkins Hosp. Bull. 36, S. 361. 1925.

Lewis, M. R. and Felton, L. D.: The hydrogen ion concentration of cultures of connective tissue from chicken embryo. Science. N. S. Bd. 54, S. 636. 1921.

Lewis, M. R. and Lewis, W. H.: The growth of embryonic chicken tissues in artificial media, agar and bouillon. Bull. of Johns Hopkins hosp. Bd. 22, S. 126. 1911. — Dies.: The cultivation of tissues in salt solution. Journ. of the Americ. med. assoc. Bd. 56, S. 1795. 1911. — Dies.: The cultivation of tissues from chicken embryos in solutions of NaCl, CaCl$_2$, KCl, and NaHCO$_3$. Anat. record Bd. 5, S. 277. 1911. — Dies.: The growth of embryonic chicken tissue in artificial media, agar and bouillon. Bull. of Johns Hopkins hosp. Bd. 22. 1911. — Dies.: The cultivation of sympathetic nerves from the intestine of chicken embryos in saline solutions. Anat. record Bd. 6, S. 7. 1912. — Dies.: Membrane formations from tissues transplanted into artificial media. Ebenda Bd. 6, S. 195. 1912. — Dies.: The cultivation of chicken tissues in media of known chemical constitution. Ebenda Bd. 6. 1912. — Dies.: Mitocondria in tissue culture. Science. N. S. Bd. 39. 1914. — Dies.: Mitocondria and other cytoplasmic structures. Americ. journ. of anat. Bd. 17, S. 399. 1915. — Dies.: Rhythmical contraction of skeletal muscle in tissue cultures. Americ. journ. of physiol. Bd. 38, S. 153. 1916. — Dies.: The contraction of smooth muscle in tissue cultures. Ebenda Bd. 44, S. 67. 1917. — Dies.: Behavior of cross striated muscle in tissue cultures. Americ. journ. of anat. Bd. 22, S. 169. 1917. — Dies.: Behavior of cells in tissue cultures. Section III of General Cytology, E. V. Cowdry 1924. — Dies.: The transformations of leucocytes into, macrophages epithelioid cells and giant cells in cultures of pure blood. Americ. journ. of physiol. Bd. 72, S. 176. 1925.

Lewis, M. R. and Robertson, B.: The mitochondria and other structures observed by the tissue culture method in the male germ of Chorthippus curtipennis. Biol. bull. of the marine biol. laborat. Bd. 30, S. 99. 1916.

Lewis, W. H.: The centriols and centrospheres in degenerating fibroblasts of tissue cultures. Anat. record Bd. 16, S. 155. 1919. — Ders.: Degeneration granules and vacuoles in the fibroblasts of chick embryos cultivated in vitro. Bull. of Johns Hopkins hosp. Bd. 30, S. 338. 1919. — Ders.: The behavior of the centriole and the centrosphere in degenerating fibroblasts of tissue cultures. Americ. journ. of physiol. Bd. 49, S. 123. 1919. — Ders.: Giant centrospheres in degenerating mesenchyme cells of tissue cultures. Journ. of exp. med. Bd. 31, S. 275. 1920. — Ders.: Anat. record Bd. 18, S. 240. 1920. — Ders.: The effect of potassium permanganate in the mesenchyme cells of tissue cultures. Americ. journ. of anat. Bd. 28, S. 431. 1921. — Ders.: Endothelium in tissue cultures. Ebenda Bd. 30, S. 39. 1922. — Ders.: The characteristics of the various types of cells found in tissue cultures from chick embryos. Proc. of the Americ. assoc. of anat. March 24. 1921; Anat. record Bd. 21 S. 71. 1921. — Ders.: Smooth muscle and endothelium in tissue cultures. Proc. of the Americ. assoc. of anat. March 24. 1921; Anat. record Bd. 21, S. 71. 1921. — Ders.: Is mesenchyme or smooth muscle a syncytium or an adherent reticulum? Anat. record Bd. 23, S. 26. 1922. — Ders.: The adhesive quality of cells. Ebenda Bd. 23, S. 387. 1922. — Ders.: Is mesenchyme a syncytium? Ebenda Bd. 23, S. 177. 1922. — Ders.: The transformation of mesenchyme into mesothelium in tissue cultures. Proc. of the Americ. assoc. of anat. March 28, 1923; Anat. record Bd. 25, S.111. 1923. — Ders.: Cultivation of heart muscle from chick embryos (4 to 11 days old) in Locke-bouillon-dextrose-medium. Proc. of the Americ. assoc. of anat., March 28, 1923; Anat. record Bd. 25, S. 111. 1923. — Ders.: Observations on cells in tissue cultures with dark-field illumination. Anat. record Bd. 26, S. 15. 1923. — Ders.: Amniotic ectoderm in tissue cultures. Ebenda Bd. 26, S. 97. 1923. — Ders.: Mesenchyme and mesothelium. Journ. of exp. med. Bd. 38, S. 257. 1923.

Lewis, W. H. and Gey, G. O.: Clasmatocytes and tumor cells in cultures of mouse sarcoma. Bull. of Johns Hopkins hosp. Bd. 34, S. 369. 1923.

Lewis, W. H. and Mc. Coy, C. C.: The survival of cells after the death of the organism. Bull. of Johns Hopkins hosp. Bd. 33, S. 284. 1922.

Lewis, W. H. and Webster, L. T.: Wandering cells, endothelial cells and fibroblasts in cultures from human lymphnodes. Journ. of exp. med. Bd. 34, S. 397. 1921. — Dies.: Giant cells in cultures from human lymph nodes. Ebenda Bd. 33, S. 349. 1921. — Dies.: Migration

of lymphocytes in plasma cultures of human lymph nodes. Ebenda Bd. 33, S. 261. 1921.
Liepmann, W.: Über ein für menschliche Placenta spezifisches Serum. Dtsch. med. Wochenschr. Bd. 28, S. 911. 1902.
Lindemann, W.: Sur le mode d'action de certains poisons rénaux. Ann. de l'inst. Pasteur Bd. 14, S. 49. 1900.
Loeb, J.: Über die Temperaturkoeffizienten für die Lebensdauer kaltblütiger Tiere und über die Ursache des natürlichen Todes. Pflügers Arch. f. d. ges. Physiol. Bd. 124, S. 411. 1908. — Ders.: Über physiologische Ionenwirkungen, insbesondere die Bedeutung der Na-, Ca- und K-Ionen. Handb. d. Biochem. (Carl Oppenheimer) Bd. 2, Teil 1, S. 104. 1910. — Ders.: The organism as a whole. New York 1916.
Loeb, J. and Northrop, J. H.: On the influence of food and temperature upon the duration of life. Journ. of biol. chem. Bd. 32, S. 103. 1917.
Loeb, L.: Über die Entstehung von Bindegewebe, Leukozyten und roten Blutkörperchen aus Epithel und über eine Methode, isolierte Gewebsteile zu züchten. Chicago 1897. — Ders.: Über Regeneration des Epithels. Arch. f. Entwicklungsmech. d. Organismen Bd. 6, S. 297. 1898. — Ders.: Über das Wachstum des Epithels. Ebenda Bd. 13, S. 487. 1902. — Ders.: On conditions of tissue growth, especially in culture media. Science Bd. 34, S. 414. 1911. — Ders.: Growth of tissues in culture media and its significance for the analysis of growth phenomena. Anat. record Bd. 6, S. 109. 1912. — Ders.: The influence of changes in the chemical environment on the life and growth of tissues. Journ. of the Americ. med. assoc. Bd. 64, S. 726. 1915. — Ders.: The movements of the amoebocytes and the experimental production of amoebocyte (cell-fibrin) tissue. Washington univ. studies Bd. 8, S. 3. 1920. — Ders.: Ameboid movement tissue formation and consistency of protoplasm. Science Bd. 53, S. 261. 1921. — Ders.: On the precipitins in blood sera of arthropods. Journ. of med. resarch Bd. 42, S. 269. 1921. — Ders.: The specific adaptation between body fluids and blood cells in invertebrates. Ebenda Bd. 42, S. 277. 1921. — Ders.: Agglutination and tissue formation. Science Bd. 56, S. 237. 1922. — Ders.: On stereotropism as a cause of cell degeneration and death, and on the means to prolong the life of cells. Ebenda Bd. 55, S. 22. 1922.
Loeb, L., Beerman, and Genther, J. P.: The effect of various ions on the experimental amoebocyte-tissue of Limulus and their interaction with other variable factors. Arch. f. exp. Zellforsch. Bd. 1, S. 257. 1925.
Loeb, L. and Beerman, J. and Gilman, E.: The effect of acid on the amoebocyte tissue of Limulus in tissue cultures. Proc. of the soc. f. exp. biol. a. med. Bd. 12, S. 245. 1924.
Loeb, L. and Blanchard, K. C.: The effect of various salts on the outgrowths from experimental amoebocytes tissue near the isoelectric point and with the addition of acid or alkali. Americ. journ. of physiol. Bd. 60, S. 277. 1922. — Dies.: Vital staining of amoebocyte tissue of Limulus. Biol. bull. of the marine biol. laborat. Bd. 47, S. 284. 1924.

Loeb, L. and Drake, D.: On the effect of heat and cold on amoebocyte tissue of Limulus and on states intermediate between normal life and death produced through heat. Journ. of med. research Bd. 44, S. 447. 1924.

Loeb, L. and Fleisher, M.: Über die Bedeutung des Sauerstoffs für das Wachstum der Gewebe von Säugetieren. Biochem. Zeitschr. Bd. 36, S. 98. 1911. — Dies.: On the factors which determine the movements of tissues in culture media. Journ. of med. research Bd. 37, S. 75. 1917. — Dies.: The growth of tissue in the test tube under experimentally varied conditions with special reference to mitotic cell proliferation. Ebenda Bd. 40, S. 509. 1919.

Loeb, L. and Gilman, E.: On the penetration of acid and alkali into living cells and on a protective mechanism operative in cultures of amoebocyte tissue. Americ. journ. of physiol. Bd. 67, S. 526. 1924.

Loeb, L., Moore and Fleisher: Über das kombinierte Wachstum tierischen Gewebes und einer Hefe im Blutkoagulum. Zentralbl. f. Bakteriol., Parasitenk. u. Infektionskrankh. Bd. 66, S. 44. 1912.

Loewenthal, H.: Über Kulturen von Milchflecken des Rattennetzes in vitro. Arch. f. exp. Zellforsch. Bd. 3, S. 1. 1927.

Losee, J. R. and Ebeling, A. H.: The cultivation of human tissue in vitro. Journ. of exp. med. Bd. 19, S. 593. 1914. — Dies.: The cultivation of human sarcomatous tissue in vitro. Ebenda Bd. 20. 1914. — Dies.: The cultivation of human tissue in vitro. Bull. of the Lying-in-hosp. Bd. 10, S. 22. 1915.

Löwenstädt, H.: Untersuchungen zur Frage des zelligen Gewebeabbaues und seine Beziehung zur Eiterung. Virchows Arch. f. pathol. Anat. u. Physiol. Bd. 254, S. 528. 1921. — Ders.: Über die Anwendung gelochter Objektträger zur histologischen Technik. Zeitschr. f. wiss. Mikroskopie u. f. mikroskop. Technik Bd. 39, S. 221. 1922. — Ders.: Einige neue Hilfsmittel zur Anlage von Gewebekulturen. Arch. f. exp. Zellforsch. Bd. 1, S. 251. 1925. —

Lubarsch: Bemerkungen zu vorstehender Arbeit von Otto Busse: „Welcher Art sind die Rundzellen, die bei den Gewebskulturen auftreten?" Virchows Arch. f. pathol. Anat. u. Physiol. Bd. 23, S. 485. 1922.

Ludford: Nuclear activity in tissue cultures. Proc. of the roy. soc. of London, Bd. 28, S. 457. 1925.

Lüdke, H.: Über Antikörperbildung in Kulturen lebender Körperzellen. Berlin. klin. Wochenschr. 1912. S. 1034.

Luna, E.: Note citologiche sull'epitelio pigmentato della retina coltivato in vitro. Arch. ital. di anat. e di embriol. Bd. 15. 1917. — Ders.: Studio sulle cellule pigmentate della coroide coltivate in vitro. Ebenda Bd. 18. 1920/21.

Luzzato, R.: La tecnica della cultura dei tessuti in vitro. Riv. veneta di scienze med. Bd. 60, S. 5. 1914.

Lumsden, T.: Observations upon the effect of an antiserum upon cancer cells in vitro. Lancet 1925. S. 208.

Lynch, R.: The growth of embryonic chick liver in tissue cultures. Anat. record Bd. 18, S. 249. 1920. — Ders.: The cultivation in vitro of liver cells from the chicken embryo. Americ. journ. of anat. Bd. 29, S. 281. 1921.

Maccabruni, F.: Esperienze di coltivazioni in vitro del cancro uterino umano. Ann. di ostetr. e ginecol. Bd. 37, S. 57. 1914. — Ders.: Tentativi di terapia del cancero mediante culture alla Carrel. Ebenda 1914.

Mc. Cutcheon, M.: Studies on the locomotion of leucocytes. I. The normal rate of locomotion of human neutrophilic leucocytes in vitro. Americ. journ. of physiol. Bd. 63, S. 180. 1923. — Ders.: Studies on the locomotion of leucocytes. II. The effect of temperature on the rate of locomotion of human neutrophilic leucocytes in vitro. Ebenda Bd. 63, S. 185. 1923. — Ders.: Studies on the locomotion of leucocytes. III. The rate of human lymphocytes in vitro. Ebenda Bd. 69, S. 279. 1923.

Mc. Junkin, F. A.: Supravital staining of cultures of lymph node and liver endothelia. Arch. f. exp. Zellforsch. Bd. 3, S. 166. 1927.

Macklin, C. C.: Binucleate cells in tissue cultures. Contrib. embryol. (Carnegie inst.) Bd. 4, S. 69. — Ders.: Binucleate and multinucleate cells in tissue cultures. Anat. record Bd. 10, S. 225. 1916. — Ders.: Binucleate cells in tissue cultures. Contrib. embryol. (Carnegie inst.) 1917.

Magitot, A.: Possibilité de maintenir à l'état de vie valentie certaines parties de l'œil conservées en dehors de l'organisme. Bull. et mém. de la soc. franç. d. ophth. Bd. 4, S. 28. 1911. — Ders.: Sur la survie possible de la cornée transparente de l'œil après conservation prolongée en dehors de l'organisme. Cpt. rend. des séances de la soc. de biol. Bd. 70, S. 322. 1911.

Marinesco, G.: Croissance des fibres nerveuses dans le milieu de culture in vitro des ganglions spinaux. Bull. de l'acad. de méd. Bd. 68, S. 384. 1912.

Marinesco, G. et Minea, J.: La culture des ganglions spinaux de mammifères in vitro. Contribution à l'étude de la neurogénèse. Rev. neurol. Bd. 22, S. 469. 1912. — Dies.: Les phénomènes de croissance de nerf in vitro. Bull. de l'acad. de méd. Bd. 68, S. 78. 1912. — Dies.: Croissance des fibres nerveuses dans le milieu de culture in vitro des ganglions spinaux. Cpt. rend. des séances de la soc. de biol. Bd. 73, S. 668. 1912. — Dies.: Culture des ganglions spinaux des mammifères in vitro suivant la méthode de Harrison et Burrows. Ebenda Bd. 73, S. 346. 1912. — Dies.: Culture des ganglions spinaux des mammifères (in vitro) suivant la méthode de M. Carrel. Bull. de l'acad. de méd. Bd. 68, S. 37. 1912. Also in: Tribune méd. Bd. 46, S. 341. 1912. Also in: Anat. Anz. Bd. 42, S. 161. 1912. — Dies.: Essai de culture des ganglions spinaux des mammifères in vitro. Contribution à l'étude de la neurogénèse. Anat. Anz. Bd. 42, S. 162. 1912. — Dies.: Sur la rajeunissement des cultures de ganglions spinaux. Bull. de l'acad. de méd. Bd. 69, S. 91. 1913.

Matsumoto, S.: Contribution to the study of epithelium of the frog in tissue culture. Journ. of exp. zool. Bd. 6, S. 545. — Ders.: Contribution to the study of epithelial movement. The corneal epithelium of the frog in tissue culture. Ebenda Bd. 26. 1918. — Ders.: The granules, vacuoles and mitochondria in the sympathetic nerve fibres, cultivated in vitro. Bull. of Johns Hopkins hosp. Bd. 91. 1920.

Matsumoto, S., Shin-ichi, and Hajune Ishimara: A contribution of the study of epithelial movement. The corneal epithelium of warm blooded animals in tissue culture. Acta scholae med. univ. imp. in Kioto Bd. 2, S. 494. 1922.

Maximow, A.: The cultivation of connective tissue of adult mammals in vitro. Arch. russe d'anat., histol. et embryol. Bd. 1. 1916. — Ders.: Sur la production artificielle des myéloblastes dans le culture de tissu lymphoïde. Cpt. rend. des séances de la soc. de biol. Bd. 80. 1917. — Ders.: Sur le rapport entre les grands et les petits lymphocytes et les cellules réticulaires. Ebenda Bd. 80. 1917. — Ders.: Untersuchungen über Blut und Bindegewebe. VII. Über in-vitro-Kulturen von lymphoidem Gewebe des erwachsenen Säugetierorganismus. Arch. f. mikroskop. Anat., Abt. 1 u. 2, Bd. 96, S. 494. 1922. — Ders.: Über in-vitro-Kulturen von lymphoidem Gewebe des erwachsenen Säugetierorganismus usw. Ebenda Bd. 96, H. 4. 1922. — Ders.: Untersuchungen über Blut und Bindegewebe. VIII. Die cytologischen Eigenschaften der Fibroblasten, Reticulumzellen und Lymphocyten des lymphoiden Gewebes außerhalb des Organismus, ihre genetischen Wechselbeziehungen und prospektiven Entwicklungspotenzen. Ebenda Bd. 97, S. 283. 1923. — Ders.: Untersuchungen über Blut und Bindegewebe. IX. Über die experimentelle Erzeugung von myeloiden Zellen in Kulturen des lymphoiden Gewebes. Ebenda Bd. 97, S. 314. 1923. — Ders.: Untersuchungen über Blut und Bindegewebe. X. Über die Blutbildung bei den Selachiern im erwachsenen und embryonalen Zustande. Ebenda Bd. 97, S. 623. 1923. — Ders.: Die cytologischen Eigenschaften der Fibroblasten, Reticulumzellen und Lymphocyten des lymphoiden Gewebes außerhalb des Organismus, ihre genetischen Wechselbeziehungen und prospektiven Entwicklungspotenzen. Ebenda Bd. 97, H. 3. 1923. — Ders.: Tuberculosis of mammalia tissue in vitro. Journ. of infect. dis. Bd. 34, S. 549. 1924. — Ders.: Tissue cultures of young mammalian embryos. Contrib. to embryol. Bd. 16, S. 47. 1925. — Ders.: Über krebsähnliche Verwandlung der Milchdrüse der Gewebskulturen. Virchows Arch. f. pathol. Anat. u. Physiol. 1925. S. 256. — Ders.: Über die Entwicklungsfähigkeit der Blutleukozyten und des Blutgefäßendothels bei Entzündung und in Gewebskulturen. Klin. Wochenschr. Jg. 5. 1925.

Melczer, N.: Explantationsversuche mit der Locke-Lewisschen Lösung. Zeitschr. f. wiss. Mikroskopie Bd. 40, S. 157. 1923.

Mendeléeff, P.: Les cultures de tissus vivants et le problème des tumeurs. Cpt. rend. des séances de la soc. de biol. Bd. 89, S. 416. 1923. — Ders.: Les cultures de tissus embryonnaires de cobaye dans les milieux de p_H, déterminés. Ebenda Bd. 88, S. 291. 1923. — Ders.: Les phénomènes physico-chimiques dans la génèse des tissus embryonnaires. Ebenda Bd. 88, S. 293. 1923. — Ders.: L'influence du ion Ca et des autres ions métalliques sur la croissance des tissus vivants in vitro. Ebenda Bd. 90, S. 985. 1924. — Ders.: Expériences sur la croissance des tissus embryonnaires in vitro. Arch. intern. de méd. exp. Bd. 1, S. 503. 1925. — Ders.: Constantes électriques et physiologie cellulaire du foie de cobayes en gestation et de leurs embryons. Cpt. rend. des séances de la soc. de biol. Bd. 94, S. 414. 1926. — Ders.: Action des irradiations sur l'organisme de cobaye. Ebenda Bd. 94, S. 1274. 1926.

Mendeléeff, P. et Slosse, A.: Le rôle des ions Ca et des K dans la génèse embryonnaire. Cpt. rend. des séances de la soc. de biol. Bd. 91, S. 137. 1924.

Meyer, E.: Die Methoden der Gewebezüchtung in ihrer Anwendung auf die Züchtung von bakteriellen und ultravisiblen Erregern. Arch. f. exp. Zellforsch. Bd. 9, S. 201. 1927.

Mitsuda, T.: Über die Beziehungen zwischen Epithel- und Bindegewebe bei Transplantation und Explantation. Virchows Arch. f. pathol. Anat. u. Physiol. Bd. 242, S. 310. 1923. — Ders.: Untersuchungen über Transplantation und Explantation von Lebergewebe unter besonderer Berücksichtigung der Pigmentfrage. Ebenda Bd. 228, S. 91. 1924.

Mitsuhashi: Zur Frage der Pigmentierung und Verfettung der Epithelzellen der Froschhaut in in-vitro-Kulturen. Arch. f. exp. Zellforsch. Bd. 2, S. 273. 1926.

Mjassojedoff: Über in-vitro-Kulturen von Eifollikeln der Säugetiere. Arch. f. mikroskop. Anat. u. Entwicklungsmech. Bd. 104, S. 1. 1925.

Moppett: The lethal effect of ultra-violet light on normal and malignant tissues grown in vitro. Lancet Bd. 210, S. 907. 1926.

Moritas: On the cultivation of tissue in vitro. Seit-Kwai, M. J. 1914.

Mossa: Proprietà ottiche delle fibre nervose cresciute in vitro all'osservazione in campo scuro. Boll. d. soc. di biol. sperim. Bd. 1, S. 100. 1926.

Mottram: The in vitro cultivation of tissues with reference to the production of cancer by means of radium and X-rays. Brit. journ. of exp. pathol. Bd. 6, S. 39. 1925.

Murphy, J. B., Lui, J. Heng. and Sturm, E.: Studies on X-ray effects. IX. The action of serum from X-rayed animals on lymphoid cells in vitro. Journ. of exp. med. Bd. 35, S. 373. 1921.

Murphy, J. B. and Sturm, E.: Conditions determining the transplantability of tissues in the brain. Journ. of exp. med. Bd. 38, S. 183. 1923.

Myassojedeff, S.: Über die Natur des Follikelepithels. Sitzungsber. I. allruss. Kongr. d. Zool. 1923. 15, 21.

Naito, K.: Studien über die intracellularen Fettgranula in der Gewebskultur. Scient. report from the governm. inst. f. infect. dis., Tokio Bd. 4, S. 279. 1925.

Nasu, S.: Beiträge zur Frage der Überlebensfähigkeit der Gewebe. Eine Untersuchung über die Veränderungen an Zellen, die von der normalen Zirkulation abgeschnitten sind. Virchows Arch. f. pathol. Anat. u. Physiol. Bd. 243, S. 388. 1923.

Olivo, O.: L'azione di elettroliti sui tessuti viventi separati dall'organismo, studiata col metodo delle culture in vitro. I. Conseguenze dell'azione temporanea e permanente degli elettroliti NaCl, KCl, CACl$_2$, NaHCO$_3$, KJ, LiCl sui frammenti di tessuti di embrioni di pollo isolati e coltivati in vitro. Atti d. Reale accad. dei Lincei, rendiconto Bd. 31, S. 5. 1922. — Ders.: Ulteriori osservazioni sull'azione di elettroliti su tessuti viventi separati dall'organismo, studiata col metodo delle culture in vitro. II. Conseguenze dell'azione temporanea del cianuro di potassio su frammenti di tessuti di embrione di pollo isolati e coltivati in vitro. Ebenda, 2. Sem., Bd. 31, S. 200. 1922. — Ders.: L'azione degli elettroliti su tessuti viventi, separati dall'organismo, studiata col metodo delle culture in vitro. III. Conseguenze dell'azione del cianuro di potassio su culture in vitro già sviluppate. Ebenda, 2. Sem., Bd. 31, S. 460. 1922. — Ders.: L'esistenza di miofibrille nel cuore di embrione di pollo vivente. Giorn. d. R. accad di med. di Torino Bd. 86, S. 277. 1923. — Ders.: Sulle modificazioni dell'attività contrattile del cuore di embrione di pollo determinate dall'azione di sali di calcio e di potassio. Arch. di fisiol. Bd. 22, S. 3. 1924. — Ders.: Sull'inizio delle capacità funzionali dei tessuti contrattili nell'embrione di pollo, in relazione alla loro differenziazione strutturale e morfologica. I. Differenziazione funzionale e morfologica dell'abbozzo cardiaco. Atti d. Reale accad. dei Lincei, rendiconti Bd. 33, H. 5—6. 1924. — Ders.: Sull'inizio della capacità funzionale dei tessuti contrattili nell'embrione di pollo in relazione alla loro differenziazione strutturale e morfologica. II. Differenziazione funzionale e morfologica del miotomo. Ebenda Bd. 33, H. 7—8. 1924. — Ders.: Sull' inizio della funzione contrattile del cuore e dei miotomi dell'embrione di pollo in rapporto alla loro differenziazione morfologica e strutturale. Arch. f. exp. Zellforsch. Bd. 1, S. 427. 1925. — Ders.: Comportamento del tessuto nervoso embrionale di pollo coltivato per piu settimane in vitro. Boll. d. soc. di biol. sperim. Bd. 1, H. 5. 1926. — Ders.: Sull'istituirsi della sincronicità tra pulsazioni di frammenti di cuore embrionale di pollo e di colombo, coltivati insieme in vitro. Arch. f. exp. Zellforsch. Bd. 2, S. 191. 1926. — Ders.: Sui fattori della differenziazione strutturale e funzionale degli elementi miocardici di pollo coltivati in vitro. Nota prel. Monit. zool. ital. Jg. 37, S. 69. 1926. — Ders.: Sulle modificazioni delle cellule coltivate in vitro nelle varie fosi della loro vita. C. R. Ass. des Anat. Turin 1925. — Ders.: Modificazioni dei caratteri citologici del protoplasma di cellule coltivate in vitro provocate dalla varia composizione del medio nutritivo. Bull. d. Soc. di Biol. sperim. 1926. 1. — Ders.: Sulla ripresa della attività ritmica contrattile spontanea di frammenti di cuore di pulcino coltivati in vitro. Boll. d. Soc. di Biol. sperim. 1926. 1. — Ders.: Sui caratteri morfologici di un ceppo di elementi del miocardio embrionale di pello, coltivati in vitro per sei mesi. Monit. Zool. Ital. Bd. 36, S. 8. 1925.

Oppel, A.: Explantation, Deckglaskultur; in-vitro-Kultur. Zentralbl. f. Zool. Bd. 3, S. 209. 1913. — Ders.: Demonstration der Epithelbewegung im Explantat von Froschlarven. Anat. Anz. Bd. 45, S. 173.

1913/14. — Ders.: Gewebekulturen. Samml. Vieweg H. 12. 1914. — Ders.: Über die Kultur von Säugetiergeweben außerhalb des Organismus. Anat. Anz. Bd. 40, S. 464. 1922.

Osowski: Über aktive Zellbewegung im Explantat von Wirbeltierembryonen. Arch. f. Entwicklungsmech. d. Organismen Bd. 33. 1914.

Pappenheimer, A.: Further studies of the histology of the thymus. Americ. journ. of anat. Bd. 14. 1913.

Pannet and Compton: The cultivation of tissues in saline embryonic juice. Lancet Bd. 206. S. 381. 1924.

Parhon, C. J.: Considérations théoriques sur le problème des cultures in vitro en point de vue endocrinologique. Bull. de la soc. roum. de neurol., psychiatrie, psychol. et endocrinol. Jg. 2, S. 180. 1925.

Parhon, C. J. et Savini, E.: Essais de culture microbienne sur les milieux glandulaires (thyroïde). Cpt. rend. des séances de la soc. de biol. Bd. 78, S. 143. 1915. — Dies.: Essais de culture microbienne sur milieux glandulaires (glande surrénale). Ebenda Bd. 78, S. 163. 1915. — Dies.: Essais de culture microbienne sur milieux glandulaires (testicule, ovaire, foie, glande salivaire). Ebenda Bd. 78, S. 197. 1915.

Parker, F.: The cultivation of vaccine virus in vitro. Journ. of med. research Bd. 44, S. 645. 1924.

Parker, F. and Neye, R.: Studies on filterable virus. I. Cultivation of vaccin virus. Amer. Journ. Pathol. 1, S. 325. 1925.

Pavlaw, W.: Über in-vitro-Kulturen einiger Gewebe der Süßwasser-Gastropoden. Sitzungsber. I. allruss. Kongr. d. Zool. 1923.

Pearce, R.: Journ. of med. research Bd. 12, S. 1. 1904.

Péterfi: Neue mikroskopische Nebenapparate. Zeitschr. f. wiss. Mikroskopie Bd. 41, S. 263. 1922.

Pico, O.: Essayo sobre cultivos celulares. Tesis 1917.

Pitini, A. et Fernandez: Azione di alcuni estratti di organi su tessuti coltivati in vitro. Nota I. Arch. di farmacol. sperim. e scienze aff. Jg. 23, S. 90. 1924.

Pljesakow: On tissue cultures of the placenta of the rabbit. Journ. of exp. zool. Bd. 42, S. 315. 1925.

Policard, A.: Phénomènes nucléaires et développement in vitro des tissus conjonctifs et épithéliaux. Cpt. rend. des séances de la soc. de biol. Bd. 93, S. 535. 1923. — Ders.: Documents cytologiques sur les éléments du foie fœtal de mammifère cultivé in vitro. Cpt. rend. de l'assoc. des anatomistes, 19. réun. (Strasbourg, 14—16 avril) 1924. — Ders.: Rechercehs sur les cultures de tissu rénal des mammifères. Bull. d'histol. Bd. 2, S. 101. 1925. — Ders.: Recherches sur la culture in vitro de tissu rénal. Signification des cordons épithéliaux néoformés. Cpt. rend. des séances de la soc. de biol. Bd. 92, S. 974. 1925. — Ders.: Rapport entre les caractères de la croissance in vitro d'un groupement cellulaire et le nombre des éléments qui la constituent. Ebenda Bd. 93, S. 1510. 1925. — Ders.: Essai de détermination de la concentration en ions hydrogènes du contenu du vacuome de quelques cellules animales en adulte. Bull. d'histol. Bd. 3, S. 97. 1926. — Ders.: Emploi dans les cultures des tissus de plasma rendu incoagulable par un injection préalable de nucléine. Cpt. rend. des séances de la soc. de biol. Bd. 94, S. 867. 1926. — Ders.: Chondriome et vacuome des cellules sarcomateuses en croissance in vitro. Ebenda Bd. 94, S. 531. 1926. — Ders.: Sur le degré d'épaisseur des lames protoplasmatiques dans les cellules étaliés des cultures in vitro d'histiocytes. Rapport avec les couches de Langmuir. Ebenda Bd. 94, S. 197. 1926. — Ders.: Résultats de l'explantation in vitro des granulomes à cellules géants produit expérimentalment par injection de Terre de Diatomées. Ebenda Bd. 96, S. 290. 1927. — Ders.: Notions apportées par les cultures de tissus à la connaisance des mécanismes cancereux. Bull. d'Histol. appliquée Bd. 3, S. 37. 1926. — Ders: Les mouvements des cellules sarcomateuses cultivées in vitro. C. R. des seances de l'Acad. des scien. Bd. 182, S. 168. 1926. — Ders. Recherches cytologiques et histophysiologiques sur les cellules sarcomateuses observées dans les explantation in vitro. Bull. d'Histol. appliquée Bd. 3, S. 75. 1926.

Policard, A. et Boucharlat, M.: Recherches sur les explantations de périoste et de périchondre. Arch. f. exp. Zellforsch. Bd. 2, S. 223. 1926. — Dies.: Caractères des cultures de tissus de mammifères dans du plasma d'animeaux cancereux. C. R. Soc. de Biol. Bd. 92, S. 629. 1925.

Pozzi, S.: La vie alternante des tissus en dehors de l'organisme d'après les nouvelles expériences de A. Carrel. Bull. de l'acad. de méd. Bd. 66, S. 26. 1912. — Ders.: Variations artificielles de l'activité du tissu conjonctif à l'état de vie autonome, nouvelles expériences de A. Carrel. Ebenda Bd. 69, S. 384. 1912.

Prieme, F.: Observations upon the effect of radium on tissue growth in vitro. Cancer research Bd. 2, S. 107. 1917.

Prigosen, R. E.: The formation of vacuoles and neutral red granules in connective tissue cells and blood cells observed under normal conditions. Bull. of Johns Hopkins hosp. Bd. 32, S. 206. 1921.

Pringsheim, H.: Die Kultivierung von Geweben, Organen und Tumoren außerhalb des Körpers. Med. Klinik Bd. 7, S. 233. 1911.

Przygode, P.: Über die Bildung spezifischer Präcipitine in künstlichen Gewebskulturen. Wien. klin. Wochenschr. 1913/14, Nr. 9 und 27.

Radsimovska: Die Wirkung verschiedener Säuren auf die Gewebezellen warmblütiger Organismen. Biochem. Zeitschr. Bd. 142, S. 36. 1923.

Reiter, H.: Studien über die Bildung von Antikörpern in vivo und in Gewebskulturen. Zeitschr. f. Immunitätsforsch. u. exp. Therapie Bd. 18, S. 5. 1914.

Rich, A. R.: The formation of bile pigment from haemoglobin in tissue cultures. Bull. of Johns Hopkins hosp. Bd. 35, S. 415. 1924.

Rioch, D.: The morphology and behavior of the migratory cells in tissue cultures of the chick's spleen. Anat. record Bd. 25, S. 41. 1923.

Robbins, W. J.: Cultivation of excised root tips and stem tips under sterile conditions. Botan. gaz. Bd. 73, S. 376. 1922. — Ders.: Effects of autolized yeast and peptone on growth of excised corn root-tips in the dark. Botan. gaz. Bd. 74, S. 59. 1923.

Robbins, W. J. and Maneval, W. E.: Further experiments on growth of excised root-tips under sterile conditions. Ebenda Bd. 76, S. 274. 1924.

Roddy, J. A. and Braun, W. D.: A study of living cells on kinetic and auxetic jellies. Publ. of the Jefferson med. coll. a. hosp. Bd. 6, S. 97. 1915.
Roffo, R. H.: Cultivo in vitro de celulas de sarcoma fuso celular. Prensa med. argentina S. 1, 18. — Ders.: Über die Elektrolytenabsorbtion durch normales und pathologisches Gewebe in vitro. Boll. dell' ist. di med. exp. Bd. 1, S. 103. 1924. — Ders.: Wirkung der Färbemittel auf die Entwicklung der Kulturen in vitro. Ebenda Bd. 1, S. 231. 1924. — Ders.: Über Alter und Tod der in vitro kultivierten Zellen. Ebenda Bd. 1, S. 215. 1924. — Ders.: Über die Übertragung der Tumorkulturen in vitro. Ebenda Bd. 1, S. 5. 1925. — Ders.: Die Kultur neoplastischer Gewebe in vitro. Ebenda Bd. 1, S. 43. 1925. — Ders.: Die Wirkung gewisser metallischer Ionen auf die Entwicklung normaler und neoplastischer Gewebe in vitro. Ebenda Bd. 1, S. 307. 1925. — Ders.: Wirkung der Ionenveränderung auf die Entwicklung der Kulturen normalen und pathologischen Gewebes. Ebenda Bd. 1, S. 537. 1925. — Ders.: Die Bildung von Metastasen durch Injektion von Gewebekulturen. Ebenda Bd. 1, S. 685. 1925. — Ders.: Wirkung der Selenderivate auf Kulturen normalen und neoplastischen Gewebes. Ebenda Bd. 1, S. 847. 1925. — Ders.: Sur la vieillesse et la mort des cellules cultivées in vitro. Bull. d'histol. Bd. 2, S. 229. 1925.
Roffo und Giorgi: Die elektrische Leitfähigkeit des normalen und neoplastischen Gewebes. Boll. dell'ist. de med. exp. Bd. 1, S. 256. 1925.
Roffo und Villanueva: Der Einfluß der Färbemittel auf die Entwicklung der Kulturen normaler und neoplastischer Gewebe in vitro. Wirkung des Eosins. Boll. dell'ist. de med. exp. Bd. 1, S. 562. 1925.
Rohde, E.: Zelle und Gewebe im neuen Licht. Jena 1914 oder Zeitschr. f. wiss. Zool. 1916. S. 115.
Romanese, R.: Sulle modificazioni morfologiche delle cellule coltivate in vitro al momento della morte. Atti d. Reale accad. dei Lincei, rendiconto Bd. 30, S. 337. 1921.
Romeis, B.: Ein verbesserter Kulturapparat für Explantate. Zeitschr. f. wiss. Mikroskopie Bd. 29, S. 530. 1912.
Rona, P. und Tosh: Über die Absorption des Traubenzuckers. II. Biochem. Zeitschr. Bd. 64, S. 288. 1914.
Roncato: Sul comportamento dei trapianti di tessuti coltivati in vitro di fronte a plasmi eterogeni. Arch. di fisiol. Bd. 23, S. 539. 1925.
Rosenow, E. C.: Eine einfache Methode für das Anfertigen von Gewebskulturen. Zentralbl. f. Bakteriol., Parasitenk. u. Infektionskrankh. Bd. 74, S. 366. 1914.
Rouffart, J. et M.: A propos de la survivance des tissus cultivés dans le plasma d'animaux irradieux. Cpt. rend. des séances de la soc. de biol. Bd. 95, S. 865. 1926.
Rous, P.: The growth of tissue in acid media. Journ. of exp. med. Bd. 18, S. 186. 1913. — Ders.: Production of acid by tissues growing in vitro. Proc. of the soc. f. exp. biol. a. med. Bd. 10, S. 161. 1913. — Ders.: The relative reaction within living mammalian tissues. I. General features of vital staining with litmus. Journ. of exp. med. Bd. 41,

S. 372. 1925. — Ders.: The relative reaction within living mammalian tissues. II. On the mobilization of acid material within cells, and the reaction as influenced by the cell state. Ebenda Bd. 41, S. 399. 1925. — Ders.: The relative reaction within living mammalian tissues. III. Indicated differences in the reaction of the blood and tissues on vital staining with phthaleins. Ebenda Bd. 41, S. 451. 1925.

Rous, P. and Jones, F. S.: A method for obtaining suspensions of living cells from the fixed tissues for the plating and of individual cells. Journ. of exp. med. Bd. 23, S. 549. 1916.

Rumjantzew, A.: Der Einfluß der Reaktion des Mediums auf cytoplasmatische Strukturen. Arch. f. exp. Zellforsch. Bd. 3, S. 115. 1927.

Russel: The effect of gentian violet on protozoa and on tissues growing in vitro. Journ. of exp. med. Bd. 20, S. 545. 1914.

Russel and Gye, W. E.: The oxygen consumption of normal and cancerous mouse tissues in vitro. Brit. journ. of exp. pathol. Bd. 1, S. 175. 1920.

Ruth, E. S.: Cicatrization of wounds in vitro. Journ. of exp. med. Bd. 13, S. 422. 1911.

Sanditon, J. C.: A new method for the microscopic study of living growing tissues by the introduction of a transparent chamber in the rabbit's ear. Anat. record Bd. 28. 1924.

Sanguineti, L. R.: Influenza delle sostanze nervine sull'accrescimento dei nervi in vitro. Riv. di pathol. nerv. e ment. Bd. 19. 1914.

Schazillo, B. A.: Zur Physiologie und Pathologie der Trephone. Arch. f. exp. Zellforsch. Bd. 1, S. 160. 1925.

Schilf, F.: Die Bildung von Bakteriolysinen in künstlichen Gewebekulturen. Central. f. Bakt., Paras. u. Infektionskrank. Bd. 97, S. 219. 1926.

Schmidt, W. J.: Die Bedeutung des polarisierten Lichtes für histologische Untersuchungen. Central. f. Bakt., Paras. u. Infektionskrank. Bd. 2, S. 205. 1926.

Schonten, S. L.: Pure cultures from a single cell, isolated under the microscope. K. akad. v. wetensch. te Amsterdam, Proc. sect. sc. Bd. 13, S. 840. 1910.

Shipley, P.: The development of erythrocytes from hemoglobin free cells and the differentiation of heart muscle fibres in tissue cultures. Anat. record Bd. 10. 1916.

Shorey, M. L.: Indications regarding differentiation from tissue culture experiments. Science Bd. 35, S. 936. 1912. — Ders.: A study of the differentiation of neuroblasts in artificial culture media. Journ. of exp. zool. Bd. 10, S. 85.

Sittenfeld und Balbina Johnson: Studies upon the biological reactions of growing tissues to radiant energy. I. Effect of radium red media upon tissue cultures in vitro. Proc. of the soc. f. exp. biol. a. med. Bd. 22, S. 461. 1925.

Smirnow, V.: Sur la culture des tissus en dehors d'organisme, cœur, rein, foie. Cpt. rend. des séances de la soc. de biol. Bd. 79, S. 794. 1916. — Ders.: Der spezifische Charakter der Tätigkeit isolierter Zellen des Herzens, der Niere und der Leber. Ber. d. Petersb. wiss. Inst. Leshaft Bd. 4. 1921. — Ders.: Der spezifische Charakter der Tätigkeit der isolierten Herz-, Nieren- und Leberzellen. Zur Frage der Kultur der Gewebe außerhalb des Organismus. Iswestija Petrogradskowo Nautschnowo Instituta Leshaft Bd. 4, S. 213. 1923.

Smith, D. T.: The pigmented epithelium of the embryo chicken eye studied in vivo and in vitro. Bull. of Johns Hopkins hosp. Bd. 31, S. 239. 1920. — Ders.: Melanin pigment in the pigment epithelium of the retina of the embryo chick eye studied in vivo and in vitro. Anat. record Bd. 18. 1920. — Ders.: The characteristics of the various types of cells found in tissue cultures from chick embryo. Ebenda Bd. 21, S. 71. 1921. — Ders.: The ingestion of melanin pigment granules by tissue cultures. Bull. of Johns Hopkins hosp. Bd. 32, S. 240. 1921. — Ders.: The ingestion of melanin pigment granules by tissue cells grown from the embryo chick in Locke-Lewis's solution. Proc. of the Americ. assoc. of anat., Mar. 24, 25, 26. Bull. of Johns Hopkins hosp. Bd. 32, Nr. 365. 1921. — Ders.: Giant centrospheres in xanthomatous tumors. Ebenda Bd. 33, S. 342. 1922. — Ders.: A new classification of the pigmented tumors based on the cytology of the pigment cells. Proc. of the Americ. assoc. of anat. rec. Dec. 28—30. Anat. record Bd. 23, S. 38. 1922.

Smith, H. F.: A new medium for cultivation of chicken tissues in vitro with some additions to the technique. Journ. of med. research Bd. 31, S. 255. 1914. — Ders.: The cultivation of tissue cells in vitro and its practical application. Journ. of the Americ. med. assoc. Bd. 62, S. 1377. 1914. — Ders.: The reaction between bacteria and animal tissues under condition of artificial cultivation. Journ. of exp. med. Bd. 21, S. 103. 1915. — Ders.: The influence of bacteria upon the development of tissues in vitro. Zentralbl. f. Bakteriol., Parasitenk. u. Infektionskrankh., Abt. I, Orig., Bd. 76, S. 12. 1915. — Ders.: The reactions between bacteria and animal tissues under conditions of artificial cultivation. II. Bacterial actions in tissue cultures. Journ. of exp. med. Bd. 23, S. 265. 1916. — Ders.: The action of bacterial vaccines on tissue cultures in vitro. Ebenda Bd. 23, S. 265. 1916. — Ders.: The cultivation of tubercle bacilli with animal tissues in vitro. Ebenda Bd. 23, S. 283. 1916.

Smith, H. F., Willis and Lewis, M. R.: The behavior of cultures of chick embryo tissue containing avian tubercle bacilli. Americ. rev. of tubercul. Bd. 6. 1922.

Sokoloff, B.: Quelques considérations à propos du déséquilibre cellulaire. Arch. f. exp. Zellforsch. Bd. 3, S. 58. 1927.

Steinhardt, E. and Lambert, R. A.: Studies on the cultivation of the virus of vaccinia. Journ. of infect. dis. Bd. 14, S. 87. 1914.

Stöhr: Über Explantation und Transplantation embryonaler Amphibienlarven. Naturwissenschaften Jg. 12, S. 337. 1924. — Ders.: Experimentelle Studie an embryonalen Amphibenherzen. I. Über Explantation embryonaler Amphibenherzen. Arch. f. mikroskop. Anat. u. Entwicklungsmech. Bd. 102, S. 426. 1924.

Strangeways, T. S. P.: Observations on the changes seen in living cells during growth and division. Proc. of the roy. soc. of London (B) Bd. 94, S. 136. 1922. — Ders.: Tissue culture in relation to growth and differentiation. Cambridge: Ed. W. Heffer and Sons Ltd. 1924. — Ders.: Technique of tissue culture in vitro. Ebenda 1924. — Ders.: Observation on the formation of bi-nuclear cells. Proc. of the roy. soc. of London (B) Bd. 96, S. 291. 1922.

Strangeways, T. S. P. and Honor Fell: Experimental studies on the differentiation of embryonic tissues growing in vivo and in vitro. Proc. of the roy. soc. of London (B) Bd. 99, S. 340. 1926.

Strangeways, T. S. P. and Oakley, H. E. H.: The immediate changes observed in tissue cells after exposure to soft x-rays while growing in vitro. Proc. of the roy. soc. of London (B) Bd. 95, S. 373. 1923.

Studnička: Untersuchungen am überlebenden Gewebe der Chorda der Wirbeltiere. Zeitschr. f. wiss. Biol., Abt. B: Zeitschr. f. Zellforsch u. mikroskop. Anat. Bd. 3, S. 346. 1926.

Sundvall, J.: Tissue proliferation in plasma medium. Washington 1912.

Suzuki: Über den Einfluß des Zuckers auf die Gewebskultur. Transact. of the japan. pathol. soc. Bd. 14, S. 74. 1924. — Ders.: A study of the resistence of animals by the tissue culture method. The relation of the age of chicken tissue to the influence of diphtheria toxine, also the rhythmic contraction of the heart muscle. Mitt. a. d. pathol. Inst. d. Kais. Univ. Sendai Bd. 2, S. 191. 1925.

Swezy, O.: Egg albumin as culture medium for chicken tissue. Biol. bull. of the marine biol. laborat. Bd. 28, S. 47. 1915.

Szily, A.: Versuche über Gewebskulturen in vitro nach Carrels Methode. Münch. med. Wochenschr. Bd. 67, S. 1186. 1920.

Takakusu, S.: Beobachtungen über die Spermiogenese in vitro. Zeitschr. f. wiss. Biol. Abt. B: Zeitschr. f. Zellen- und Gewebelehre. Bd. 1, S. 22. 1924.

Takashima: Über die Genese von Melaninpigment. II. Über das Wesen der Melaninpigmentbildung der Chorioidea. Transact. of the Japan pathol. soc. Bd. 14, S. 104.

Thielmann, M.: Über Kulturversuche mit Spaltöffnungszellen. Ber. d. dtsch. botan. Ges. Bd. 42, S. 429. 1924. — Ders.: Über Kulturversuche mit Spaltöffnungszellen. Arch. f. exp. Zellforsch. Bd. 1, S. 66. 1925.

Thomson, D.: Some observations on the development of red blood cells as seen during the growth of embryonic chicken tissue in vitro. Proc. of the roy. soc of med.; Marcus Beck laborat. report 1913. S. 77. — Ders.: Some further researches on the cultivation of tissues in vitro. Ebenda 1913. — Ders.: Controlled growth en masse (somatic growth) of embryonic chicken tissue in vitro. Ebenda 1913.

Thomson, D., Edin, Ch. B. and Cantab, D. P.: Some further researches on the cultivation of tissue in vitro. Marcus Beck laborat. report 1915.

Thomson, D. and Thomson, J. G.: The cultivation of human tumor in vitro. Proc. of the roy. soc. of med. 7. 1914.

Thomson, J. G.: Cultivation of human tumor tissue in vitro. Preliminary note. Proc. of the roy. soc. of London (B) 1914.

Timofejewsky und Benewolenskaja: Zur Frage über die Reaktion von Gewebskulturen auf Tuberkuloseinfektion. Virchows Arch. f. pathol. Anat. u. Physiol. Bd. 255, S. 613. 1925. — Dies.: Explantationsversuche von weißen Blutkörperchen mit Tuberkelbazillen. Arch. f. exp. Zellforsch. Bd. 2, S. 31. 1926.

Tschassownikow, U.: Über die in-vitro-Kulturen des Thymus. Arch. f. exp. Zellforsch. Bd. 3, S. 250. 1927.

Uhlenhuth, E.: Cultivation of the skin epithelium of the adult frog Rana pipiens. Journ. of exp. med. Bd. 20, S. 614. 1914. — Ders.: The form of the epithelial cells in cultures of frog skin and its relation to the consistency of the medium. Ebenda Bd. 22, S. 76. 1915. — Ders.: Changes in pigment epithelium cells and iris pigment cells of Rana pipiens, induced by changes in environmental conditions. Ebenda Bd. 24, S. 689, 1916. — Ders.: Die Zellvermehrung in den Hautkulturen von Rana pipiens. Arch. f. Entwicklungsmech. d. Organismen Bd. 42, S. 168. 1916. — Ders.: Studien zur Linsenregeneration bei den Amphibien. I. Ein Beitrag zur Depigmentierung der Iris, mit Bemerkungen über den Wert der Reizphysiologie. Ebenda Bd. 45, S. 498, 1919 u. Bd. 46, S. 149. 1920.

Veratti, E.: Ricerche istologiche su alcuni tessuti in istato di sopravivenza in vitro. Boll. d. soc. med. di Pavia 1919. — Ders.: Osservazioni istologiche sul tessuto miocardico coltivato in vitro. Reale ist. Lombardo di scienze e lettere Bd. 53, H. 5/6, S. 244. 1920. — Ders.: Contributo allo studio dei tumori maligni in vitro. Boll. d. soc. med.-chirurg. di Pavia 1919. Tumori Bd. 7. 1920. — Ders.: Infiammazione. Trattato di Anatomia patologica di P. Foà. Appendice. I risultati delle culture dei tessuti interessanti in patologia. Torino: Unione Tipografica editrice Torinese 1922.

Vesyolkin, N. V. and Kartasheveski, Yea: Experiments with extravital culture of tissues on pancreatic diabetes. Russki Wratsch. Bd. 13, S. 841. 1914.

Vetter, H.: Über Gewebskulturen und Vitalfärbung. Diss. Zürich 1922.

Vöchting, H.: Über Organbildung im Pflanzenreich 1878. — Ders.: Über die Regeneration der Marchantieen. Jahrb. f. wiss. Botanik Bd. 16. 1885. — Ders.: Über Transplantation im Pflanzenreich 1892. — Ders.: Untersuchungen über experimentelle Anatomie und Physiologie des Pflanzenkörpers 1908.

Volpino: Alcune esperienze sul cancro trapiantabile dei topi. Pathologica Bd. 2, S. 495. 1910.

Wallin, S. E.: On the nature of mitochondria. Americ. journ. of anat. Bd. 33, S. 127. 1924.

Walton, A. J.: The technique of cultivating adult animal tissues in vitro and the characteristics of such observations. Journ. of pathol. a. bacteriol. Bd. 18, S. 319. 1913. — Ders.: Variation in the growth of adult mammalian tissue in autogenous and homogenous plasma.

Proc. of the roy. soc. of London (B) Bd. 87, S. 452. 1914. — Ders.: The effect of various tissue extracts upon the growth of adult mammalian cells in vitro. Journ. of exp. med. Bd. 20, S. 554. 1914. — Ders.: On the survival and transplantability of adult mammalian tissue in simple plasma. Ebenda Bd. 19, S. 121. 1914. — Ders.: Variations in the growth of adult mammalian tissue in autogenous and homogenous plasma. Proc. of the roy. soc. of London (B) Bd. 597, S. 452. 1914. — Ders.: On the variation in the growth of mammalian tissue in vitro according to the age of the animal. Ebenda Bd. 88, S. 476. 1915.

Weber, F.: Experimentelle Physiologie der Pflanzenzelle. Arch. f. exp. Zellforsch. Bd. 2, S. 67. 1926. — Ders.: Die Schließzellen. Ebenda Bd. 3, S. 101. 1927.

Weil, G. C.: Spontaneous and artificial development of giant cells in vitro. Journ. of pathol. a. bacteriol. Bd. 18, S. 1. — Ders.: Some observations on the cultivation of tissues in vitro. Journ. of med. research Bd. 26, S. 159. 1924.

Wierszinski, A. O.: Vergleichende Untersuchungen über Explantation und Transplantation von Knochen-Periost und Endost. Virchows Arch. f. pathol. Anat. u. Physiol. Bd. 251, S. 268. 1924.

Wilson, J. L.: On the direct cultivation of tubercle bacilli from tissues. Brit. med. journ. Nr. 3083, S. 126. 1920. — Ders.: Tolerance and acquired tolerance of the mesenchyme cells in tissue cultures for copper sulphate and sodium arsenite. Bull. of Johns Hopkins hosp. Bd. 33, S. 375. 1922.

Wind, F. Versuche mit explantiertem Roussarkom. Klin. Wochenschr. Jg. 5 No. 30. 1926. — Ders.: Versuche über den Stoffwechsel von Gewebsexplantaten und deren Wachstum bei Sauerstoff- und Glucosenmangel. Biochem. Zeitschrift. Bd. 179. S. 384. 1926.

Wolbach, S. B. and Schlesinger, M. J.: The cultivation of the microorganisms of Rocky Mountains spotted fever (Dermacentroxenus Rickettsi) and typhus (Rickettsia Prowazeki) in tissue cultures. Journ. of med. research Bd. 44, S. 23. 1923.

Wolff und Zondek: Die Kultur menschlichen Ovarial- und Amniongewebes. Virchows Arch. f. pathol. Anat. u. Physiol. Bd. 254, S. 1. 1925.

Wood, F. C. and Prime, F.: The action of sodium on growing cells. Proc. of the soc. f. exp. biol. a. med. Bd. 11. — Dies.: Lethal dose of Roentgen rays for cancer cells. Journ. of the Americ. med. assoc. Bd. 74, S. 308. 1920. — Dies.: Extravital culture of epithelial tissue. Ebenda Bd. 78, S. 1131. 1922.

Wright: The relation between the extent of mitosis seen in chick fibroblasts and the concentration of embryonic tissue extracts present in the tissue culture medium. Brit. journ. of exp. pathol. Bd. 6, S. 279. 1925. — Ders.: On the dialysability of the growth-activating principle contained in extracts of embryonic tissues. Journ. of exp. med. Bd. 43, S. 591. 1926.

Zondek, B. und Wolff, E. K.: Transplantation konservierter menschlicher Ovarien. Zentralbl. f. Gynäkol. Bd. 48, S. 2195. 1924. — Dies.: Über Explantation und Transplantation des Ovariums. Verhandl. d. Ges. f. Geburtsh. u. Gynäkol. 1924. S. 474. — Dies.: Über Züchtung von menschlichem Ovarialgewebe in vitro. Zentralbl. f. Gynäkol. Jg. 48, S. 2193. 1924.

Zweibaum, J.: Sur la survie de l'épithélium vibratile in vitro. Cpt. rend. des séances de la soc. de biol. Bd. 93, S. 782. 1925. — Ders: Analyse histophysiologique de l'épithélium vibratile en état de survie in vitro. Ebenda Bd. 93, S. 785. 1925.

Zweibaum, J. et Elkner, A.: Sur le système vacuolaire dans les éléments cellulaires de tissu conjonctif cultivé in vitro. Arch. f. exp. Zellforsch. Bd. 3, S. 231. 1927.

Sachverzeichnis.

Adrenalin, Wirkung des 155.
Affrontierte Kulturen, Technik 39.
— — von Nerv, Leber, Niere, Nebenniere, Pankreas, Milz, Adrenalin 164.
— — von Drüsen mit innerer Sekretion 166.
— — von Uterus und genitoendokrinem System 167.
— — von Nerv und verschiedenen Nervina 170.
— — von Neoplasmen und Organgeweben 171.
— — von Neoplasmen und Tumorfiltrat 172.
— von Neoplasmen und innersekretorischen Drüsen 298.
Agglutinine 261.
Alkalien, Wirkung der 160.
Alkohol, Wirkung des 154.
Aminosäuren, Wirkung der 155.
— Utilisierbarkeit in den Explantaten 225.
Amitotische Teilung 5, 187.
Antitoxin v. Toxin.
Antikörperbildung 260.
Archusia 216, 295.
Arsen, Wirkung des 156.
Atmung des explantierten Gewebes 218.
Attraxine 161.
Augenkammerwasser 22.

Bakteriolisine 262.
Bindegewebekulturen 69.
Bindegewebige Neoplasmakulturen, Wachstum der 282.
Blastine 161.
Blei, Wirkung des 156.
Blutentnahme 13, 15, 18.
Blutserum als Nährmaterial 192.
Brillantkresylblau, Wirkung des 155.

Calcium, Wirkung auf normale und neoplastische Gewebe 297.

Chlorophyllose Explantate 131.
Chlornarkose, Wirkung der 155.
Cyankalium, Wirkung des 156.
Cytotoxine 258.

Desmocyten 71.
Desmonen 213.
Differenzierung 4, 63, 116.
Drewsche Lösung 25.

Eiweißkörper, Utilisierbarkeit in den Explantaten 224.
Elektrolyten, Wirkung des 156.
Embryonalextrakte, Wirkung auf das Wachstum 200.
— Eigenschaften der 202.
— Wirkung auf die Geschwulstkulturen 291.
Embryonalsaft 154.
Endotheliale Zellen 101, 104, 114, 126.
Endotheliale Makrophagen 102.
Endothelzelle und Virus des Flexner-Joblingschen Krebses 303.
Entdifferenzierung 4, 60, 115, 121.
— und Geschwulstgenese 280.
Eosin, Wirkung auf neoplastische Gewebe 297.
Epitheliale Geschwülstekulturen, Wachstum der 281.
Ergusia 215.
Extrakte von Erwachsengeweben, Wirkung der 199.

Färbung der Kulturen 44.
Festigkeit des Mediums, Wichtigkeit 10.
Fette in der Zelle 67.
Fibroblasten, Morphologie der 72.
— Umwandlung in Makrophagen 75.
— Eigenschaften der 78.
— Beweglichkeit der 78.
— des Roussarkoms und Bösartigkeit 304.

Sachverzeichnis.

Fixation der Kulturen 44.
Fleckfiebervirus 272 u. f.
Fördernde Substanzen des Wachstums 195.
Fruchtbare Zone 47.
Fuscin 125.

Ganzexplantate 9.
Gefäßwandzelle 246.
Gemischte Kulturmedien 26.
Geschlechtsdrüsenkultur 119.
Geschwulstkulturen 277.
Geschwülstextrakte und Filtrate, Wirkung auf die Geschwülstkulturen 291 u. f.
Geschwulstgenese, die Frage der 308.
Gewebe- und Embryonalextrakte, Vorbereitung 21.
Gewebsfragmente für die Züchtung, Vorbereitung 27.
Glattmuskelzellenkulturen 88.
Glugezellen 257.
Guarnierische Körperchen 267.

Hämolisine 259.
Hautkultur 111.
Hefeextrakte, Wirkung der 227.
Hemmende Substanzen des Wachstums 195.
Hense und Heldsche Lehre 94.
Herpesvirus 277.
Herzkontraktionen in vitro 229.
Herzkulturen 82.
Heterogenes Plasma 13, 51, 153.
— — Wirkung auf die Geschwülstkulturen 288.
Hissche Lehre 94.
Histiocyten 70.
Hodenkulturen 120.
Homogenes Plasma 13, 51, 153.
— — Wirkung auf die Geschwülstkulturen 288.
Hühnerpest 271.

Immunität bei Fleckfieber 264.
— bei Tumorkulturen 289.
Index nucleo-plasmatischer 181.
Individualität der Zelle 190.

Janusgrün, Wirkung des 155.
Jod, Wirkung des 155.

Kaliumpermanganat, Wirkung des 156.
Kälte, Wirkung der 146.

Kammer für die Züchtung 30.
Kern, Struktur des 174.
Knochenmarkextrakt 154.
— Wirkung auf die Geschwülstkulturen 291.
Knochenmarkkulturen 110.
Knorpelkulturen 80.
Kohlendioxyde, Wirkung der 220.
Kohlenhydratstoffwechsel 222.
Kollagene Fasern 79.
Kontraktionen, Synchronismus in den affrontierten Herzfragmenten 231.

Lebende Kulturen, Beobachtung der 40.
Leberkulturen 113.
Leptom 132.
Leukocyten 104, 105, 110.
Leukocytenextrakte, Wirkung auf die Geschwülstkulturen 291.
Leukocytenkulturen 106.
— in verschiedene Plasmaarten 107.
Leukocytäre Trephone 207.
Licht, Wirkung des 148.
Lockesche Flüssigkeit 23.
Locke-Lewis Lösung 23.
Lymphoblasten 103.
Lymphocyten 97, 103, 104, 110.
— Umwandlung in Plasmazellen 98.
— Umwandlung in Poliblasten 97.
— Umwandlung in Klasmatocyten 97.
— Ursprung der 98.
Lymphdrüsenkulturen 103.
Lungenkulturen 128.

Magnesium, Wirkung auf normale und neoplastische Gewebe 297.
Makrophagen des Roussarkoms und Bösartigkeit 305.
Mäusecarcinomkulturen 278.
Mäusesarkomkulturen 278.
Melaninpigment, Genese von 237.
Menschliche Tumorkultur 279.
Meristemhormone 138.
Messung des Wachstums 41.
Metallionen, Wirkung des 157.

Methylenblau, Wirkung des 155.
Milzkulturen 95.
Mikrokinematografie der Kulturen 43.
Mikrurgie 35.
Mitochondrien 94, 175, 176, 177.
— und Mitose 178.
— und Fettbildung, Verhältnisse 68, 180.
— und Pigmentkörnchen, Verhältnisse 180.
— und Myofibrillen, Verhältnisse 180.
— Natur der 180.
Mytogenetische Strahlungen 187, 211.
Mitose 5, 183.
— Schnelligkeit 185.
— Häufigkeit 185.
Mononucleäre Leukocyten, Umwandlung in Fibroblasten 109.
Myelocyten 104.
Myoblasten 83, 105.
Myofibrillen 84, 89.

Nährsubstanzen für die Zellelemente 191.
Negrische Körperchen 266.
Nervengewebekulturen 89.
Nervenfasern 90.
— Autonomie der 243.
Nervus Sympathicus, Kulturen der 90.
Neuroblasten 94, 242.
Neurofibrillen 93.
Neuriten, Regenerationsfähigkeit 240.
Neutralrot, Wirkung des 155.
Nierenkulturen 115.

Osmotischer Druckeinfluß auf die Kultur 51, 146.
Ovarienkulturen 121.

Pepton, Utilisierbarkeit in den Explantaten 225.
Perichondrienkulturen 80.
Periostkulturen 80.
Permanente Züchtung 3.
Pflanzenzellen, Technik der Explantation 129.
— Lebensdauer der 144.
Phagocytose 257.

Physiologische Kochsalzlösung 23.
pH-Konzentration, Wirkung der 147.
Pigment in den Leberzellen 238.
Pigmentkörnchen, Ursprung der 234.
Placentakulturen 122.
Plasmaverflüssigung in Tumorkulturen 286.
Poliomyelitisvirus 270.
Polarität des Wachstums 161.
Polyblasten 105.
Proteingranulationen 68.
Protoplasma, Struktur des 174.
Pyrogallussäure, Wirkung der 158.
Pyrrolblau, Wirkung des 155.

Quecksilber, Wirkung des 156.

Radium, Wirkung des 152.
Rattensarkomkulturen 278.
Regressive Prozesse der Kultur 66.
Reinkulturen 58.
Reinkultur, Darstellung 35.
— von Fibroblasten 69.
— von Knorbelgeweben 81.
— von großen Mononucleären 106.
— von Schilddrüsen 118.
— von Irisepithel 123.
Reizhormone 191.
Reizfaktoren des Tumorwachstums als Autokatalisatoren 296.
Retikuläre Makrophagen 99.
Retikulumzellen 99, 103, 105.
Retinakulturen 124.
Rickettesia Prowazeki 275.
Riesenzellen 100, 110, 248.
Ringersche Lösung 24.
Röntgenstrahlen, Wirkung der 150.
Rote Blutkörperchen 111.
Roussarkomkulturen 7, 278.
— Wachstum der 283.
Roussarkom, Makrophagen des 283.
— Fibroblasten des 283.
Roussarkomfiltrat, Wirkung auf die Leukocytenkulturen 305.
Roussarkomprinzip, Natur des 307.
— als chemisches Prinzip 308.
Rundzellen in Entzündungsgeweben 244.

Saccharomyceten, Einfluß auf die Kulturen 257.
Säuren, Wirkung der 158.

Sauerstoff, Notwendigkeit für die Kultur 216.
Sauerstoffdruck, Wirkung auf die normalen und neoblastischen Zellen 299.
Schilddrüsenkulturen 117.
Selen, Wirkung auf die normale und pathologische Gewebe 297.
Skelettmuskelkulturen 85.
Spirochaeta pallida 271.
Stereotypismus 53.
Synchronismus in der Pulsation, zwei verschiedene Herzfragmente 212.
Syncytiale Konstitution 188.

Teilexplantate 9.
Teilungshormone 136, 137.
Temperatur, Wirkung der 145.
Thymuskulturen 128.
Tod der Kultur 66.
Toluol, Wirkung des 154.
Toxin und Antitoxin, Einfluß auf die Kulturen 261.
Trephone 201.
Trephocyten 207.
Trephone, Leukocytären 207.
Tuberkuloseinfektion an den Gewebezüchtungen 247 u. f.
Tuberkel, Histogenese des 248 u. f.
Tumor, Erzeugung in vitro 281.
Typhusbazillen in den Gewebezüchtungen 257.
Tyrode Lösung 25.

Ultraviolette Strahlen, Wirkung der 149.

Vaccinevirus 267 u. f.
Vakuoläre System 182.
Vakuolen 68, 94.

Verhältnisse der Dicke des Explantats und seinem Wachstum 49.
Vermehrung des Roussarkomprinzips 306.
Vitamine 216, 225.

Wachstum und Alter des Serums 194.
Wachstumsenergie 194.
Wachstumsfähigkeit der Kulturen 49.
Wachstumsfördernde Substanzen des Blutplasmas 12.
— — in den Leukocyten 206.
Wachstumshemmende Substanzen des Blutplasmas 12.
— — Chemische Natur der 197.
Wachstumtypen der Kulturen 57.
Walleriana-Degeneration 92.
Wanderung der Zellen 52, 215.
— — Faktoren 54.
Weiße Blutkörperchen, Umwandlung in Poliblasten 108.
Wundhormone 131, 137.
Wundreiz 114, 134, 191.

Zellteilung und Zellkolonien 210.
Zellteilungsstoff 134.
Zentralteile des Explantats, Verhalten 46 u. f.
Zentrosphäre 121.
Züchtungsmethode von A. Fischer für Geschwülstgewebe 286.
Zucker, Utilisierbarkeit in den Explantaten 221.
Zuckerverbrauch 222.
— in den Tumorkulturen 300.
Zuckerstoffwechsel in den Tumorzellen 299.
Zurückpflanzung der Tumorkulturen in Tieren 301.

MIX
Papier aus verantwortungsvollen Quellen
Paper from responsible sources
FSC® C105338

If you have any concerns about our products,
you can contact us on
ProductSafety@springernature.com

In case Publisher is established outside the EU,
the EU authorized representative is:
**Springer Nature Customer Service Center GmbH
Europaplatz 3, 69115 Heidelberg, Germany**

Printed by Libri Plureos GmbH
in Hamburg, Germany